《建筑设计防火规范》图示

——按《建筑设计防火规范》GB 50016–2014编制

王崇恩　马权明　编著

U0391722

中国建筑工业出版社

图书在版编目（CIP）数据

《建筑设计防火规范》图示——按《建筑设计防火规范》GB 50016-2014编制 / 王崇恩，马权明编著.—北京：中国建筑工业出版社，2015.9

ISBN 978-7-112-17874-2

Ⅰ.①建…　Ⅱ.①王…　②马…　Ⅲ.①建筑设计－防火－规范－中国－图集　Ⅳ.①TU892-65

中国版本图书馆CIP数据核字（2015）第043031号

本书依据《建筑设计防火规范》GB 50016-2014及相关的建筑设计标准、规范编写。本书将《建筑设计防火规范》的部分条文通过图示表格等形式表示，力求简明、准确地反映《建筑设计防火规范》的原意，以便使用者更好地理解和执行《建筑设计防火规范》。

本图集可供全国建设单位、规划和建筑设计、施工、监理、验收等相关人员以及消防监督人员配合规范使用。

责任编辑：张　磊
责任校对：张　颖　关　健

《建筑设计防火规范》图示
——按《建筑设计防火规范》GB 50016-2014编制
王崇恩　马权明　编著

*

中国建筑工业出版社出版、发行（北京西郊百万庄）
各地新华书店、建筑书店经销
北京京点图文设计有限公司制版
北京云浩印刷有限责任公司印刷

*

开本：787×1092 毫米　1/16　印张：17½　字数：434千字
2015年7月第一版　2015年7月第一次印刷
定价：79.00元
ISBN 978-7-112-17874-2
（25209）

前　言

《建筑设计防火规范》GB 50016-2014是由原《建筑设计防火规范》GB 50016-2006和《高层民用建筑设计防火规范》GB 50045-95（2005年版）整合修订而成，集中体现了建筑火灾防控领域的实践经验和理论成果。对提升建筑物抗御火灾的能力，从源头上消除火灾隐患，预防和减少火灾事故具有十分重要的意义。正是由于《新规》整合了原《建规》、《高规》的内容，并在两者基础上进行了修订和内容补充，涉及面更为广泛、更加深入，广大建筑从业者对于条文理解也出现了更多问题。因此，编制这样一本《建筑设计防火规范》图示十分必要！

本书主要是将《建筑设计防火规范》GB 50016-2014中常用的、内容有所改变的、难于理解的、理解存在歧义的、新补充的条文，以文字、图形图像、表格数据等形式，准确、简明地表达出来，为建筑设计人员、消防管理部门和建筑类大专院校学生等提供一部专门的工具书籍，使该书使用者能够更加直观、准确地理解规范条文的深刻含义。

本书内容包括：生产和储存的火灾危险性分类、高层建筑的分类要求；厂房、仓库、住宅建筑和公共建筑等工业与民用建筑的建筑耐火等级分级及其建筑构件的耐火极限、平面布置、防火分区、防火分隔、建筑防火构造、防火间距和消防设施设置的基本要求，工业建筑防爆的基本措施与要求；工业与民用建筑的疏散距离、疏散宽度、疏散楼梯设置形式、应急照明和疏散指标标志，以及安全出口和疏散门设置的基本要求；甲、乙、丙类液体、气体储罐（区）和可燃材料堆场的防火间距、组成布置和储量的基本要求；木结构建筑和城市交通隧道工程防火设计的基本要求；为满足灭火救援要求场地、消防车道、消防电梯等设施的基本要求；建筑供暖、通风、空气调节、电气等方面的防火要求，以及消防用电设备的电源与配电线路等基本要求。

本书由太原理工大学建筑与土木工程学院王崇恩副教授、太原理工大学建筑设计研究院马权明工程师负责编写，王崇恩副教授负责审核。在编写过程中借鉴了专家、学者相关论文、论著等内容，在此表示衷心的感谢！此外，太原理工大学建筑与土木工程学院建筑系戴利鹏、王舸、纪超文、刘霞、荆科、李超、鲁雪峰、杜倩、刘柯新、索慧君、裴莹、张程雅、段恩泽、白冰、陶磊、闫委亚、肖然、肖继宏、胡鹤文、朱文娟等参与了编写，在此表示衷心的感谢！

鉴于本书涉及内容广泛、专业性强，编者尽量客观、严谨、全面地对《新规》条文进行了表达。希望书籍使用者在参照学习的过程中予以批评和指正！

目录

编 制 说 明

1 编制依据

《建筑设计防火规范》GB 50016-2014及相关的建筑设计标准、规范。

2 适用范围

本图集可供全国建设单位、规划和建筑设计、施工、监理、验收等相关人员以及消防监督人员配合规范使用；并可作为建筑设计相关专业的教师和学生对这部分内容教学的参考。

3 编制原则

将《建筑设计防火规范》GB 50016-2014的部分条文通过图示表格等形式表示出来，力求简明、准确地反映《建筑设计防火规范》GB 50016-2014的原意，以便使用者更好地理解和执行《建筑设计防火规范》GB 50016-2014。

4 编制方式

4.1 本图集以《建筑设计防火规范》GB 50016-2014的条文为依据，图示内容按《建筑设计防火规范》GB 50016-2014条文的顺序排列。

4.2 图示表达：

4.2.1 灰底部分是对《建筑设计防火规范》GB 50016-2014原文（包括章节编号等）的直接引用。其中 黑体字表示规范条文中的强制性条文。

4.2.2 白底部分为图示内容，是对《建筑设计防火规范》GB 50016-2014条文的理解和注释，字体采用宋体。

4.3 “（X图示）”为本图集在《建筑设计防火规范》GB 50016-2014条文相应处加注的图示对应编号。

4.4 “注”是编制单位对《建筑设计防火规范》GB 50016-2014条文所包含内容的说明，提示设计中应注意的问题或该条目的适用范围。

4.5 图集中凡涉及的防火墙、防火堤、防爆墙等采用红色填充表示。对耐火极限有特别要求的防火门窗、隔墙或楼板等采用红色表示。

1 总则

1.0.1 为了预防建筑火灾，减少火灾危害，保护人身和财产安全，制定本规范。

1.0.2 本规范适用于下列新建、扩建和改建的建筑：

1 厂房（图1–1）；

2 仓库（图1–2）；

3 民用建筑；

4 甲、乙、丙类液体储罐（区）；

5 可燃、助燃气体储罐（区）；

6 可燃材料堆场；

7 城市交通隧道。

人民防空工程、石油和天然气工程、石油化工工程和火力发电厂与变电站等的建筑防火设计，当有专门的国家标准时，宜从其规定 。

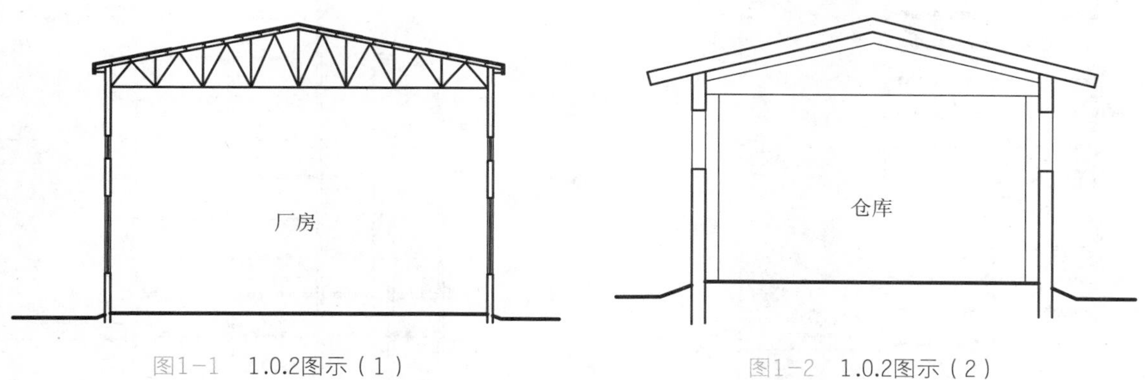
厂房
仓库

图1–1 1.0.2图示（1）

图1–2 1.0.2图示（2）

1.0.3 本规范不适用于火药、炸药及其制品厂房（仓库）、花炮厂房（仓库）的建筑防火设计。

1.0.4 同一建筑内设置多种使用功能场所时，不同使用功能场所之间应进行防火分隔，该建筑及其各功能场所的防火设计应根据本规范的相关规定确定。

1.0.5 建筑防火设计应遵循国家的有关方针政策，针对建筑及其火灾特点，从全局出发，统筹兼顾，做到安全适用、技术先进、经济合理。

1.0.6 建筑高度大于250m的建筑，除应符合本规范的要求外，尚应结合实际情况采取更加严格的防火措施，其防火设计应提交国家消防主管部门组织专题研究、论证。

1.0.7 建筑防火设计除应符合本规范的规定外，尚应符合国家现行有关标准的规定。

2 术语、符号

2.1 术语

2.1.1 高层建筑 high-rise building

建筑高度大于27m的住宅建筑和建筑高度大于24m的非单层厂房、仓库和其他民用建筑（图2-1~图2-3）。

注：建筑高度的计算应符合本规范附录A的规定。

2.1.2 裙房 podium

在高层建筑主体投影范围外，与建筑主体相连且建筑高度不大于24m的附属建筑（图2-3）。

2.1.3 重要公共建筑important public building

发生火灾可能造成重大人员伤亡、财产损失和严重社会影响的公共建筑。

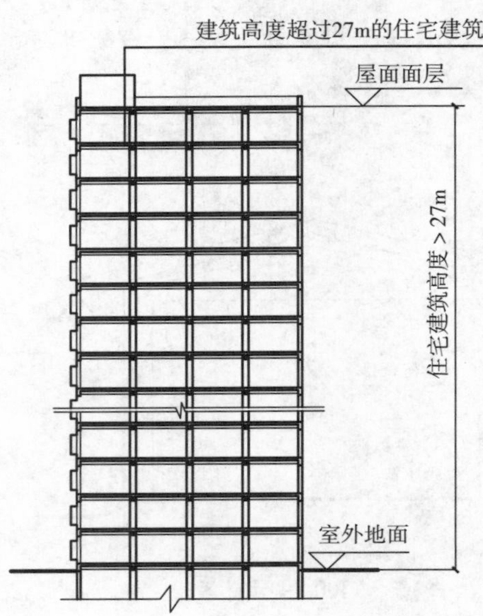

建筑高度超过27m的住宅建筑
屋面面层
住宅建筑高度＞27m
室外地面
住宅建筑剖面示意图

图2-1 2.1.1图示（1）

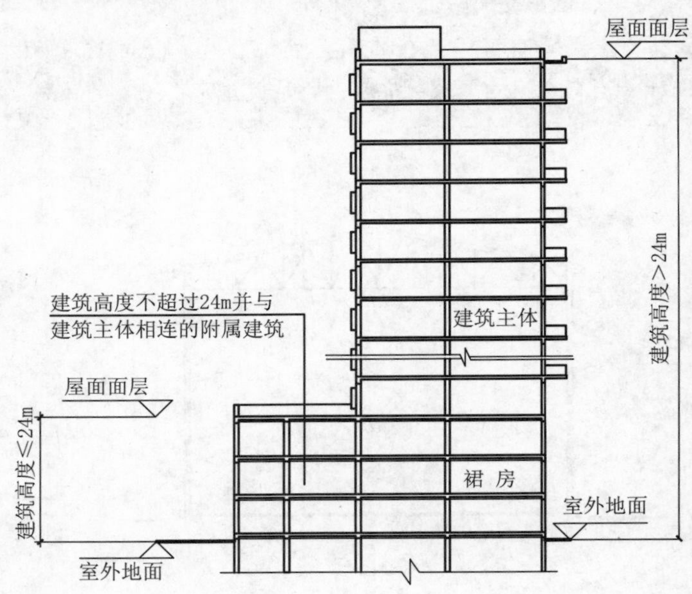

屋面面层
建筑高度不超过24m并与
建筑主体相连的附属建筑
建筑主体
屋面面层
建筑高度≤24m
裙 房
室外地面
建筑高度＞24m
室外地面
非单层厂房、仓库剖面示意图

图2-3 2.1.1和2.1.2图示

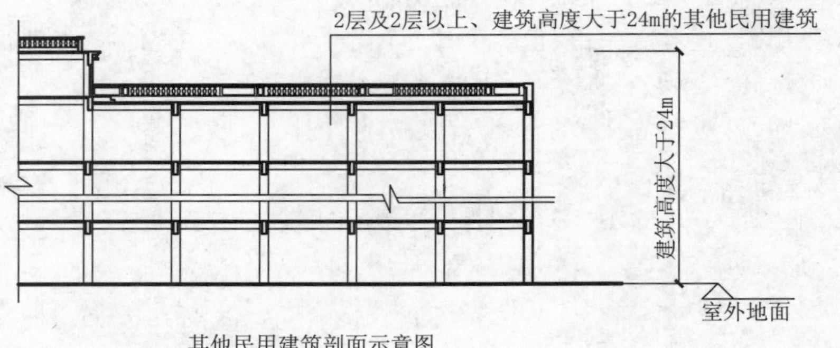

2层及2层以上、建筑高度大于24m的其他民用建筑
建筑高度大于24m
室外地面
其他民用建筑剖面示意图

图2-2 2.1.1图示（2）

2.1.4 商业服务网点commercial facilities

设置在住宅建筑的首层或首层及二层，每个分隔单元建筑面积不大于300m²的商店、邮政所、储蓄所、理发店等小型营业性用房（图2-4）。

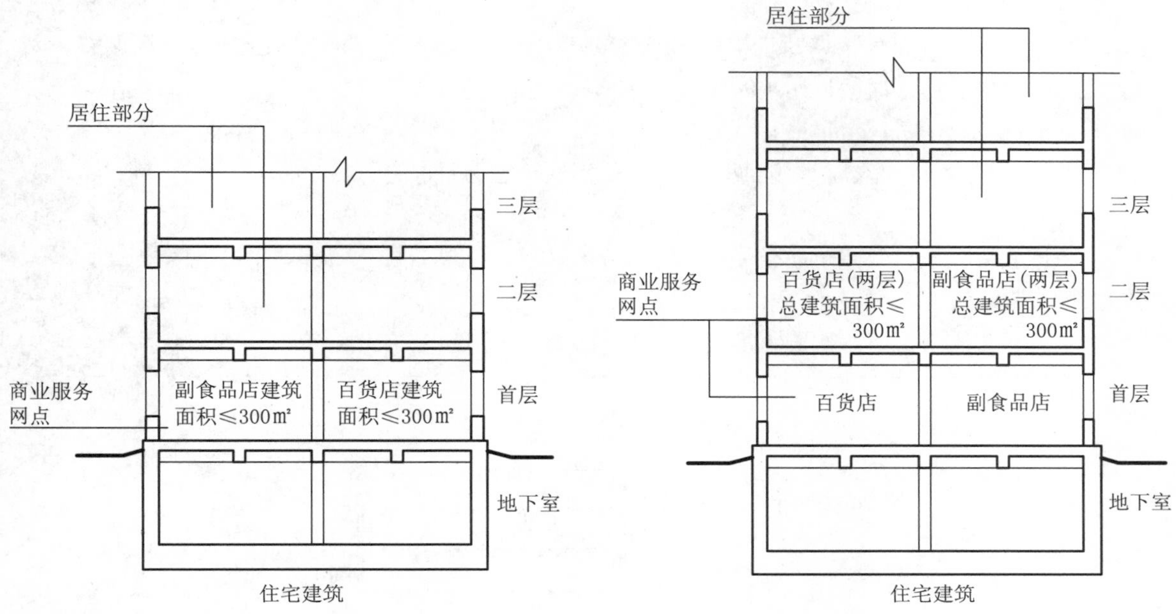
居住部分
三层
二层
首层
商业服务网点
副食品店建筑面积≤300㎡
百货店建筑面积≤300㎡
地下室
住宅建筑
居住部分
三层
商业服务网点
百货店(两层)总建筑面积≤300㎡
副食品店(两层)总建筑面积≤300㎡
二层
百货店
副食品店
首层
地下室
住宅建筑

图2-4 2.1.4图示

2.1.5 高架仓库 high rack storage

货架高度大于7m且采用机械化操作或自动化控制的货架仓库。

2.1.6 半地下室 semi-basement

房间地面低于室外设计地面的平均高度大于该房间平均净高1/3，且不大于1/2者（图2-5）。

2.1.7 地下室 basement

房间地面低于室外设计地面的平均高度大于该房间平均净高1/2者（图2-6）。

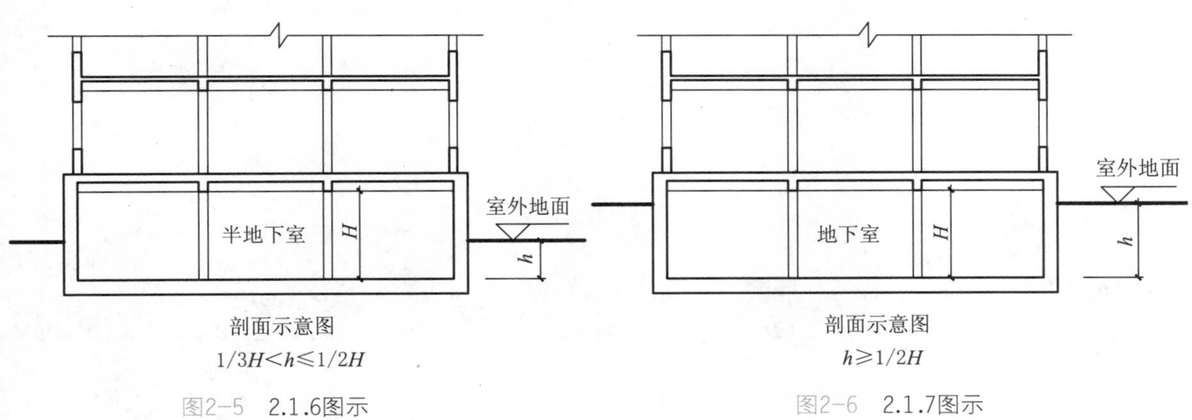
半地下室
H
室外地面
h
剖面示意图
1/3H<h≤1/2H
地下室
H
室外地面
h
剖面示意图
h≥1/2H

图2-5 2.1.6图示

图2-6 2.1.7图示

2.1.8　明火地点open flame location

室内外有外露火焰或赤热表面的固定地点（民用建筑内的灶具、电磁炉等除外）。

2.1.9　散发火花地点 sparking site

有飞火的烟囱或进行室外砂轮、电焊、气焊、气割等作业的固定地点。

2.1.10　耐火极限 fire resistance rating

在标准耐火试验条件下，建筑构件、配件或结构从受到火的作用时起，至失去承载能力、完整性或隔热性时止所用时间，用小时表示。

2.1.11　防火隔墙 fire partition wall

建筑内防止火灾蔓延至相邻区域且耐火极限不低于规定要求的不燃性墙体 。

2.1.12　防火墙fire wall

防止火灾蔓延至相邻建筑或相邻水平防火分区且耐火极限不低于3.00h的不燃性墙体。

2.1.13　避难层（间）refuge floor （room）

建筑内用于人员暂时躲避火灾及其烟气危害的楼层（房间）（图2–7）。

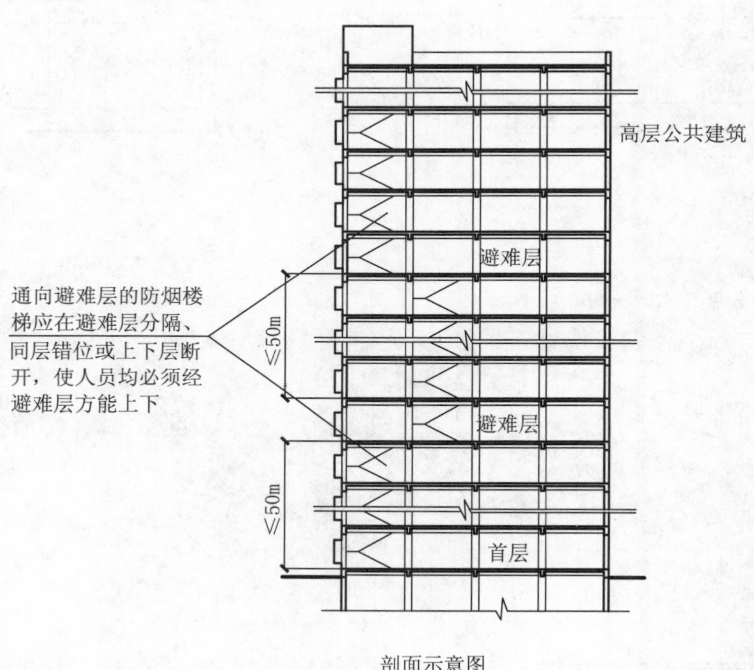
高层公共建筑
避难层
通向避难层的防烟楼梯应在避难层分隔、同层错位或上下层断开，使人员均必须经避难层方能上下
≤50m
避难层
≤50m
首层
剖面示意图

图2–7　2.1.13图示

2.1.14　安全出口 safety exit

供人员安全疏散用的楼梯间和室外楼梯的出入口或直通室内外安全区域的出口（图2–8）。

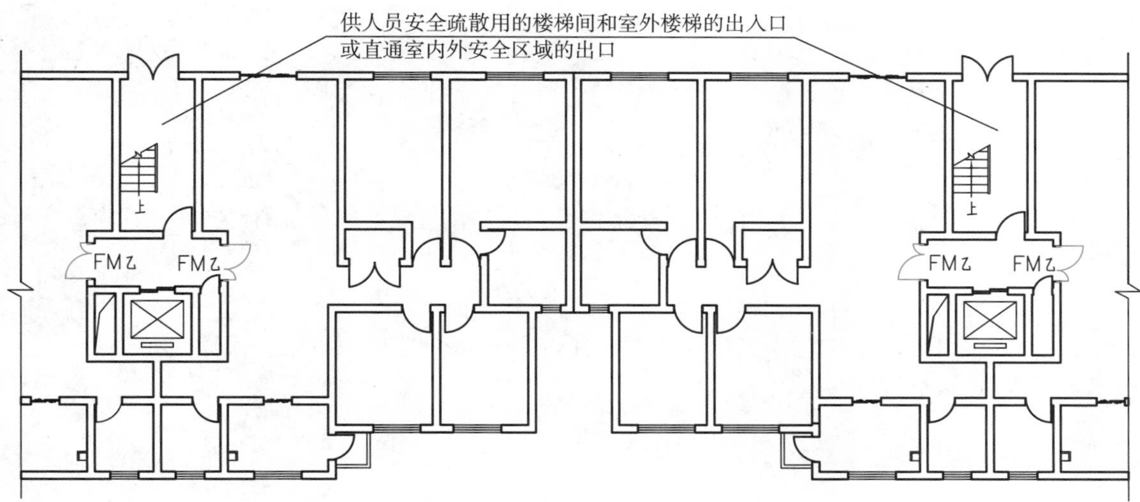
供人员安全疏散用的楼梯间和室外楼梯的出入口
或直通室内外安全区域的出口
FM乙
FM乙
FM乙
FM乙
上
上
单元式住宅首层平面图

图2-8　2.1.14图示

2.1.15　封闭楼梯间 enclosed staircase

在楼梯间入口处设置门，以防止火灾的烟和热气进入的楼梯间（图2-9）。

2.1.16　防烟楼梯间 smoke-proof staircase

在楼梯间入口处设置防烟的前室、开敞式阳台或凹廊（统称前室）等设施，且通向前室和楼梯间的门均为防火门，以防止火灾的烟和热气进入的楼梯间（图2-10）。

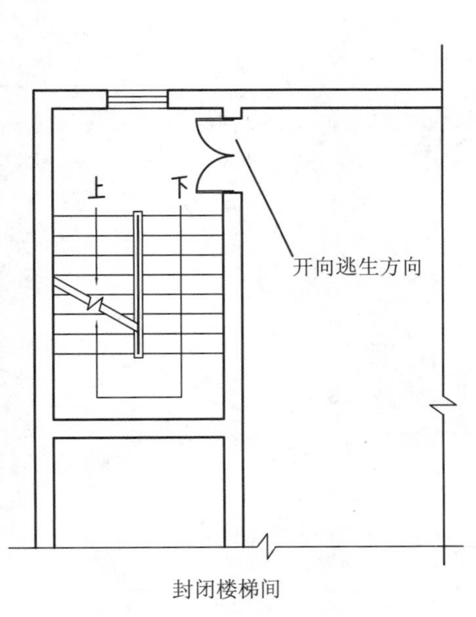
上
下
开向逃生方向
封闭楼梯间

图2-9　2.1.15图示

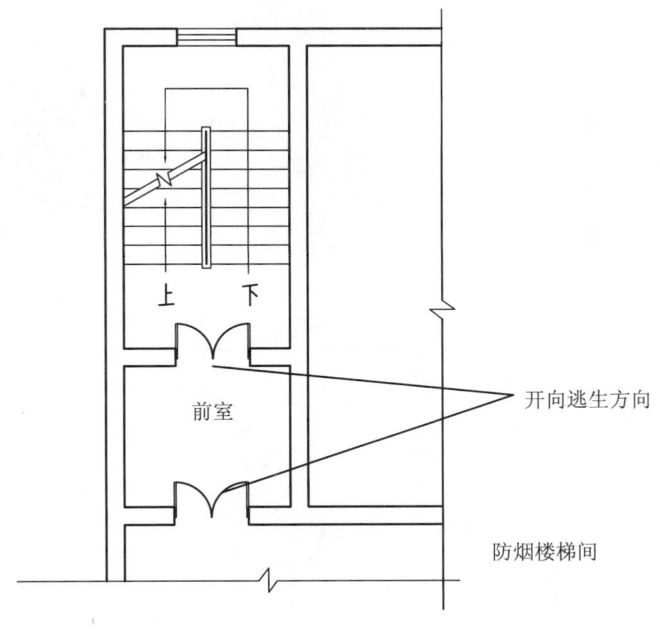
上
下
前室
开向逃生方向
防烟楼梯间

图2-10　2.1.16图示

2.1.17　避难走道 exit passageway

采取防烟措施且两侧设置耐火极限不低于3.00h的防火隔墙，用于人员安全通行至室外的走道（图2-11）。

2.1.18　闪点 flash point

在规定的试验条件下，可燃性液体或固体表面产生的蒸气与空气形成的混合物，遇火源能够闪燃的液体或固体的最低温度（采用闭杯法测定）。

2.1.19　爆炸下限 lower explosion limit

可燃的蒸气、气体或粉尘与空气组成的混合物，遇火源即能发生爆炸的最低浓度。

2.1.20　沸溢性油品 boil-over oil

含水并在燃烧时可产生热波作用的油品。

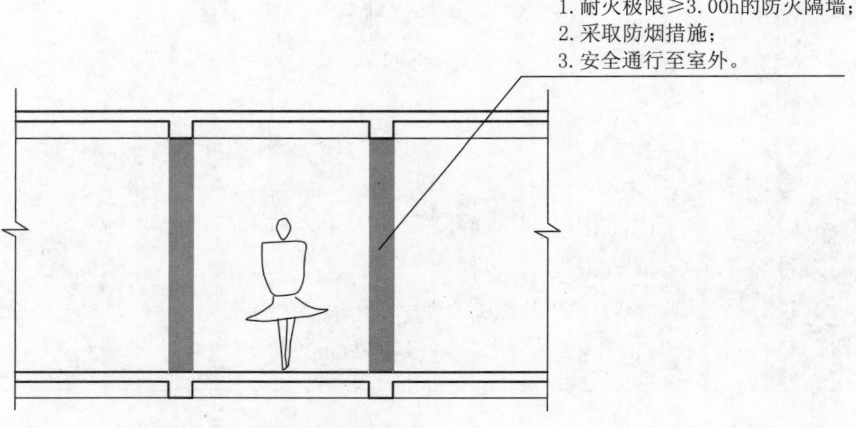
1. 耐火极限≥3. 00h的防火隔墙；
2. 采取防烟措施；
3. 安全通行至室外。
避难走道剖面示意图

图2-11　2.1.17图示

2.1.21　防火间距 fire separation distance

防止着火建筑在一定时间内引燃相邻建筑，便于消防扑救的间隔距离（图2-12）。

注：防火间距的计算方法应符合本规范附录B的规定。

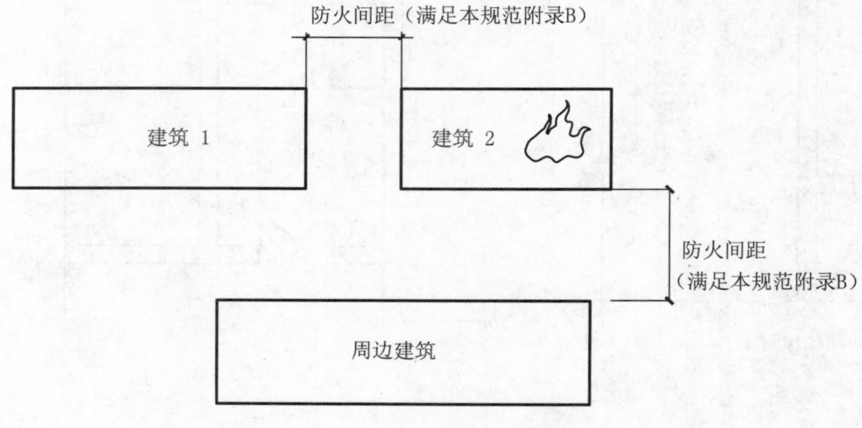
防火间距（满足本规范附录B）
建筑 1
建筑 2
防火间距
（满足本规范附录B）
周边建筑

图2-12　2.1.21图示

2.1.22 防火分区 fire compartment

在建筑内部采用防火墙、楼板及其他防火分隔设施分隔而成，能在一定时间内防止火灾向同一建筑的其余部分蔓延的局部空间（图2-13）。

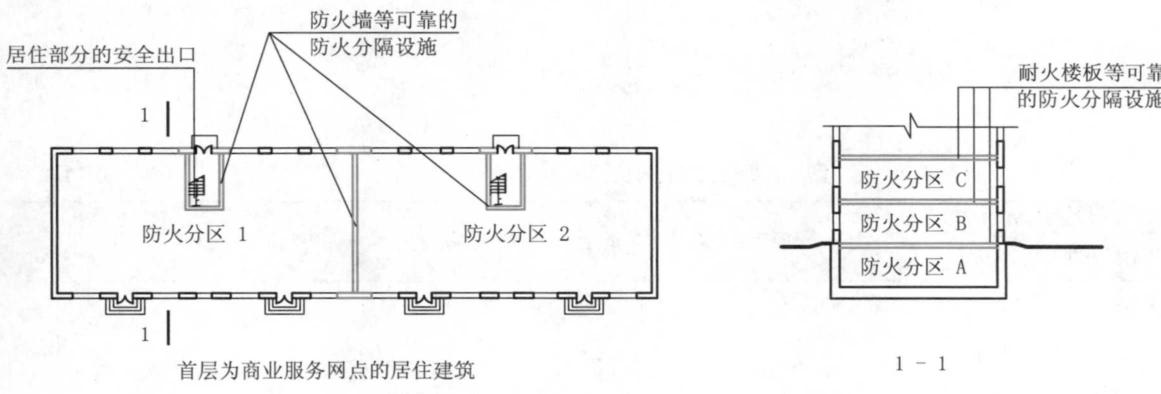
防火墙等可靠的
防火分隔设施
居住部分的安全出口
1
防火分区 1
防火分区 2
1
首层为商业服务网点的居住建筑
耐火楼板等可靠
的防火分隔设施
防火分区 C
防火分区 B
防火分区 A
1 - 1

图2-13 2.1.22图示

2.1.23 充实水柱 full water spout

从水枪喷嘴起至射流90%的水柱水量穿过直径380mm圆孔处的一段射流长度。

2.2 符号

A——泄压面积；

C——泄压比；

D——储罐的直径；

DN——管道的公称直径；

ΔH——建筑高差；

L——隧道的封闭段长度；

N——人数；

n——座位数；

K——爆炸特征指数；

V——建筑物、堆场的体积，储罐、瓶组的容积或容量；

W——可燃材料堆场或粮食筒仓、席穴囤、土圆仓的储量。

3 厂房和仓库

3.1 火灾危险性分类

3.1.1 生产的火灾危险性应根据生产中使用或产生的物质性质及其数量等因素划分，可分为甲、乙、丙、丁、戊类，并应符合表3.1.1的规定。

生产的火灾危险性分类 **表3.1.1**

生产的火灾危险性类别	使用或产生下列物质生产的火灾危险性特征	危险程度
甲	1. 闪点小于28℃的液体； 2. 爆炸下限小于10%的气体； 3. 常温下能自行分解或在空气中氧化能导致迅速自燃或爆炸的物质； 4. 常温下受到水或空气中水蒸气的作用，能产生可燃气体并引起燃烧或爆炸的物质； 5. 遇酸、受热、撞击、摩擦、催化以及遇有机物或硫黄等易燃的无机物，极易引起燃烧或爆炸的强氧化剂； 6. 受撞击、摩擦或与氧化剂、有机物接触时能引起燃烧或爆炸的物质； 7. 在密闭设备内操作温度不小于物质本身自燃点的生产	★★★★★
乙	1. 闪点不小于28℃，但小于60℃的液体； 2. 爆炸下限不小于10%的气体； 3. 不属于甲类的氧化剂； 4. 不属于甲类的易燃固体； 5. 助燃气体； 6. 能与空气形成爆炸性混合物的浮游状态的粉尘、纤维、闪点不小于60℃的液体雾滴	★★★★
丙	1. 闪点不小于60℃的液体； 2. 可燃固体	★★★
丁	1. 对不燃烧物质进行加工，并在高温或熔化状态下经常产生强辐射热、火花或火焰的生产； 2. 利用气体、液体、固体作为燃料或将气体、液体进行燃烧作其他用的各种生产； 3. 常温下使用或加工难燃烧物质的生产	★★
戊	常温下使用或加工不燃烧物质的生产	★

注：★越多危险程度越高。

3.1.2 同一座厂房或厂房的任一防火分区内有不同火灾危险性生产时，厂房或防火分区内的生产火灾危险性类别应按火灾危险性较大的部分确定（图3-1）；当生产过程中使用或产生易燃、可燃物的量较少，不足以构成爆炸或火灾危险时，可按实际情况确定；当符合下述条件之一时，可按火灾危险性较小的部分确定：

1 火灾危险性较大的生产部分占本层或本防火分区建筑面积的比例小于5%或丁、戊类厂房内的油漆工段小于10%，且发生火灾事故时不足以蔓延至其他部位或火灾危险性较大的生产部分采取了有效的防火措施（图3-2）；

2　丁、戊类厂房内的油漆工段，当采用封闭喷漆工艺，封闭喷漆空间内保持负压、油漆工段设置可燃气体探测报警系统或自动抑爆系统，且油漆工段占所在防火分区建筑面积的比例不大于20%（图3-3）。

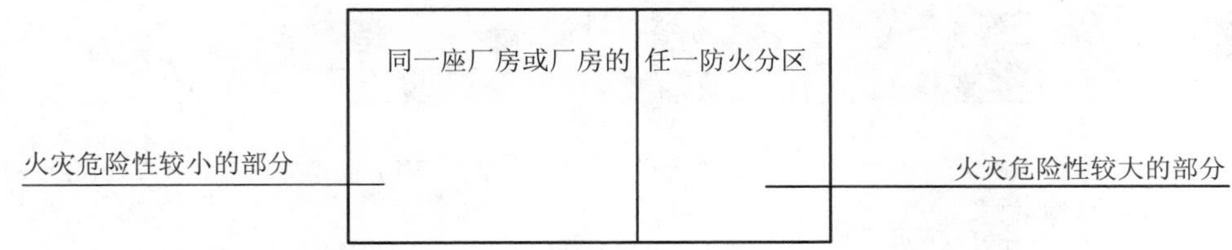
同一座厂房或厂房的
任一防火分区
火灾危险性较小的部分
火灾危险性较大的部分
应按火灾危险性较大的部分确定危险性分类

图3-1　3.1.2图示（1）

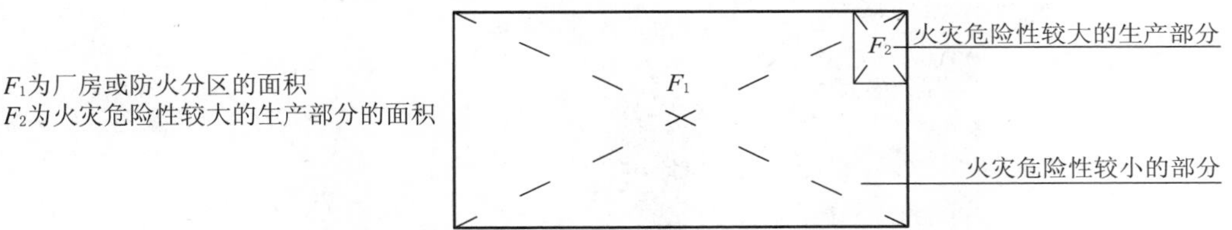
F_1为厂房或防火分区的面积
F_2为火灾危险性较大的生产部分的面积
F_1
F_2
火灾危险性较大的生产部分
火灾危险性较小的部分

当同时满足下列要求时，可按火灾危险性较小的部分确定其火灾危险性类别：
1. $F_2<5\%F_1$或$F_2<10\%F_1$（丁、戊类厂房的油漆工段）；
2. 且发生火灾时不足以蔓延至其他部位。

图3-2　3.1.2图示（2）

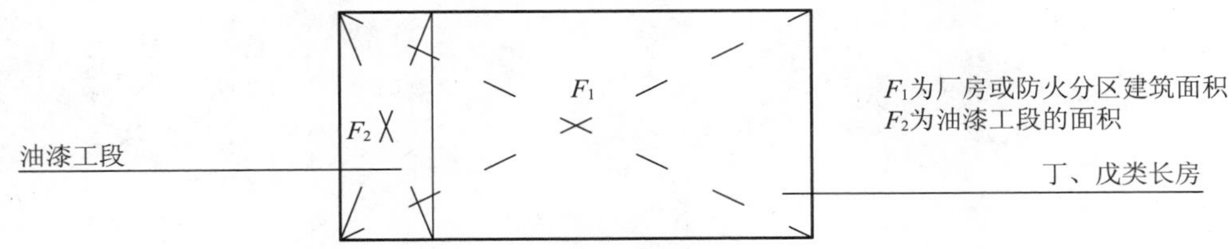
F_1
F_2
油漆工段
F_1为厂房或防火分区建筑面积
F_2为油漆工段的面积
丁、戊类长房

当油漆工段同时满足下列条件时，可按丁、戊类厂房确定火灾危险性等级和确定生产火灾危险性分类：
1. 采用封闭喷漆工艺；
2. 保持封闭喷漆空间内的负压；
3. 设置可燃气体自动报警系统或自动抑爆系统；
4. $F_2\leq20\%F_1$时。

图3-3　3.1.2图示（3）

3.1.3　储存物品的火灾危险性应根据储存物品的性质和储存物品中的可燃物数量等因素划分，可分为甲、乙、丙、丁、戊类，并应符合表3.1.3的规定。

储存物品的火灾危险性分类　　表3.1.3

储存物品的火灾危险性类别	储存物品的火灾危险性特征	危险程度
甲	1. 闪点小于28℃的液体； 2. 爆炸下限小于10%的气体，受到水或空气中水蒸气的作用能产生爆炸下限小于10%气体的固体物质； 3. 常温下能自行分解或在空气中氧化能导致迅速自燃或爆炸的物质； 4. 常温下受到水或空气中水蒸气的作用，能产生可燃气体并引起燃烧或爆炸的物质； 5. 遇酸、受热、撞击、摩擦以及遇有机物或硫黄等易燃的无机物，极易引起燃烧或爆炸的强氧化剂； 6. 受撞击、摩擦或与氧化剂、有机物接触时能引起燃烧或爆炸的物质	★★★★★
乙	1. 闪点不小于28℃，但小于60℃的液体； 2. 爆炸下限不小于10%的气体； 3. 不属于甲类的氧化剂； 4. 不属于甲类的易燃固体； 5. 助燃气体； 6. 常温下与空气接触能缓慢氧化，积热不散引起自燃的物品	★★★★
丙	1. 闪点不小于60℃的液体； 2. 可燃固体	★★★
丁	难燃烧物品	★★
戊	不燃烧物品	★

注：★越多危险程度越高。

3.1.4　同一座仓库或仓库的任一防火分区内储存不同火灾危险性物品时，仓库或防火分区的火灾危险性应按火灾危险性最大的物品确定（图3-4）。

3.1.5　丁、戊类储存物品仓库的火灾危险性，当可燃包装重量大于物品本身重量1/4或可燃包装体积大于物品本身体积的1/2时，应按丙类确定（图3-5）。

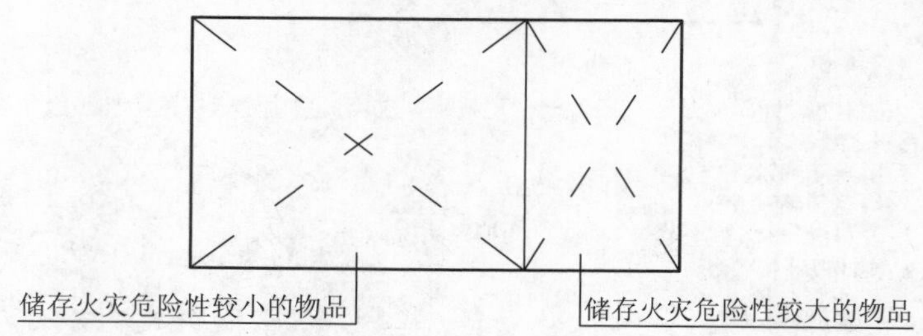
储存火灾危险性较小的物品
储存火灾危险性较大的物品
应按储存火灾危险性最大的类别确定其火灾危险性分类

图3-4　3.1.4图示

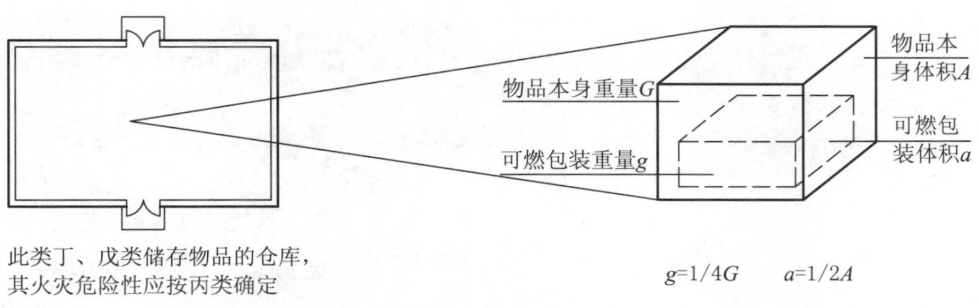
物品本身重量G
可燃包装重量g
物品本身体积A
可燃包装体积a
此类丁、戊类储存物品的仓库，其火灾危险性应按丙类确定
g=1/4G a=1/2A

图3-5 3.1.5图示

3.2 厂房和仓库的耐火等级

3.2.1 厂房和仓库的耐火等级可分为一、二、三、四级；相应建筑构件的燃烧性能和耐火极限，除本规范另有规定外，不应低于表3.2.1的规定。

不同耐火等级厂房和仓库建筑构件的燃烧性能和耐火极限（h） 表3.2.1

构件名称		耐火等级			
		一级	二级	三级	四级
墙	防火墙	不燃性 3.00	不燃性 3.00	不燃性 3.00	不燃性 3.00
	承重墙	不燃性 3.00	不燃性 2.50	不燃性 2.00	难燃性 0.50
	楼梯间和前室的墙 电梯井的墙	不燃性 2.00	不燃性 2.00	不燃性 1.50	难燃性 0.50
	疏散走道两侧的隔墙	不燃性 1.00	不燃性 1.00	不燃性 0.50	难燃性 0.25
	非承重外墙 房间隔墙	不燃性 0.75	不燃性 0.50	难燃性 0.50	难燃性 0.25
柱		不燃性 3.00	不燃性 2.50	不燃性 2.00	难燃性 0.50
梁		不燃性 2.00	不燃性 1.50	不燃性 1.00	难燃性 0.50
楼板		不燃性 1.50	不燃性 1.00	不燃性 0.75	难燃性 0.50
屋顶承重构件		不燃性 1.50	不燃性 1.00	难燃性 0.50	可燃性
疏散楼梯		不燃性 1.50	不燃性 1.00	不燃性 0.75	可燃性
吊顶（包括吊顶搁栅）		不燃性 0.25	难燃性 0.25	难燃性 0.15	可燃性

注：二级耐火等级建筑内采用不燃材料的吊顶，其耐火极限不限。

3.2.2 高层厂房，甲、乙类厂房的耐火等级不应低于二级，建筑面积不大于300m²的独立甲、乙类单层厂房可采用三级耐火等级的建筑（图3-6）。

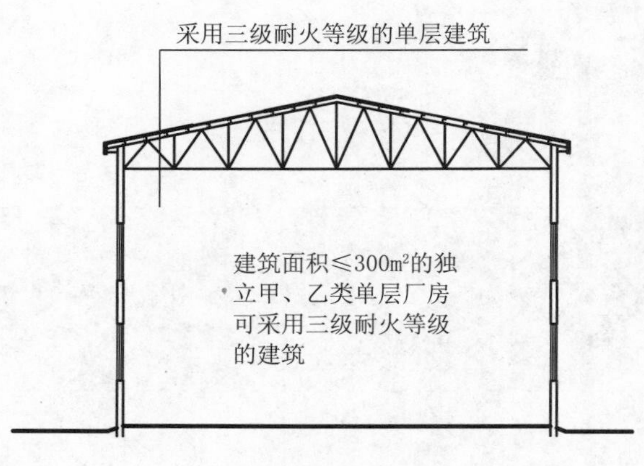
采用三级耐火等级的单层建筑
建筑面积≤300m²的独立甲、乙类单层厂房可采用三级耐火等级的建筑

图3-6　3.2.2图示

3.2.3 单、多层丙类厂房和多层丁、戊类厂房的耐火等级不应低于三级。

使用或产生丙类液体的厂房和有火花、赤热表面、明火的丁类厂房，其耐火等级均不应低于二级，当为建筑面积不大于500m²的单层丙类厂房或建筑面积不大于1000m²的单层丁类厂房时，可采用三级耐火等级的建筑。（图3-7、图3-8）

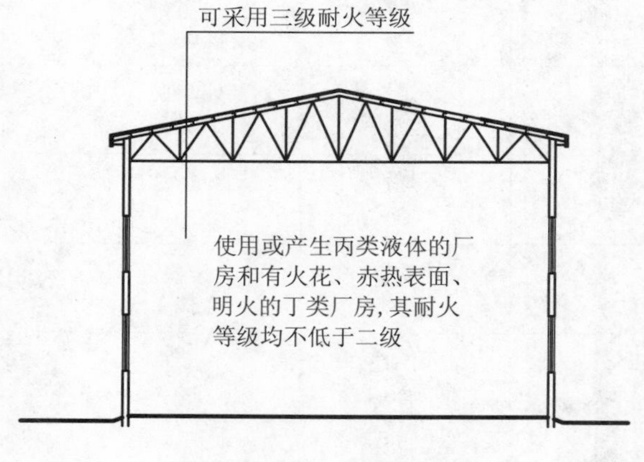
可采用三级耐火等级
使用或产生丙类液体的厂房和有火花、赤热表面、明火的丁类厂房，其耐火等级均不低于二级

图3-7　3.2.3图示（1）

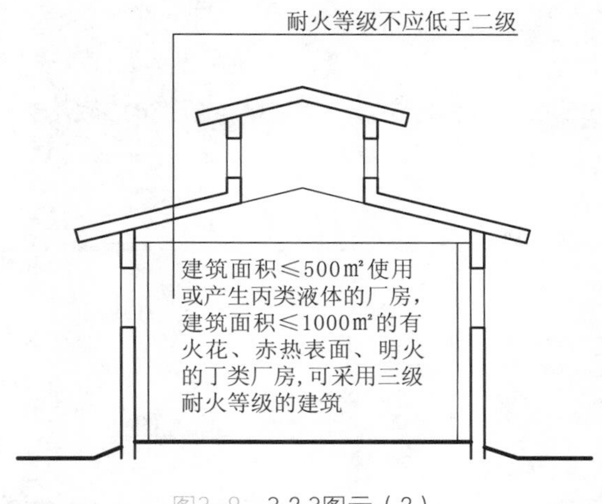
耐火等级不应低于二级
建筑面积≤500㎡使用或产生丙类液体的厂房，建筑面积≤1000㎡的有火花、赤热表面、明火的丁类厂房，可采用三级耐火等级的建筑

图3-8 3.2.3图示（2）

3.2.4 使用或储存特殊贵重的机器、仪表、仪器等设备或物品的建筑，其耐火等级不应低于二级（图3-9）。

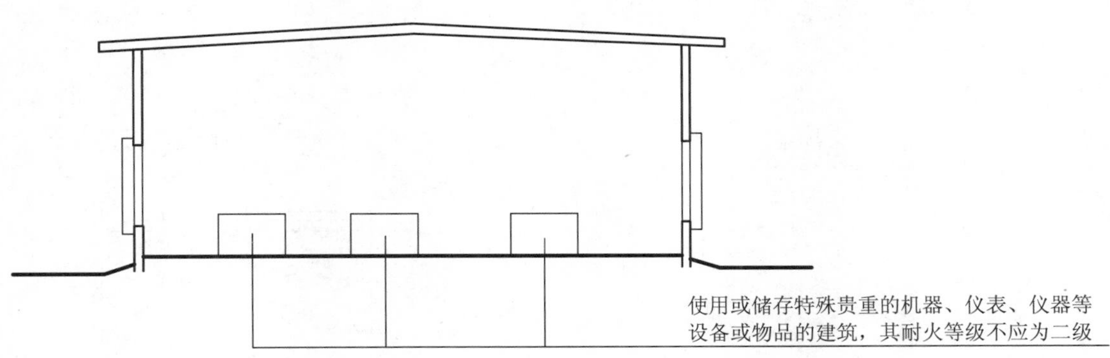
使用或储存特殊贵重的机器、仪表、仪器等设备或物品的建筑，其耐火等级不应为二级

图3-9 3.2.4图示

3.2.5 锅炉房的耐火等级不应低于二级，当为燃煤锅炉房且锅炉的总蒸发量不大于4t/h时，可采用三级耐火等级的建筑。

3.2.6 油浸变压器室、高压配电装置室的耐火等级不应低于二级，其他防火设计应符合现行国家标准《火力发电厂和变电站设计防火规范》GB 50229等标准的规定。

3.2.7 高架仓库、高层仓库、甲类仓库、多层乙类仓库和储存可燃液体的多层丙类仓库，其耐火等级不应低于二级。

单层乙类仓库，单层丙类仓库，储存可燃固体的多层丙类仓库和多层丁、戊类仓库，其耐火等级不应低于三级。

3.2.8 粮食筒仓的耐火等级不应低于二级；二级耐火等级的粮食筒仓可采用钢板仓。

粮食平房仓的耐火等级不应低于三级；二级耐火等级的散装粮食平房仓可采用无防火保护的金属承重构件。

3.2.9 甲、乙类厂房和甲、乙、丙类仓库内的防火墙，其耐火极限不应低于4.00h（图3-10）。

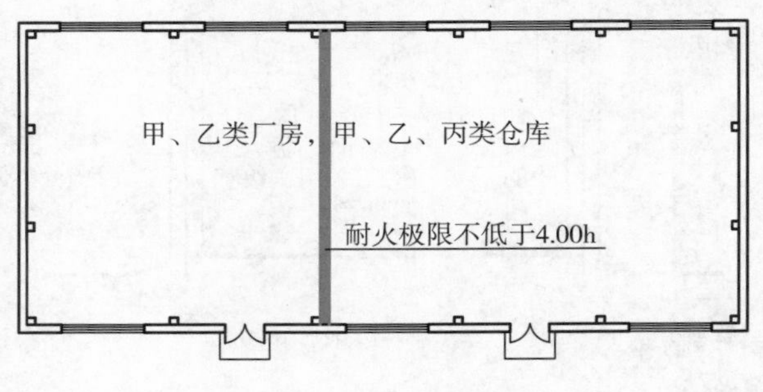
甲、乙类厂房
甲、乙、丙类仓库
耐火极限不低于4.00h

图3-10 3.2.9图示

3.2.10 一、二级耐火等级单层厂房（仓库）的柱，其耐火极限分别不应低于2.50h和2.00h（图3-11）。

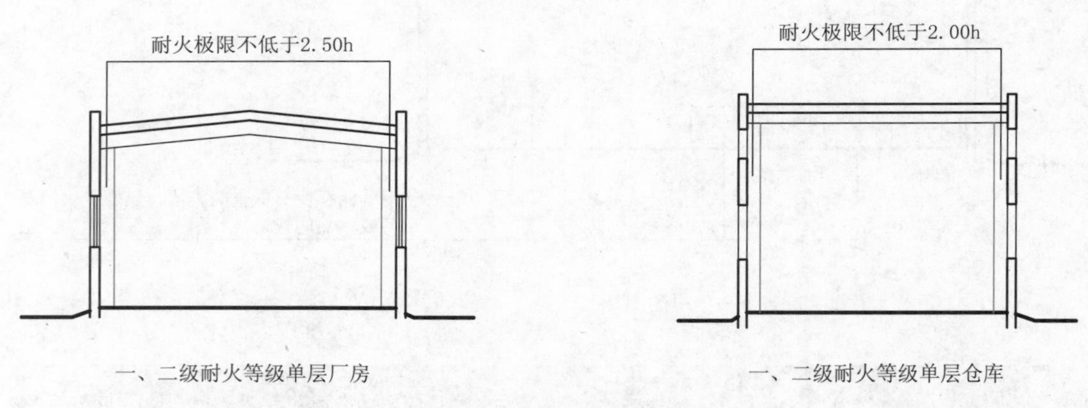
耐火极限不低于2.50h
耐火极限不低于2.00h
一、二级耐火等级单层厂房
一、二级耐火等级单层仓库

图3-11 3.2.10图示

3.2.11 采用自动喷水灭火系统全保护的一级耐火等级单、多层厂房（仓库）的屋顶承重构件，其耐火极限不应低于1.00h（图3-12）。

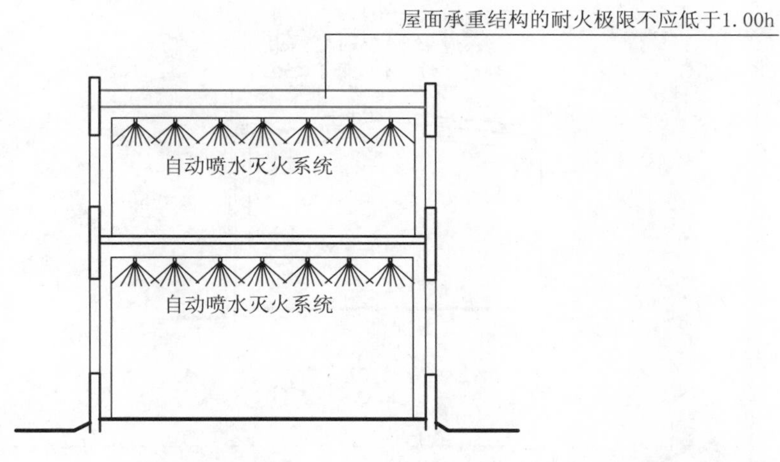
屋面承重结构的耐火极限不应低于1.00h
自动喷水灭火系统
自动喷水灭火系统

一级耐火等级的多层厂房（仓库）剖面

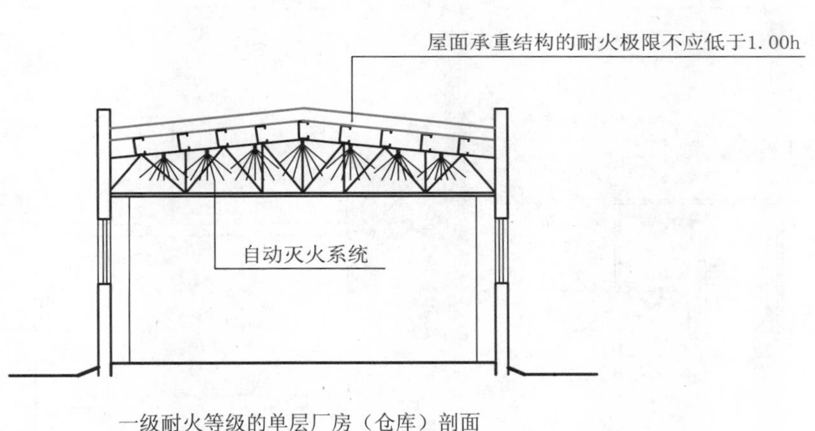
屋面承重结构的耐火极限不应低于1.00h
自动灭火系统

一级耐火等级的单层厂房（仓库）剖面

图3-12 3.2.11图示

3.2.12 除甲、乙类仓库和高层仓库外，一、二级耐火等级建筑的非承重外墙，当采用不燃性墙体时，其耐火极限不应低于0.25h；当采用难燃性墙体时，不应低于0.50h（图3-13）。

4层及4层以下的一、二级耐火等级丁、戊类地上厂房（仓库）的非承重外墙，当采用不燃性墙体时，其耐火极限不限。

当采用不燃性墙体时，其耐火
极限不应低于0.25h；当采用难
燃性墙体时，不应低于0.50h

图3-13　3.2.12图示

3.2.13　二级耐火等级厂房（仓库）内的房间隔墙，当采用难燃性墙体时，其耐火极限应提高0.25h（图3-14）。

3.2.14　二级耐火等级多层厂房和多层仓库内采用预应力钢筋混凝土的楼板，其耐火极限不应低于0.75h（图3-15）。

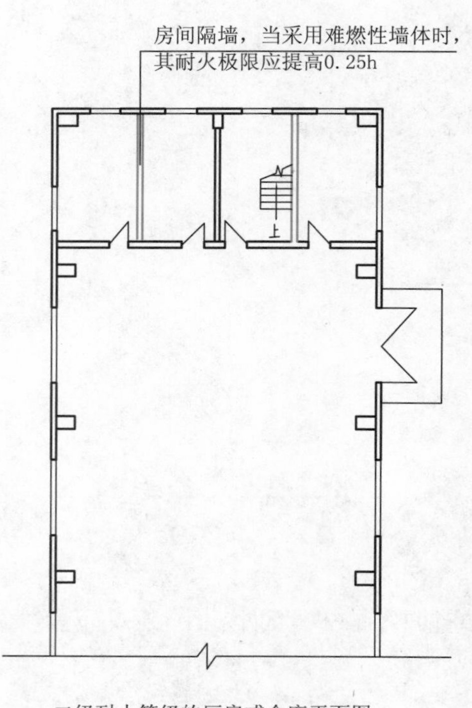
房间隔墙，当采用难燃性墙体时，
其耐火极限应提高0. 25h
上

二级耐火等级的厂房或仓库平面图

图3-14　3.2.13图示

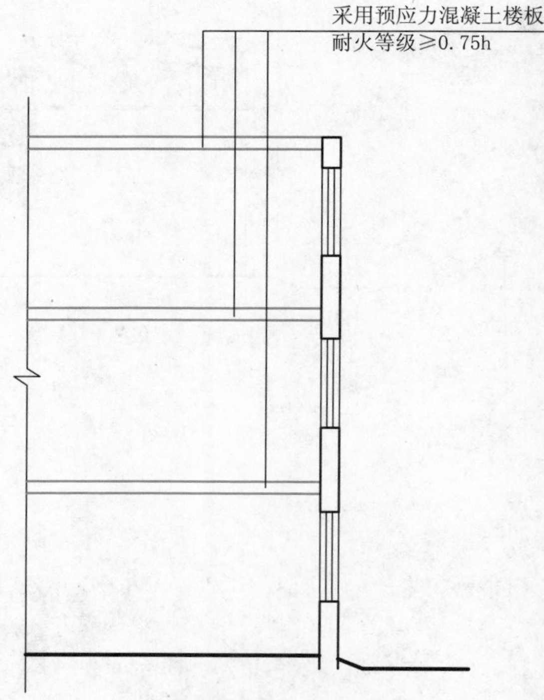
采用预应力混凝土楼板
耐火等级≥0. 75h

二级耐火等级的多层厂房或仓库剖面图

图3-15　3.2.14图示

3.2.15 一、二级耐火等级厂房（仓库）的上人平屋顶，其屋面板的耐火极限分别不应低于1.50h和1.00h（图3-16）。

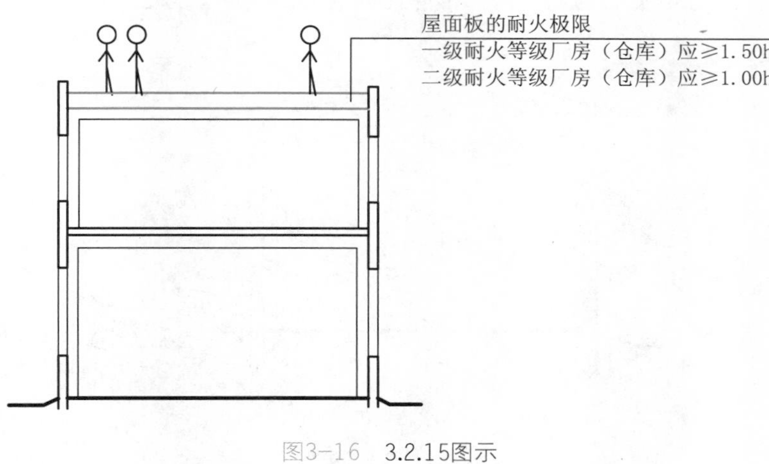
屋面板的耐火极限
一级耐火等级厂房（仓库）应≥1.50h
二级耐火等级厂房（仓库）应≥1.00h

图3-16 3.2.15图示

3.2.16 一、二级耐火等级厂房（仓库）的屋面板应采用不燃材料。

屋面防水层宜采用不燃、难燃材料，当采用可燃防水材料且铺设在可燃、难燃保温材料上时，防水材料或可燃、难燃保温材料应采用不燃材料作防护层（图3-17）。

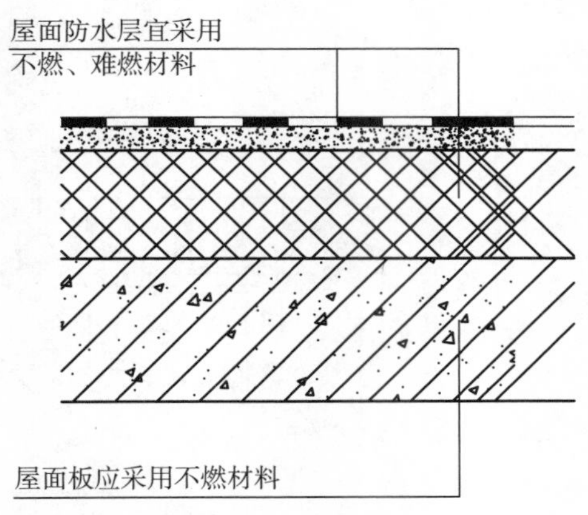
屋面防水层宜采用
不燃、难燃材料
屋面板应采用不燃材料

一、二类耐火等级厂房（仓库）

图3-17 3.2.16图示

3.2.17　建筑中的非承重外墙、房间隔墙和屋面板，当确需采用金属夹芯板材时，其芯材应为不燃材料，且耐火极限应符合本规范有关规定。

3.2.18　除本规范另有规定外，以木柱承重且墙体采用不燃材料的厂房（仓库），其耐火等级可按四级确定（图3-18）。

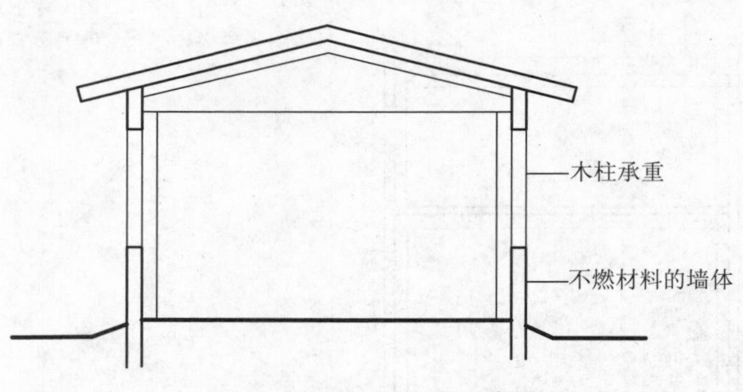
木柱承重
不燃材料的墙体
厂房（仓库）的耐火等级可按四级确定

图3-18　3.2.18图示

3.2.19　预制钢筋混凝土构件的节点外露部位，应采取防火保护措施，且节点的耐火极限不应低于相应构件的耐火极限（图3-19）。

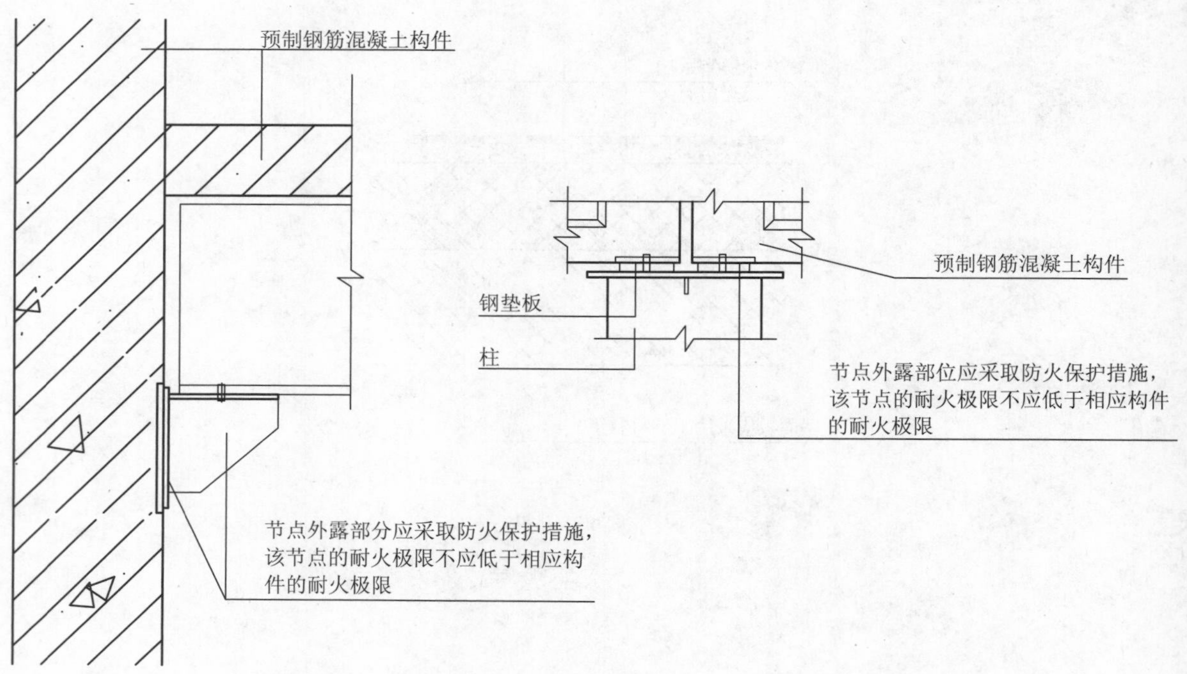
预制钢筋混凝土构件
节点外露部分应采取防火保护措施，
该节点的耐火极限不应低于相应构
件的耐火极限
预制钢筋混凝土构件
钢垫板
柱
节点外露部位应采取防火保护措施，
该节点的耐火极限不应低于相应构件
的耐火极限

图3-19　3.2.19图示

3.3 厂房和仓库的层数、面积和平面布置

3.3.1 除本规范另有规定外，厂房的层数和每个防火分区的最大允许建筑面积应符合表3.3.1的规定。

厂房的层数和每个防火分区的最大允许建筑面积 表3.3.1

生产的火灾危险性类别	厂房的耐火等级	最多允许层数	每个防火分区的最大允许建筑面积（m²）			
			单层厂房	多层厂房	高层厂房	地下或半地下厂房（包括地下或半地下室）
甲	一级 二级	宜采用单层	4000 3000	3000 2000	—— ——	—— ——
乙	一级 二级	不限 6	5000 4000	4000 3000	2000 1500	—— ——
丙	一级 二级 三级	不限 不限 2	不限 8000 3000	6000 4000 2000	3000 2000 ——	500 500 ——
丁	一、二级 三级 四级	不限 3 1	不限 4000 1000	不限 2000 ——	4000 —— ——	1000 —— ——
戊	一、二级 三级 四级	不限 3 1	不限 5000 1500	不限 3000 ——	6000 —— ——	1000 —— ——

注：1 防火分区之间应采用防火墙分隔。除甲类厂房外的一、二级耐火等级厂房，当其防火分区的建筑面积大于本表规定，且设置防火墙确有困难时，可采用防火卷帘或防火分隔水幕分隔。采用防火卷帘时，应符合本规范第6.5.3条的规定；采用防火分隔水幕时，应符合现行国家标准《自动喷水灭火系统设计规范》GB 50084的规定。

2 除麻纺厂房外，一级耐火等级的多层纺织厂房和二级耐火等级的单、多层纺织厂房，其每个防火分区的最大允许建筑面积可按本表的规定增加0.5倍，但厂房内的原棉开包、清花车间与厂房内其他部位之间均应采用耐火极限不低于2.50h的防火隔墙分开，需要开设门、窗、洞口时，应设置甲级防火门、窗。

3 一、二级耐火等级的单、多层造纸生产联合厂房，其每个防火分区的最大允许建筑面积可按本表的规定增加1.5倍。一、二级耐火等级的湿式造纸联合厂房，当纸机烘缸罩内设置自动灭火系统，完成工段设置有效灭火设施保护时，其每个防火分区的最大允许建筑面积可按工艺要求确定。

4 一、二级耐火等级的谷物筒仓工作塔，当每层工作人数不超过2人时，其层数不限。

5 一、二级耐火等级卷烟生产联合厂房内的原料、备料及成组配方、制丝、储丝和卷接包、辅料周转、成品暂存、二氧化碳膨胀烟丝等生产用房应划分独立的防火分隔单元，当工艺条件许可时，应采用防火墙进行分隔。其中制丝、储丝和卷接包车间可划分一个防火分区，且每个防火分区的最大允许建筑面积可按工艺要求确定。但制丝、储丝及卷接包车间之间应采用耐火极限不低于2.00h的防火墙体和1.00h的楼板进行分隔。厂房内各水平和竖向防火分隔之间的开口应采取防止火灾蔓延的措施。

6 厂房内的操作平台、检修平台，当使用人数少于10人时，平台的面积可不计入所在防火分区的建筑面积内。

7 “——”表示不允许。

3.3.2 除本规范另有规定外，仓库的层数和面积应符合表3.3.2的规定。

仓库的层数和面积 表3.3.2

储存物品的火灾危险性类别		仓库的耐火等级	最多允许层数	每座仓库的最大允许占地面积和每个防火分区的最大允许建筑面积（m^2）						
				单层仓库		多层仓库		高层仓库		地下或半地下仓库（包括地下或半地下室）
				每座仓库	防火分区	每座仓库	防火分区	每座仓库	防火分区	防火分区
甲	3、4项	一级	1	180	60	——	——	——	——	——
	1、2、5、6项	一、二级	1	750	250	——	——	——	——	——
乙	1、3、4项	一、二级	3	2000	500	900	300	——	——	——
		三级	1	500	250	——	——	——	——	——
	2、5、6项	一、二级	5	2800	700	1500	500	——	——	——
		三级	1	900	300	——	——	——	——	——
丙	1项	一、二级	5	4000	1000	2800	700	——	——	150
		三级	1	1200	400	——	——	——	——	——
	2项	一、二级	不限	6000	1500	4800	1200	4000	1000	300
		三级	3	2100	700	1200	400	——	——	——
丁		一、二级	不限	不限	3000	不限	1500	4800	1200	500
		三级	3	3000	1000	1500	500	——	——	——
		四级	1	2100	700	——	——	——	——	——
戊		一、二级	不限	不限	不限	不限	2000	6000	1500	1000
		三级	3	3000	1000	2100	700	——	——	——
		四级	1	2100	700	——	——	——	——	——

注：1 仓库内的防火分区之间必须采用防火墙分隔，甲、乙类仓库内防火分区之间的防火墙不应开设门、窗、洞口；地下或半地下仓库（包括地下或半地下室）的最大允许占地面积，不应大于相应类别地上仓库的最大允许占地面积。

2 石油库内的桶装油品仓库应符合现行国家标准《石油库设计规范》GB 50074的规定。

3 一、二级耐火等级的煤均化库，每个防火分区的最大允许建筑面积不应大于12000m^2。

4 独立建造的硝酸铵仓库、电石仓库、聚乙烯等高分子制品仓库、尿素仓库、配煤仓库、造纸厂的独立成品仓库，当建筑的耐火等级不低于二级时，每座仓库的最大允许占地面积和每个防火分区的最大允许建筑面积可按本表的规定增加1.0倍。

5 一、二级耐火等级粮食平房仓的最大允许占地面积不应大于12000m^2，每个防火分区的最大允许建筑面积不应大于3000m^2；三级耐火等级粮食平房仓的最大允许占地面积不应大于3000m^2，每个防火分区的最大允许建筑面积不应大于1000m^2。

6 一、二级耐火等级且占地面积不大于 2000m^2的单层棉花库房，其防火分区的最大允许建筑面积不应大于2000m^2。

7 一、二级耐火等级冷库的最大允许占地面积和防火分区的最大允许建筑面积，应符合现行国家标准《冷库设计规范》GB 50072的规定。

8 “——”表示不允许。

3.3.3 厂房内设置自动灭火系统时，每个防火分区的最大允许建筑面积可按本规范第 3.3.1条的规定增加1.0倍。当丁、戊类的地上厂房内设置自动灭火系统时，每个防火分区的最大允许建筑面积不限。厂房内局部设置自动灭火系统时，其防火分区的增加面积可按该局部面积的1.0倍计算。

仓库内设置自动灭火系统时，除冷库的防火分区外，每座仓库最大允许占地面积和每个防火分区的最大允许建筑面积可按本规范第3.3.2条的规定增加1.0倍。

3.3.4 甲、乙类生产场所（仓库）不应设置在地下或半地下（图3-20）。

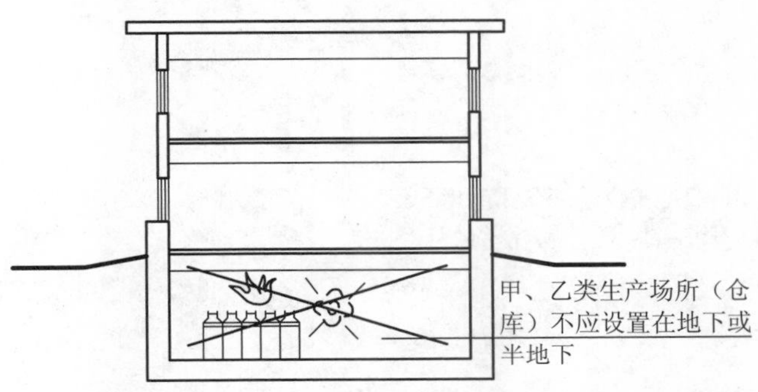
甲、乙类生产场所（仓库）不应设置在地下或半地下

图3-20 3.3.4图示

3.3.5 员工宿舍严禁设置在厂房内（图3-21）。

办公室、休息室等不应设置在甲、乙类厂房内，确需贴邻本厂房时，其耐火等级不应低于二级，并应采用耐火极限不低于3.00h 的防爆墙与厂房分隔，且应设置独立的安全出口（图3-22）。

办公室、休息室设置在丙类厂房内时，应采用耐火极限不低于2.50h的防火隔墙和1.00h的楼板与其他部位分隔，并应至少设置1个独立的安全出口。如隔墙上需开设相互连通的门时，应采用乙级防火门（图3-23）。

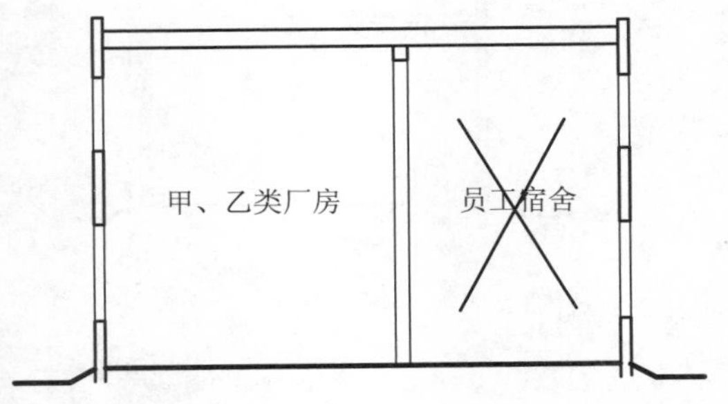
甲、乙类厂房
员工宿舍

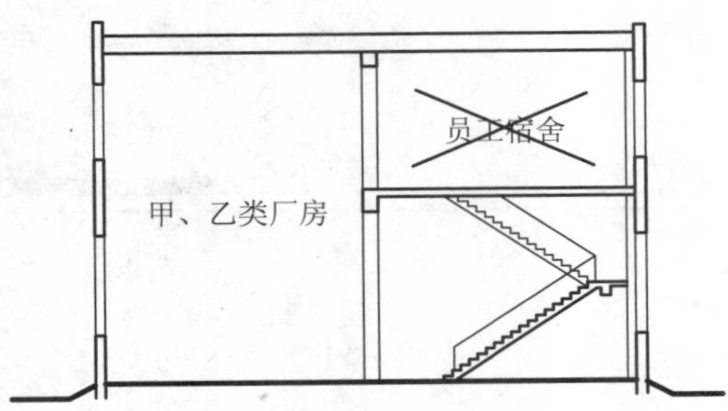
员工宿舍
甲、乙类厂房

图3-21 3.3.5图示（1）

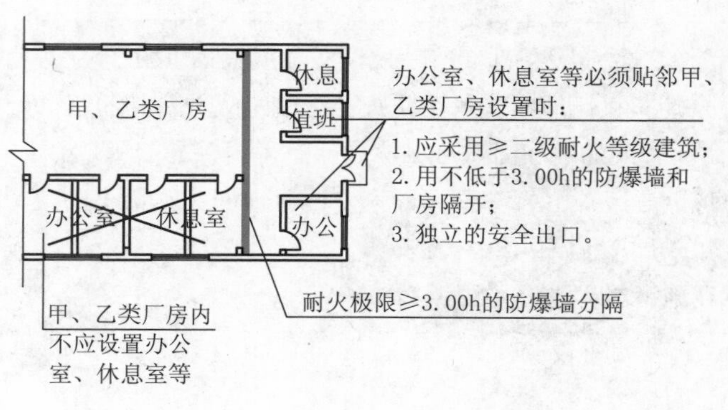

甲、乙类厂房
休息
值班
办公
办公室
休息室
办公室、休息室等必须贴邻甲、乙类厂房设置时：
1. 应采用≥二级耐火等级建筑；
2. 用不低于3.00h的防爆墙和厂房隔开；
3. 独立的安全出口。
耐火极限≥3.00h的防爆墙分隔
甲、乙类厂房内不应设置办公室、休息室等

图3-22　3.3.5图示（2）

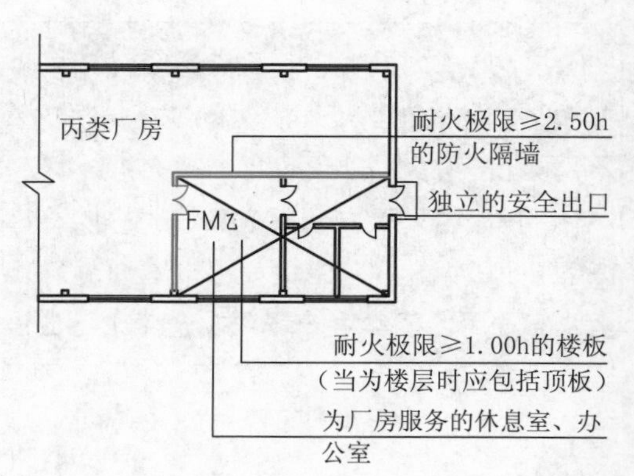

丙类厂房
FM乙
耐火极限≥2.50h的防火隔墙
独立的安全出口
耐火极限≥1.00h的楼板（当为楼层时应包括顶板）
为厂房服务的休息室、办公室

图3-23　3.3.5图示（3）

3.3.6　厂房内设置中间仓库时，应符合下列规定：

1　甲、乙类中间仓库应靠外墙布置，其储量不宜超过1昼夜的需要量；

2　甲、乙、丙类中间仓库应采用防火墙和耐火极限不低于1.50h的不燃性楼板与其他部位分隔（图3-24）；

3　丁、戊类中间仓库应采用耐火极限不低于2.00h的防火隔墙和1.00h的楼板与其他部位分隔（图3-25）；

4　仓库的耐火等级和面积应符合本规范第3.3.2条和第3.3.3条的规定。

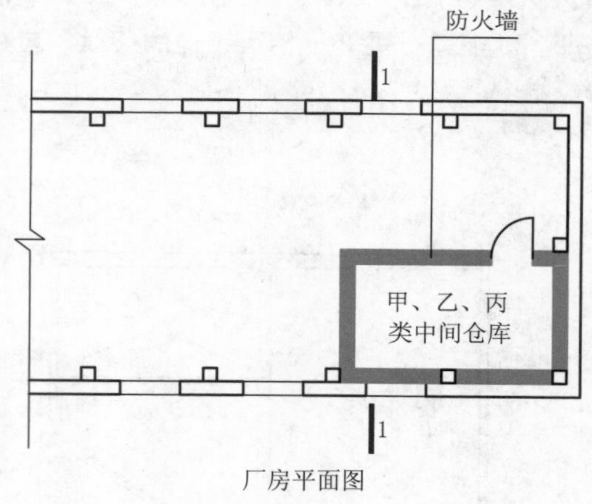

防火墙
1
甲、乙、丙类中间仓库
1
厂房平面图

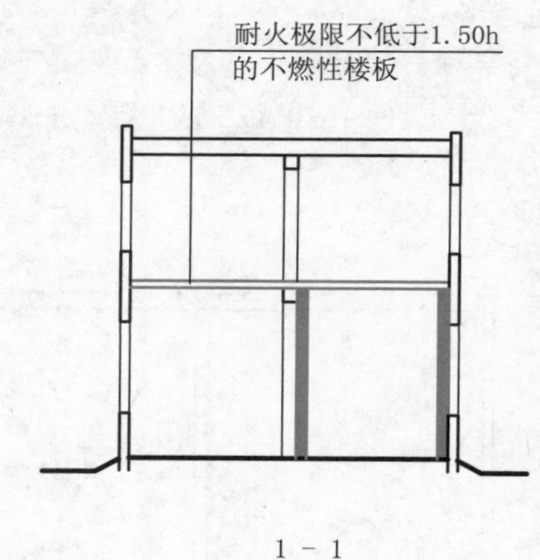

耐火极限不低于1.50h的不燃性楼板
1－1

图3-24　3.3.6图示（1）

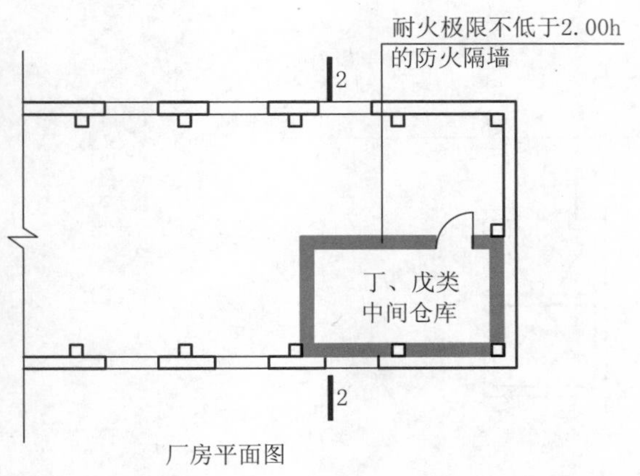
耐火极限不低于2.00h
的防火隔墙
2
丁、戊类
中间仓库
2
厂房平面图

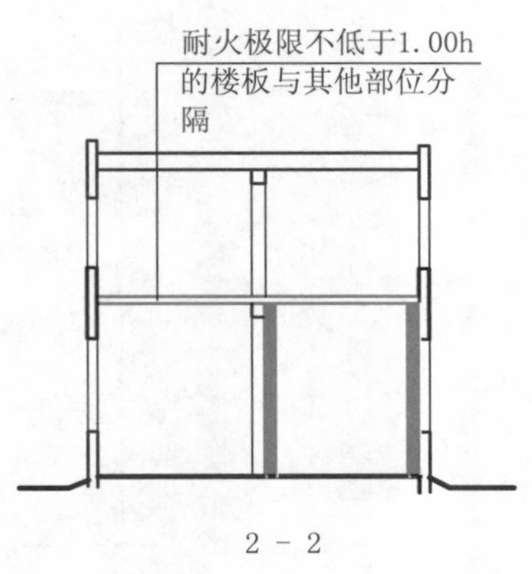
耐火极限不低于1.00h
的楼板与其他部位分
隔
2 - 2

图3-25 3.3.6图示（2）

3.3.7 厂房内的丙类液体中间储罐应设置在单独房间内，其容量不应大于$5m^3$。设置中间储罐的房间，应采用耐火极限不低于3.00h的防火隔墙和1.50h的楼板与其他部位分隔，房间门应采用甲级防火门（图3-26）。

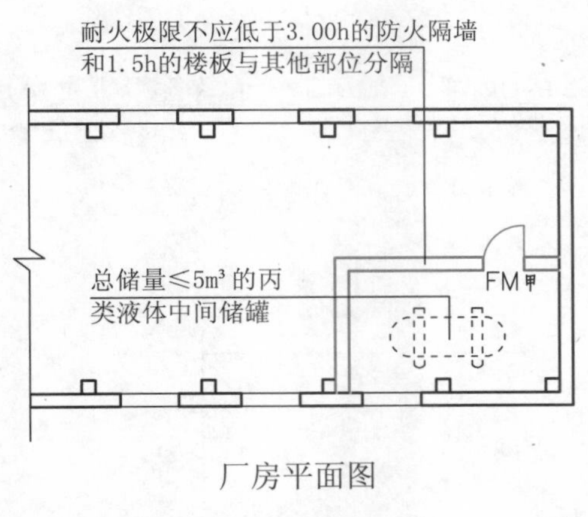
耐火极限不应低于3.00h的防火隔墙
和1.5h的楼板与其他部位分隔
总储量≤5m³的丙
类液体中间储罐
FM甲

厂房平面图

图3-26 3.3.7图示

3.3.8 变、配电站不应设置在甲、乙类厂房内或贴邻，且不应设置在爆炸性气体、粉尘环境的危险区域内（图3-27）。供甲、乙类厂房专用的10kV及以下的变、配电站，当采用无门、窗、洞口的防火墙分隔时，可一面贴邻，并应符合现行国家标准《爆炸危险环境电力装置设计规范》GB 50058等标准的规定（图3-28）。

乙类厂房的配电站确需在防火墙上开窗时，应采用甲级防火窗（图3-29）。

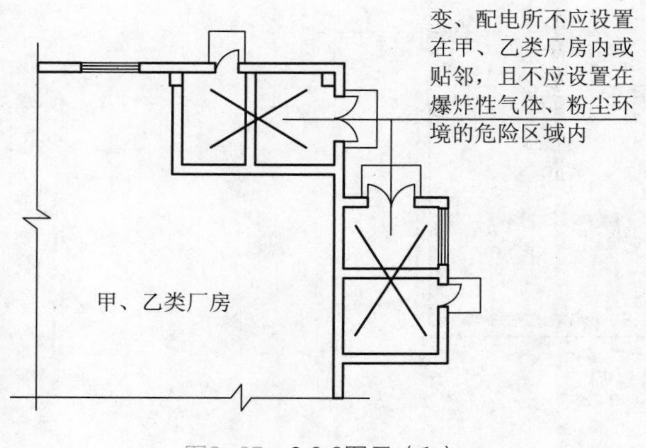
变、配电所不应设置
在甲、乙类厂房内或
贴邻，且不应设置在
爆炸性气体、粉尘环
境的危险区域内
甲、乙类厂房

图3-27 3.3.8图示（1）

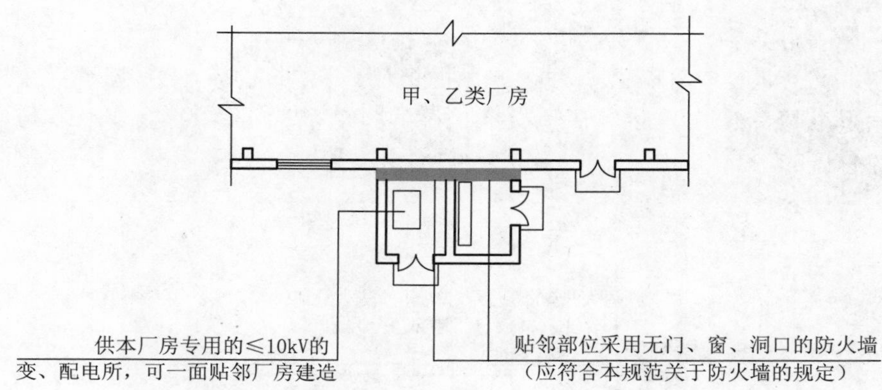
甲、乙类厂房
供本厂房专用的≤10kV的
变、配电所，可一面贴邻厂房建造
贴邻部位采用无门、窗、洞口的防火墙
（应符合本规范关于防火墙的规定）

图3-28 3.3.8图示（2）

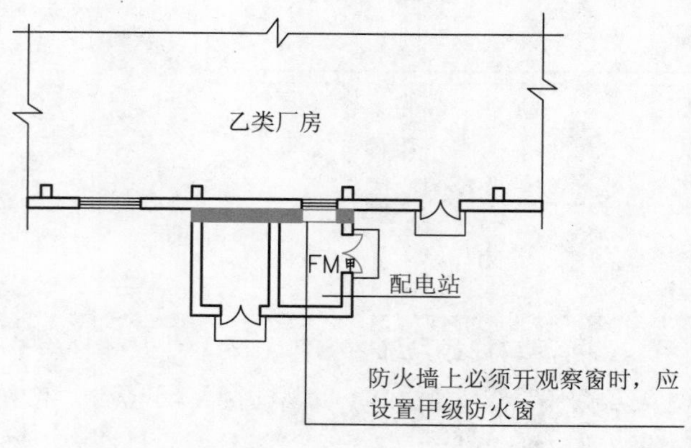
乙类厂房
FM甲
配电站
防火墙上必须开观察窗时，应
设置甲级防火窗

图3-29 3.3.8图示（3）

3.3.9 员工宿舍严禁设置在仓库内（图3–30）。

办公室、休息室等严禁设置在甲、乙类仓库内，也不应贴邻（图3–31）。

办公室、休息室设置在丙、丁类仓库内时，应采用耐火极限不低于2.50h的防火隔墙和1.00h的楼板与其他部位分隔，并应设置独立的安全出口。隔墙上需开设相互连通的门时，应采用乙级防火门（图3–32）。

3.3.10 物流建筑的防火设计应符合下列规定：

1 当建筑功能以分拣、加工等作业为主时，应按本规范有关厂房的规定确定，其中仓储部分应按中间仓库确定。

2 当建筑功能以仓储为主或建筑难以区分主要功能时，应按本规范有关仓库的规定确定，但当分拣等作业区采用防火墙与储存区完全分隔时，作业区和储存区的防火要求可分别按本规范有关厂房和仓库的规定确定。其中，当分拣等作业区采用防火墙与储存区完全分隔且符合下列条件时，除自动化控制的丙类高架仓库外，储存区的防火分区最大允许建筑面积和储存区部分建筑的最大允许占地面积，可按本规范表3.3.2（不含注）的规定增加3.0倍：

1）储存除可燃液体、棉、麻、丝、毛及其他纺织品、泡沫塑料等物品外的丙类物品且建筑的耐火等级不低于一级；

2）储存丁、戊类物品且建筑的耐火等级不低于二级；

3）建筑内全部设置自动水灭火系统和火灾自动报警系统。

3.3.11 甲、乙类厂房（仓库）内不应设置铁路线。

需要出入蒸汽机车和内燃机车的丙、丁、戊类厂房（仓库），其屋顶应采用不燃材料或采取其他防火措施。

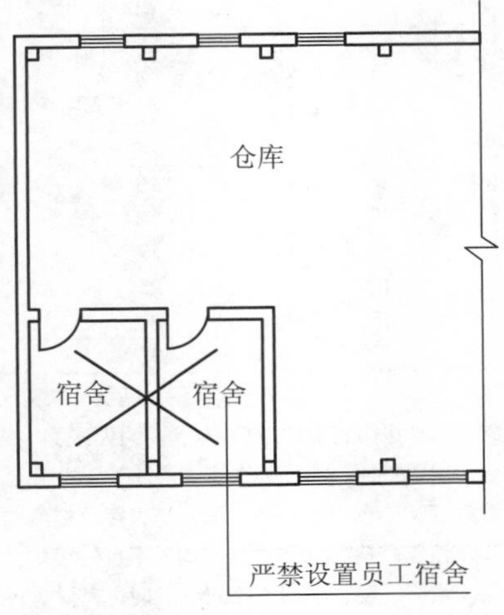
仓库
宿舍
宿舍
严禁设置员工宿舍

图3–30 3.3.9图示（1）

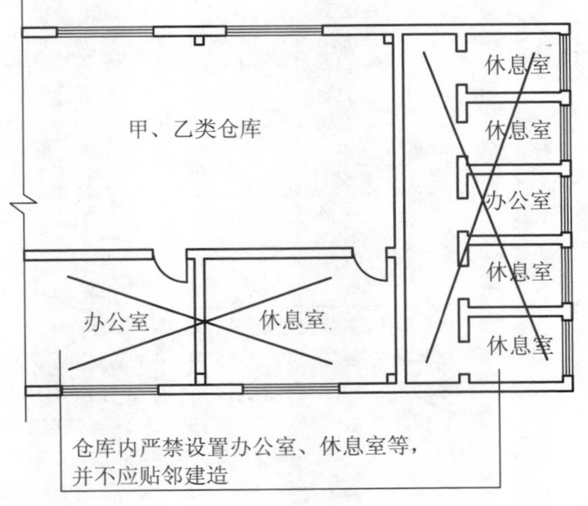
甲、乙类仓库
休息室
休息室
办公室
休息室
休息室
办公室
休息室
仓库内严禁设置办公室、休息室等，
并不应贴邻建造

图3–31 3.3.9图示（2）

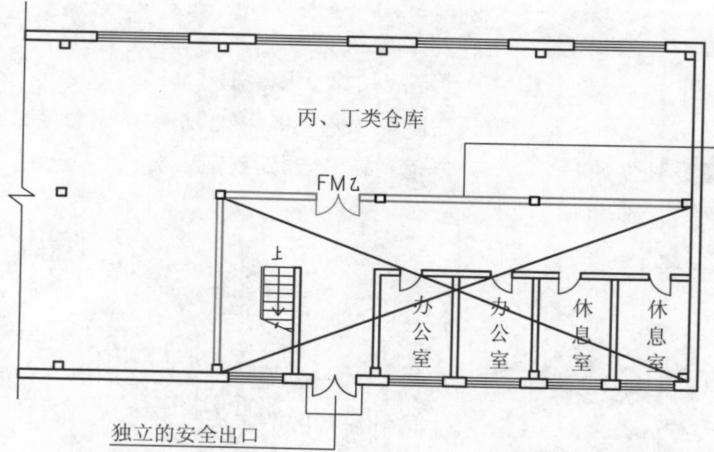
丙、丁类仓库
耐火极限≥2.50h的防火隔墙和1.00h的楼板与其他部位分隔
FM乙
上
办公室
办公室
休息室
休息室
独立的安全出口

图3-32　3.3.9图示（3）

3.4　厂房的防火间距

3.4.1　除本规范另有规定外，厂房之间及与乙、丙、丁、戊类仓库、民用建筑等的防火间距不应小于表3.4.1的规定，与甲类仓库的防火间距应符合本规范第3.5.1条的规定。

厂房之间及与乙、丙、丁、戊类仓库、民用建筑等的防火间距（m）　表3.4.1

名称			单类厂房	乙类厂房（仓库）			丙、丁、戊类厂房（仓库）				民用建筑				
			单、多层	单、多层		高层	单、多层			高层	裙房，单、多层			高层	
			一、二级	一、二级	三级	一、二级	一、二级	三级	四级	一、二级	一、二级	三级	四级	一类	二类
甲类厂房	单、多层	一、二级	12	12	14	13	12	14	16	13	25			50	
乙类厂房	单、多层	一、二级	12	10	12	13	10	12	14	13					
		三级	14	12	14	15	12	14	16	15					
	高层	一、二级	13	13	15	13	13	15	17	13					
丙类厂房	单、多层	一、二级	12	10	12	13	10	12	14	13	10	12	14	20	15
		三级	14	12	14	15	12	14	16	15	12	14	16	25	20
		四级	16	14	16	17	14	16	18	17	14	16	18		
	高层	一、二级	13	13	15	13	13	15	17	13	13	15	17	20	15
丁、戊类厂房	单、多层	一、二级	12	10	12	13	10	12	14	13	10	12	14	15	13
		三级	14	12	14	15	12	14	16	15	12	14	16	18	15
		四级	16	14	16	17	14	16	18	17	14	16	18		
	高层	一、二级	13	13	15	13	13	15	17	13	13	15	17	15	13
室外变、配电站	变压器总油量（t）	≥5，≤10	25	25	25	25	12	15	20	12	15	20	25	20	
		>10，≤50					15	20	25	15	20	25	30	25	
		>50					20	25	30	20	25	30	35	30	

注：1　乙类厂房与重要公共建筑的防火间距不宜小于50m；与明火或散发火花地点，不宜小于30m。单、多层戊类厂房之间及与戊类仓库的防火间距可按本表的规定减少2m，与民用建筑的防火间距可将戊类厂房等同民用建筑按本规范第5.2.2条的规定执行。为丙、丁、戊类厂房服务而单独设置的生活用房应按民用建筑确定，与所属厂房的防火间距不应小于6m。确需相邻布置时，应符合本表注2、3的规定。

2　两座厂房相邻较高一面外墙为防火墙，或相邻两座高度相同的一、二级耐火等级建筑中相邻任一侧外墙为防火墙且屋顶的耐火极限不低于1.00h时，其防火间距不限，但甲类厂房之间不应小于4m。两座丙、丁、戊类厂房相邻两面外墙均为不燃性墙体，当无外露的可燃性屋檐，每面外墙上的门、窗、洞口面积之和各不大于外墙面积的5%，且门、窗、洞口不正对开设时，其防火间距可按本表的规定减少25%。甲、乙类厂房（仓库）不应与本规范第3.3.5条规定外的其他建筑贴邻。

3　两座一、二级耐火等级的厂房，当相邻较低一面外墙为防火墙且较低一座厂房的屋顶无天窗，屋顶的耐火极限不低于1.00h，或相邻较高一面外墙的门、窗等开口部位设置甲级防火门、窗或防火分隔水幕或按本规范第6.5.3条的规定设置防火卷帘时，甲、乙类厂房之间的防火间距不应小于6m；丙、丁、戊类厂房之间的防火间距不应小于4m。

4　发电厂内的主变压器，其油量可按单台确定。

5　耐火等级低于四级的既有厂房，其耐火等级可按四级确定。

6　当丙、丁、戊类厂房与丙、丁、戊类仓库相邻时，应符合本表注2、3的规定。

3.4.2 甲类厂房与重要公共建筑的防火间距不应小于50m，与明火或散发火花地点的防火间距不应小于30m。

3.4.3 散发可燃气体、可燃蒸气的甲类厂房与铁路、道路等的防火间距不应小于表 3.4.3的规定，但甲类厂房所属厂内铁路装卸线当有安全措施时，防火间距不受表 3.4.3规定的限制（图3-33）。

3.4.4 高层厂房与甲、乙、丙类液体储罐，可燃、助燃气体储罐，液化石油气储罐，可燃材料堆场（除煤和焦炭场外）的防火间距，应符合本规范第4章的规定，且不应小于13m。

散发可燃气体、可燃蒸气的甲类厂房与铁路、道路等的防火间距（m） 表3.4.3

名称	厂外铁路线中心线	厂内铁路线中心线	厂外道路路边	厂内道路路边	
				主要	次要
甲类厂房	30	20	15	10	5

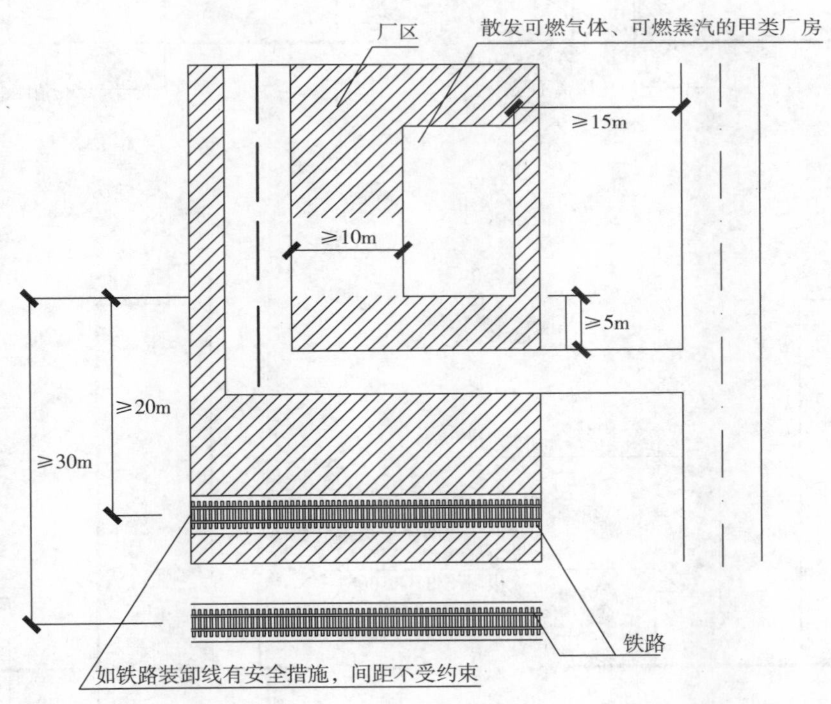
厂区
散发可燃气体、可燃蒸汽的甲类厂房
≥15m
≥10m
≥5m
≥20m
≥30m
铁路
如铁路装卸线有安全措施，间距不受约束

图3-33 3.4.3图示

3.4.5 丙、丁、戊类厂房与民用建筑的耐火等级均为一、二级时，丙、丁、戊类厂房与民用建筑的防火间距可适当减小，但应符合下列规定：

1 当较高一面外墙为无门、窗、洞口的防火墙，或比相邻较低一座建筑屋面高 15m及以下范围内的外墙为无门、窗、洞口的防火墙时，其防火间距不限（图3-34）；

2 相邻较低一面外墙为防火墙，且屋顶无天窗或洞口、屋顶耐火极限不低于1.00h，或相邻较高一面外墙为防火墙，且墙上开口部位采取了防火措施，其防火间距可适当减小，但不应小于4m（图3-35）。

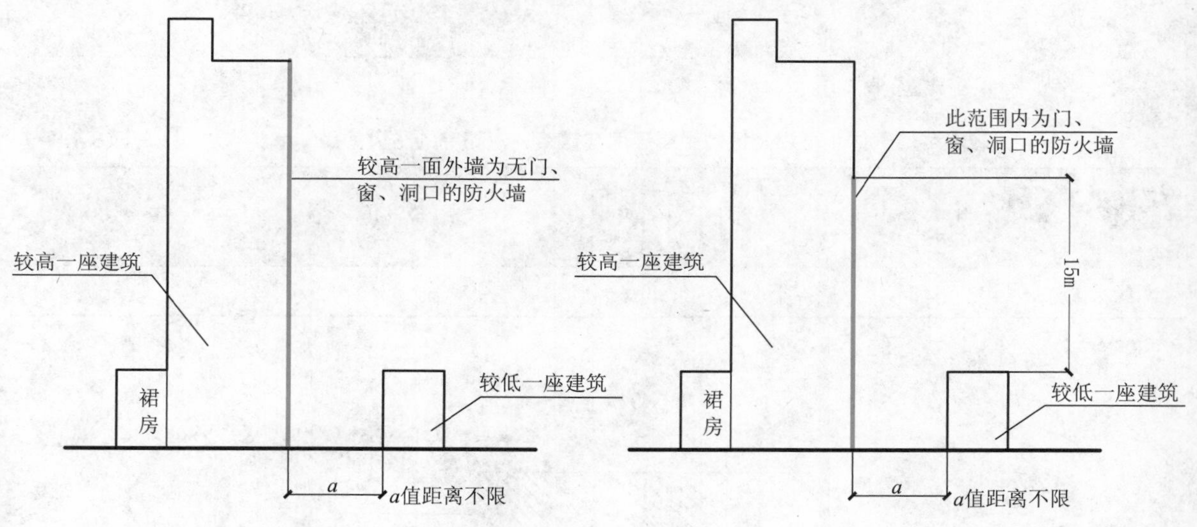
较高一面外墙为无门、窗、洞口的防火墙
较高一座建筑
裙房
较低一座建筑
a
a值距离不限
此范围内为门、窗、洞口的防火墙
15m
较高一座建筑
裙房
较低一座建筑
a
a值距离不限

图3-34 3.4.5图示（1）

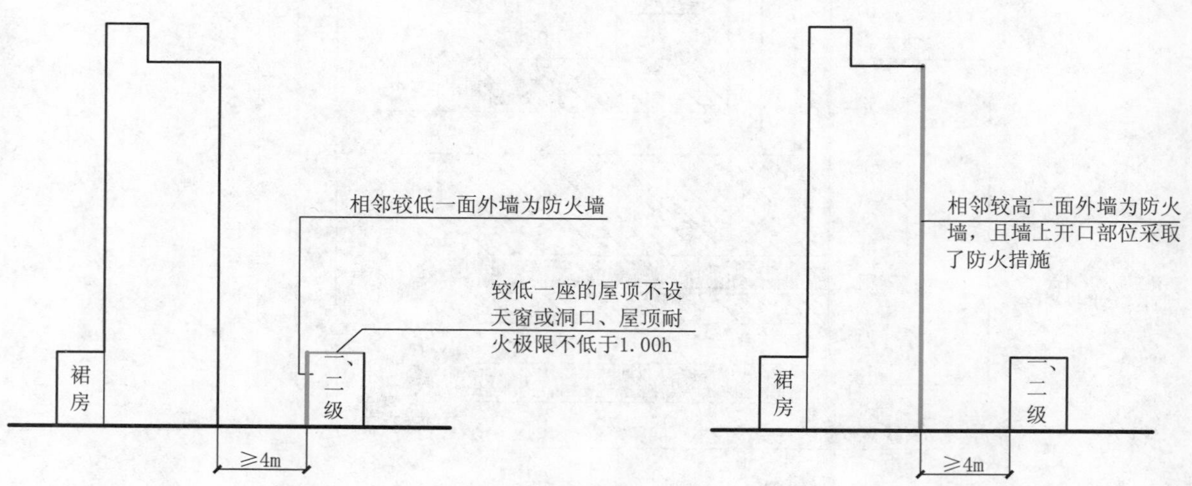
相邻较低一面外墙为防火墙
较低一座的屋顶不设天窗或洞口、屋顶耐火极限不低于1.00h
裙房
一、二级
≥4m
相邻较高一面外墙为防火墙，且墙上开口部位采取了防火措施
裙房
一、二级
≥4m

图3-35 3.4.5图示（2）

3.4.6 厂房外附设化学易燃物品的设备，其外壁与相邻厂房室外附设设备的外壁或相邻厂房外墙的防火间距，不应小于本规范第3.4.1条的规定。用不燃材料制作的室外设备，可按一、二级耐火等级建筑确定（图3-36）。

总容量不大于15m³的丙类液体储罐，当直埋于厂房外墙外，且面向储罐一面4.0m范围内的外墙为防火墙时，其防火间距不限（图3-37）。

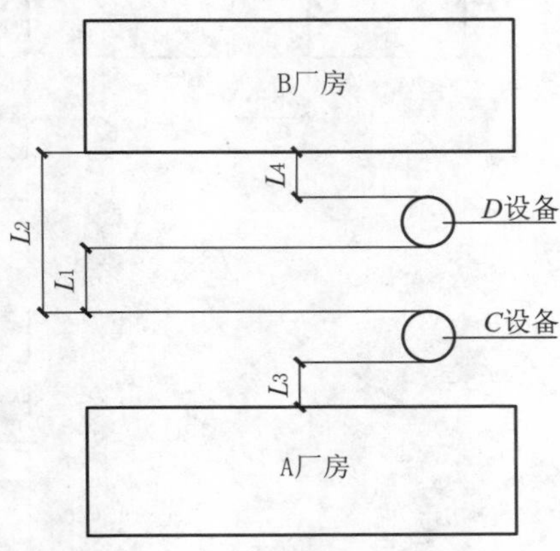
B厂房
L_4
D设备
L_2
L_1
C设备
L_3
A厂房

图3-36 3.4.6图示（1）

注：1、C设备为A厂房设置化学易燃物品的室外设备（用不燃材料制作的室外设备可按一、二级耐火等级建筑确定，余同）。

2、当D设备也是B厂房设置化学易燃物品的室外设备时，防火间距L_1应以C、D设备内所装化学易燃物品的火灾危险性类别和设备本身为一、二级耐火等级等因素，按第3.4.1条有关规定确定。

3、当D设备为B厂房设置不燃物品的室外设备或无D设备时，则防火间距L_2应根据C设备与B厂房的火灾危险性类别和设备及厂房的耐火等级按第3.4.1条有关规定确定。

4、L_3、L_4为设备外壁与厂房的间距，可按工艺要求确定；L_1为两设备外壁之间的距离；L_2为C设备外壁与B厂房之间的距离。

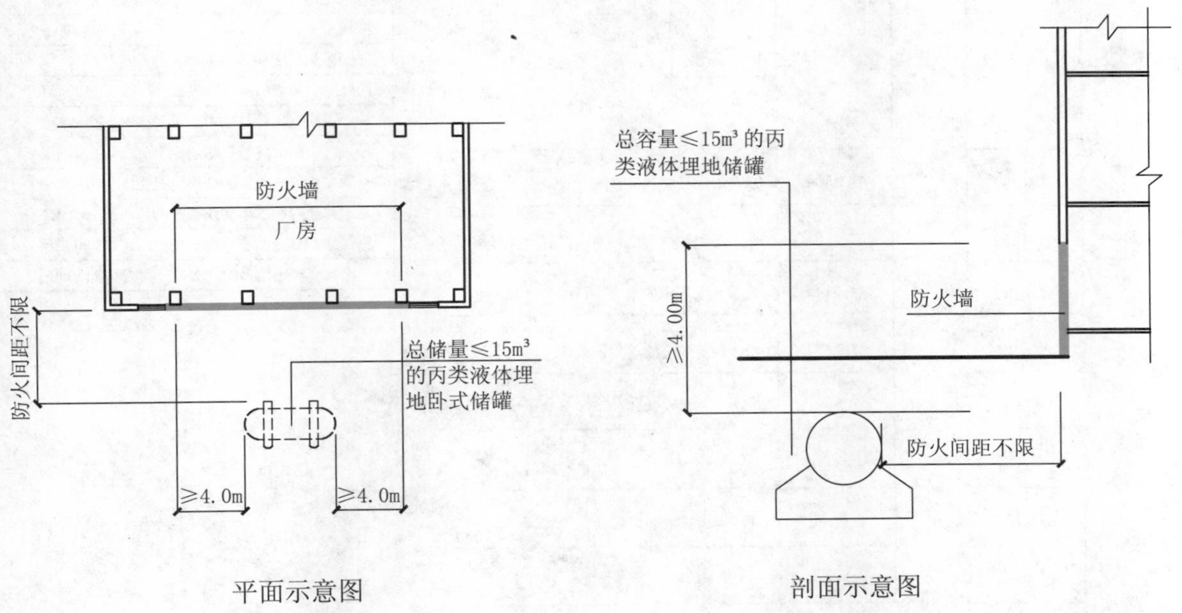
防火墙
厂房
防火间距不限
总储量≤15m³
的丙类液体埋
地卧式储罐
≥4.0m
≥4.0m
平面示意图
总容量≤15m³ 的丙
类液体埋地储罐
≥4.00m
防火墙
防火间距不限
剖面示意图

图3-37 3.4.6图示（2）

3.4.7　同一座“U”形或“山”形厂房中相邻两翼之间的防火间距，不宜小于本规范第3.4.1条的规定，但当厂房的占地面积小于本规范第3.3.1条规定的每个防火分区的最大允许建筑面积时，其防火间距可为6m（图3-38、图3-39）。

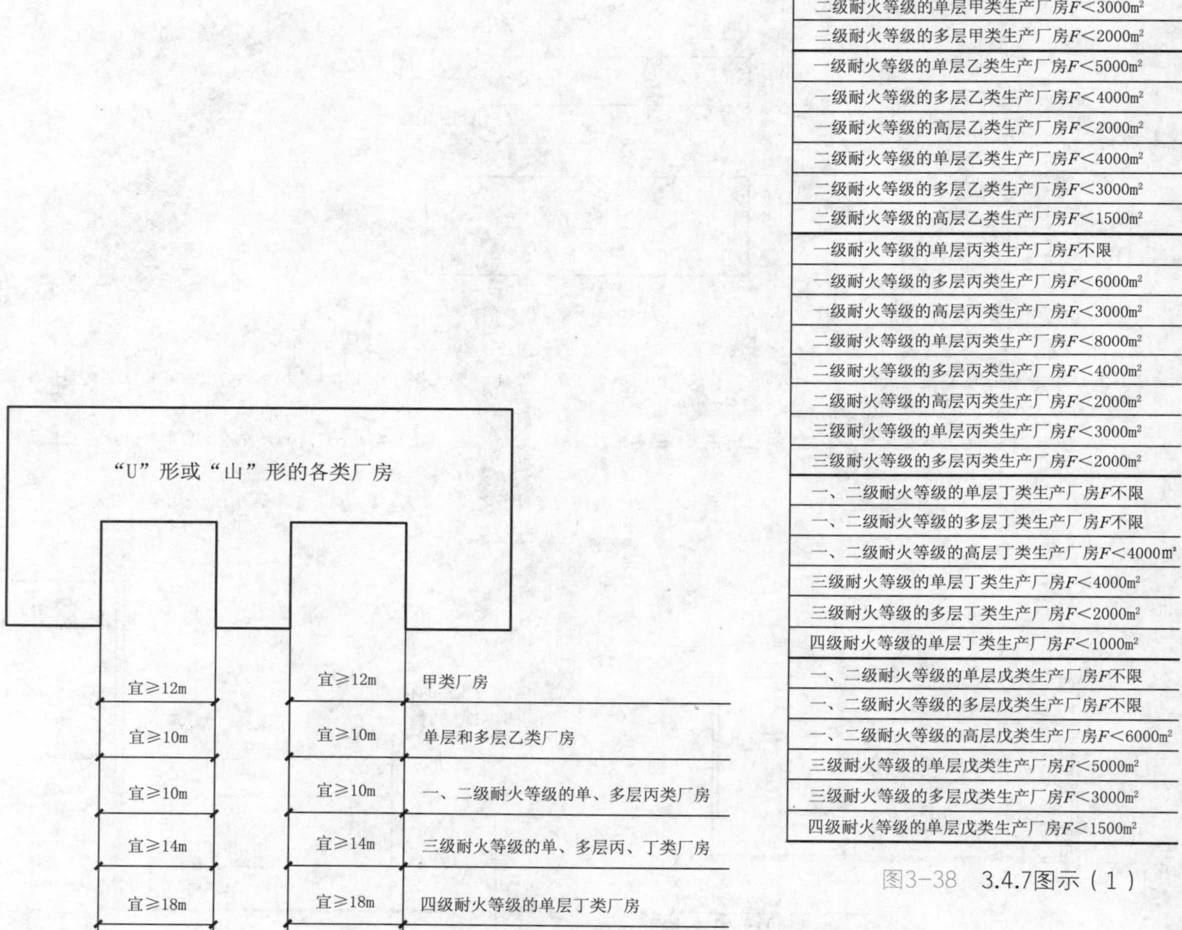
厂房的占地面积F
6m
6m
一级耐火等级的单层甲类生产厂房$F<4000\mathrm{m}^2$
一级耐火等级的多层甲类生产厂房$F<3000\mathrm{m}^2$
二级耐火等级的单层甲类生产厂房$F<3000\mathrm{m}^2$
二级耐火等级的多层甲类生产厂房$F<2000\mathrm{m}^2$
一级耐火等级的单层乙类生产厂房$F<5000\mathrm{m}^2$
一级耐火等级的多层乙类生产厂房$F<4000\mathrm{m}^2$
一级耐火等级的高层乙类生产厂房$F<2000\mathrm{m}^2$
二级耐火等级的单层乙类生产厂房$F<4000\mathrm{m}^2$
二级耐火等级的多层乙类生产厂房$F<3000\mathrm{m}^2$
二级耐火等级的高层乙类生产厂房$F<1500\mathrm{m}^2$
一级耐火等级的单层丙类生产厂房F不限
一级耐火等级的多层丙类生产厂房$F<6000\mathrm{m}^2$
一级耐火等级的高层丙类生产厂房$F<3000\mathrm{m}^2$
二级耐火等级的单层丙类生产厂房$F<8000\mathrm{m}^2$
二级耐火等级的多层丙类生产厂房$F<4000\mathrm{m}^2$
二级耐火等级的高层丙类生产厂房$F<2000\mathrm{m}^2$
三级耐火等级的单层丙类生产厂房$F<3000\mathrm{m}^2$
三级耐火等级的多层丙类生产厂房$F<2000\mathrm{m}^2$
一、二级耐火等级的单层丁类生产厂房F不限
一、二级耐火等级的多层丁类生产厂房F不限
一、二级耐火等级的高层丁类生产厂房$F<4000\mathrm{m}^2$
三级耐火等级的单层丁类生产厂房$F<4000\mathrm{m}^2$
三级耐火等级的多层丁类生产厂房$F<2000\mathrm{m}^2$
四级耐火等级的单层丁类生产厂房$F<1000\mathrm{m}^2$
一、二级耐火等级的单层戊类生产厂房F不限
一、二级耐火等级的多层戊类生产厂房F不限
一、二级耐火等级的高层戊类生产厂房$F<6000\mathrm{m}^2$
三级耐火等级的单层戊类生产厂房$F<5000\mathrm{m}^2$
三级耐火等级的多层戊类生产厂房$F<3000\mathrm{m}^2$
四级耐火等级的单层戊类生产厂房$F<1500\mathrm{m}^2$

图3-38　3.4.7图示（1）

“U”形或“山”形的各类厂房
宜≥12m　宜≥12m　甲类厂房
宜≥10m　宜≥10m　单层和多层乙类厂房
宜≥10m　宜≥10m　一、二级耐火等级的单、多层丙类厂房
宜≥14m　宜≥14m　三级耐火等级的单、多层丙、丁类厂房
宜≥18m　宜≥18m　四级耐火等级的单层丁类厂房
宜≥8m　宜≥8m　一、二级耐火等级的单、多层戊类厂房
宜≥12m　宜≥12m　三级耐火等级的单多层戊类厂房
宜≥16m　宜≥16m　四级耐火等级的单层戊类厂房
宜≥13m　宜≥13m　高层厂房

图3-39　3.4.7图示（2）

3.4.8　除高层厂房和甲类厂房外，其他类别的数座厂房占地面积之和小于本规范第3.3.1条规定的防火分区最大允许建筑面积（按其中较小者确定，但防火分区的最大允许建筑面积不限者，不应大于10000m²）时，可成组布置。当厂房建筑高度不大于7m时，组内厂房之间的防火间距不应小于4m；当厂房建筑高度大于7m时，组内厂房之间的防火间距不应小于6m（图3-40）。

组与组或组与相邻建筑的防火间距，应根据相邻两座中耐火等级较低的建筑，按本规范第3.4.1条的规定确定（图3-41）。

3.4.9　一级汽车加油站、一级汽车加气站和一级汽车加油加气合建站不应布置在城市建成区内。

3.4.10　汽车加油、加气站和加油加气合建站的分级，汽车加油、加气站和加油加气合建站及其加油（气）机、储油（气）罐等与站外明火或散发火花地点、建筑、铁路、道路的防火间距以及站内各建筑或设施之间的防火间距，应符合现行国家标准《汽车加油加气站设计与施工规范》GB 50156的规定。

3.4.11　电力系统电压为35～500kV且每台变压器容量不小于10MV·A的室外变、配电站以及工业企业的变压器总油量大于5t的室外降压变电站，与其他建筑的防火间距不应小于本规范第3.4.1条和第3.5.1条的规定。

3.4.12　厂区围墙与厂区内建筑的间距不宜小于5m，围墙两侧建筑的间距应满足相应建筑的防火间距要求。

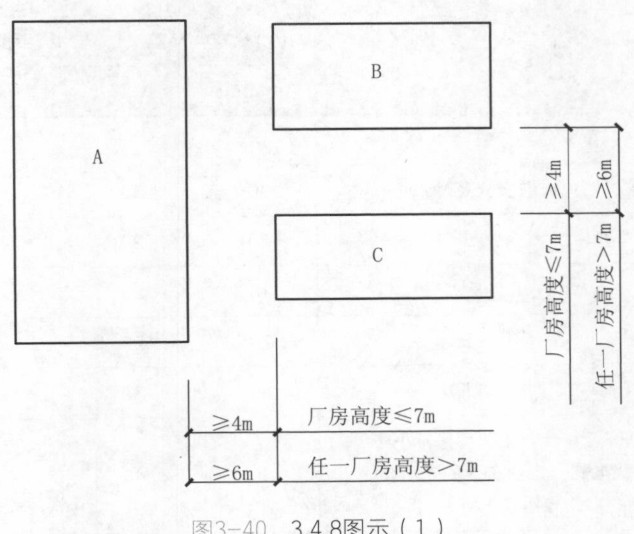
A
B
C
≥4m
≥6m
厂房高度≤7m
任一厂房高度>7m
≥4m
≥6m
厂房高度≤7m
任一厂房高度>7m

图3-40　3.4.8图示（1）

注：1、A、B、C厂房中不得有高层厂房和甲类厂房。

2、以A、B、C厂房中，生产火灾危险性类别最高的一座按其耐火等级、层数首先确定此类厂房防火分区的最大允许建筑面积（最大允许建筑面积不限者，不得大于10000m²），当此数座厂房的占地面积总和小于该最大允许占地面积时，此类数座厂房可成组布置，组内厂房之间的间距按本图确定。

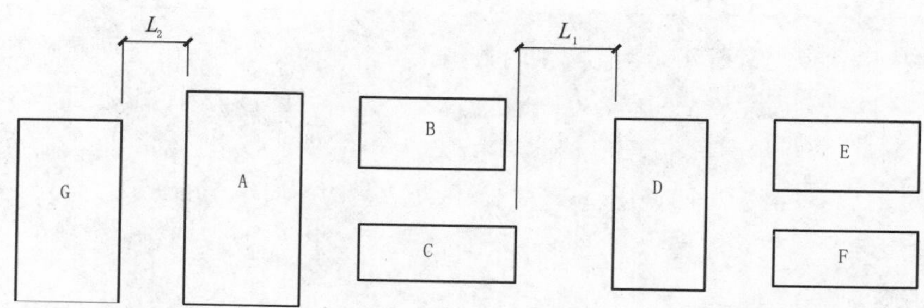

L_2
L_1
G
A
B
C
D
E
F

图3-41　3.4.8图示（2）

注：1. 组与组之间的防火间距，本图系指A、B、C组和D、E、F组中B、C厂房和D厂房之间的距离L_1，B、C厂房和D厂房均为除甲类厂房和高层厂房以外的各类厂房。

2. 组与相邻建筑之间的防火间距本图系指A、B、C组中A厂房和G建筑物之间的距离L_2，A厂房为除甲类厂房和高层厂房以外的各类厂房；G建筑物可为各类厂房和高层厂房，也可为民用建筑。防火间距L_1、L_2应按第3.4.1条中有关规定所列各建筑物的生产火灾危险性类别、耐火等级、层数等确定。

3.5　仓库的防火间距

3.5.1　甲类仓库之间及与其他建筑、明火或散发火花地点、铁路、道路等的防火间距不应小于表3.5.1的规定。

甲类仓库之间及与其他建筑、明火或散发火花地点、铁路、道路等的防火间距（m）　表3.5.1

名称		甲类仓库（储量，t）			
		甲类储存物品第3、4项		甲类储存物品第1、2、5、6项	
		≤5	＞5	≤10	＞10
高层民用建筑、重要公共建筑		50			
裙房、其他民用建筑、明火或散发火花地点		30	40	25	30
甲类仓库		20	20	20	20
厂房和乙、丙、丁、戊类仓库	一、二级	15	20	12	15
	三级	20	25	15	20
	四级	25	30	20	25
电力系统电压为35～500kV且每台变压器容量不小于10MV·A的室外变、配电站，工业企业的变压器总油量大于5t的室外降压变电站		30	40	25	30
厂外铁路线中心线		40			
厂内铁路线中心线		30			
厂外道路路边		20			
厂内道路路边	主要	10			
	次要	5			

注：甲类仓库之间的防火间距，当第3、4项物品储量不大于2t，第1、2、5、6项物品储量不大于5t时，不应小于12m。甲类仓库与高层仓库的防火间距不应小于13m。

3.5.2 除本规范另有规定外，乙、丙、丁、戊类仓库之间及与民用建筑的防火间距，不应小于表3.5.2的规定。

乙、丙、丁、戊类仓库之间及与民用建筑的防火间距（m） 表3.5.2

<table>
<tr><th colspan="3" rowspan="3">名称</th><th colspan="3">乙类仓库</th><th colspan="4">丙类仓库</th><th colspan="4">丁、戊类仓库</th></tr>
<tr><th colspan="2">单、多层</th><th>高层</th><th colspan="3">单、多层</th><th>高层</th><th colspan="3">单、多层</th><th>高层</th></tr>
<tr><th>一、二级</th><th>三级</th><th>一、二级</th><th>一、二级</th><th>三级</th><th>四级</th><th>一、二级</th><th>一、二级</th><th>三级</th><th>四级</th><th>一、二级</th></tr>
<tr><td rowspan="4">乙、丙、丁、戊类仓库</td><td rowspan="3">单、多层</td><td>一、二级</td><td>10</td><td>12</td><td>13</td><td>10</td><td>12</td><td>14</td><td>13</td><td>10</td><td>12</td><td>14</td><td>13</td></tr>
<tr><td>三级</td><td>12</td><td>14</td><td>15</td><td>12</td><td>14</td><td>16</td><td>15</td><td>12</td><td>14</td><td>16</td><td>15</td></tr>
<tr><td>四级</td><td>14</td><td>16</td><td>17</td><td>14</td><td>16</td><td>18</td><td>17</td><td>14</td><td>16</td><td>18</td><td>17</td></tr>
<tr><td>高层</td><td>一、二级</td><td>13</td><td>15</td><td>13</td><td>13</td><td>15</td><td>17</td><td>13</td><td>13</td><td>15</td><td>17</td><td>13</td></tr>
<tr><td rowspan="5">民用建筑</td><td rowspan="3">裙房，单、多层</td><td>一、二级</td><td colspan="3" rowspan="3">25</td><td>10</td><td>12</td><td>14</td><td>13</td><td>10</td><td>12</td><td>14</td><td>13</td></tr>
<tr><td>三级</td><td>12</td><td>14</td><td>16</td><td>15</td><td>12</td><td>14</td><td>16</td><td>15</td></tr>
<tr><td>四级</td><td>14</td><td>16</td><td>18</td><td>17</td><td>14</td><td>16</td><td>18</td><td>17</td></tr>
<tr><td rowspan="2">高层</td><td>一类</td><td colspan="3" rowspan="2">50</td><td>20</td><td>25</td><td>25</td><td>20</td><td>15</td><td>18</td><td>18</td><td>15</td></tr>
<tr><td>二类</td><td>15</td><td>20</td><td>20</td><td>15</td><td>13</td><td>15</td><td>15</td><td>13</td></tr>
</table>

注：1 单、多层戊类仓库之间的防火间距，可按本表的规定减少2m。

2 两座仓库的相邻外墙均为防火墙时，防火间距可以减小，但丙类仓库，不应小于6m；丁、戊类仓库，不应小于4m。两座仓库相邻较高一面外墙为防火墙，或相邻两座高度相同的一、二级耐火等级建筑中相邻任一侧外墙为防火墙且屋顶的耐火极限不低于1.00h，且总占地面积不大于本规范第3.3.2条一座仓库的最大允许占地面积规定时，其防火间距不限。

3 除乙类第6项物品外的乙类仓库，与民用建筑的防火间距不宜小于25m，与重要公共建筑的防火间距不应小于50m，与铁路、道路等的防火间距不宜小于表3.5.1中甲类仓库与铁路、道路等的防火间距。

3.5.3 丁、戊类仓库与民用建筑的耐火等级均为一、二级时，仓库与民用建筑的防火间距可适当减小，但应符合下列规定：

1 当较高一面外墙为无门、窗、洞口的防火墙，或比相邻较低一座建筑屋面高15m及以下范围内的外墙为无门、窗、洞口的防火墙时，其防火间距不限（图3-42）；

2 相邻较低一面外墙为防火墙，且屋顶无天窗或洞口、屋顶耐火极限不低于1.00h，或相邻较高一面外墙为防火墙，且墙上开口部位采取了防火措施，其防火间距可适当减小，但不应小于4m（图3-43）。

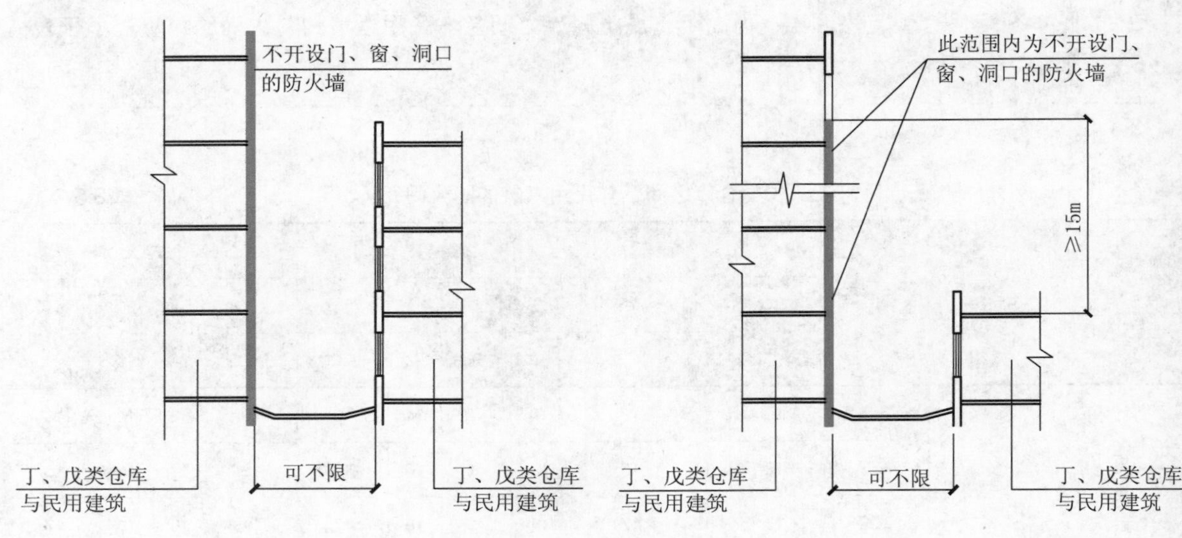
不开设门、窗、洞口
的防火墙
丁、戊类仓库
与民用建筑
可不限
丁、戊类仓库
与民用建筑
此范围内为不开设门、
窗、洞口的防火墙
≥15m
丁、戊类仓库
与民用建筑
可不限
丁、戊类仓库
与民用建筑

图3-42　3.5.3图示（1）

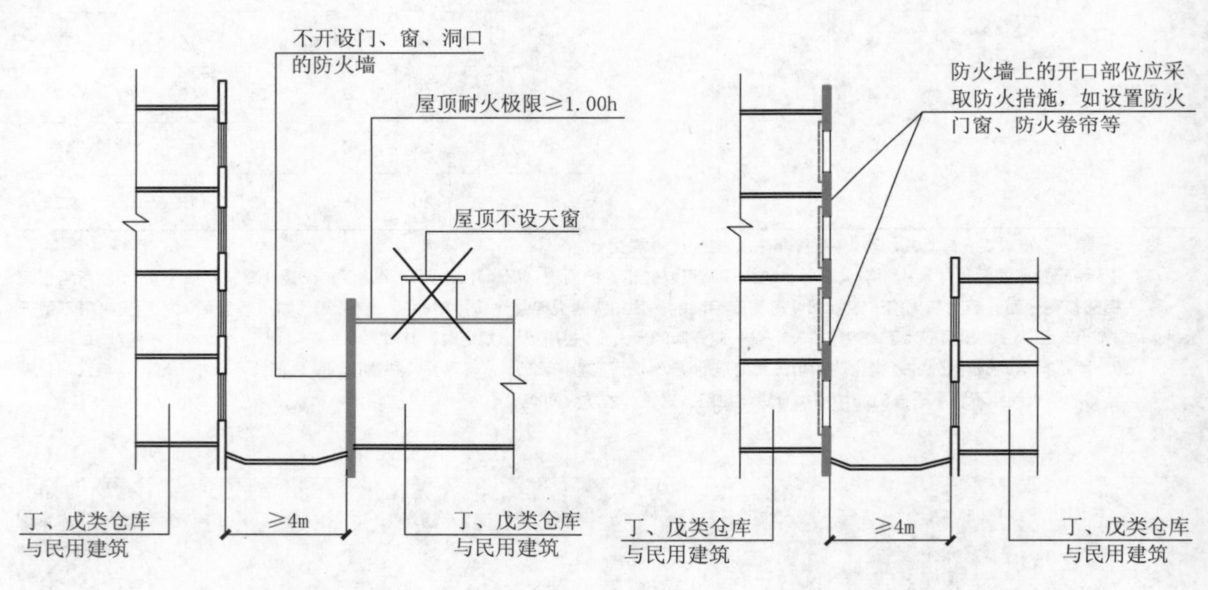
不开设门、窗、洞口
的防火墙
屋顶耐火极限≥1.00h
屋顶不设天窗
丁、戊类仓库
与民用建筑
≥4m
丁、戊类仓库
与民用建筑
防火墙上的开口部位应采
取防火措施，如设置防火
门窗、防火卷帘等
丁、戊类仓库
与民用建筑
≥4m
丁、戊类仓库
与民用建筑

图3-43　3.5.3图示（2）

3.5.4　粮食筒仓与其他建筑、粮食筒仓组之间的防火间距，不应小于表3.5.4的规定。

粮食筒仓与其他建筑、粮食筒仓组之间的防火间距（m） **表3.5.4**

<table>
<tr><th rowspan="2">名称</th><th rowspan="2">粮食总储量
W（t）</th><th colspan="3">粮食立筒仓</th><th colspan="2">粮食浅圆仓</th><th colspan="3">其他建筑</th></tr>
<tr><th>W≤40000</th><th>40000＜W
≤50000</th><th>W>50000</th><th>W≤50000</th><th>W>50000</th><th>一、二级</th><th>三级</th><th>四级</th></tr>
<tr><td rowspan="4">粮食
立筒仓</td><td>500＜W≤10000</td><td rowspan="2">15</td><td rowspan="3">20</td><td rowspan="3">25</td><td rowspan="3">20</td><td rowspan="3">25</td><td>10</td><td>15</td><td>20</td></tr>
<tr><td>10000＜W≤40000</td><td>15</td><td>20</td><td>25</td></tr>
<tr><td>40000＜W≤50000</td><td>20</td><td>20</td><td>25</td><td>30</td></tr>
<tr><td>W>50000</td><td colspan="5">25</td><td>25</td><td>30</td><td>—</td></tr>
<tr><td rowspan="2">粮食
浅圆仓</td><td>W≤50000</td><td>20</td><td>20</td><td>25</td><td>20</td><td>25</td><td>20</td><td>25</td><td>—</td></tr>
<tr><td>W>50000</td><td colspan="5">25</td><td>25</td><td>30</td><td>—</td></tr>
</table>

注：1 当粮食立筒仓、粮食浅圆仓与工作塔、接收塔、发放站为一个完整工艺单元的组群时，组内各建筑之间的防火间距不受本表限制。
2 粮食浅圆仓组内每个独立仓的储量不应大于10000t。

3.5.5 库区围墙与库区内建筑的间距不宜小于5m，围墙两侧建筑的间距应满足相应建筑的防火间距要求（图3-44）。

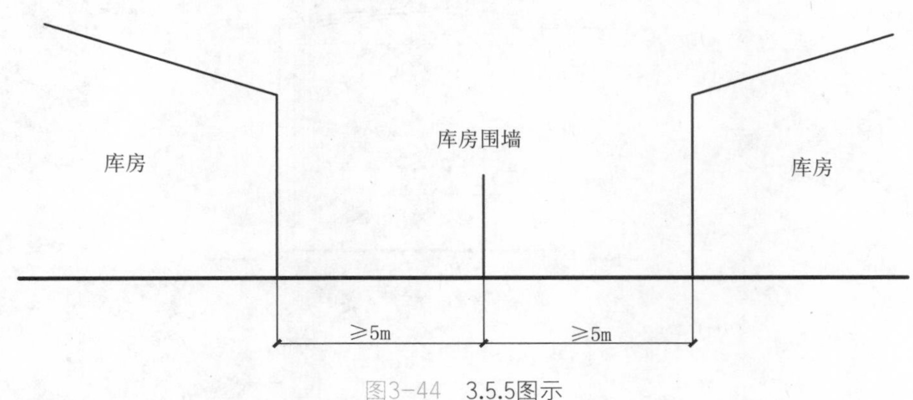
库房
库房围墙
库房
≥5m
≥5m

图3-44 3.5.5图示

3.6 厂房和仓库的防爆

3.6.1 有爆炸危险的甲、乙类厂房宜独立设置，并宜采用敞开或半敞开式。其承重结构宜采用钢筋混凝土或钢框架、排架结构。

3.6.2 有爆炸危险的厂房或厂房内有爆炸危险的部位应设置泄压设施。

3.6.3 泄压设施宜采用轻质屋面板、轻质墙体和易于泄压的门、窗等，应采用安全玻璃等在爆炸时不产生尖锐碎片的材料。

泄压设施的设置应避开人员密集场所和主要交通道路，并宜靠近有爆炸危险的部位（图3-45）。

作为泄压设施的轻质屋面板和墙体的质量不宜大于60kg/m^2。

屋顶上的泄压设施应采取防冰雪积聚措施（图3-46）。

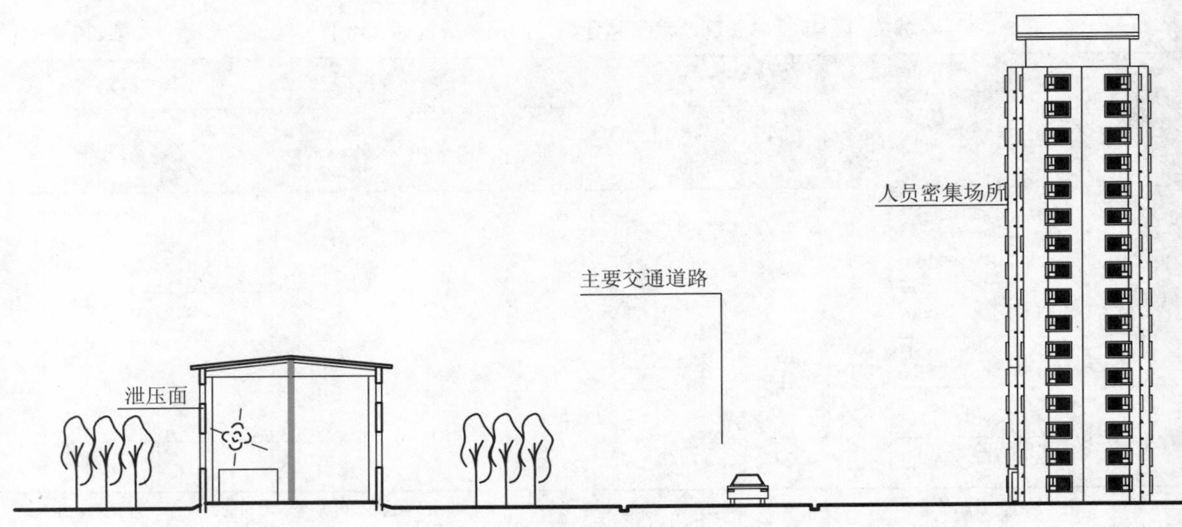
人员密集场所
主要交通道路
泄压面

图3-45　3.6.3图示（1）

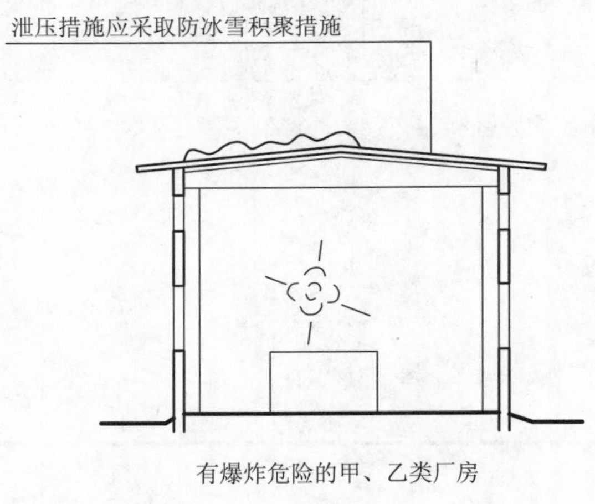
泄压措施应采取防冰雪积聚措施

有爆炸危险的甲、乙类厂房

图3-46　3.6.3图示（2）

注：泄压设施宜采用：

1. 轻质屋面板、轻质墙体（单位质量宜≤60kg/m^2）。

2. 易于泄压的门、窗（不应采用普通玻璃，防止碎片伤人）。

3.6.4　厂房的泄压面积宜按下式计算，但当厂房的长径比大于3时，宜将建筑划分为长径比不大于3的多个计算段，各计算段中的公共截面不得作为泄压面积：

$$A=10CV^{2/3} \qquad \text{（式3.6.4）}$$

式中　A—泄压面积（m^2）；

V—厂房的容积（m^3）；

C—泄压比，可按表3.6.4选取（m^2/m^3）。

厂房内爆炸性危险物质的类别与泄压比规定值（m^2/m^3） 表3.6.4

厂房内爆炸性危险物质的类别	C值
氨、粮食、纸、皮革、铅、铬、铜等$K_{尘}$＜10MPa·m·s^{-1}的粉尘	≥0.030
木屑、炭屑、煤粉、锑、锡等10MPa·m·s^{-1}≤$K_{尘}$≤30MPa·m·s^{-1}的粉尘	≥0.055
丙酮、汽油、甲醇、液化石油气、甲烷、喷漆间，干燥室，苯酚树脂、铝、镁、锆等$K_{尘}$>30MPa·m·s^{-1}的粉尘	≥0.110
乙烯	≥0.160
乙炔	≥0.200
氢	≥0.250

注：1 长径比为建筑平面几何外形尺寸中的最长尺寸与其横截面周长的积和4.0倍的建筑横截面积之比。

2 $K_{尘}$是指粉尘爆炸指数。

3.6.5 散发较空气轻的可燃气体、可燃蒸气的甲类厂房，宜采用轻质屋面板作为泄压面积。顶棚应尽量平整、无死角，厂房上部空间应通风良好（图3-47）。

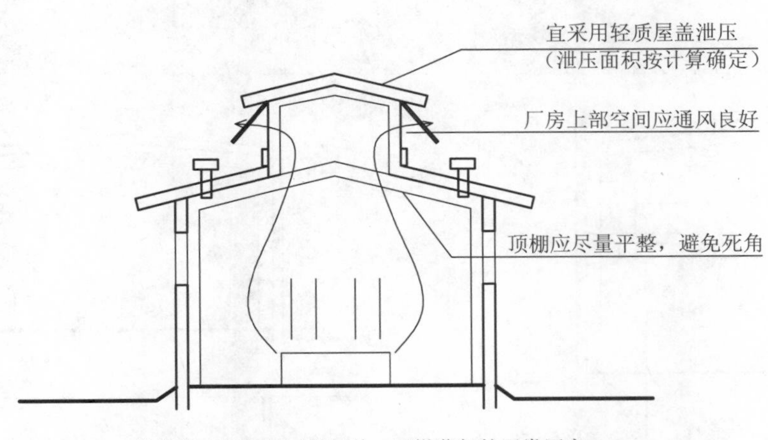
宜采用轻质屋盖泄压
（泄压面积按计算确定）
厂房上部空间应通风良好
顶棚应尽量平整，避免死角
散发较空气轻的可燃气体、可燃蒸气的甲类厂房

图3-47 3.6.5图示

注：爆炸区域内的通风，其空气流量能使该空间内含有爆炸危险物质的混合气体粉尘的浓度始终保持在爆炸下限值的25%以下时，可定为通风良好。

3.6.6 散发较空气重的可燃气体、可燃蒸气的甲类厂房和有粉尘、纤维爆炸危险的乙类厂房，应符合下列规定：

1 应采用不发火花的地面。采用绝缘材料作整体面层时，应采取防静电措施。

2 散发可燃粉尘、纤维的厂房，其内表面应平整、光滑，并易于清扫。

3 厂房内不宜设置地沟，确需设置时，其盖板应严密，地沟应采取防止可燃气体、可燃蒸气和粉尘、纤维在地沟积聚的有效措施，且应在与相邻厂房连通处采用防火材料密封（图3-48）。

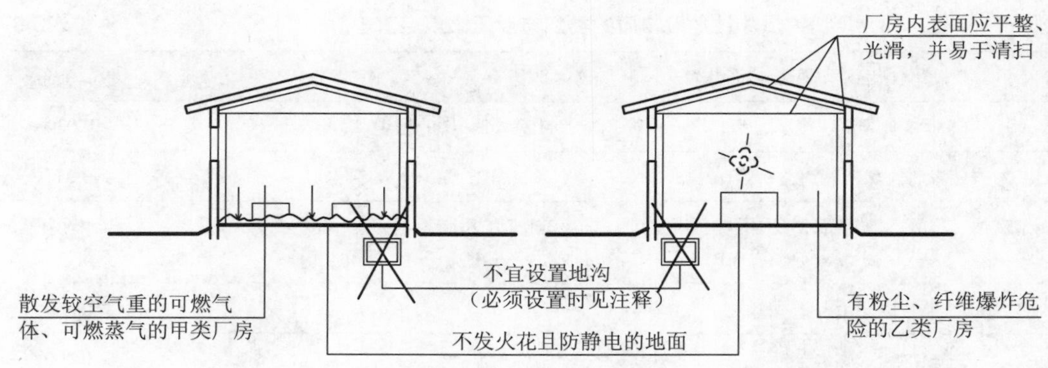
厂房内表面应平整、光滑，并易于清扫
不宜设置地沟
（必须设置时见注释）
散发较空气重的可燃气体、可燃蒸气的甲类厂房
有粉尘、纤维爆炸危险的乙类厂房
不发火花且防静电的地面

图3-48　3.6.6图示

注：厂房内必须设置地沟时：

1、沟盖板应密封；

2、对可燃气体、可燃蒸气及粉尘、纤维在地沟积聚的有效措施；

3、两座厂房地沟连通时，应在连通处用防火材料密封。

3.6.7　有爆炸危险的甲、乙类生产部位，宜布置在单层厂房靠外墙的泄压设施或多层厂房顶层靠外墙的泄压设施附近（图3-49）。

有爆炸危险的设备宜避开厂房的梁、柱等主要承重构件布置。

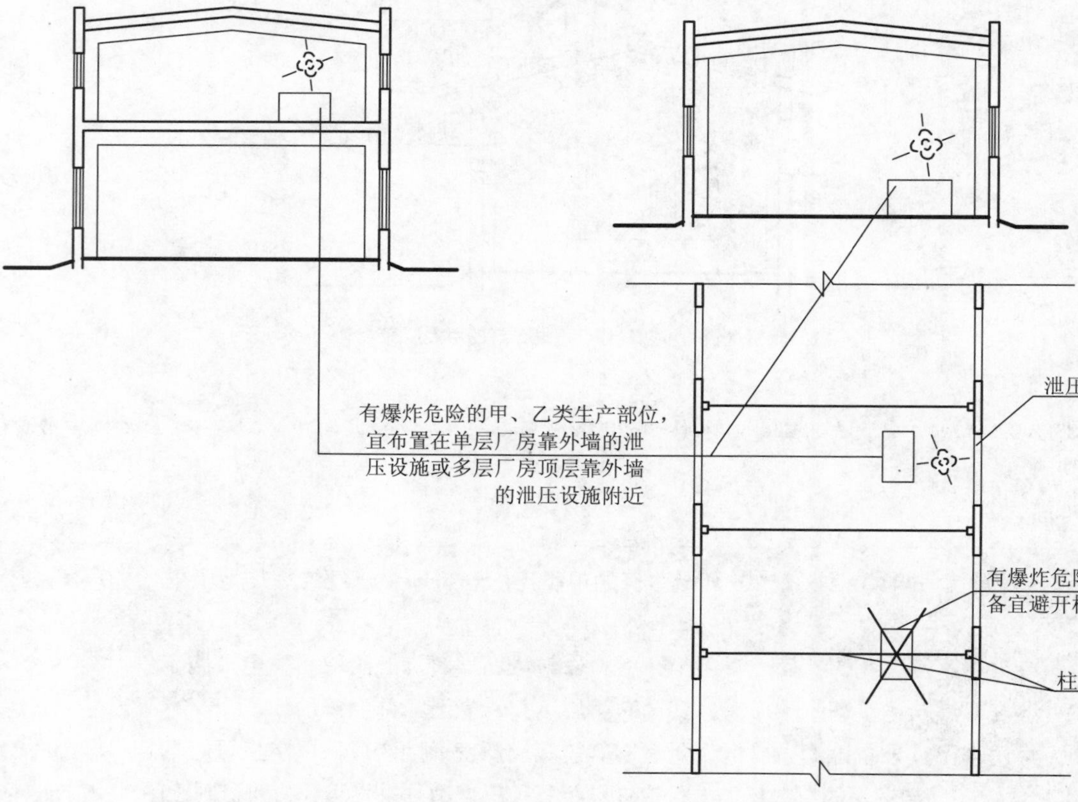

泄压面

有爆炸危险的甲、乙类生产部位，宜布置在单层厂房靠外墙的泄压设施或多层厂房顶层靠外墙的泄压设施附近

有爆炸危险的设备宜避开柱和梁

柱和梁

图3-49　3.6.7图示

3.6.8 有爆炸危险的甲、乙类厂房的总控制室应独立设置（图3-50）。

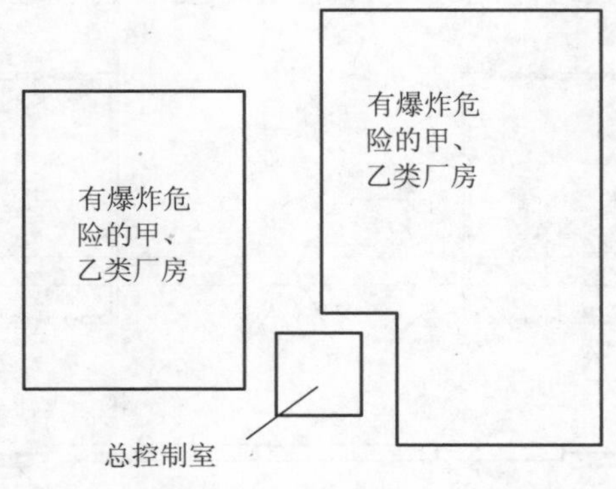
有爆炸危险的甲、乙类厂房
有爆炸危险的甲、乙类厂房
总控制室

图3-50 3.6.8图示

3.6.9 有爆炸危险的甲、乙类厂房的分控制室宜独立设置，当贴邻外墙设置时，应采用耐火极限不低于3.00h的防火隔墙与其他部位隔开（图3-51）。

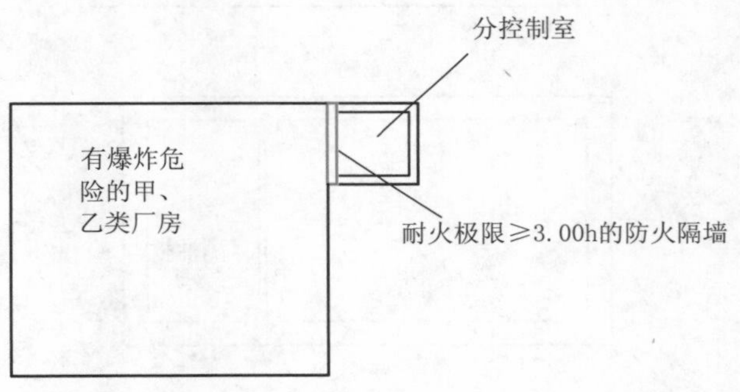
分控制室
有爆炸危险的甲、乙类厂房
耐火极限≥3.00h的防火隔墙

图3-51 3.6.9图示

3.6.10 有爆炸危险区域内的楼梯间、室外楼梯或有爆炸危险的区域与相邻区域连通处，应设置门斗等防护措施。门斗的隔墙应为耐火极限不应低于2.00h的防火隔墙，门应采用甲级防火门并应与楼梯间的门错位设置（图3-52）。

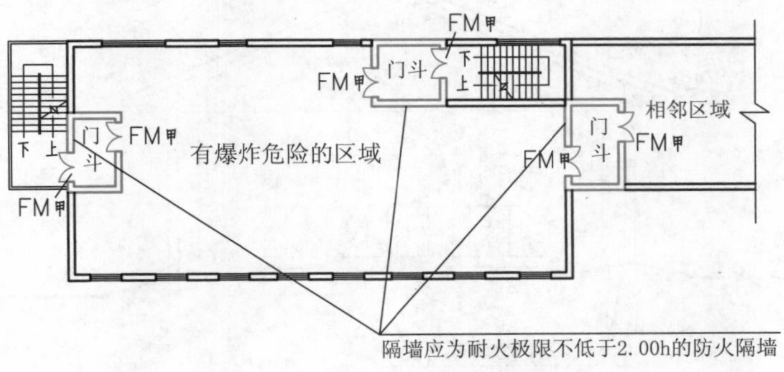
FM甲
门斗
下
上
FM甲
相邻区域
门斗
FM甲
有爆炸危险的区域
FM甲
FM甲
FM甲
隔墙应为耐火极限不低于2.00h的防火隔墙

图3-52 3.6.10图示

3.6.11　使用和生产甲、乙、丙类液体的厂房，其管、沟不应与相邻厂房的管、沟相通，下水道应设置隔油设施（图3-53）。

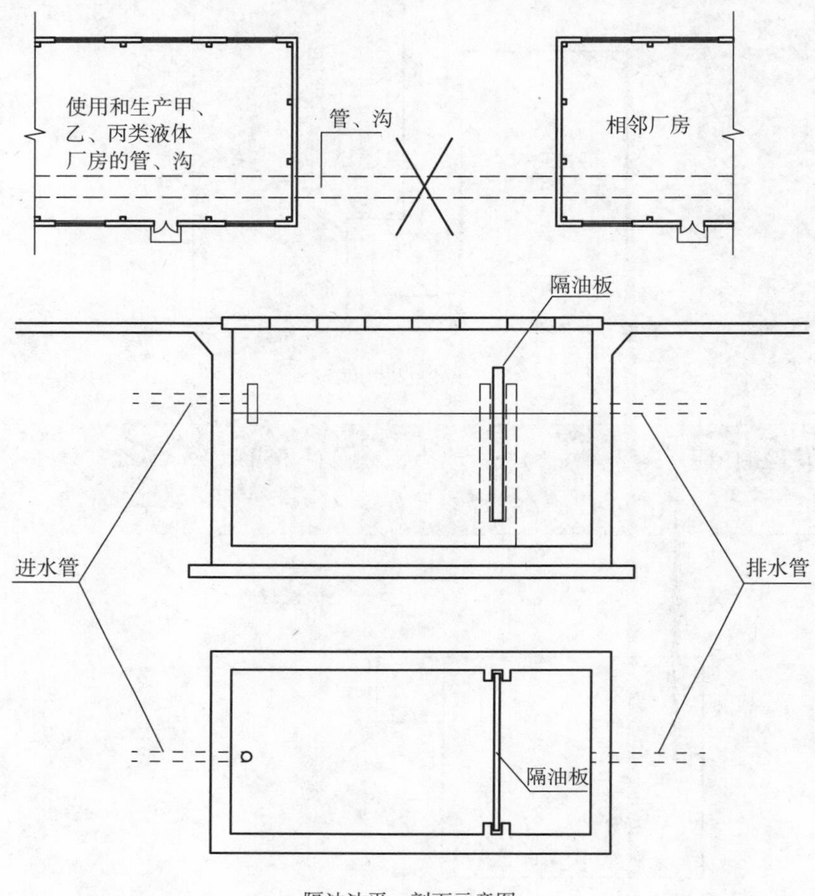

使用和生产甲、乙、丙类液体厂房的管、沟
管、沟
相邻厂房
隔油板
进水管
排水管
隔油板
隔油池平、剖面示意图

图3-53　3.6.11图示

3.6.12　甲、乙、丙类液体仓库应设置防止液体流散的设施。遇湿会发生燃烧爆炸的物品仓库应采取防止水浸渍的措施（图3-54、图3-55）。

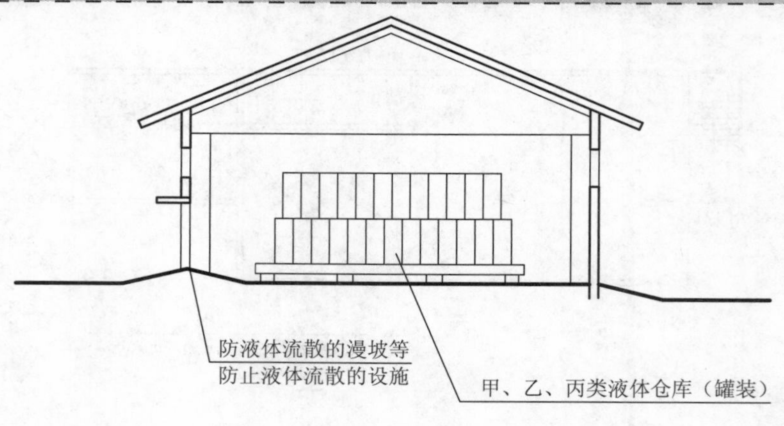

防液体流散的漫坡等
防止液体流散的设施
甲、乙、丙类液体仓库（罐装）

图3-54　3.6.12图示（1）

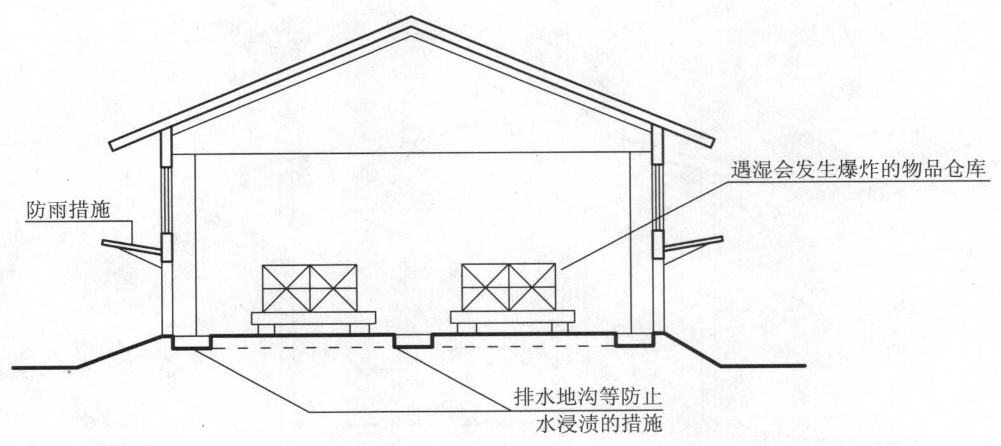
遇湿会发生爆炸的物品仓库
防雨措施
排水地沟等防止
水浸渍的措施

图3-55　3.6.12图示（2）

3.6.13　有粉尘爆炸危险的筒仓，其顶部盖板应设置必要的泄压设施。

粮食筒仓工作塔和上通廊的泄压面积应按本规范第3.6.4条的规定计算确定。有粉尘爆炸危险的其他粮食储存设施应采取防爆措施（图3-56）。

3.6.14　有爆炸危险的仓库或仓库内有爆炸危险的部位，宜按本节规定采取防爆措施、设置泄压设施。

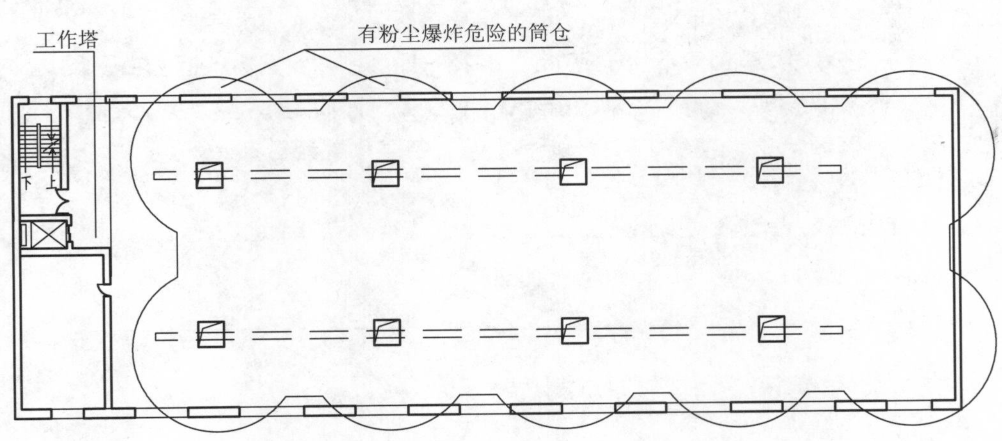
工作塔
有粉尘爆炸危险的筒仓
下
上

图3-56　3.6.13图示（1）

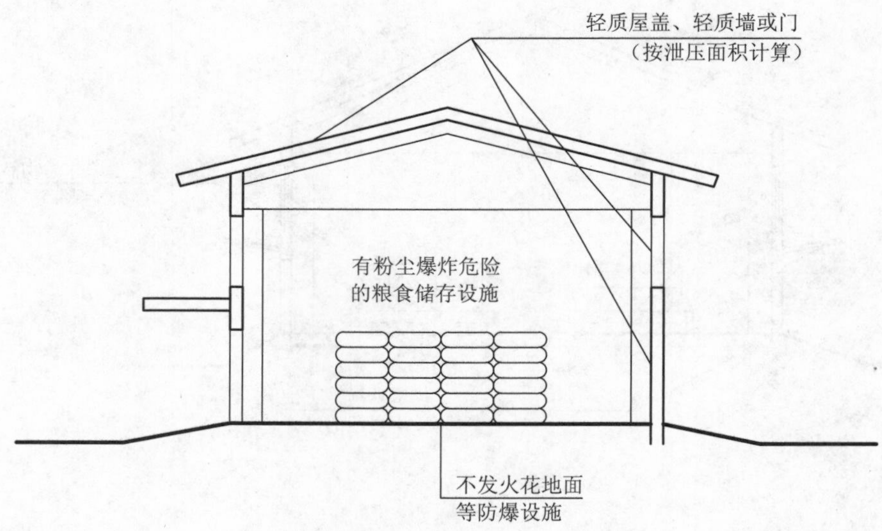
轻质屋盖、轻质墙或门
（按泄压面积计算）
有粉尘爆炸危险
的粮食储存设施
不发火花地面
等防爆设施

图3-57　3.6.13图示（2）

注：粮食筒仓的工作塔，上通廊的泄压面积按第3.6.4条规定，筒仓顶部盖板应设必要的泄压设施。

3.7　厂房的安全疏散

3.7.1　厂房的安全出口应分散布置。每个防火分区或一个防火分区的每个楼层，其相邻2个安全出口最近边缘之间的水平距离不应小于5m（图3-58、图3-59）。

3.7.2　厂房内每个防火分区或一个防火分区内的每个楼层，其安全出口的数量应经计算确定，且不应少于2个；当符合下列条件时，可设置1个安全出口：

1　甲类厂房，每层建筑面积不大于 100m²，且同一时间的作业人数不超过5人；

2　乙类厂房，每层建筑面积不大于150m²，且同一时间的作业人数不超过10人；

3　丙类厂房，每层建筑面积不大于250m²，且同一时间的作业人数不超过20人；

4　丁、戊类厂房，每层建筑面积不大于400m²，且同一时间的作业人数不超过30人；

5　地下或半地下厂房（包括地下或半地下室），每层建筑面积不大于50m²，且同一时间的作业人数不超过15人。

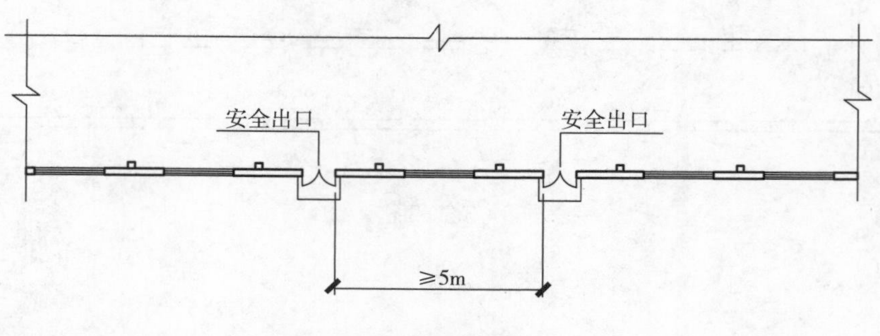
安全出口
安全出口
≥5m

单层厂房的每个防火分区

图3-58　3.7.1图示（1）

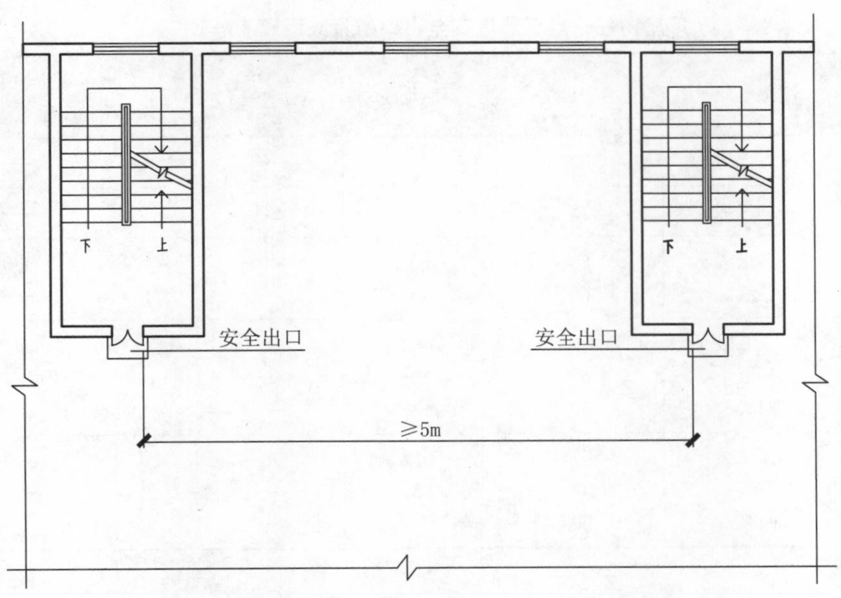
下
上
下
上
安全出口
安全出口
≥5m

多层厂房一个防火分区的每个楼层

图3-59 3.7.1图示（2）

3.7.3 地下或半地下厂房（包括地下或半地下室），当有多个防火分区相邻布置，并采用防火墙分隔时，每个防火分区可利用防火墙上通向相邻防火分区的甲级防火门作为第二安全出口，但每个防火分区必须至少有1个直通室外的独立安全出口（图3-60）。

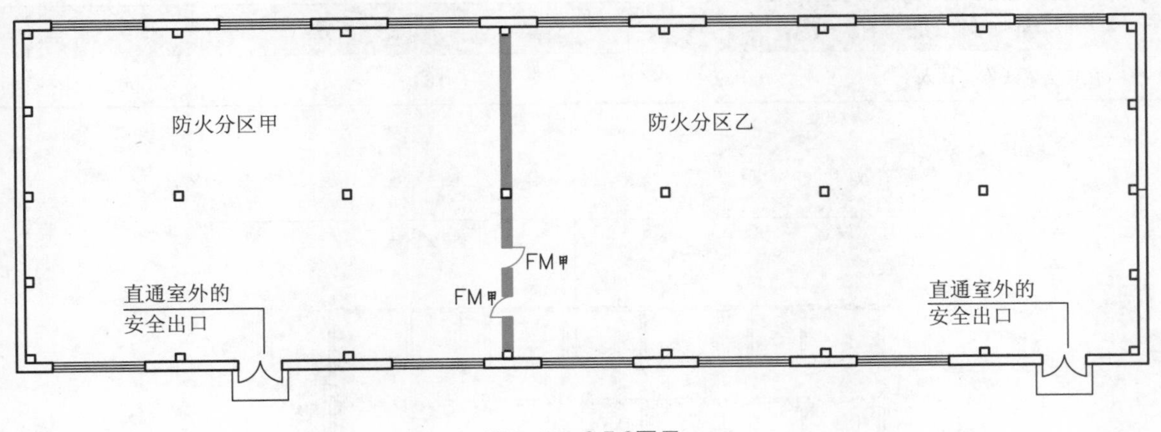
防火分区甲
防火分区乙
FM甲
FM甲
直通室外的
安全出口
直通室外的
安全出口

图3-60 3.7.3图示

3.7.4 厂房内任一点至最近安全出口的直线距离不应大于表3.7.4的规定。

厂房内任一点至最近安全出口的直线距离（m） 表3.7.4

生产的火灾危险性类别	耐火等级	单层厂房	多层厂房	高层厂房	地下、半地下厂房包括（地下室、半地下室）
甲	一、二级	30	25	—	—
乙	一、二级	75	50	30	—
丙	一、二级 三级	80 60	60 40	40 —	30 —
丁	一、二级 三级 四级	不限 60 50	不限 50 —	50 — —	45 — —
戊	一、二级 三级 四级	不限 100 60	不限 75 —	75 — —	60 — —

3.7.5 厂房内疏散楼梯、走道、门的各自总净宽度，应根据疏散人数按每100人的最小疏散净宽度不小于表3.7.5的规定计算确定。但疏散楼梯的最小净宽度不宜小于1.10m，疏散走道的最小净宽度不宜小于1.40m，门的最小净宽度不宜小于0.90m。当每层疏散人数不相等时，疏散楼梯的总净宽度应分层计算，下层楼梯总净宽度应按该层及以上疏散人数最多一层的疏散人数计算。

首层外门的总净宽度应按该层及以上疏散人数最多一层的疏散人数计算，且该门的最小净宽度不应小于1.20m（图3-61、图3-62）。

厂房内疏散楼梯、走道和门的每100人最小疏散净宽度 表3.7.5

厂房层数（层）	1～2	3	≥4
最小疏散净宽度（m/百人）	0.60	0.80	1.00

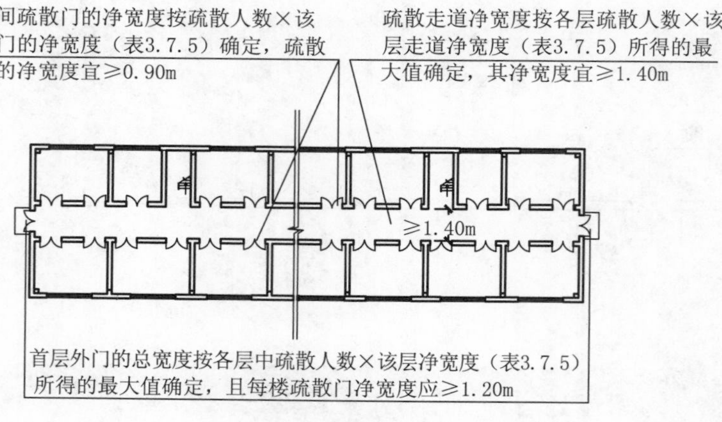
房间疏散门的净宽度按疏散人数×该层门的净宽度（表3.7.5）确定，疏散门的净宽度宜≥0.90m
疏散走道净宽度按各层疏散人数×该层走道净宽度（表3.7.5）所得的最大值确定，其净宽度宜≥1.40m
≥1.40m
首层外门的总宽度按各层中疏散人数×该层净宽度（表3.7.5）所得的最大值确定，且每楼疏散门净宽度应≥1.20m

图3-61 3.7.5图示（1）

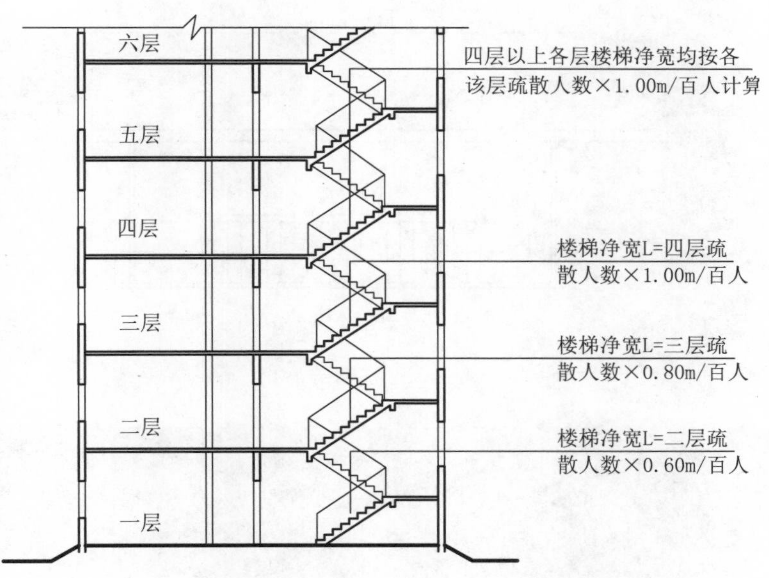
六层
五层
四层
三层
二层
一层
四层以上各层楼梯净宽均按各该层疏散人数×1.00m/百人计算
楼梯净宽L=四层疏散人数×1.00m/百人
楼梯净宽L=三层疏散人数×0.80m/百人
楼梯净宽L=二层疏散人数×0.60m/百人

图3-62　3.7.5图示（2）

注：按上图分层计算后，下层楼梯总净宽度应该按该层以上经计算所得的楼梯最大净宽度确定，但楼梯净宽度宜≥1.10m。

3.7.6　高层厂房和甲、乙、丙类多层厂房的疏散楼梯应采用封闭楼梯间或室外楼梯。建筑高度大于32m且任一层人数超过10人的厂房，应采用防烟楼梯间或室外楼梯（图3-63～图3-65）。

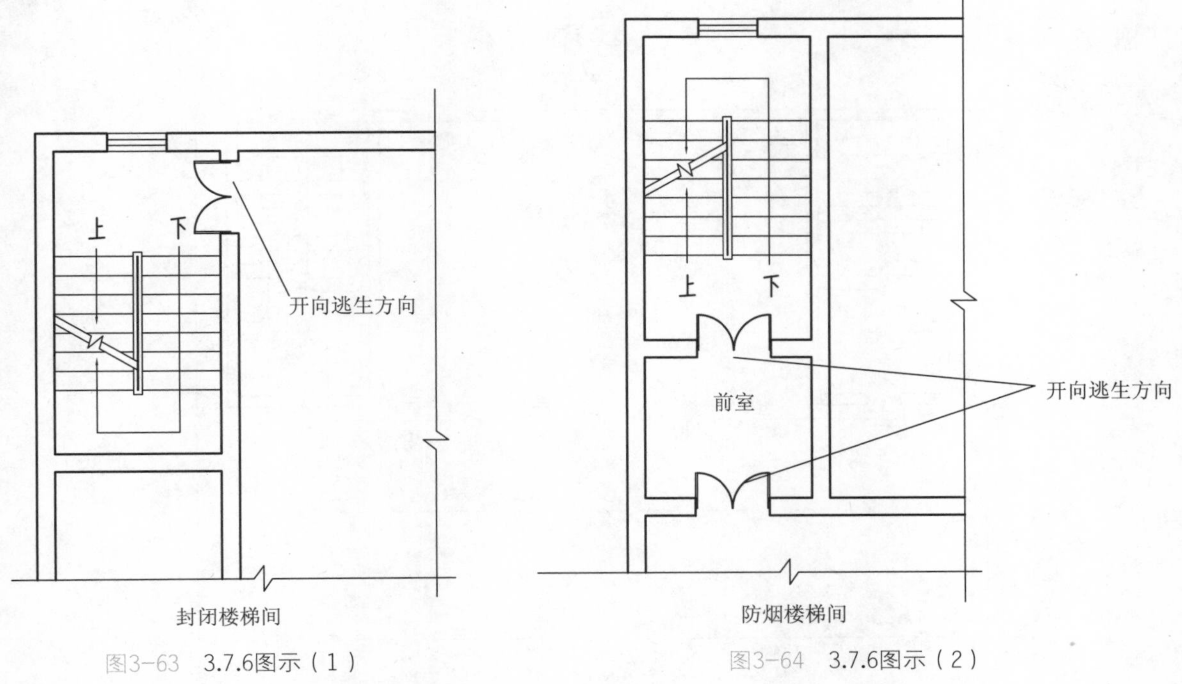
上
下
开向逃生方向
封闭楼梯间
上
下
前室
开向逃生方向
防烟楼梯间

图3-63　3.7.6图示（1）

图3-64　3.7.6图示（2）

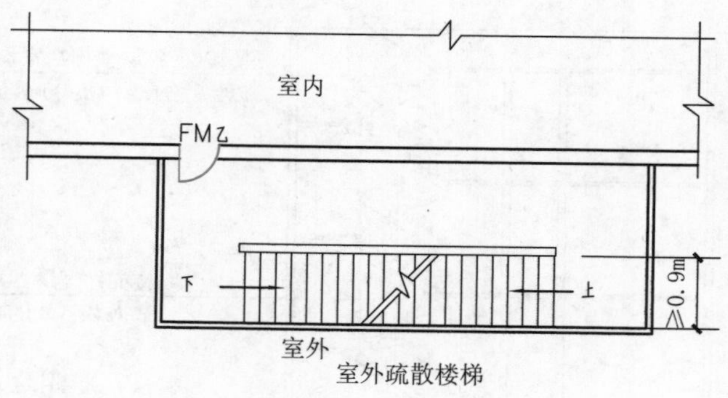
室内
FM乙
下
上
≥0.9m
室外
室外疏散楼梯

图3-65　3.7.6图示（3）

3.8　仓库的安全疏散

3.8.1　仓库的安全出口应分散布置。每个防火分区或一个防火分区的每个楼层，其相邻2个安全出口最近边缘之间的水平距离不应小于5m（图3-66、图3-67）。

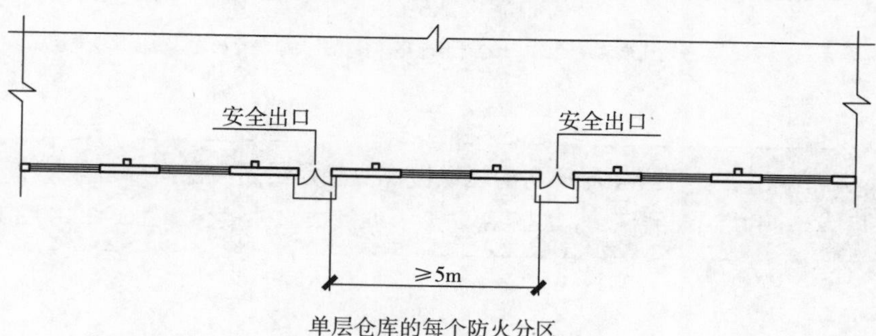
安全出口
安全出口
≥5m
单层仓库的每个防火分区

图3-66　3.8.1图示（1）

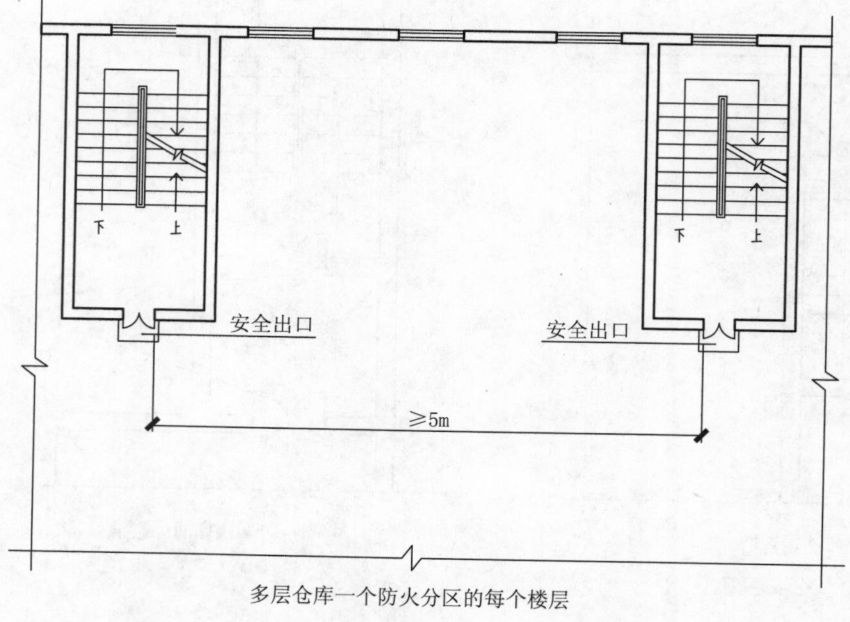
下
上
下
上
安全出口
安全出口
≥5m
多层仓库一个防火分区的每个楼层

图3-67　3.8.1图示（2）

3.8.2 每座仓库的安全出口不应少于2个（图3–68），当一座仓库的占地面积不大于300m²时，可设置1个安全出口（图3–69）。仓库内每个防火分区通向疏散走道、楼梯或室外的出口不宜少于2个，当防火分区的建筑面积不大于100m²时，可设置1个出口。通向疏散走道或楼梯的门应为乙级防火门（图3–70）。

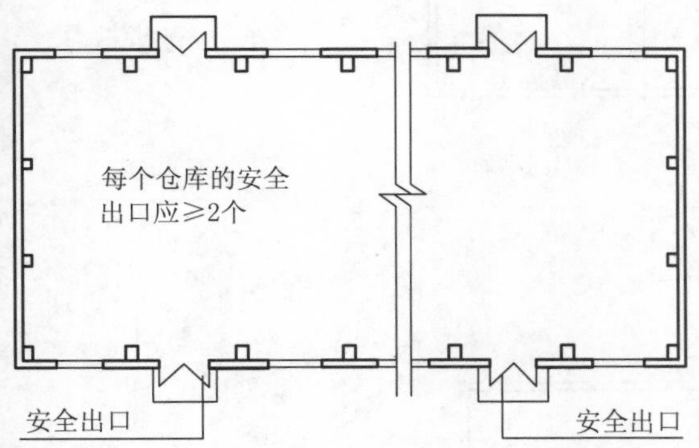
每个仓库的安全
出口应≥2个
安全出口
安全出口

图3–68 3.8.2图示（1）

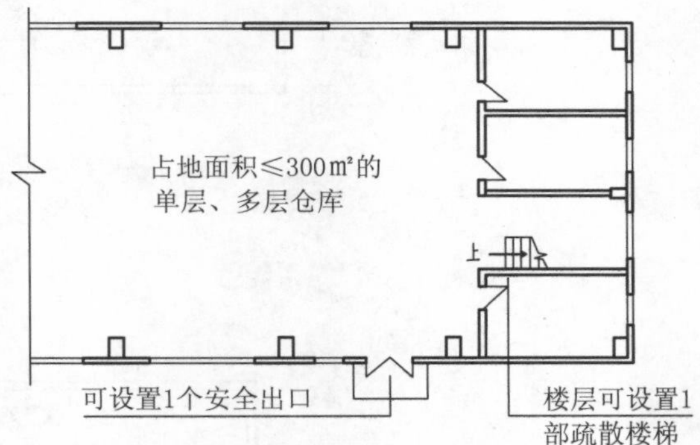
占地面积≤300㎡的
单层、多层仓库
上
可设置1个安全出口
楼层可设置1
部疏散楼梯

图3–69 3.8.2图示（2）

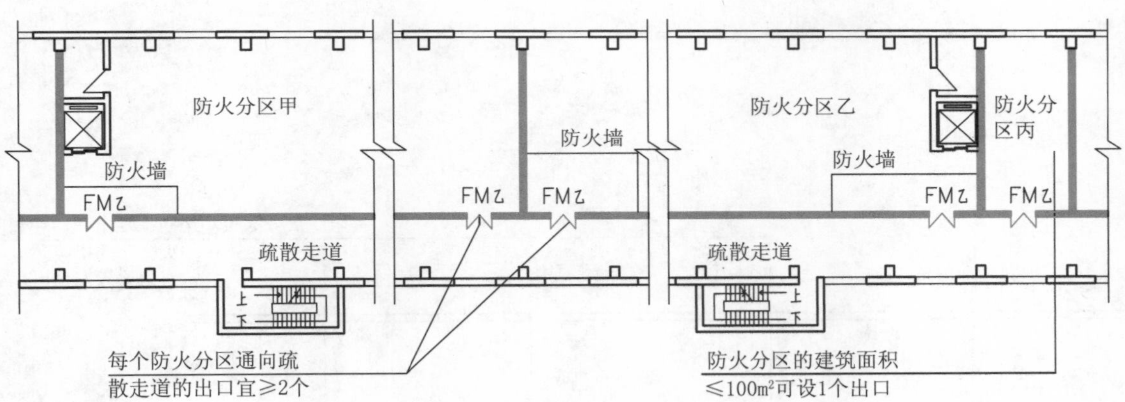
防火分区甲
防火墙
FM乙
防火墙
FM乙
FM乙
疏散走道
上
下
每个防火分区通向疏
散走道的出口宜≥2个
防火分区乙
防火分
区丙
防火墙
FM乙
FM乙
疏散走道
上
下
防火分区的建筑面积
≤100m²可设1个出口

图3–70 3.8.2图示（3）

3.8.3 地下或半地下仓库（包括地下或半地下室）的安全出口不应少于2个（图3–71）；当建筑面积不大于100m²时，可设置1个安全出口（图3–72）。

地下或半地下仓库（包括地下或半地下室），当有多个防火分区相邻布置并采用防火墙分隔时，每个防火分区可利用防火墙上通向相邻防火分区的甲级防火门作为第二安全出口，但每个防火分区必须至少有1个直通室外的安全出口（图3–73）。

3.8.4 冷库、粮食筒仓、金库的安全疏散设计应分别符合现行国家标准《冷库设计规范》GB 50072和《粮食钢板筒仓设计规范》GB 50322等标准的规定。

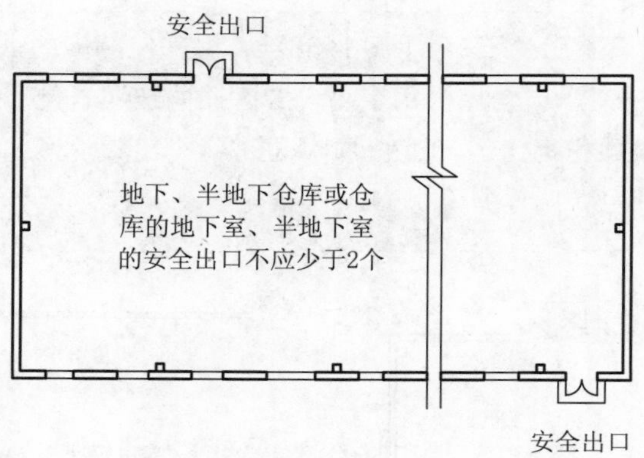
安全出口
地下、半地下仓库或仓库的地下室、半地下室的安全出口不应少于2个
安全出口

图3-71　3.8.3图示（1）

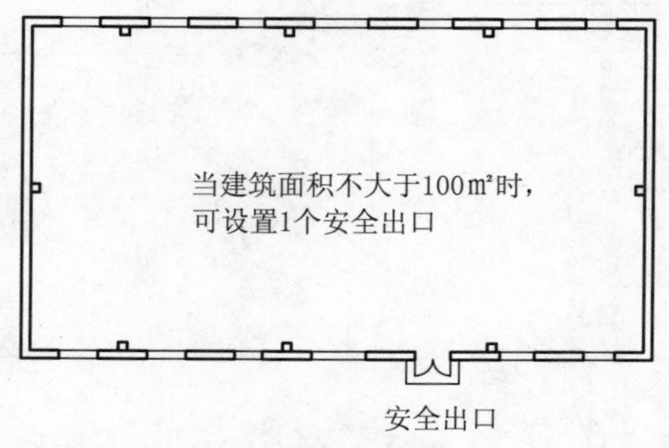
当建筑面积不大于100㎡时，可设置1个安全出口
安全出口

图3-72　3.8.3图示（2）

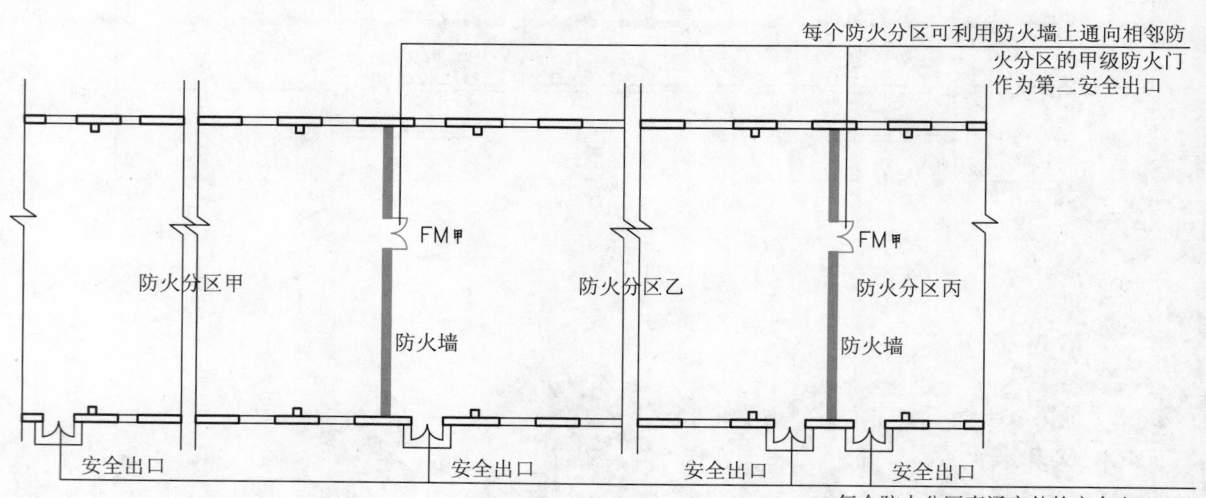
每个防火分区可利用防火墙上通向相邻防火分区的甲级防火门作为第二安全出口
FM甲
FM甲
防火分区甲
防火分区乙
防火分区丙
防火墙
防火墙
安全出口
安全出口
安全出口
安全出口
每个防火分区直通室外的安全出口≥1

图3-73　3.8.3图示（3）

3.8.5　粮食筒仓上层面积小于1000m^2，且作业人数不超过2人时，可设置1个安全出口（图3-74）。

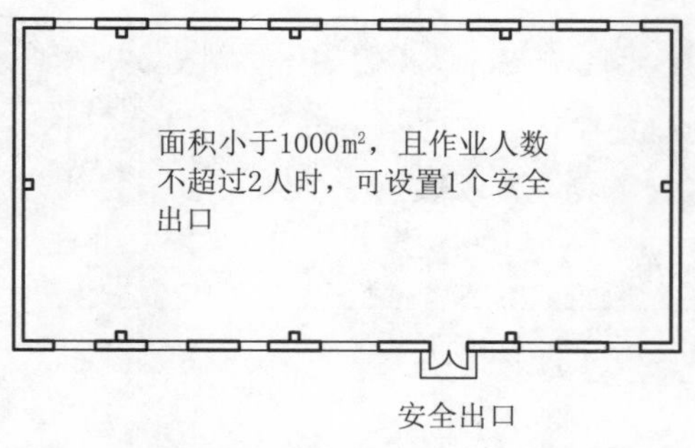
面积小于1000㎡，且作业人数
不超过2人时，可设置1个安全
出口
安全出口

图3-74　3.8.5图示

3.8.6　仓库、筒仓中符合本规范第6.4.5条规定的室外金属梯，可作为疏散楼梯，但筒仓室外楼梯平台的耐火极限不应低于0.25h（图3-75）。

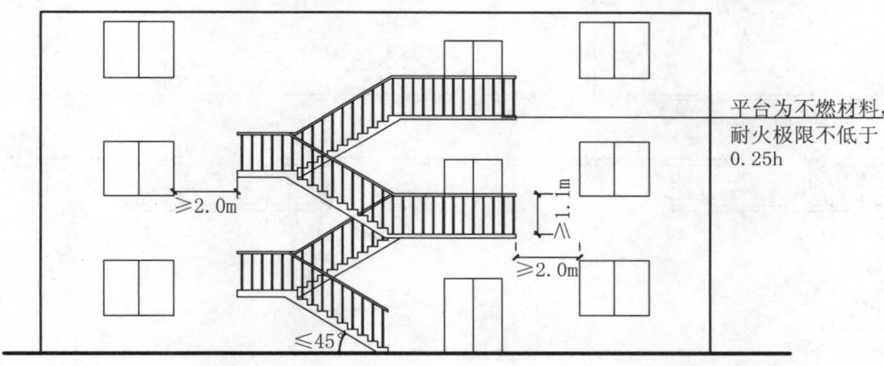
平台为不燃材料，
耐火极限不低于
0.25h
≥2.0m
≥1.1m
≥2.0m
≤45°
立面示意图

图3-75　3.8.6图示

3.8.7　高层仓库的疏散楼梯应采用封闭楼梯间（图3-76）。

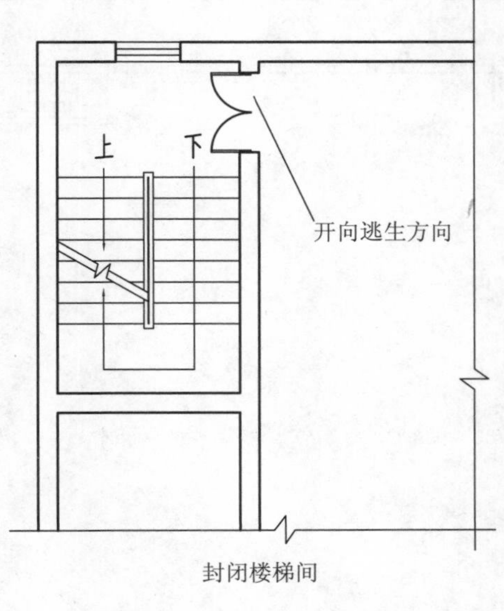
上
下
开向逃生方向
封闭楼梯间

图3-76　3.8.7图示

3.8.8 除一、二级耐火等级的多层戊类仓库外，其他仓库内供垂直运输物品的提升设施宜设置在仓库外（图3-77），确需设置在仓库内时，应设置在井壁的耐火极限不低于2.00h的井筒内。室内外提升设施通向仓库的入口应设置乙级防火门或符合本规范第6.5.3条规定的防火卷帘（图3-78）。

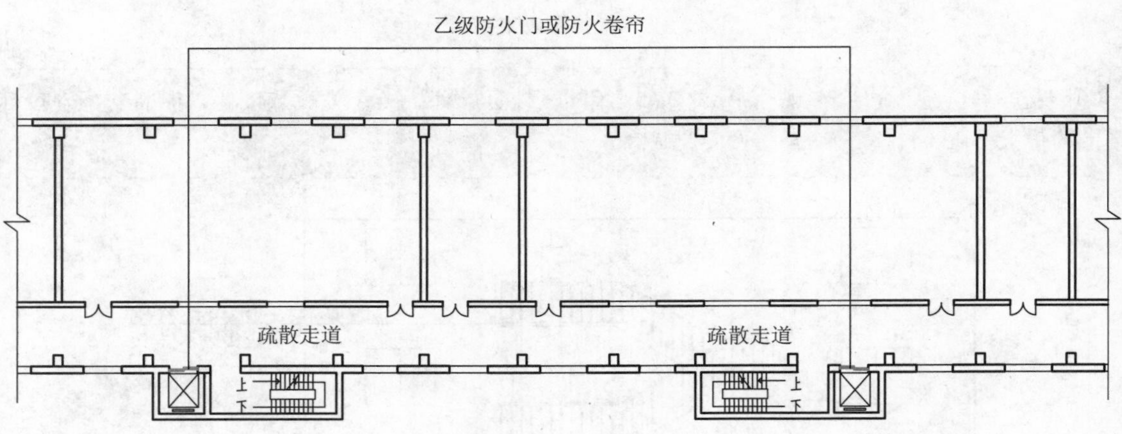
乙级防火门或防火卷帘
疏散走道
疏散走道
上
下
上
下

图3-77 3.8.8图示（1）

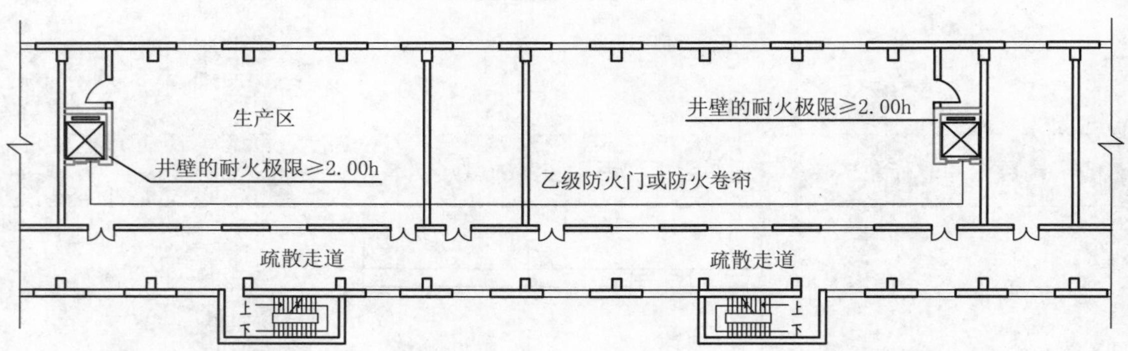
生产区
井壁的耐火极限≥2.00h
井壁的耐火极限≥2.00h
乙级防火门或防火卷帘
疏散走道
疏散走道
上
下
上
下

图3-78 3.8.8图示（2）

4　甲、乙、丙类液体、气体储罐（区）和可燃材料堆场

4.1　一般规定

4.1.1　甲、乙、丙类液体储罐区，液化石油气储罐区，可燃、助燃气体储罐区和可燃材料堆场等，应布置在城市（区域）的边缘或相对独立的安全地带，并宜布置在城市（区域）全年最小频率风向的上风侧。

甲、乙、丙类液体储罐（区）宜布置在地势较低的地带。当布置在地势较高的地带时，应采取安全防护设施（图4-1）。

液化石油气储罐（区）宜布置在地势平坦、开阔等不易积存液化石油气的地带。

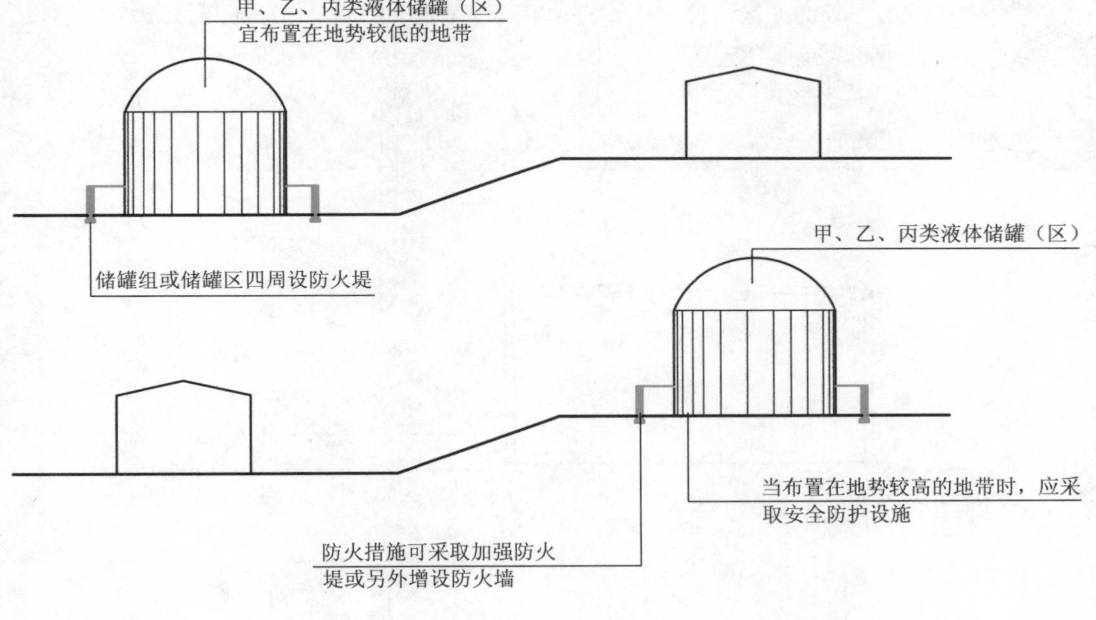
甲、乙、丙类液体储罐（区）
宜布置在地势较低的地带
储罐组或储罐区四周设防火堤
甲、乙、丙类液体储罐（区）
当布置在地势较高的地带时，应采
取安全防护设施
防火措施可采取加强防火
堤或另外增设防火墙

图4-1　4.1.1图示

4.1.2　桶装、瓶装甲类液体不应露天存放（图4-2）。

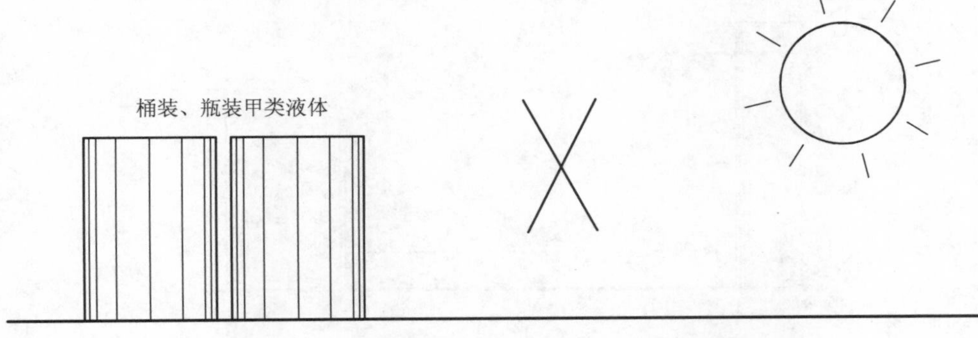
桶装、瓶装甲类液体

图4-2　4.1.2图示

4.1.3 液化石油气储罐组或储罐区的四周应设置高度不小于1.0m的不燃性实体防护墙（图4-3）。

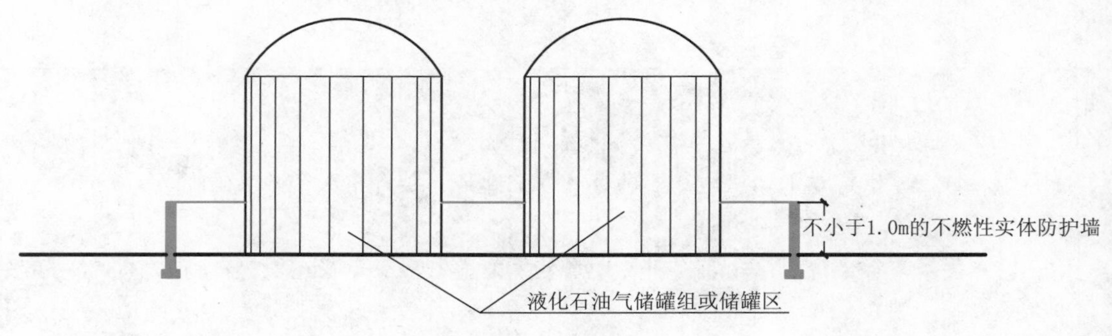
不小于1.0m的不燃性实体防护墙
液化石油气储罐组或储罐区

图4-3 4.1.3图示

4.1.4 甲、乙、丙类液体储罐区，液化石油气储罐区，可燃、助燃气体储罐区和可燃材料堆场，应与装卸区、辅助生产区及办公区分开布置。

4.1.5 甲、乙、丙类液体储罐，液化石油气储罐，可燃、助燃气体储罐和可燃材料堆垛，与架空电力线的最近水平距离应符合本规范第10.2.1条的规定（图4-4）。

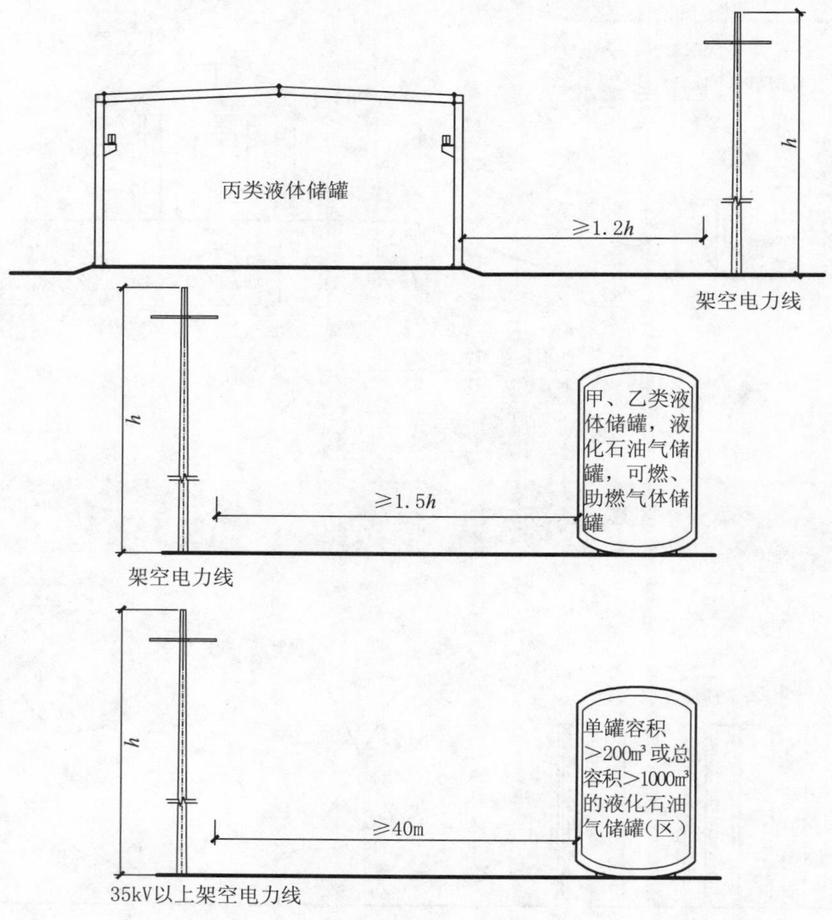
丙类液体储罐
≥1.2h
h
架空电力线
h
≥1.5h
甲、乙类液体储罐，液化石油气储罐，可燃、助燃气体储罐
架空电力线
h
≥40m
单罐容积>200㎥或总容积>1000㎥的液化石油气储罐(区)
35kV以上架空电力线

图4-4 4.1.5图示

4.2 甲、乙、丙类液体储罐（区）的防火间距

4.2.1 甲、乙、丙类液体储罐（区）和乙、丙类液体桶装堆场与其他建筑的防火间距，不应小于表4.2.1的规定（图4–5）。

甲、乙、丙类液体储罐（区）和乙、丙类液体桶装堆场与其他建筑的防火间距（m） 表4.2.1

类型	一个罐区或堆场的总容量V（m^3）	建筑物				室外变、配电站
		一、二级		三级	四级	
		高层民用建筑	裙房，其他建筑			
甲、乙类液体储罐（区）	1≤V＜50	40	12	15	20	30
	50≤V＜200	50	15	20	25	35
	200≤V＜1000	60	20	25	30	40
	1000≤V＜5000	70	25	30	40	50
丙类液体储罐（区）	5≤V＜250	40	12	15	20	24
	250≤V＜1000	50	15	20	25	28
	1000≤V＜5000	60	20	25	30	32
	5000≤V＜25000	70	25	30	40	40

注：1 当甲、乙类液体储罐和丙类液体储罐布置在同一储罐区时，罐区的总容量可按1m^3甲、乙类液体相当于5m^3丙类液体折算。

2 储罐防火堤外侧基脚线至相邻建筑的距离不应小于10m。

3 甲、乙、丙类液体的固定顶储罐区或半露天堆场，乙、丙类液体桶装堆场与甲类厂房（仓库）、民用建筑的防火间距，应按本表的规定增加25%，且甲、乙类液体的固定顶储罐区或半露天堆场，乙、丙类液体桶装堆场与甲类厂房（仓库）、裙房、单、多层民用建筑的防火间距不应小于25m，与明火或散发火花地点的防火间距应按本表有关四级耐火等级建筑物的规定增加25%。

4 浮顶储罐区或闪点大于120℃的液体储罐区与其他建筑的防火间距，可按本表的规定减少25%。

5 当数个储罐区布置在同一库区内时，储罐区之间的防火间距不应小于本表相应容量的储罐区与四级耐火等级建筑物防火间距的较大值。

6 直埋地下的甲、乙、丙类液体卧式罐，当单罐容量不大于50m^3，总容量不大于200m^3时，与建筑物的防火间距可按本表规定减少50%。

7 室外变、配电站指电力系统电压为35～500kV且每台变压器容量不小于10MV·A的室外变、配电站和工业企业的变压器总油量大于5t的室外降压变电站。

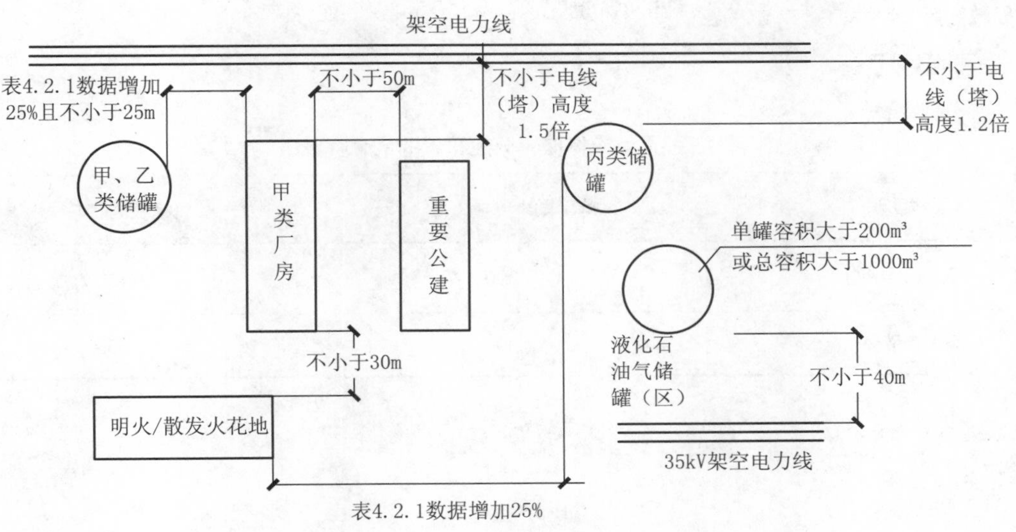
架空电力线
表4.2.1数据增加25%且不小于25m
不小于50m
不小于电线（塔）高度1.5倍
不小于电线（塔）高度1.2倍
甲、乙类储罐
甲类厂房
重要公建
丙类储罐
单罐容积大于200m³或总容积大于1000m³
不小于30m
液化石油气储罐（区）
不小于40m
明火/散发火花地
35kV架空电力线
表4.2.1数据增加25%

图4–5 4.2.1图示

4.2.2 甲、乙、丙类液体储罐之间的防火间距不应小于表4.2.2的规定。

甲、乙、丙类液体储罐之间的防火间距（m） 表 4.2.2

<table>
<tr><th colspan="3" rowspan="2">类别</th><th colspan="3">固定顶储罐</th><th rowspan="2">浮顶储罐或设置充氮保护设备的储罐</th><th rowspan="2">卧式储罐</th></tr>
<tr><th>地上式</th><th>半地下式</th><th>地下式</th></tr>
<tr><td rowspan="2">甲、乙类液体储罐</td><td rowspan="3">单罐容量V（m^3）</td><td>$V \leqslant 1000$</td><td>0.75D</td><td rowspan="2">0.5D</td><td rowspan="2">0.4D</td><td rowspan="2">0.4D</td><td rowspan="3">≥0.8m</td></tr>
<tr><td>$V > 1000$</td><td>0.6D</td></tr>
<tr><td>丙类液体储罐</td><td>不限</td><td>0.4D</td><td>不限</td><td>不限</td><td>—</td></tr>
</table>

注：1 D为相邻较大立式储罐的直径（m），矩形储罐的直径为长边与短边之和的一半。

2 不同液体、不同形式储罐之间的防火间距不应小于本表规定的较大值。

3 两排卧式储罐之间的防火间距不应小于3m。

4 当单罐容量不大于1000m^3且采用固定冷却系统时，甲、乙类液体的地上式固定顶储罐之间的防火间距不应小于0.6D。

5 地上式储罐同时设置液下喷射泡沫灭火系统、固定冷却水系统和扑救防火堤内液体火灾的泡沫灭火设施时，储罐之间的防火间距可适当减小，但不宜小于0.4D。

6 闪点大于120℃的液体，当单罐容量大于1000m^3时，储罐之间的防火间距不应小于5m；当单罐容量不大于1000m^3时，储罐之间的防火间距不应小于2m。

4.2.3 甲、乙、丙类液体储罐成组布置时，应符合下列规定（图4-6）：

1 组内储罐的单罐容量和总容量不应大于表4.2.3的规定。

2 组内储罐的布置不应超过两排。甲、乙类液体立式储罐之间的防火间距不应小于2m，卧式储罐之间的防火间距不应小于0.8m；丙类液体储罐之间的防火间距不限。

3 储罐组之间的防火间距应根据组内储罐的形式和总容量折算为相同类别的标准单罐，按本规范第4.2.2条的规定确定。

甲、乙、丙类液体储罐分组布置的最大容量 表4.2.3

类别	单罐最大容量（m^3）	一组罐最大容量（m^3）
甲、乙类液体	200	1000
丙类液体	500	3000

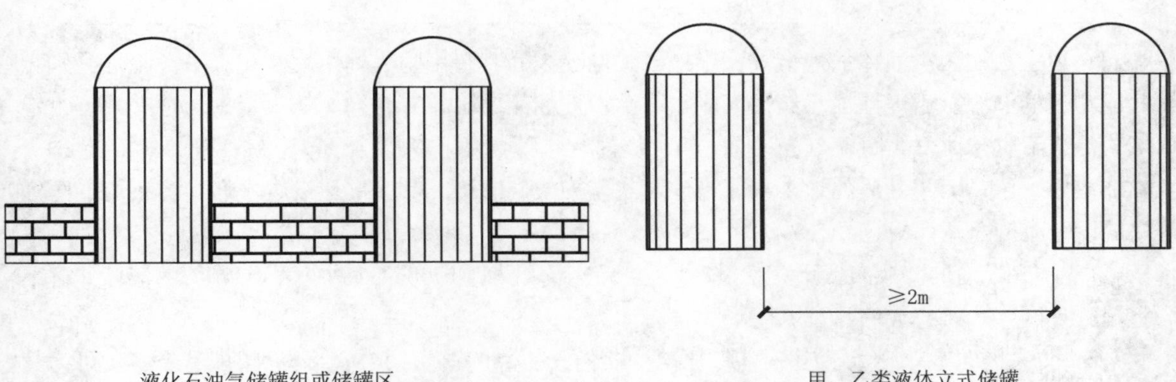
≥2m

液化石油气储罐组或储罐区　　甲、乙类液体立式储罐

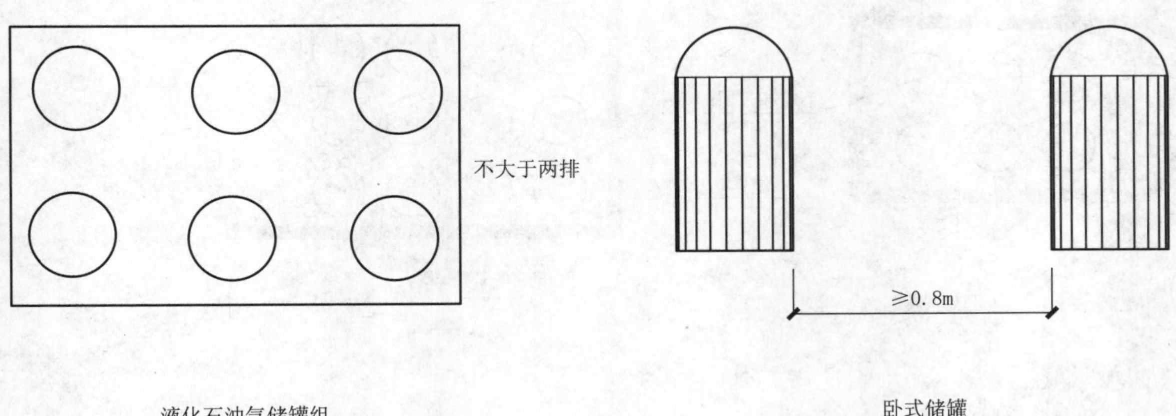
不大于两排
≥0.8m

液化石油气储罐组　　卧式储罐

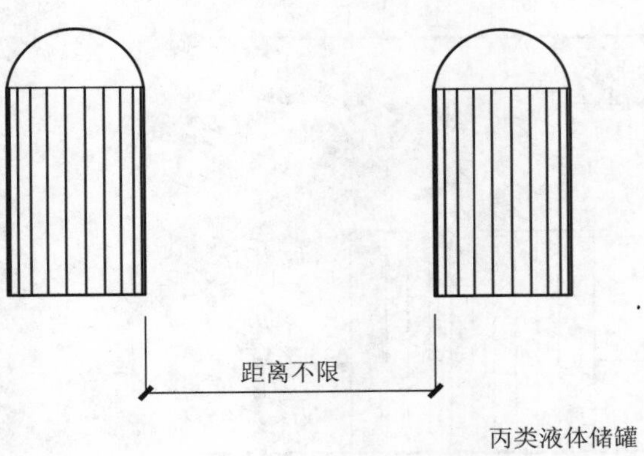
距离不限

丙类液体储罐

图4-6　4.2.3图示

4.2.4　甲、乙、丙类液体的地上式、半地下式储罐区，其每个防火堤内宜布置火灾危险性类别相同或相近的储罐。沸溢性油品储罐不应与非沸溢性油品储罐布置在同一防火堤内。地上式、半地下式储罐不应与地下式储罐布置在同一防火堤内。

4.2.5　甲、乙、丙类液体的地上式、半地下式储罐或储罐组，其四周应设置不燃性防火堤。防火堤的设置应符合下列规定：

1　防火堤内的储罐布置不宜超过2排，单罐容量不大于1000m³且闪点大于120℃的液体储罐不宜超过4排。（图4-7）

2　防火堤的有效容量不应小于其中最大储罐的容量。对于浮顶罐，防火堤的有效容量可为其中最大储罐容量的一半。（图4-8、图4-9）

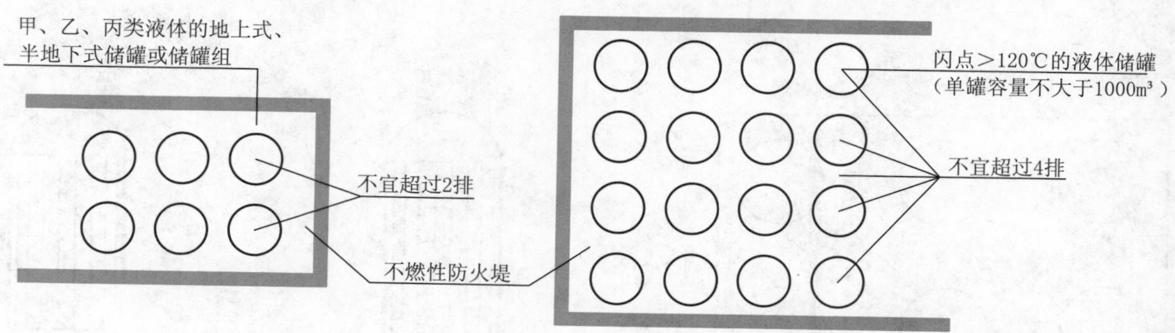
甲、乙、丙类液体的地上式、半地下式储罐或储罐组
不宜超过2排
不燃性防火堤
闪点＞120℃的液体储罐
（单罐容量不大于1000m³）
不宜超过4排

图4-7　4.2.5图示（1）

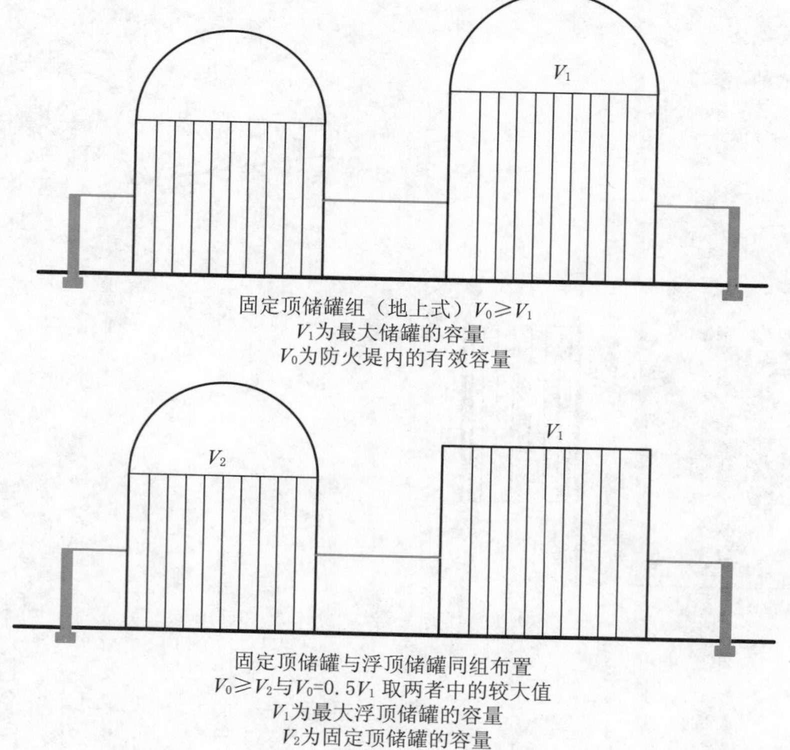
V_1
固定顶储罐组（地上式）$V_0 \geq V_1$
V_1为最大储罐的容量
V_0为防火堤内的有效容量
V_2
V_1
固定顶储罐与浮顶储罐同组布置
$V_0 \geq V_2$与$V_0=0.5V_1$ 取两者中的较大值
V_1为最大浮顶储罐的容量
V_2为固定顶储罐的容量

图4-8　4.2.5图示（2）

3 防火堤内侧基脚线至立式储罐外壁的水平距离不应小于罐壁高度的一半。防火堤内侧基脚线至卧式储罐的水平距离不应小于3m。（图4-10）

4 防火堤的设计高度应比计算高度高出0.2m，且应为1.0~2.2m，在防火堤的适当位置应设置便于灭火救援人员进出防火堤的踏步。

5 沸溢性油品的地上式、半地下式储罐，每个储罐均应设置一个防火堤或防火隔堤。

6 含油污水排水管应在防火堤的出口处设置水封设施，雨水排水管应设置阀门等封闭、隔离装置。

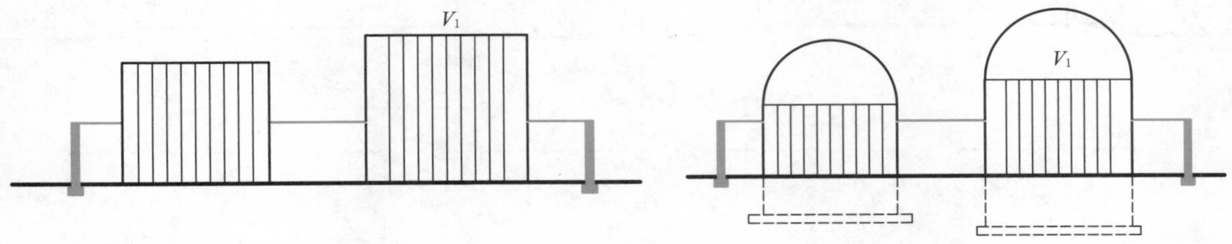
V_1
V_1

浮顶储罐组 $V_0=0.5V_1$
V_1为最大储罐的容量
V_0为防火堤内的有效容量

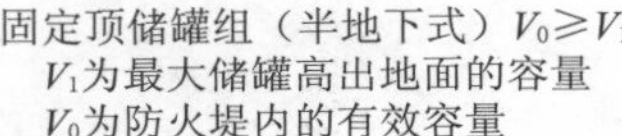

固定顶储罐组（半地下式）$V_0 \geqslant V_1$
V_1为最大储罐高出地面的容量
V_0为防火堤内的有效容量

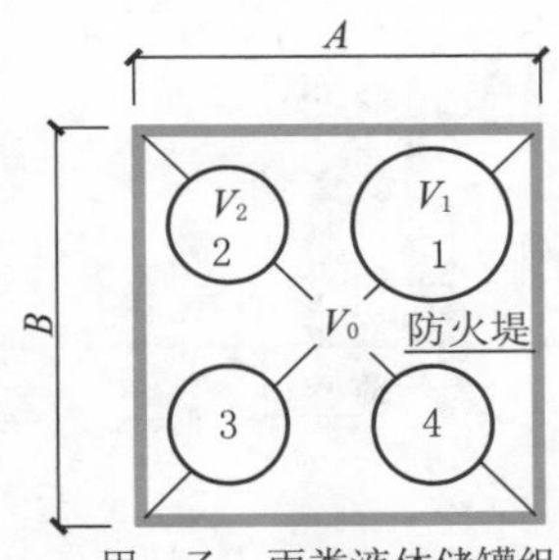
A
B
V_2
2
V_1
1
V_0
防火堤
3
4

甲、乙、丙类液体储罐组

图4-9 4.2.5图示（3）

注释：1、图中1号的储罐为组内最大的储罐，容量为V_1（m³）。

2、防火堤内的有效容量：

$V_0=[(A \times B)-(F_1+F_2+F_3+F_4)] \times h_1$（m³）

1号、2号、3号、4号储罐的占地面积分别为F_1、F_2、F_3、F_4（m²）；h_1为防火堤的计算高度（m）。

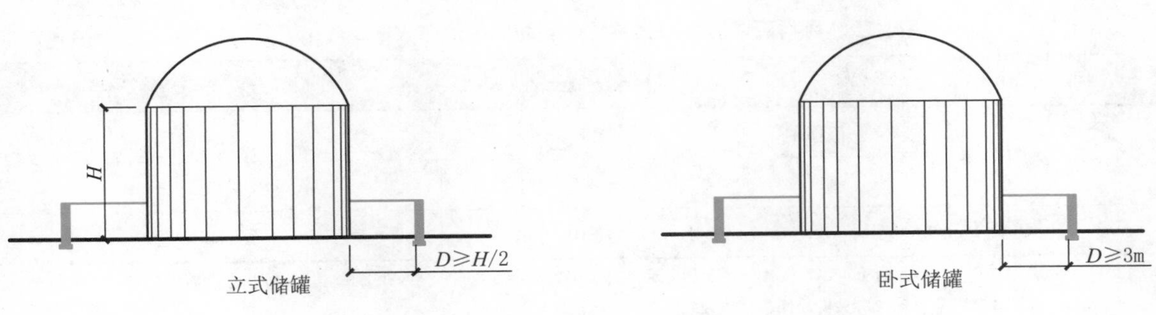
H
$D \geqslant H/2$
$D \geqslant 3m$

立式储罐　　卧式储罐

图4-10 4.2.5图示（4）

4.2.6　甲类液体半露天堆场，乙、丙类液体桶装堆场和闪点大于120℃的液体储罐（区），当采取了防止液体流散的设施时，可不设置防火堤（图4-11）。

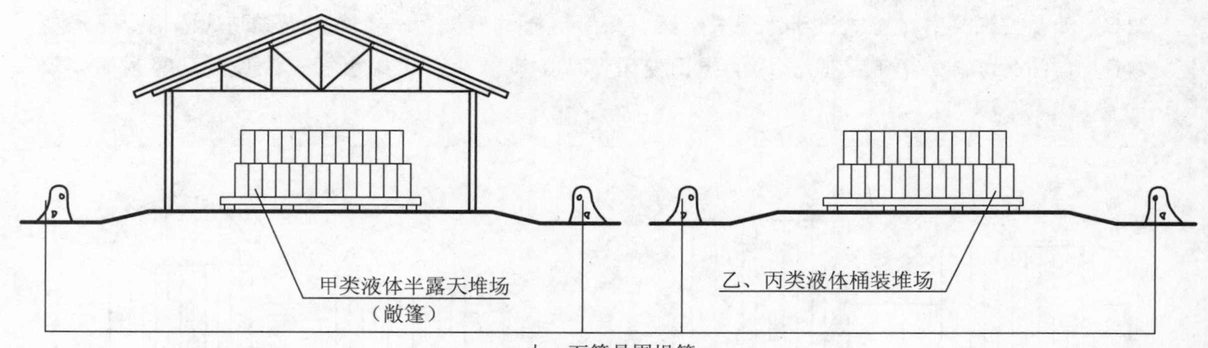
甲类液体半露天堆场
（敞篷）
乙、丙类液体桶装堆场
土、石简易围堤等
防止液体流散的设施

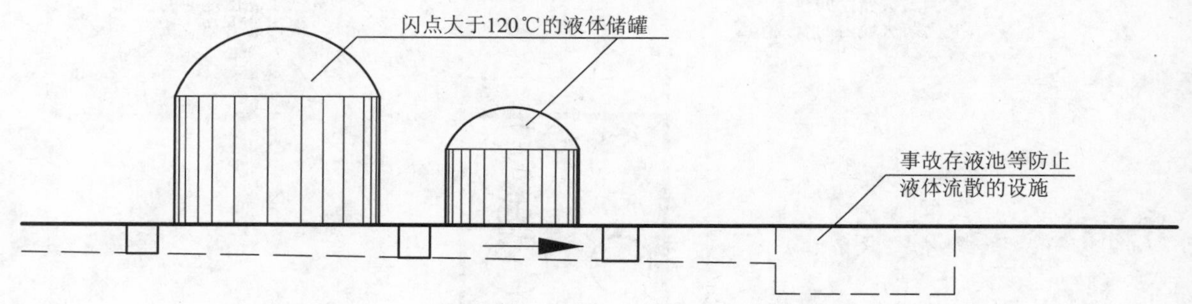
闪点大于120℃的液体储罐
事故存液池等防止
液体流散的设施

图4-11　4.2.6图示

注：上述堆场和储罐采用以上任一种防止液体流散的设施或其他有效措施时，均可不设置防火堤。

4.2.7　甲、乙、丙类液体储罐与其泵房、装卸鹤管的防火间距不应小于表4.2.7的规定。

甲、乙、丙类液体储罐与其泵房、装卸鹤管的防火间距（m）　表4.2.7

液体类别和储罐形式		泵房	铁路或汽车装卸鹤管
甲、乙类液体储罐	拱顶罐	15	20
	浮顶罐	12	15
丙类液体储罐		10	12

注：1　总容量不大于1000m^{3}的甲、乙类液体储罐和总容量不大于5000m^{3}的丙类液体储罐，其防火间距可按本表的规定减少25%。
2　泵房、装卸鹤管与储罐防火堤外侧基脚线的距离不应小于5m。

4.2.8　甲、乙、丙类液体装卸鹤管与建筑物、厂内铁路线的防火间距不应小于表4.2.8的规定（图4-12）。

甲、乙、丙类液体装卸鹤管与建筑物、厂内铁路线的防火间距（m）　　表4.2.8

名称	建筑物			厂内铁路线	泵房
	一、二级	三级	四级		
甲、乙类液体装卸鹤管	14	16	18	20	8
丙类液体装卸鹤管	10	12	14	10	

注：装卸鹤管与其直接装卸用的甲、乙、丙类液体装卸铁路线的防火间距不限。

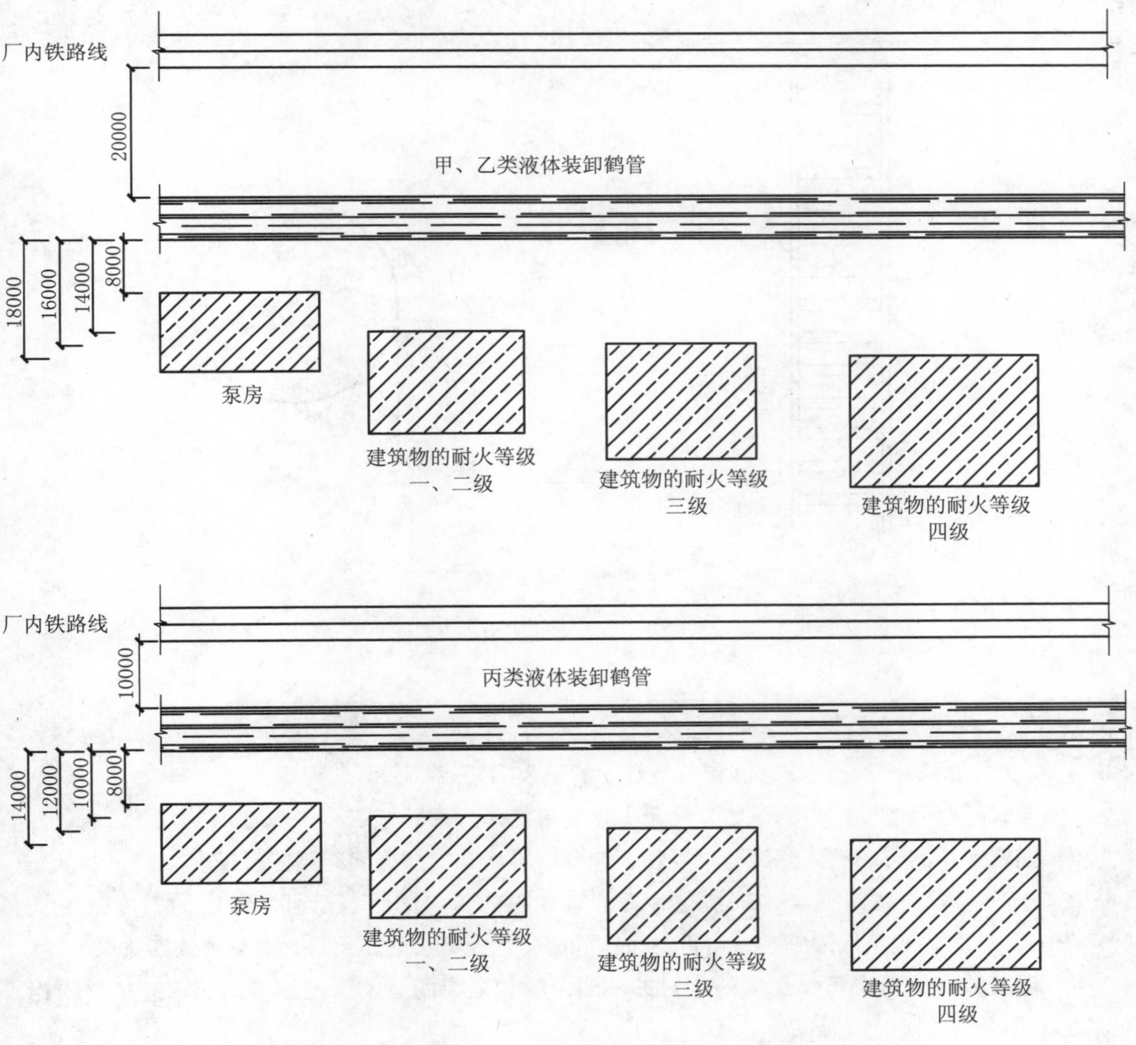

厂内铁路线
20000
甲、乙类液体装卸鹤管
18000
16000
14000
8000
泵房
建筑物的耐火等级
一、二级
建筑物的耐火等级
三级
建筑物的耐火等级
四级
厂内铁路线
10000
丙类液体装卸鹤管
14000
12000
10000
8000
泵房
建筑物的耐火等级
一、二级
建筑物的耐火等级
三级
建筑物的耐火等级
四级

图4-12　4.2.8图示

4.2.9 甲、乙、丙类液体储罐与铁路、道路的防火间距不应小于表4.2.9的规定。

甲、乙、丙类液体储罐与铁路、道路的防火间距（m） 表4.2.9

名称	厂外铁路线中心线	厂内铁路线中心线	厂外道路路边	厂内道路路边	
				主要	次要
甲、乙类液体储罐	35	25	20	15	10
丙类液体储罐	30	20	15	10	5

4.2.10 零位罐与所属铁路装卸线的距离不应小于6m（图4-13）。

4.2.11 石油库的储罐（区）与建筑的防火间距，石油库内的储罐布置和防火间距以及储罐与泵房、装卸鹤管等库内建筑的防火间距，应符合现行国家标准《石油库设计规范》GB 50074的规定。

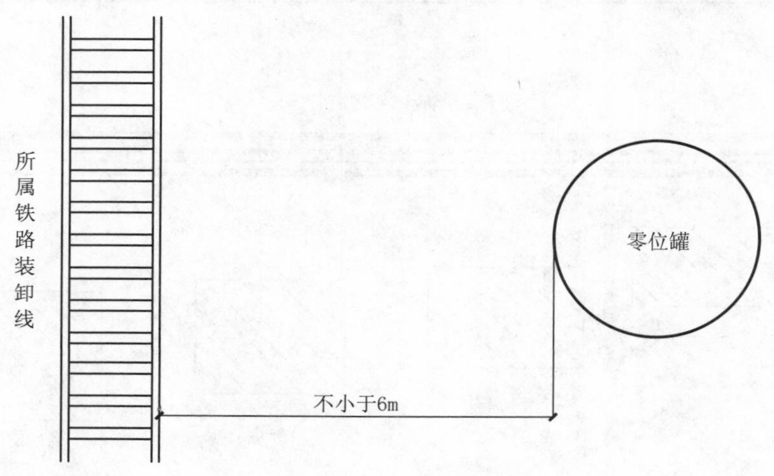
所属铁路装卸线
零位罐
不小于6m

平面示意图

图4-13 4.2.10图示

4.3 可燃、助燃气体储罐（区）的防火间距

4.3.1 可燃气体储罐与建筑物、储罐、堆场等的防火间距应符合下列规定：

1 湿式可燃气体储罐与建筑物、储罐、堆场等的防火间距不应小于表4.3.1的规定。

2 固定容积的可燃气体储罐与建筑物、储罐、堆场等的防火间距不应小于表4.3.1的规定。

3 干式可燃气体储罐与建筑物、储罐、堆场等的防火间距：当可燃气体的密度比空气大时，应按表4.3.1的规定增加25%；当可燃气体的密度比空气小时，可按表4.3.1的规定确定。

4 湿式或干式可燃气体储罐的水封井、油泵房和电梯间等附属设施与该储罐的防火间距，可按工艺要求布置。

5 容积不大于20m^{3}的可燃气体储罐与其使用厂房的防火间距不限。

湿式可燃气体储罐与建筑物、储罐、堆场等的防火间距（m）　　表4.3.1

名称		湿式可燃气体储罐（总容积V，m^3）				
		V＜1000	1000≤V＜10000	10000≤V＜50000	50000≤V＜100000	100000≤V＜300000
甲类仓库甲、乙、丙类液体储罐可燃材料堆场室外变、配电站明火或散发火花的地点		20	25	30	35	40
高层民用建筑		25	30	35	40	45
裙房，单、多层民用建筑		18	20	25	30	35
其他建筑	一、二级	12	15	20	25	30
	三级	15	20	25	30	35
	四级	20	25	30	35	40

注：固定容积可燃气体储罐的总容积按储罐几何容积（m^3）和设计储存压力（绝对压力，10^5Pa）的乘积计算。

4.3.2　可燃气体储罐（区）之间的防火间距应符合下列规定：

1　湿式可燃气体储罐或干式可燃气体储罐之间及湿式与干式可燃气体储罐的防火间距，不应小于相邻较大罐直径的1/2（图4-14）。

2　固定容积的可燃气体储罐之间的防火间距不应小于相邻较大罐直径的2/3（图4-15）。

3　固定容积的可燃气体储罐与湿式或干式可燃气体储罐的防火间距，不应小于相邻较大罐直径的1/2（图4-16）。

4　数个固定容积的可燃气体储罐的总容积大于200000m^3时，应分组布置。卧式储罐组之间的防火间距不应小于相邻较大罐长度的一半；球形储罐组之间的防火间距不应小于相邻较大罐直径，且不应小于20m（图4-17）。

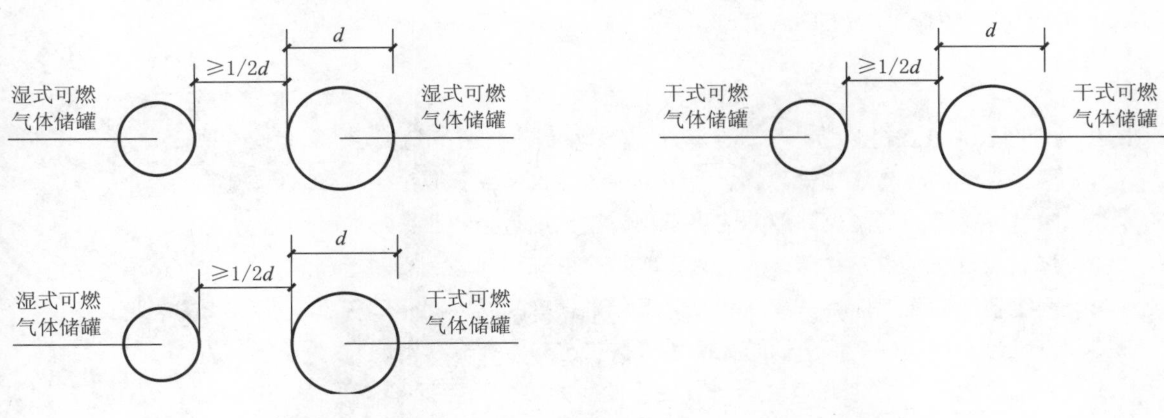
d
≥1/2d
湿式可燃气体储罐
湿式可燃气体储罐
d
≥1/2d
干式可燃气体储罐
干式可燃气体储罐
d
≥1/2d
湿式可燃气体储罐
干式可燃气体储罐

图4-14　4.3.2图示（1）

注：储罐间的防火间距不应小于相邻大储罐直径的1/2。

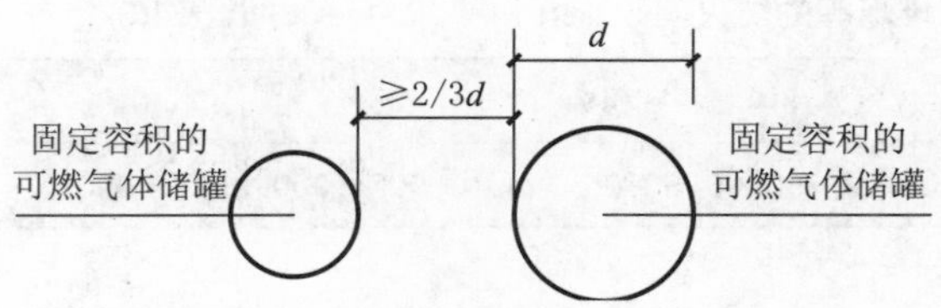
d
≥2/3d
固定容积的
可燃气体储罐
固定容积的
可燃气体储罐

图4-15 4.3.2图示（2）

注：储罐间的防火间距不应小于相邻较大储罐直径的2/3。

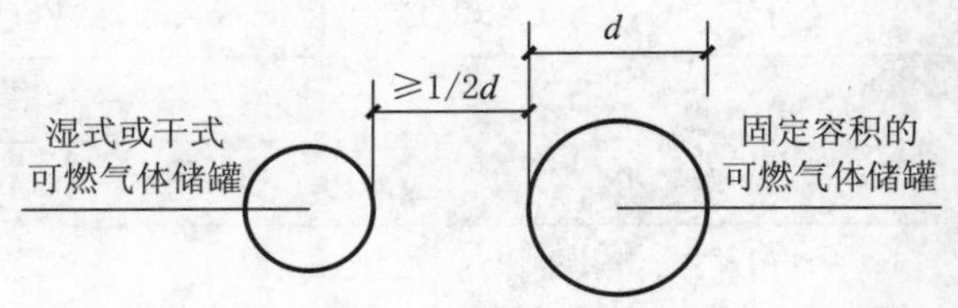
d
≥1/2d
湿式或干式
可燃气体储罐
固定容积的
可燃气体储罐

图4-16 4.3.2图示（3）

注：储罐间的防火间距不应小于相邻较大储罐直径的1/2。

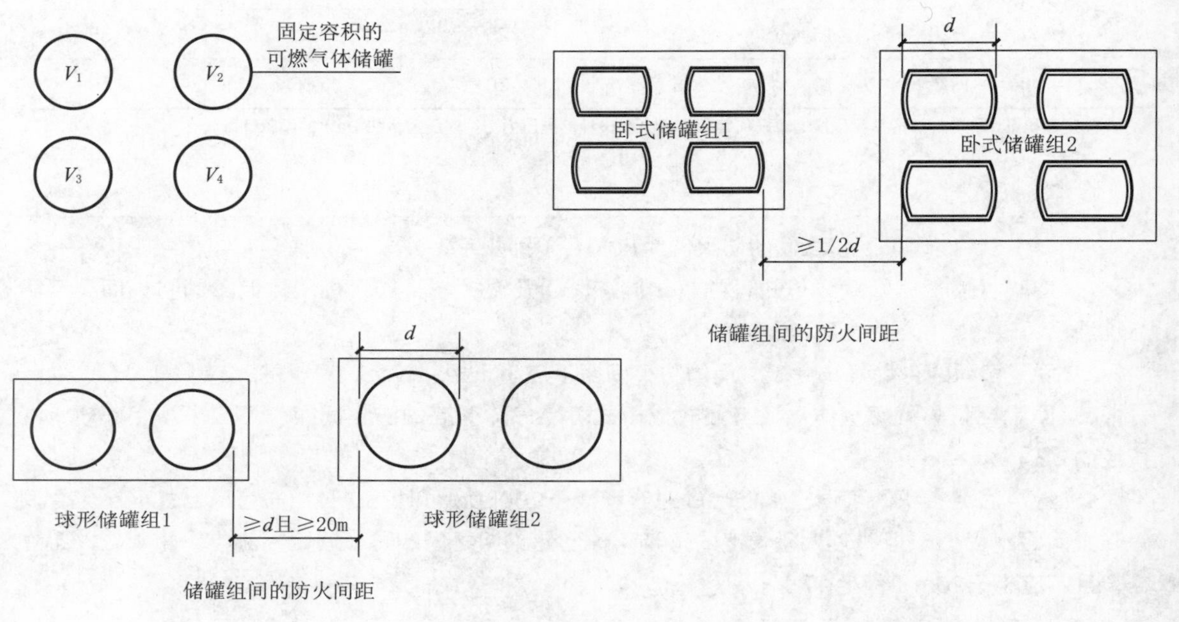
固定容积的
可燃气体储罐
V_1
V_2
V_3
V_4
d
卧式储罐组1
卧式储罐组2
≥1/2d
储罐组间的防火间距
d
球形储罐组1
≥d且≥20m
球形储罐组2
储罐组间的防火间距

图4-17 4.3.2图示（4）

注：$V_1+V_2+V_3+V_4 \geq 200000m^3$时，应分组布置。

4.3.3 氧气储罐与建筑物、储罐、堆场等的防火间距应符合下列规定：

1 湿式氧气储罐与建筑物、储罐、堆场等的防火间距不应小于表4.3.3的规定。

2 氧气储罐之间的防火间距不应小于相邻较大罐直径的1/2。

3 氧气储罐与可燃气体储罐的防火间距不应小于相邻较大罐的直径。

4 固定容积的氧气储罐与建筑物、储罐、堆场等的防火间距不应小于表4.3.3的规定。

5 氧气储罐与其制氧厂房的防火间距可按工艺布置要求确定。

6 容积不大于$50m^3$的氧气储罐与其使用厂房的防火间距不限。

注：$1m^3$液氧折合标准状态下$800m^3$气态氧。

湿式氧气储罐与建筑物、储罐、堆场等的防火间距（m） 表4.3.3

名称		湿式氧气储罐（总容积V，m^3）		
		V≤1000	1000＜V≤50000	V>50000
明火或散发火花地点		25	30	35
甲、乙、丙类液体储罐，可燃材料堆场，甲类仓库，室外变、配电站		20	25	30
民用建筑		18	20	25
其他建筑	一、二级	10	12	14
	三级	12	14	16
	四 级	14	16	18

注：固定容积氧气储罐的总容积按储罐几何容积（m^3）和设计储存压力（绝对压力，10^5Pa）的乘积计算。

4.3.4 液氧储罐与建筑物、储罐、堆场等的防火间距应符合本规范第4.3.3条相应容积湿式氧气储罐防火间距的规定。液氧储罐与其泵房的间距不宜小于3m（图4–18）。总容积小于或等于$3m^3$的液氧储罐与其使用建筑的防火间距应符合下列规定：

1 当设置在独立的一、二级耐火等级的专用建筑物内时，其防火间距不应小于10m；

2 当设置在独立的一、二级耐火等级的专用建筑物内，且面向使用建筑物一侧采用无门窗洞口的防火墙隔开时，其防火间距不限；

3 当低温储存的液氧储罐采取了防火措施时，其防火间距不应小于5m。

医疗卫生机构中的医用液氧储罐气源站的液氧储罐应符合下列规定：

1 单罐容积不应大于$5m^3$，总容积不宜大于$20m^3$；

2 相邻储罐之间的距离不应小于最大储罐直径的0.75倍；

3 医用液氧储罐与医疗卫生机构外建筑的防火间距应符合本规范第4.3.3条的规定，与医疗卫生机构内建筑防火间距应符合现行国家标准《医用气体工程技术规范》GB 50751的规定。

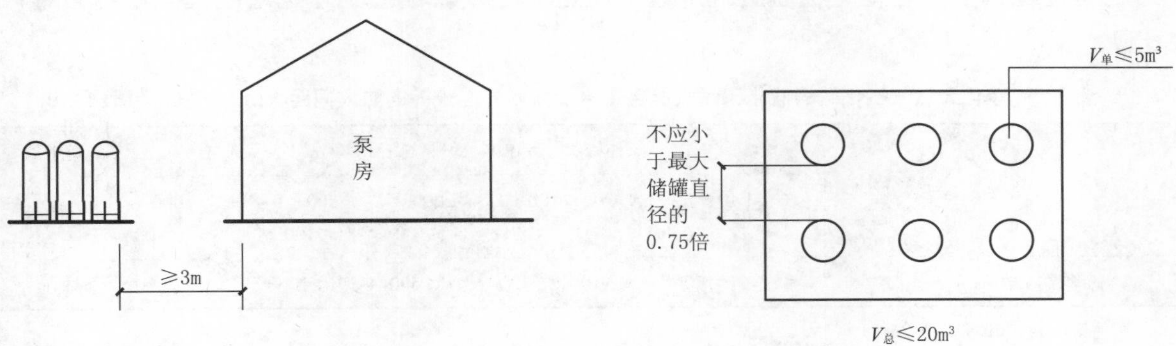
泵房
≥3m
不应小于最大储罐直径的0.75倍
$V_单$≤$5m^3$
$V_总$≤$20m^3$

图4–18 4.3.4图示

4.3.5 液氧储罐周围5m范围内不应有可燃物和沥青路面（图4–19）。

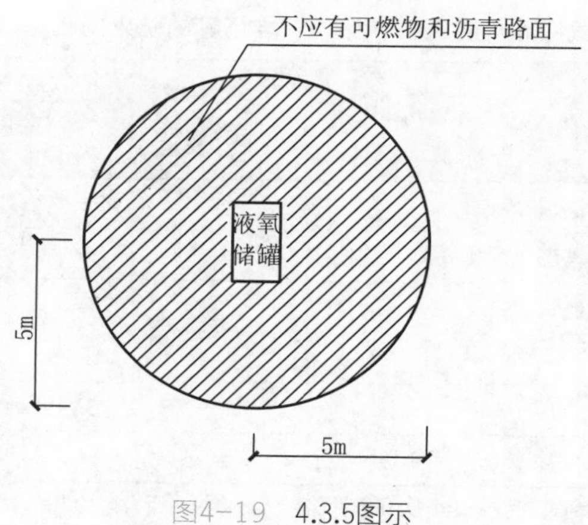
不应有可燃物和沥青路面
液氧储罐
5m
5m

图4-19　4.3.5图示

4.3.6　可燃、助燃气体储罐与铁路、道路的防火间距不应小于表4.3.6的规定。

可燃、助燃气体储罐与铁路、道路的防火间距（m）　表4.3.6

名称	厂外铁路线中心线	厂内铁路线中心线	厂外道路路边	厂内道路路边	
				主要	次要
可燃、助燃气体储罐	25	20	15	10	5

4.3.7　液氢、液氨储罐与建筑物、储罐、堆场等的防火间距可按本规范4.4.1条相应容积液化石油气储罐防火间距的规定减少25%确定。

4.3.8　液化天然气气化站的液化天然气储罐（区）与站外建筑等的防火间距不应小于表4.3.8的规定，与表4.3.8未规定的其他建筑的防火间距，应符合现行国家标准《城镇燃气设计规范》GB 50028的规定。

液化天然气气化站的液化天然气储罐（区）与站外建筑等的防火间距（m）　表4.3.8

名称	液化天然气储罐（区）（总容积V，m^3）							集中放散装置的天然气放散总管
	$V\leq10$	$10<V\leq30$	$30<V\leq50$	$50<V\leq200$	$200<V\leq500$	$500<V\leq1000$	$1000<V\leq2000$	
单罐容量V（m^3）	$V\leq10$	$V\leq30$	$V\leq50$	$V\leq200$	$V\leq500$	$V\leq1000$	$V\leq2000$	
居住区、村镇和重要公共建筑（最外侧建筑物的外墙）	30	35	45	50	70	90	110	45
工业企业（最外侧建筑物的外墙）	22	25	27	30	35	40	50	20
明火或散发火花地点，室外变、配电站	30	35	45	50	55	60	70	30

续表

名称		液化天然气储罐（区）（总容积V，m^3）							集中放散装置的天然气放散总管
		$V \leq 10$	$10 < V \leq 30$	$30 < V \leq 50$	$50 < V \leq 200$	$200 < V \leq 500$	$500 < V \leq 1000$	$1000 < V \leq 2000$	
单罐容量V（m^3）		$V \leq 10$	$V \leq 30$	$V \leq 50$	$V \leq 200$	$V \leq 500$	$V \leq 1000$	$V \leq 2000$	
其他民用建筑，甲、乙类液体储罐，甲、乙类仓库，甲、乙类厂房，秸秆、芦苇、打包废纸等材料堆场		27	32	40	45	50	55	65	25
丙类液体储罐，可燃气体储罐，丙、丁类厂房，丙、丁类仓库		25	27	32	35	40	45	55	20
公路（路边）	高速，I、II级，城市快速	20			25				15
	其他	15			20				10
架空电力线（中心线）		1.5倍杆高					1.5倍杆高，但35kV以上架空电力线不应小于40m		2.0倍杆高
架空通信线（中心线）	I、II级	1.5倍杆高		30		40			1.5倍杆高
	其他	1.5倍杆高							
铁路（中心线）	国家线	40	50	60	70		80		40
	企业专用线	25			30		35		30

注：居住区、村镇指1000人或300户及以上者；当少于1000人或300户时，相应防火间距应按本表有关其他民用建筑的要求确定。

4.4 液化石油气储罐（区）的防火间距

4.4.1 液化石油气供应基地的全压式和半冷冻式储罐（区），与明火或散发火花地点和基地外建筑等的防火间距不应小于表4.4.1的规定，与表4.4.1未规定的其他建筑的防火间距应符合现行国家标准《城镇燃气设计规范》GB 50028的规定。

液化石油气供应基地的全压式和半冷冻式储罐（区）与明火或散发火花地点和基地外建筑等的防火间距（m） 表4.4.1

名称	液化石油气储罐（区）（总容积V，m^3）						
	$30 < V \leq 50$	$50 < V \leq 200$	$200 < V \leq 500$	$500 < V \leq 1000$	$1000 < V \leq 2500$	$2500 < V \leq 5000$	$5000 < V \leq 10000$
单罐容量V（m^3）	$V \leq 20$	$V \leq 50$	$V \leq 100$	$V \leq 200$	$V \leq 400$	$V \leq 1000$	$V > 1000$
居住区、村镇和重要公共建筑（最外侧建筑物的外墙）	45	50	70	90	110	130	150
工业企业（最外侧建筑物的外墙）	27	30	35	40	50	60	75
明火或散发火花地点，室外变、配电站	45	50	55	60	70	80	120

续表

<table>
<tr><th colspan="2" rowspan="2">名称</th><th colspan="7">液化石油气储罐（区）（总容积V，m³）</th></tr>
<tr><th>30＜V ≤50</th><th>50＜V ≤200</th><th>200＜V ≤500</th><th>500＜V ≤1000</th><th>1000＜V ≤2500</th><th>2500＜V ≤5000</th><th>5000＜V ≤10000</th></tr>
<tr><th colspan="2">单罐容量V（m³）</th><th>V≤20</th><th>V≤50</th><th>V≤100</th><th>V≤200</th><th>V≤400</th><th>V≤1000</th><th>V>1000</th></tr>
<tr><td colspan="2">其他民用建筑，甲、乙类液体储，罐，甲、乙类仓库，甲、乙类厂房，秸秆、芦苇、打包废纸等材料堆场</td><td>40</td><td>45</td><td>50</td><td>55</td><td>65</td><td>75</td><td>100</td></tr>
<tr><td colspan="2">丙类液体储罐，可燃气体储罐，丙、丁类厂房，丙、丁类仓库</td><td>32</td><td>35</td><td>40</td><td>45</td><td>55</td><td>65</td><td>80</td></tr>
<tr><td colspan="2">助燃气体储罐，木材等材料堆场</td><td>27</td><td>30</td><td>35</td><td>40</td><td>50</td><td>60</td><td>75</td></tr>
<tr><td rowspan="3">其他建筑</td><td>一、二级</td><td>18</td><td>20</td><td>22</td><td>25</td><td>30</td><td>40</td><td>50</td></tr>
<tr><td>三级</td><td>22</td><td>25</td><td>27</td><td>30</td><td>40</td><td>50</td><td>60</td></tr>
<tr><td>四级</td><td>27</td><td>30</td><td>35</td><td>40</td><td>50</td><td>60</td><td>75</td></tr>
<tr><td rowspan="2">公路（路边）</td><td>高速，Ⅰ、Ⅱ级</td><td>20</td><td colspan="5">25</td><td>30</td></tr>
<tr><td>Ⅲ、Ⅳ级</td><td>15</td><td colspan="5">20</td><td>25</td></tr>
<tr><td colspan="2">架空电力线（中心线）</td><td colspan="7">应符合本规范第10.2.1条的规定</td></tr>
<tr><td rowspan="2">架空通信线（中心线）</td><td>Ⅰ、Ⅱ级</td><td colspan="2">30</td><td colspan="5">40</td></tr>
<tr><td>Ⅲ、Ⅳ级</td><td colspan="7">1.5倍杆高</td></tr>
<tr><td rowspan="2">铁路（中心线）</td><td>国家线</td><td>60</td><td colspan="2">70</td><td colspan="2">80</td><td colspan="2">100</td></tr>
<tr><td>企业专用线</td><td>25</td><td colspan="2">30</td><td colspan="2">35</td><td colspan="2">40</td></tr>
</table>

注：1　防火间距应按本表储罐区的总容积或单罐容积的较大者确定。

2　当地下液化石油气储罐的单罐容积不大于50m³，总容积不大于400m³时，其防火间距可按本表的规定减少50%。

3　居住区、村镇指1000人或300户以上者；当少于1000人或300户时，相应防火间距应按本表有关其他民用建筑的要求确定。

4.4.2　液化石油气储罐之间的防火间距不应小于相邻较大罐的直径（图4-20）。

数个储罐的总容积大于3000m³时，应分组布置，组内储罐宜采用单排布置（图4-21）。组与组相邻储罐之间的防火间距不应小于20m（图4-22）。

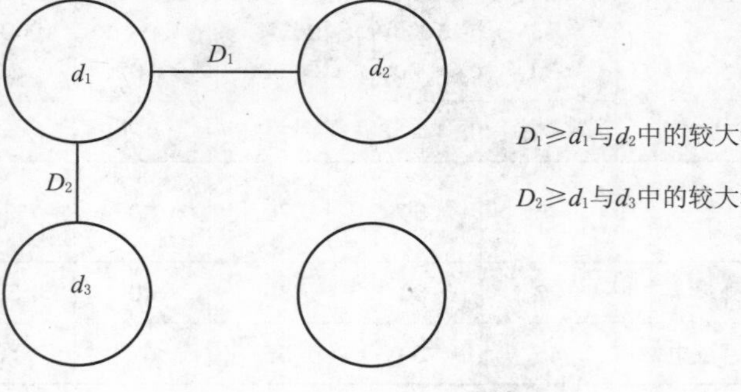
d_1
D_1
d_2
D_2
d_3
D_1≥d_1与d_2中的较大者
D_2≥d_1与d_3中的较大者

图4-20　4.4.2图示（1）

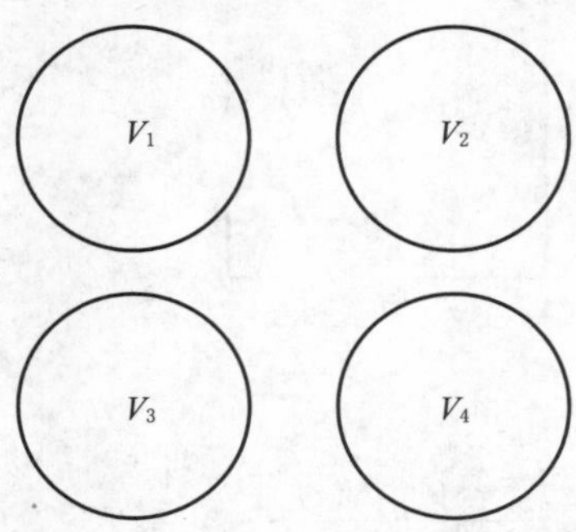

V_1
V_2
V_3
V_4

图4-21 4.4.2图示（2）

注：$V_1+V_2+V_3+V_4 \geq 3000\text{m}^3$时，应分组布置。

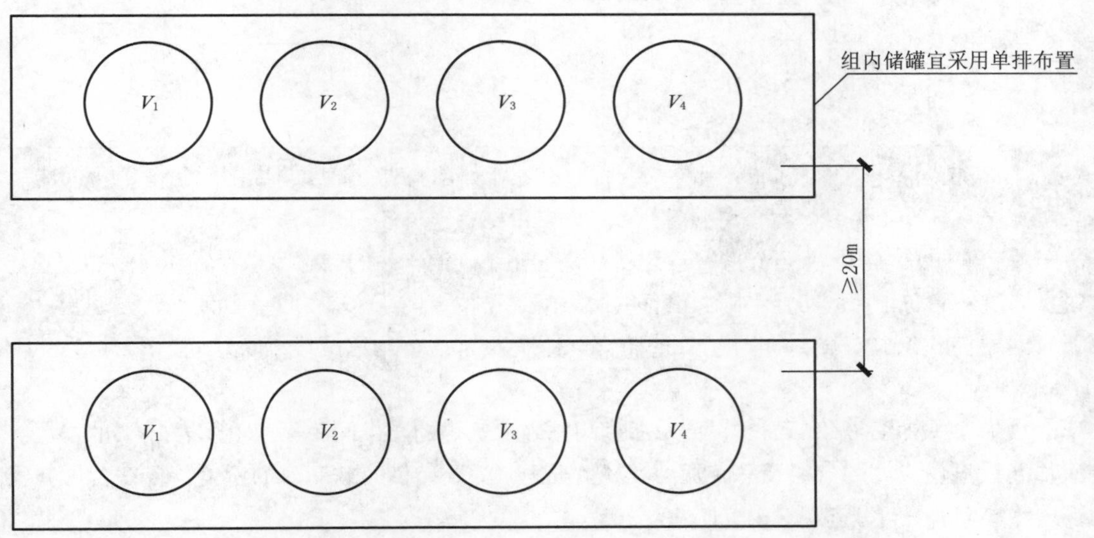

组内储罐宜采用单排布置
V_1
V_2
V_3
V_4
≥20m
V_1
V_2
V_3
V_4

图4-22 4.4.2图示（3）

4.4.3 液化石油气储罐与所属泵房的防火间距不应小于15m。当泵房面向储罐一侧的外墙采用无门、窗、洞口的防火墙时，防火间距可减至6m。液化石油气泵露天设置在储罐区内时，储罐与泵的防火间距不限（图4-23）。

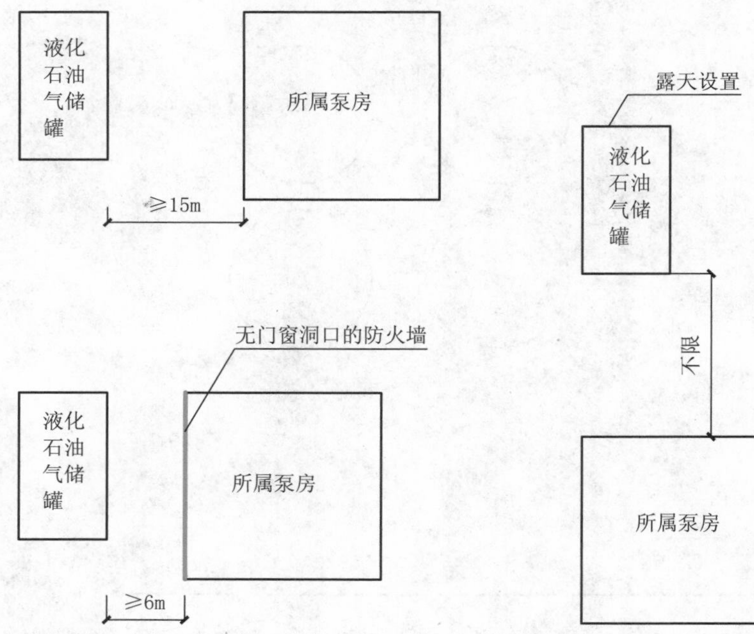
液化石油气储罐
所属泵房
≥15m
露天设置
液化石油气储罐
不限
无门窗洞口的防火墙
液化石油气储罐
所属泵房
所属泵房
≥6m

图4-23 4.4.3图示

4.4.4 全冷冻式液化石油气储罐、液化石油气气化站、混气站的储罐与周围建筑的防火间距，应符合现行国家标准《城镇燃气设计规范》GB 50028的规定。

工业企业内总容积不大于10m^3的液化石油气气化站、混气站的储罐，当设置在专用的独立建筑内时，建筑外墙与相邻厂房及其附属设备的防火间距可按甲类厂房有关防火间距的规定确定。当露天设置时，与建筑物、储罐、堆场等的防火间距应符合现行国家标准《城镇燃气设计规范》GB 50028的规定。

4.4.5 Ⅰ、Ⅱ级瓶装液化石油气供应站瓶库与站外建筑等的防火间距不应小于表4.4.5的规定。瓶装液化石油气供应站的分级及总存瓶容积不大于1m^3的瓶装供应站瓶库的设置，应符合现行国家标准《城镇燃气设计规范》GB 50028的规定。

4.4.6 Ⅰ级瓶装液化石油气供应站的四周宜设置不燃性实体围墙，但面向出入口一侧可设置不燃性非实体围墙。

Ⅱ级瓶装液化石油气供应站的四周宜设置不燃性实体围墙，或下部实体部分高度不低于0.6m的围墙。

Ⅰ、Ⅱ级瓶装液化石油气供应站瓶库与站外建筑等的防火间距（m） 表4.4.5

名称	Ⅰ级		Ⅱ级	
瓶库的总存瓶容积V（m^3）	$6<V\leq10$	$10<V\leq20$	$1<V\leq3$	$3<V\leq6$
明火或散发火花地点	30	35	20	25
重要公共建筑	20	25	12	15
其他民用建筑	10	15	6	8
主要道路路边	10	10	8	8
次要道路路边	5	5	5	5

注：总存瓶容积应按实瓶个数与单瓶几何容积的乘积计算。

4.5 可燃材料堆场的防火间距

4.5.1 露天、半露天可燃材料堆场与建筑物的防火间距不应小于表4.5.1的规定。

当一个木材堆场的总储量大于25000m^{3}或一个秸秆、芦苇、打包废纸等材料堆场的总储量大于20000t时，宜分设堆场。各堆场之间的防火间距不应小于相邻较大堆场与四级耐火等级建筑物的防火间距。

不同性质物品堆场之间的防火间距，不应小于本表相应储量堆场与四级耐火等级建筑物防火间距的较大值。

露天、半露天可燃材料堆场与建筑物的防火间距（m） 表4.5.1

名称	一个堆场的总储量	建筑物		
		一、二级	三级	四级
粮食席穴囤W（t）	$10 \leqslant W < 5000$	15	20	25
	$5000 \leqslant W < 20000$	20	25	30
粮食土圆仓W（t）	$500 \leqslant W < 10000$	10	15	20
	$10000 \leqslant W < 20000$	15	20	25
棉、麻、毛、化纤、百货W（t）	$10 \leqslant W < 500$	10	15	20
	$500 \leqslant W < 1000$	15	20	25
	$1000 \leqslant W < 5000$	20	25	30
秸秆、芦苇、打包废纸等W（t）	$10 \leqslant W < 5000$	15	20	25
	$5000 \leqslant W < 10000$	20	25	30
	$W \geqslant 10000$	25	30	40
木材等V（m^3）	$50 \leqslant V < 1000$	10	15	20
	$1000 \leqslant V < 10000$	15	20	25
	$V \geqslant 10000$	20	25	30
煤和焦炭W（t）	$100 \leqslant W < 5000$	6	8	10
	$W \geqslant 5000$	8	10	12

注：露天、半露天秸秆、芦苇、打包废纸等材料堆场，与甲类厂房（仓库）、民用建筑的防火间距应根据建筑物的耐火等级分别按本表的规定增加25%且不应小于25m，与室外变、配电站的防火间距不应小于50m，与明火或散发火花地点的防火间距应按本表四级耐火等级建筑物的相应规定增加25%。

4.5.2 露天、半露天可燃材料堆场与甲、乙、丙类液体储罐的防火间距，不应小于本规范表4.2.1和表4.5.1中相应储量堆场与四级耐火等级建筑物防火间距的较大值。

4.5.3 露天、半露天秸秆、芦苇、打包废纸等材料堆场与铁路、道路的防火间距不应小于表4.5.3的规定，其他可燃材料堆场与铁路、道路的防火间距可根据材料的火灾危险性按类比原则确定。

露天、半露天可燃材料堆场与铁路、道路的防火间距（m） 表4.5.3

名称	厂外铁路线中心线	厂内铁路线中心线	厂外道路路边	厂内道路路边	
				主要	次要
秸秆、芦苇、打包废纸等材料堆场	30	20	15	10	5

5 民用建筑

5.1 建筑分类和耐火等级

5.1.1 民用建筑根据其建筑高度和层数可分为单、多层民用建筑和高层民用建筑。高层民用建筑根据其建筑高度、使用功能和楼层的建筑面积可分为一类和二类。民用建筑的分类应符合表5.1.1的规定（图5-1～图5-7）。

民用建筑的分类 表5.1.1

名称	高层民用建筑		单、多层民用建筑
	一类	二类	
住宅建筑	建筑高度大于54m的住宅建筑（包括设置商业服务网点的住宅建筑）	建筑高度大于27m，但不大于54m的住宅建筑（包括设置商业服务网点的住宅建筑）	建筑高度不大于27m的住宅建筑（包括设置商业服务网点的住宅建筑）
公共建筑	1. 建筑高度大于50m的公共建筑； 2. 建筑高度大于24m以上部分任一楼层建筑面积大于1000m²的商店、展览、电信、邮政、财贸金融建筑和其他多种功能组合的建筑； 3. 医疗建筑、重要公共建筑； 4. 省级及以上的广播电视和防灾指挥调度建筑、网局级和省级电力调度建筑； 5. 藏书超过100万册的图书馆、书库	除一类高层公共建筑外的其他高层公共建筑	1. 建筑高度大于24m的单层公共建筑； 2. 建筑高度不大于24m的其他公共建筑

注：1 表中未列入的建筑，其类别应根据本表类比确定。

2 除本规范另有规定外，宿舍、公寓等非住宅类居住建筑的防火要求，应符合本规范有关公共建筑的规定。

3 除本规范另有规定外，裙房的防火要求应符合本规范有关高层民用建筑的规定。

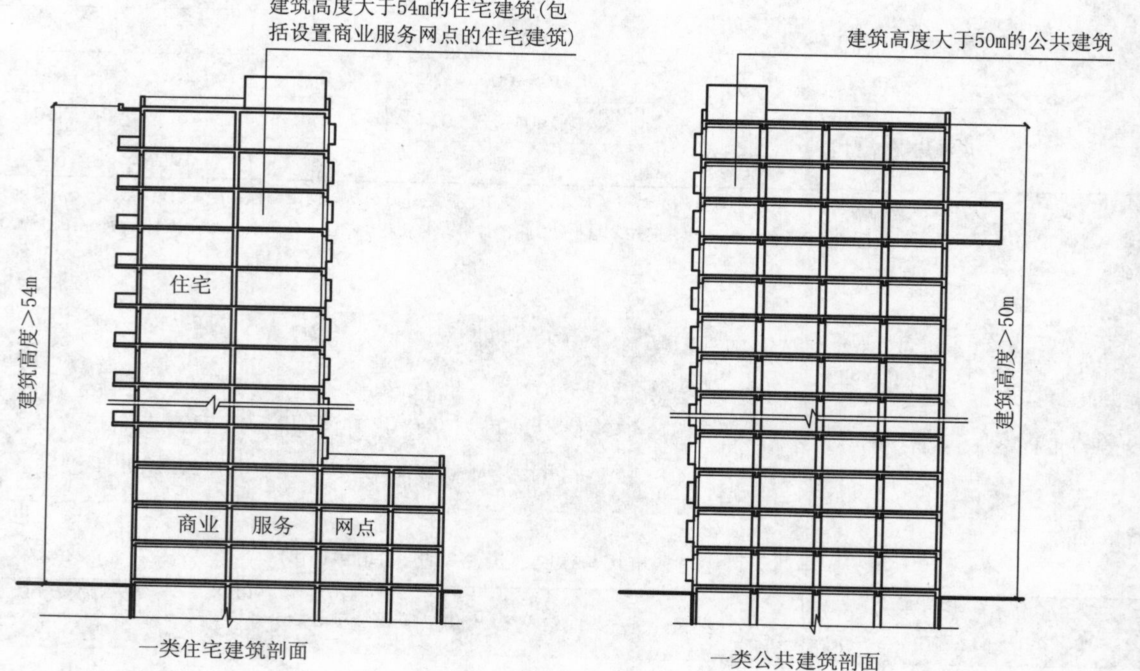

建筑高度大于54m的住宅建筑(包括设置商业服务网点的住宅建筑)
住宅
建筑高度＞54m
商业
服务
网点
一类住宅建筑剖面
建筑高度大于50m的公共建筑
建筑高度＞50m
一类公共建筑剖面

图5-1 5.1.1图示（1）

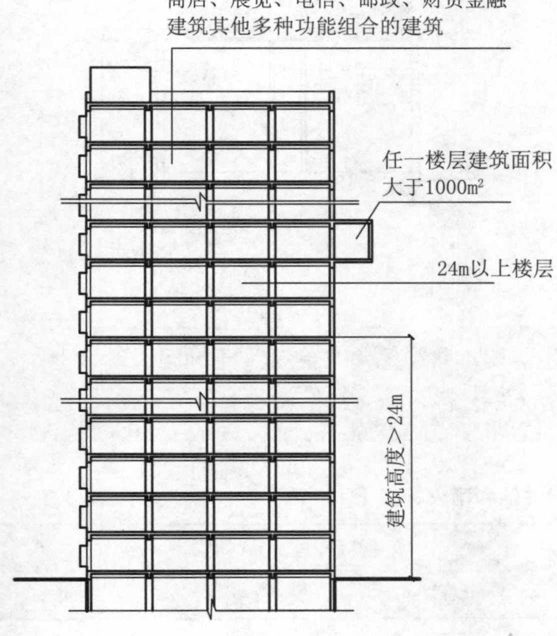
商店、展览、电信、邮政、财贸金融
建筑其他多种功能组合的建筑
任一楼层建筑面积
大于1000m²
24m以上楼层
建筑高度＞24m
一类公共建筑剖面

图5-2 5.1.1图示（2）

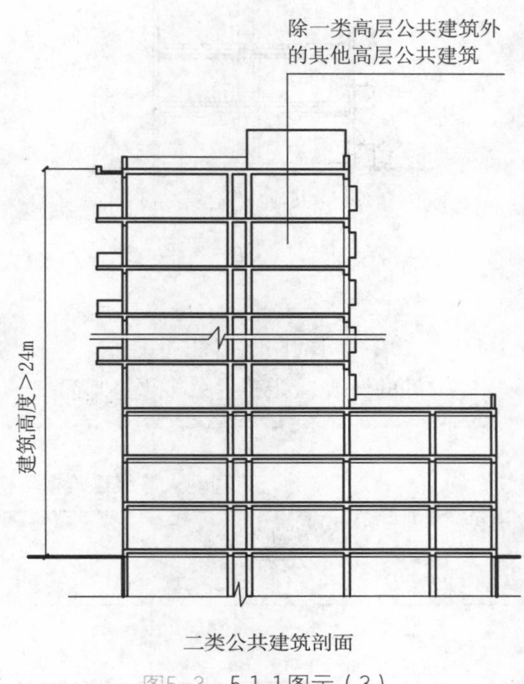
除一类高层公共建筑外
的其他高层公共建筑
建筑高度＞24m
二类公共建筑剖面

图5-3 5.1.1图示（3）

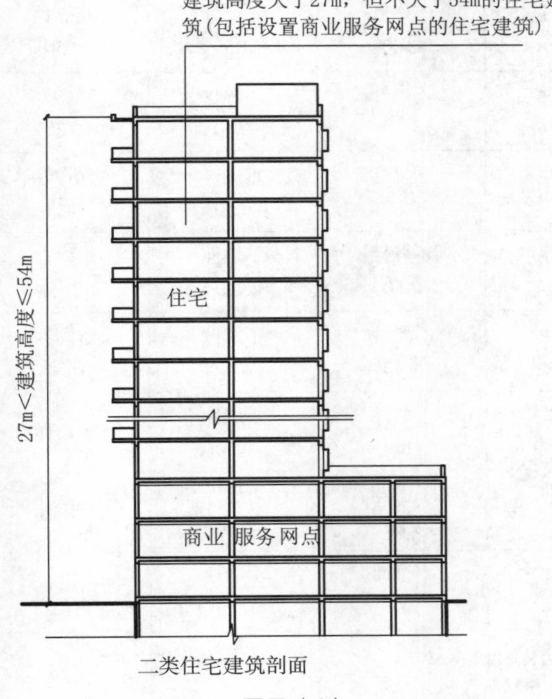
建筑高度大于27m，但不大于54m的住宅建
筑(包括设置商业服务网点的住宅建筑)
住宅
商业 服务网点
27m＜建筑高度≤54m
二类住宅建筑剖面

图5-4 5.1.1图示（4）

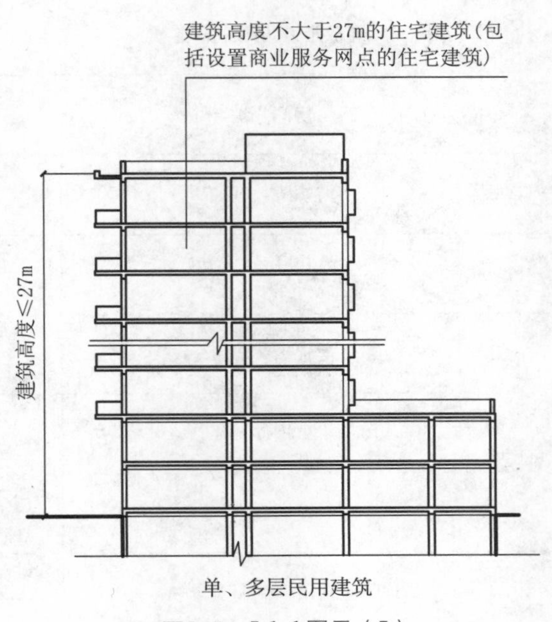
建筑高度不大于27m的住宅建筑(包
括设置商业服务网点的住宅建筑)
建筑高度≤27m
单、多层民用建筑

图5-5 5.1.1图示（5）

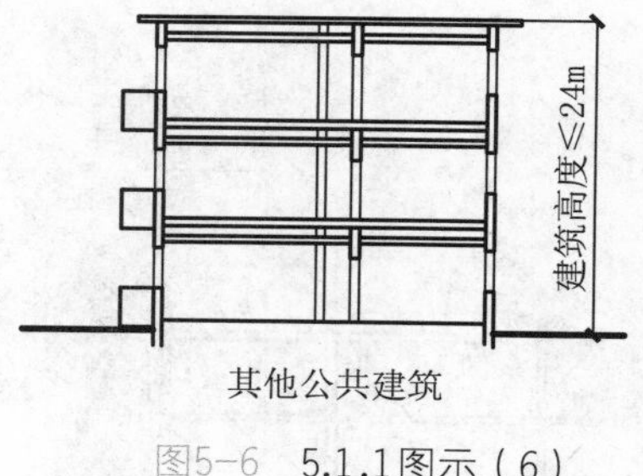
建筑高度≤24m
其他公共建筑

图5-6　5.1.1图示（6）

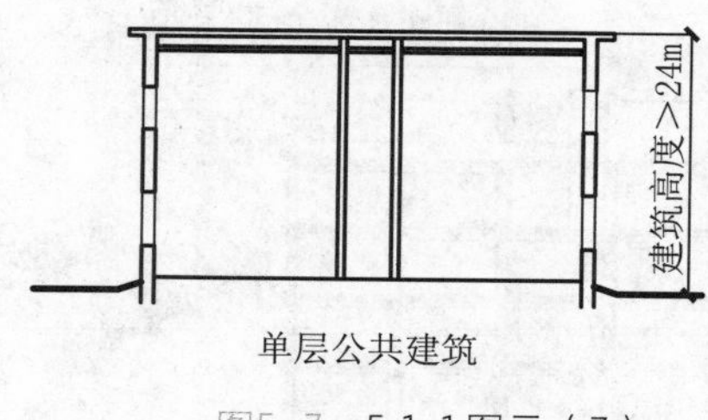
建筑高度＞24m
单层公共建筑

图5-7　5.1.1图示（7）

5.1.2　民用建筑的耐火等级可分为一、二、三、四级。除本规范另有规定外，不同耐火等级建筑相应构件的燃烧性能和耐火极限不应低于表5.1.2的规定（图5-8～图5-11）。

不同耐火等级建筑相应构件的燃烧性能和耐火极限（h）　表5.1.2

构件名称		耐火等级			
		一级	二级	三级	四级
墙	防火墙	不燃性 3.00	不燃性 3.00	不燃性 3.00	不燃性 3.00
	承重墙	不燃性 3.00	不燃性 2.50	不燃性 2.00	难燃性 0.50
	非承重外墙	不燃性 1.00	不燃性 1.00	不燃性 0.50	可燃性
	楼梯间和前室的墙电梯井的墙 住宅建筑单元之间的墙和分户墙	不燃性 2.00	不燃性 2.00	不燃性 1.50	难燃性 0.50
	疏散走道两侧的隔墙	不燃性 1.00	不燃性 1.00	不燃性 0.50	难燃性 0.25
	房间隔墙	不燃性 0.75	不燃性 0.50	难燃性 0.50	难燃性 0.25
柱		不燃性 3.00	不燃性 2.50	不燃性 2.00	难燃性 0.50
梁		不燃性 2.00	不燃性 1.50	不燃性 1.00	难燃性 0.50
楼板		不燃性 1.50	不燃性 1.00	不燃性 0.50	可燃性
屋顶承重构件		不燃性 1.50	不燃性 1.00	可燃性 0.50	可燃性
疏散楼梯		不燃性 1.50	不燃性 1.00	不燃性 0.50	可燃性
吊顶（包括吊顶搁栅）		不燃性 0.25	难燃性 0.25	难燃性 0.15	可燃性

注：1　除本规范另有规定者外，以木柱承重且墙体采用不燃烧材料的建筑，其耐火等级应按四级确定。

2　住宅建筑构件的耐火极限和燃烧性能可按现行国家标准《住宅建筑规范》GB 50368的规定执行。

1. 耐火等级为一、二级的民用建筑的相应构件的耐火极限

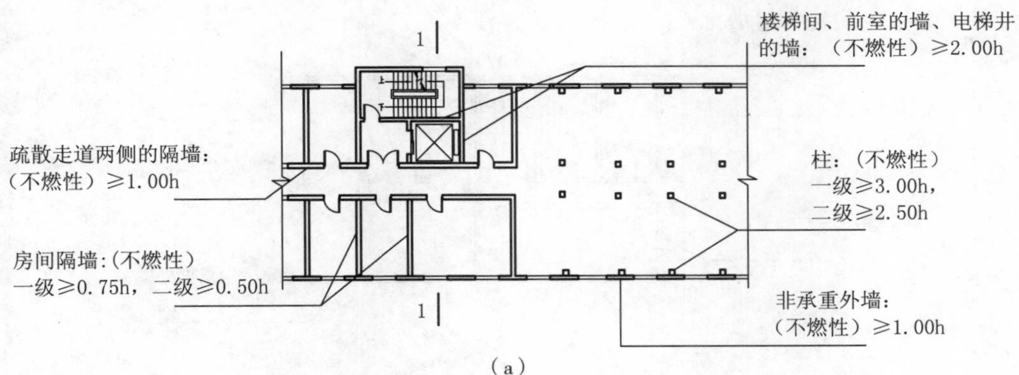
楼梯间、前室的墙、电梯井的墙：（不燃性）≥2.00h
疏散走道两侧的隔墙：（不燃性）≥1.00h
柱：（不燃性）一级≥3.00h，二级≥2.50h
房间隔墙:(不燃性)一级≥0.75h，二级≥0.50h
非承重外墙：（不燃性）≥1.00h
1
1
（a）

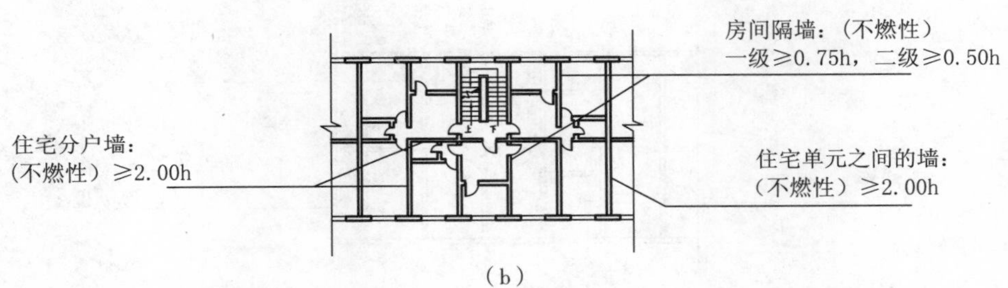
房间隔墙：（不燃性）一级≥0.75h，二级≥0.50h
住宅分户墙：(不燃性）≥2.00h
住宅单元之间的墙：（不燃性）≥2.00h
（b）

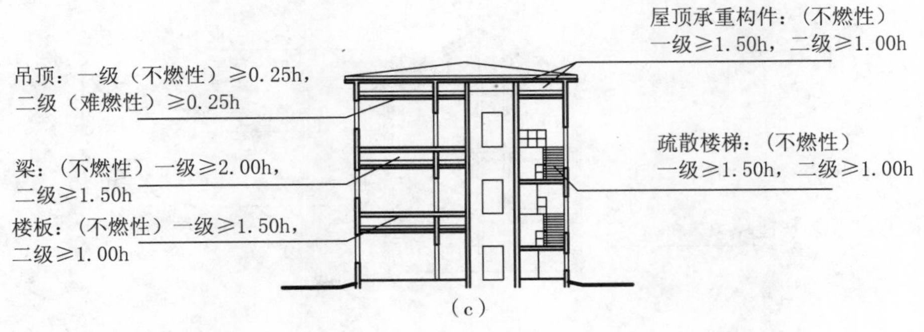
屋顶承重构件：（不燃性）一级≥1.50h，二级≥1.00h
吊顶：一级（不燃性）≥0.25h，二级（难燃性）≥0.25h
疏散楼梯：（不燃性）一级≥1.50h，二级≥1.00h
梁：（不燃性）一级≥2.00h，二级≥1.50h
楼板：（不燃性）一级≥1.50h，二级≥1.00h
（c）

图5-8　5.1.2图示（1）

注：图示中的各类墙体凡用做承重墙者均为不燃性材料，其耐火极限：一级≥3.00h，二级≥2.5h；须用做防火墙者均为不燃性材料，其耐火极限均≥3.00h。

2. 耐火等级为三级的民用建筑的相应构件的耐火极限

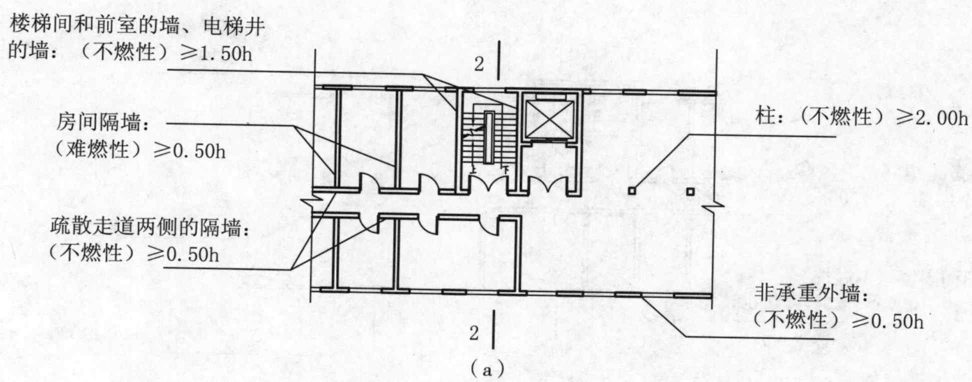
楼梯间和前室的墙、电梯井
的墙：（不燃性）≥1.50h
2
房间隔墙：
（难燃性）≥0.50h
柱：（不燃性）≥2.00h
疏散走道两侧的隔墙：
（不燃性）≥0.50h
非承重外墙：
（不燃性）≥0.50h
2
（a）

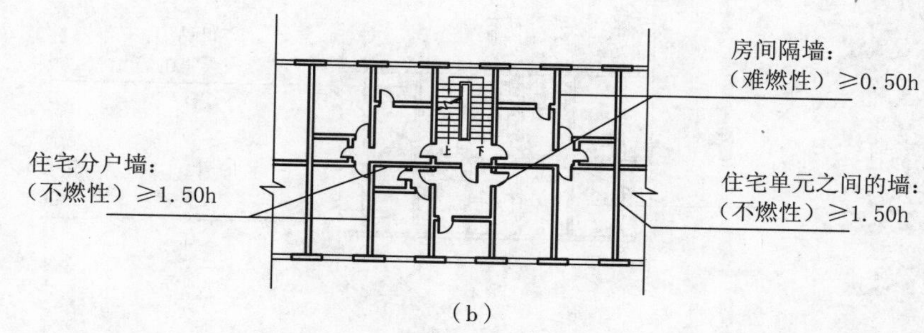
房间隔墙：
（难燃性）≥0.50h
住宅分户墙：
（不燃性）≥1.50h
住宅单元之间的墙：
（不燃性）≥1.50h
（b）

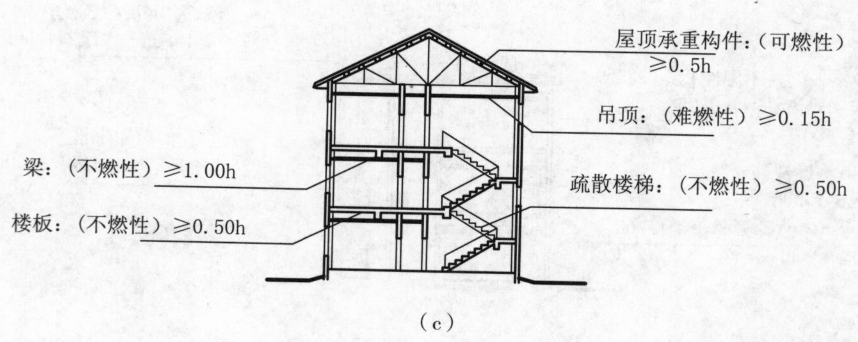
屋顶承重构件：（可燃性）
≥0.5h
吊顶：（难燃性）≥0.15h
梁：（不燃性）≥1.00h
疏散楼梯：（不燃性）≥0.50h
楼板：（不燃性）≥0.50h
（c）

图5-9　5.1.2图示（2）

注：图示中的各类墙体凡用做承重墙者均为不燃性材料，其耐火极限≥2.00h；须用做防火墙者均为不燃性材料，其耐火极限均≥3.00h。

3. 耐火等级为四级的各类民用建筑相应构件的耐火极限

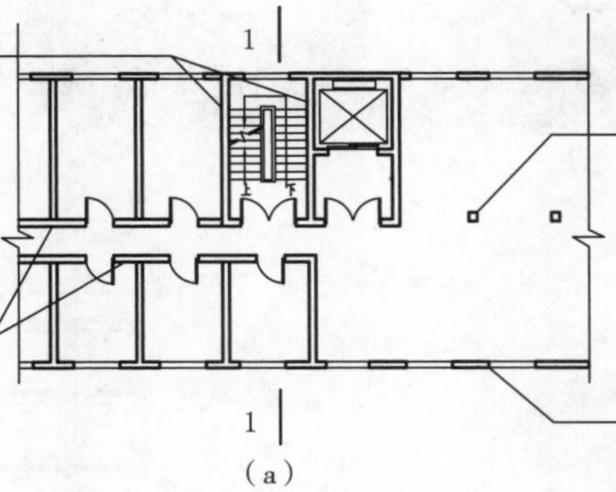

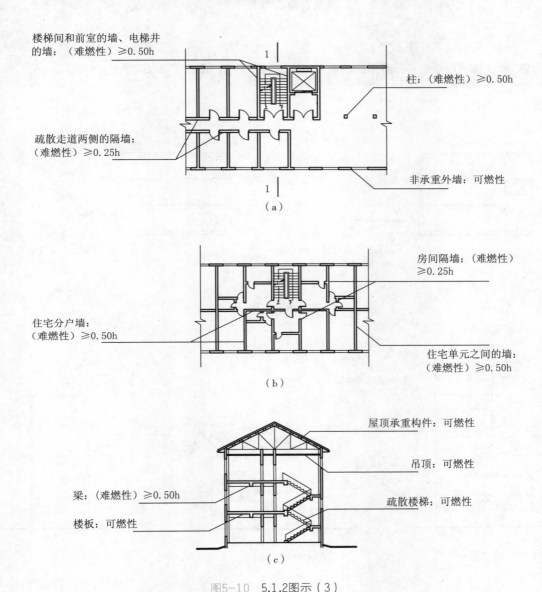

楼梯间和前室的墙、电梯井的墙：（难燃性）≥0.50h

柱：（难燃性）≥0.50h

疏散走道两侧的隔墙：（难燃性）≥0.25h

非承重外墙：可燃性

（a）

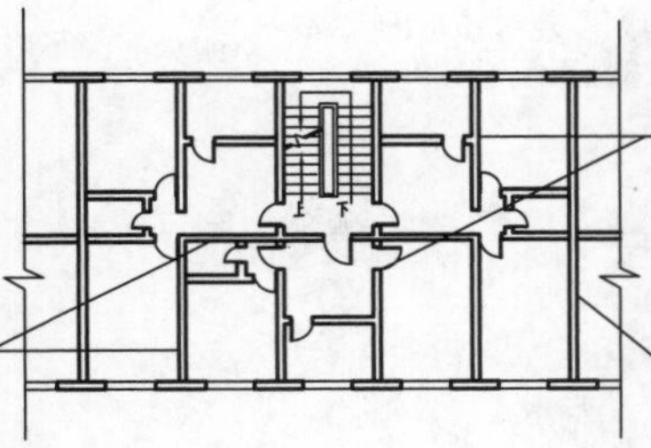

房间隔墙：（难燃性）≥0.25h

住宅分户墙：（难燃性）≥0.50h

住宅单元之间的墙：（难燃性）≥0.50h

（b）

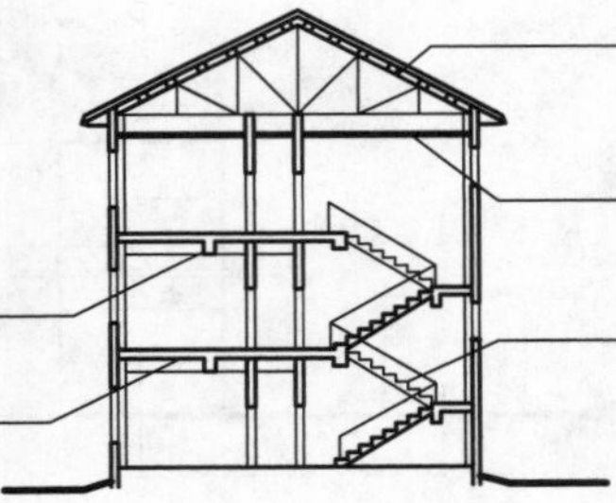

屋顶承重构件：可燃性

吊顶：可燃性

梁：（难燃性）≥0.50h

疏散楼梯：可燃性

楼板：可燃性

（c）

图5-10　5.1.2图示（3）

注：图示中的各类墙体凡用做承重墙者均为难燃性材料，其耐火极限≥0.5h；用做防火墙者均为不燃性材料，其耐火极限均≥3.00h。

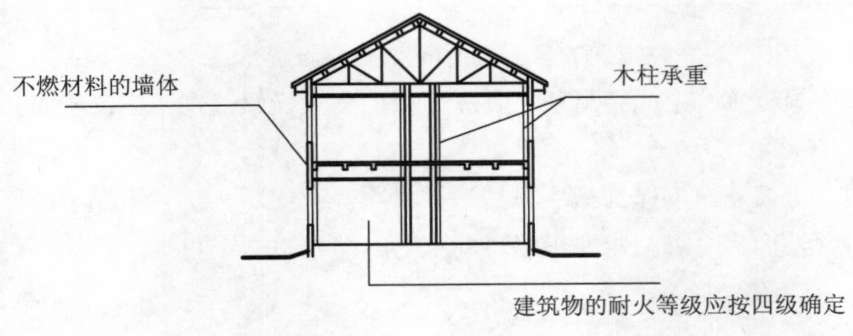
不燃材料的墙体
木柱承重
建筑物的耐火等级应按四级确定

图5-11　5.1.2图示（4）

5.1.3 民用建筑的耐火等级应根据其建筑高度、使用功能、重要性和火灾扑救难度等确定，并应符合下列规定：

1 地下或半地下建筑（室）和一类高层建筑的耐火等级不应低于一级（图5-12、图5-13）；

2 单、多层重要公共建筑和二类高层建筑的耐火等级不应低于二级（图5-14、图5-15）。

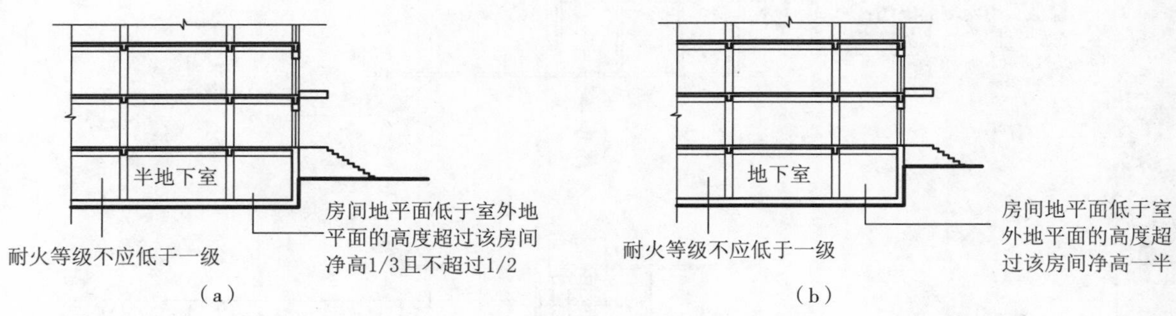
半地下室
房间地平面低于室外地平面的高度超过该房间净高1/3且不超过1/2
耐火等级不应低于一级
(a)
地下室
房间地平面低于室外地平面的高度超过该房间净高一半
耐火等级不应低于一级
(b)

图5-12 5.1.3 图示（1）

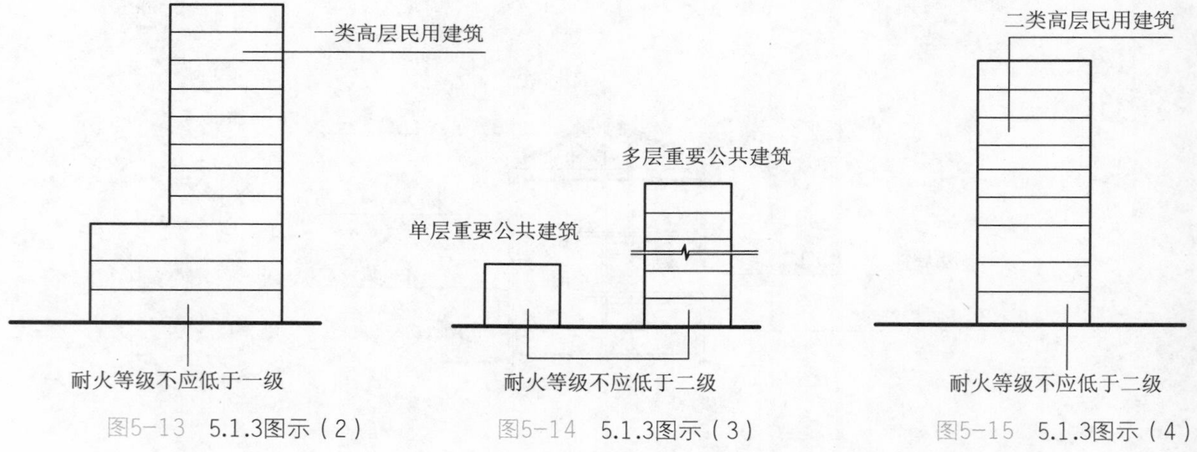
一类高层民用建筑
耐火等级不应低于一级
多层重要公共建筑
单层重要公共建筑
耐火等级不应低于二级
二类高层民用建筑
耐火等级不应低于二级

图5-13 5.1.3图示（2）

图5-14 5.1.3图示（3）

图5-15 5.1.3图示（4）

5.1.4 建筑高度大于100m的民用建筑，其楼板的耐火极限不应低于2.00h（图5-16）。

一、二级耐火等级建筑的上人平屋顶，其屋面板的耐火极限分别不应低于1.50h和1.00h（图5-17）。

5.1.5 一、二级耐火等级建筑的屋面板应采用不燃材料。屋面防水层室采用不燃、难燃材料，当采用可燃防水材料且辅设在可燃、难燃保温材料上时，防水材料或可燃、难燃保温材料应采用不燃材料作防护层（图5-18）。

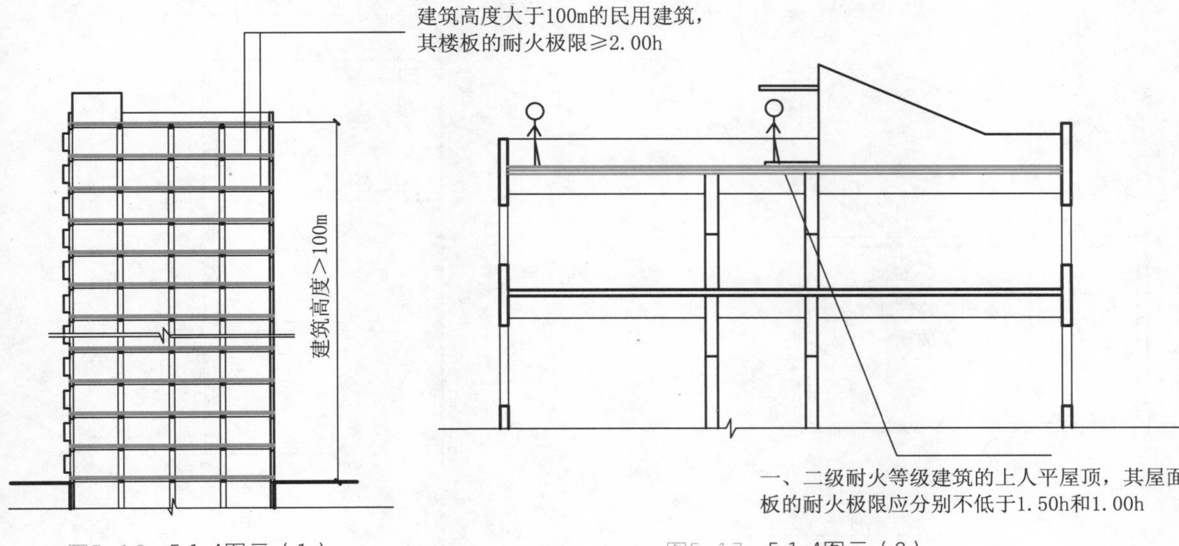
建筑高度大于100m的民用建筑，
其楼板的耐火极限≥2.00h
建筑高度>100m
一、二级耐火等级建筑的上人平屋顶，其屋面
板的耐火极限应分别不低于1.50h和1.00h

图5-16　5.1.4图示（1）

图5-17　5.1.4图示（2）

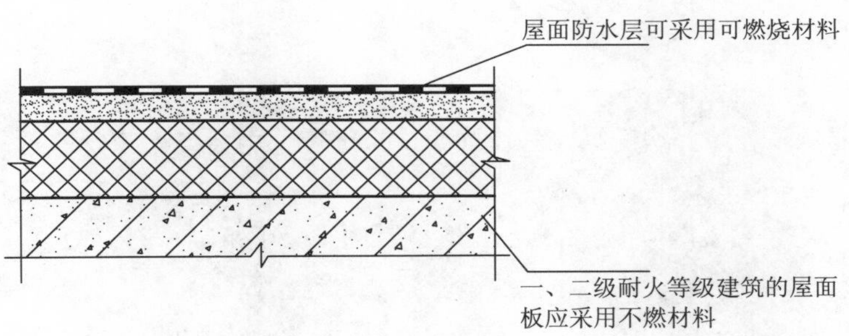
屋面防水层可采用可燃烧材料
一、二级耐火等级建筑的屋面
板应采用不燃材料

图5-18　5.1.5图示

5.1.6　二级耐火等级建筑内采用难燃性墙体的房间隔墙，其耐火极限不应低于0.75h；当房间的建筑面积不大于100m²时，房间隔墙可采用耐火极限不低于0.50h的难燃性墙体或耐火极限不低于0.30h的不燃性墙体（图5-19、图5-20）。

二级耐火等级多层住宅建筑内采用预应力钢筋混凝土的楼板，其耐火极限不应低于0.75h（图5-21）。

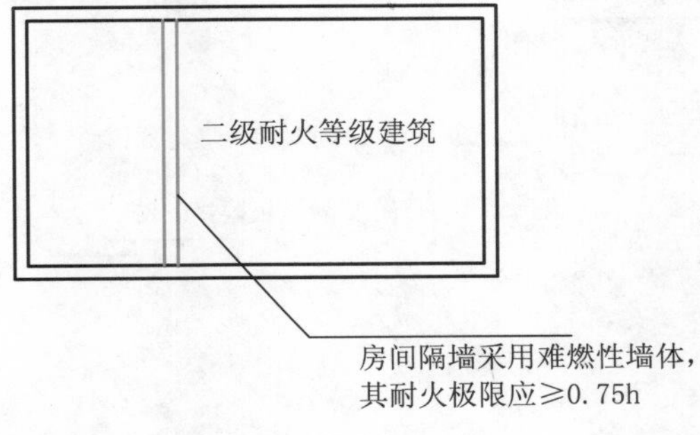
二级耐火等级建筑
房间隔墙采用难燃性墙体，
其耐火极限应≥0.75h

图5-19　5.1.6图示（1）

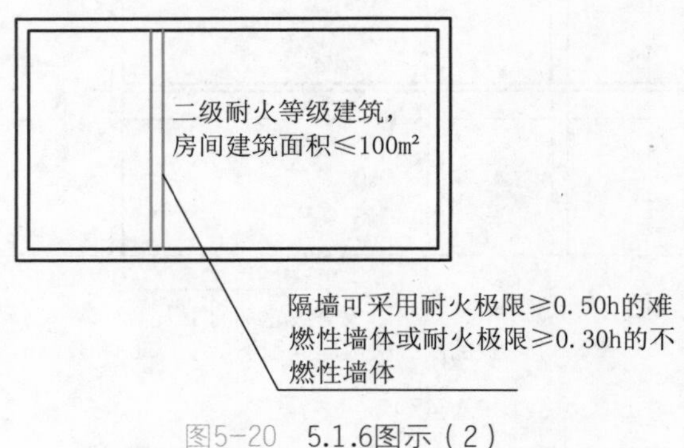
二级耐火等级建筑，
房间建筑面积≤100㎡
隔墙可采用耐火极限≥0.50h的难
燃性墙体或耐火极限≥0.30h的不
燃性墙体

图5-20 5.1.6图示（2）

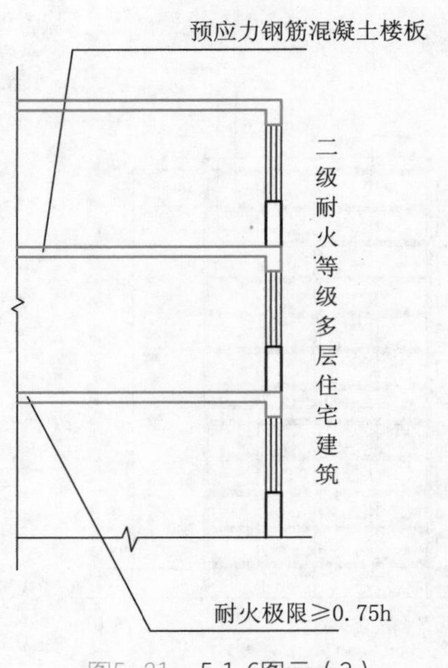
预应力钢筋混凝土楼板
二级耐火等级多层住宅建筑
耐火极限≥0.75h

图5-21 5.1.6图示（3）

5.1.7 建筑中的非承重外墙、房间隔墙和屋面板，当确需采用金属夹芯板材时，其芯材应为不燃材料，且耐火极限应符合本规范有关规定。

5.1.8 二级耐火等级建筑内采用不燃材料的吊顶，其耐火极限不限（图5-22）。

三级耐火等级的医疗建筑、中小学校的教学建筑、老年人建筑及托儿所、幼儿园的儿童用房和儿童游乐厅等儿童活动场所的吊顶，应采用不燃材料；当采用难燃材料时，其耐火极限不应低于0.25h（图5-23）。

二、三级耐火等级建筑内门厅、走道的吊顶应采用不燃材料（图5-24）。

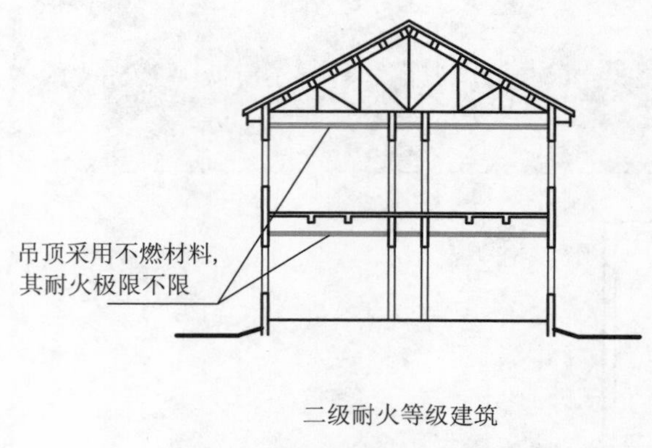
吊顶采用不燃材料，
其耐火极限不限
二级耐火等级建筑

图5-22 5.1.8图示（1）

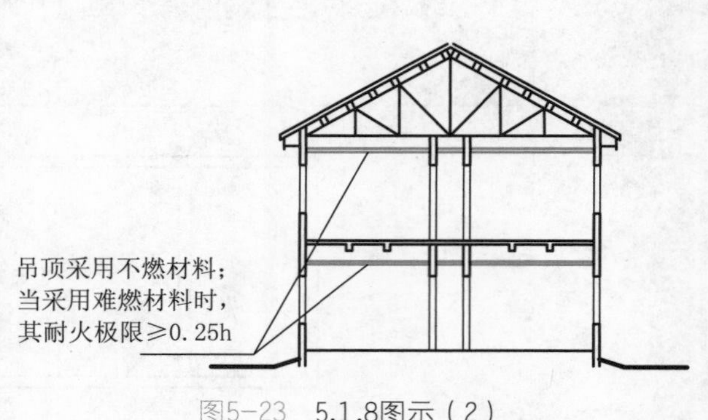
吊顶采用不燃材料；
当采用难燃材料时，
其耐火极限≥0.25h

图5-23 5.1.8图示（2）

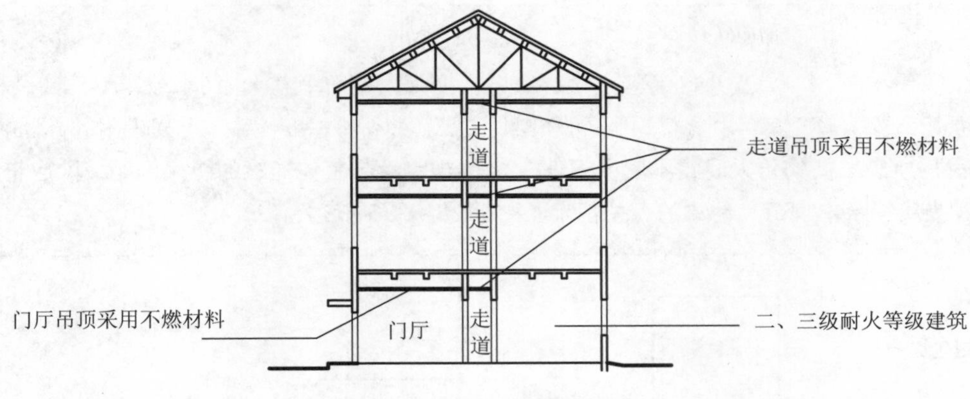
走道
走道
走道
走道吊顶采用不燃材料
门厅吊顶采用不燃材料
门厅
二、三级耐火等级建筑

图5-24 5.1.8图示（3）

5.1.9 建筑内预制钢筋混凝土构件的节点外露部位，应采取防火保护措施，且节点的耐火极限不应低于相应构件的耐火极限（图5-25、图5-26）。

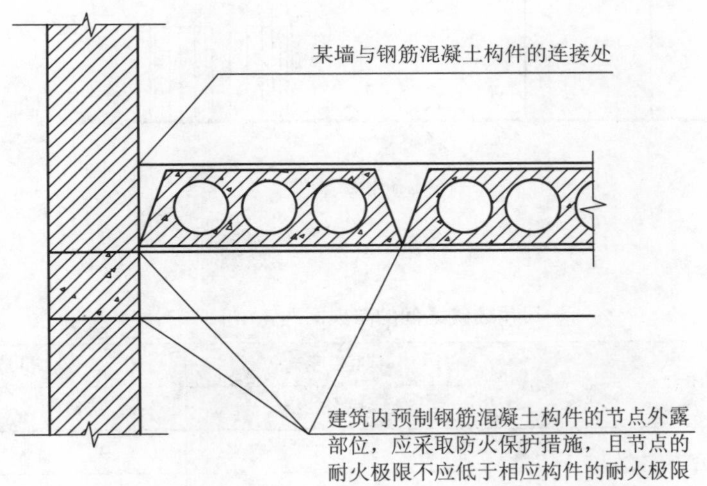
某墙与钢筋混凝土构件的连接处
建筑内预制钢筋混凝土构件的节点外露部位，应采取防火保护措施，且节点的耐火极限不应低于相应构件的耐火极限

图5-25 5.1.9图示（1）

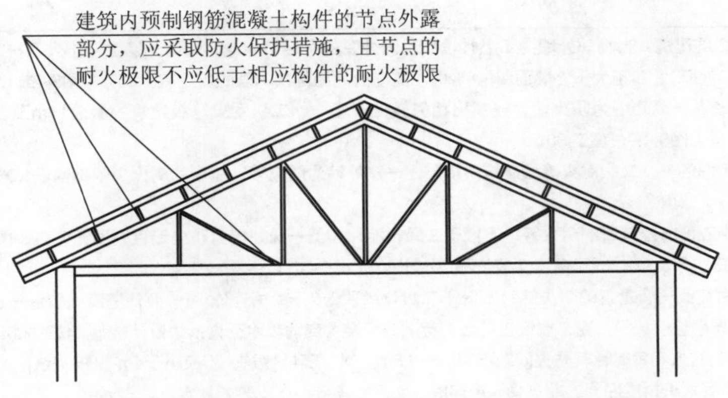
建筑内预制钢筋混凝土构件的节点外露部分，应采取防火保护措施，且节点的耐火极限不应低于相应构件的耐火极限

图5-26 5.1.9图示（2）

5.2　总平面布局

5.2.1　在总平面布局中，应合理确定建筑的位置、防火间距、消防车道和消防水源等，不宜将民用建筑布置在甲、乙类厂（库）房，甲、乙、丙类液体储罐，可燃气体储罐和可燃材料堆场的附近（图5-27）。

5.2.2　民用建筑之间的防火间距不应小于表5.2.2的规定，与其他建筑的防火间距，除应符合本节规定外，尚应符合本规范其他章的有关规定（图5-28～图5-33）。

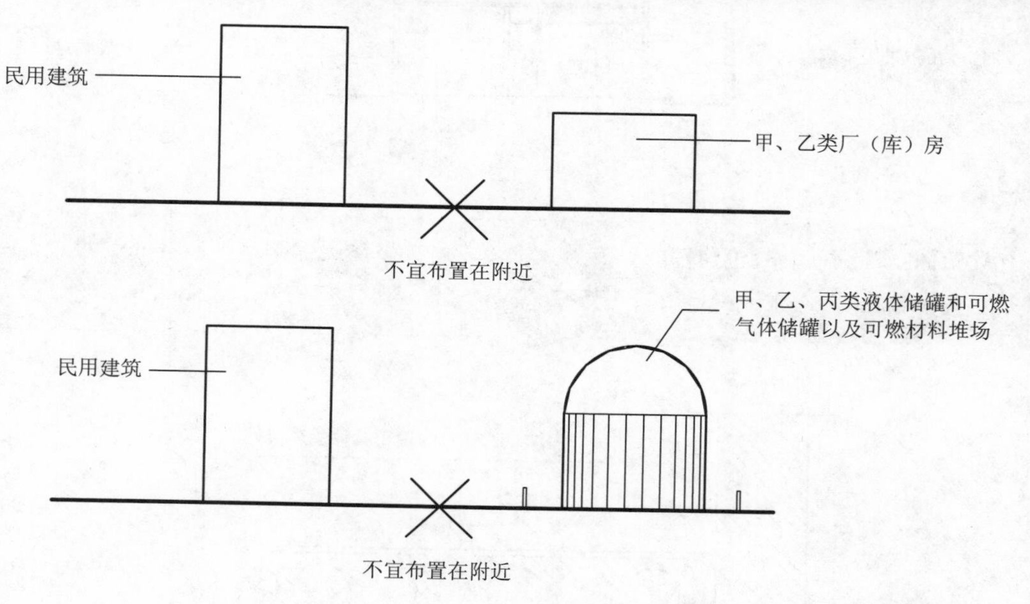
民用建筑
甲、乙类厂（库）房
不宜布置在附近
甲、乙、丙类液体储罐和可燃
气体储罐以及可燃材料堆场
民用建筑
不宜布置在附近

图5-27　5.2.1图示

民用建筑之间的防火间距（m）

表5.2.2

建筑类别		高层民用建筑	裙房和其他民用建筑		
		一、二级	一、二级	三级	四级
高层民用建筑	一、二级	13	9	11	14
裙房和其他民用建筑	一、二级	9	6	7	9
	三 级	11	7	8	10
	四 级	14	9	10	12

注：1　相邻两座单、多层建筑，当相邻外墙为不燃性墙体且无外露的可燃性屋檐，每面外墙上无防火保护的门、窗、洞口不正对开设且该门、窗、洞口的面积之和不大于外墙面积的5%时，其防火间距可按本表的规定减少25%（图5-28）。

2　两座建筑相邻较高一面外墙为防火墙，或高出相邻较低一座一、二级耐火等级建筑的屋面15m及以下范围内的外墙为防火墙时，其防火间距不限（图5-29、图5-30）。

3　相邻两座高度相同的一、二级耐火等级建筑中相邻任一侧外墙为防火墙，屋顶的耐火极限不低于1.00h时，其防火间距不限（图5-31）。

4　相邻两座建筑中较低一座建筑的耐火等级不低于二级，相邻较低一面外墙为防火墙且屋顶无天窗，屋顶的耐火极限不低于1.00h时，其防火间距不应小于3.5m；对于高层建筑，不应小于4m（图5-32）。

5　相邻两座建筑中较低一座建筑的耐火等级不低于二级且屋顶无天窗，相邻较高一面外墙高出较低一座建筑的屋面15m及以下范围内的开口部位设置甲级防火门、窗，或设置符合现行国家标准《自动喷水灭火系统设计规范》GB 50084规定的防火分隔水幕或本规范第6.5.3条规定的防火卷帘时，其防火间距不应小于3.5m；对于高层建筑，不应小于4m（图5-33）。

6　相邻建筑通过连廊、天桥或底部的建筑物等连接时，其间距不应小于本表的规定。

7　耐火等级低于四级的既有建筑，其耐火等级可按四级确定。

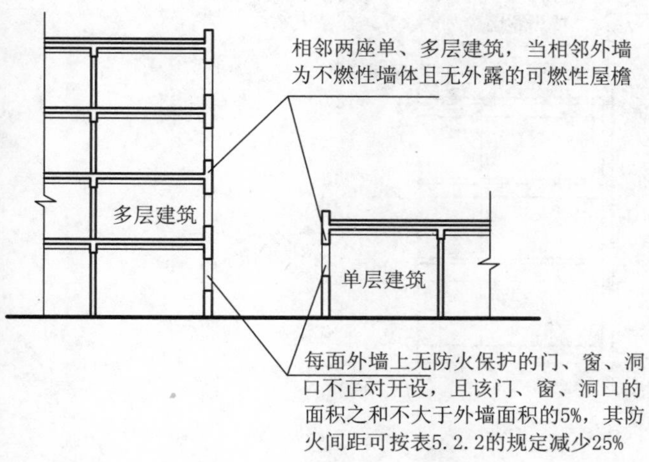
相邻两座单、多层建筑，当相邻外墙为不燃性墙体且无外露的可燃性屋檐
多层建筑
单层建筑
每面外墙上无防火保护的门、窗、洞口不正对开设，且该门、窗、洞口的面积之和不大于外墙面积的5%，其防火间距可按表5.2.2的规定减少25%

图5-28　5.2.2图示（1）

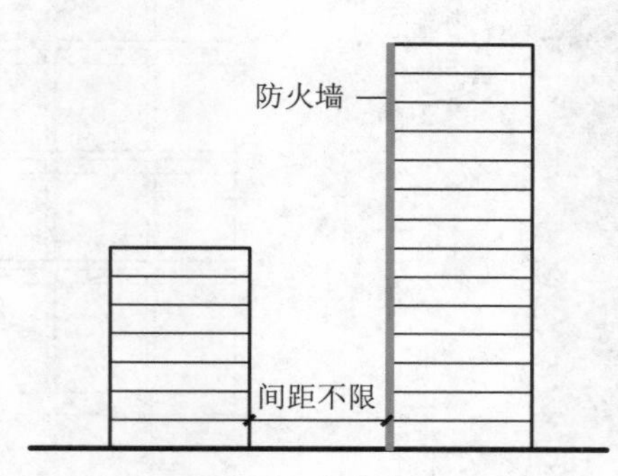
防火墙
间距不限

图5-29　5.2.2图示（2）

注：两座建筑相邻较高一面外墙为防火墙，其防火间距不限。

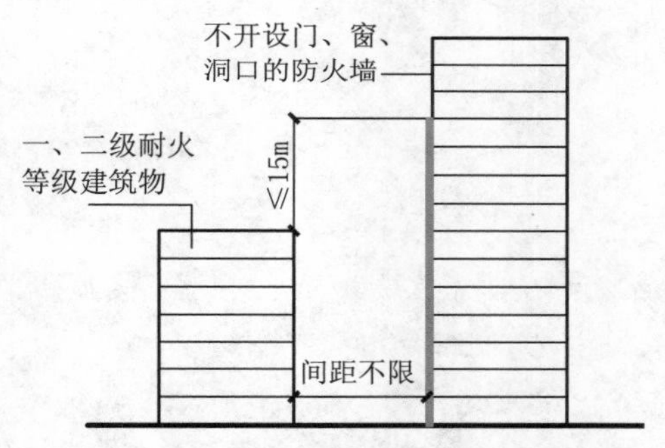
不开设门、窗、洞口的防火墙
一、二级耐火等级建筑物
≤15m
间距不限

图5-30　5.2.2图示（3）

注：两座建筑高出相邻较低一座一、二级耐火等级建筑的屋面15m及以下范围内的外墙为防火墙时，其防火间距不限。

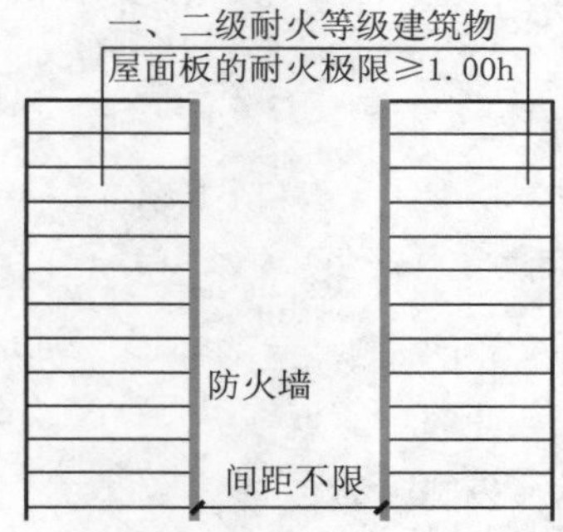
一、二级耐火等级建筑物
屋面板的耐火极限≥1.00h
防火墙
间距不限

图5-31　5.2.2图示（4）

注：相邻两座高度相同的一、二级耐火等级建筑中相邻任一侧外墙为防火墙，屋面板的耐火极限≥1.00h，其防火间距不限。

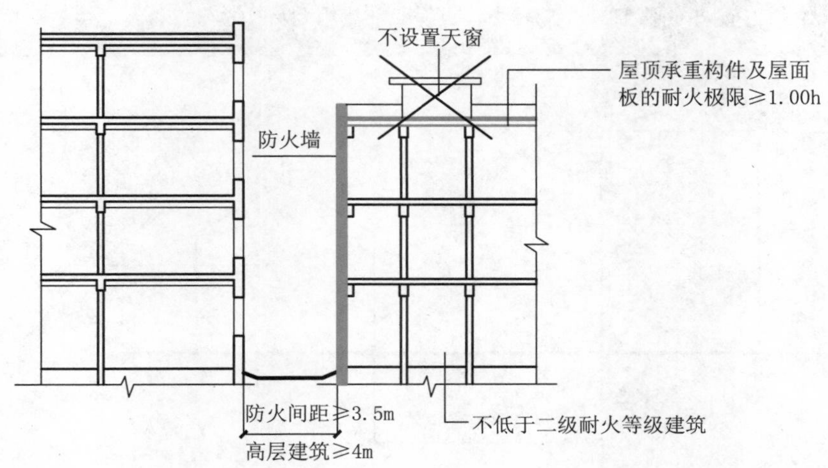
不设置天窗
屋顶承重构件及屋面板的耐火极限≥1.00h
防火墙
防火间距≥3.5m
高层建筑≥4m
不低于二级耐火等级建筑

图5-32　5.2.2图示（5）

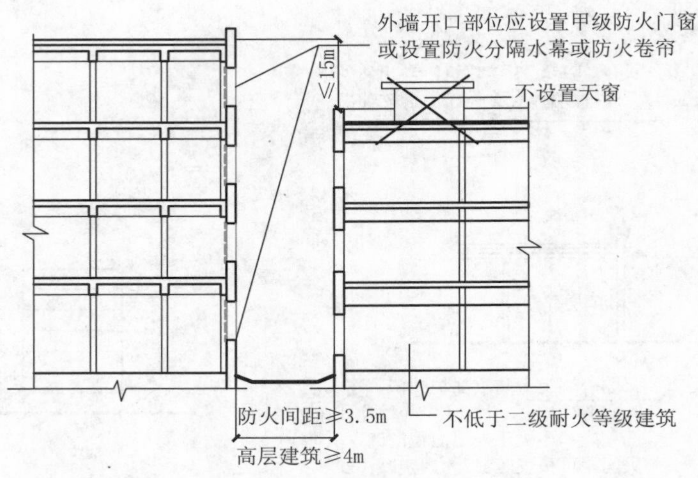
外墙开口部位应设置甲级防火门窗
或设置防火分隔水幕或防火卷帘
≤15m
不设置天窗
防火间距≥3.5m
高层建筑≥4m
不低于二级耐火等级建筑

图5-33　5.2.2图示（6）

5.2.3　民用建筑与单独建造的变电站的防火间距应符合本规范第3.4.1条有关室外变、配电站的规定，但与单独建造的终端变电站的防火间距，可根据变电站的耐火等级按本规范第5.2.2条有关民用建筑的规定确定。

民用建筑与10kV及以下的预装式变电站的防火间距不应小于3m。

民用建筑与燃油、燃气或燃煤锅炉房的防火间距应符合本规范第3.4.1条有关丁类厂房的规定，但与单台蒸汽锅炉的蒸发量不大于4t/h或单台热水锅炉的额定热功率不大于2.8MW的燃煤锅炉房的防火间距，可根据锅炉房的耐火等级按本规范第5.2.2条有关民用建筑的规定确定（图5-34）。

5.2.4　除高层民用建筑外，数座一、二级耐火等级的住宅建筑或办公建筑，当建筑物的占地面积总和不大于2500m²时，可成组布置，但组内建筑物之间的间距不宜小于4m。组与组或组与相邻建筑物的防火间距不应小于本规范第5.2.2条的规定（图5-35）。

5.2.5　民用建筑与燃气调压站、液化石油气气化站或混气站、城市液化石油气供应站瓶库等的防火间距，应符合现行国家标准《城镇燃气设计规范》GB 50028的规定。

5.2.6　建筑高度大于100m的民用建筑与相邻建筑的防火间距，当符合本规范第3.4.5条、第3.5.3条、第4.2.1条和第5.2.2条允许减小的条件时，仍不应减小。

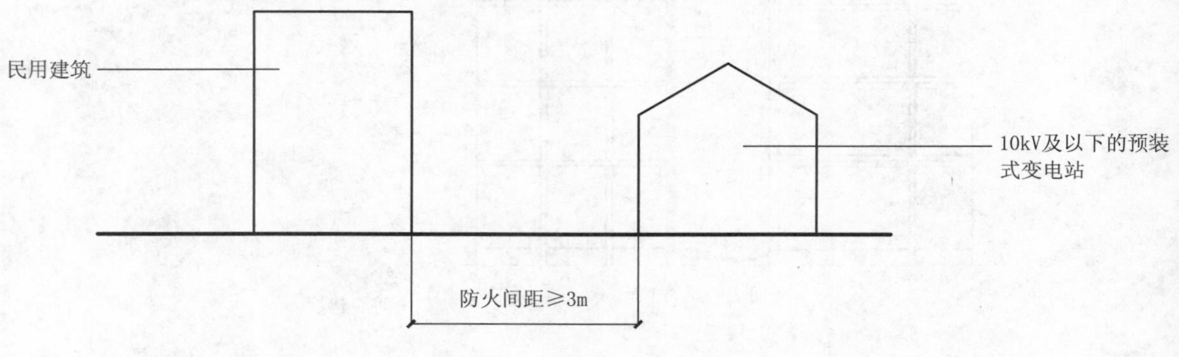
民用建筑
10kV及以下的预装
式变电站
防火间距≥3m

图5-34　5.2.3图示

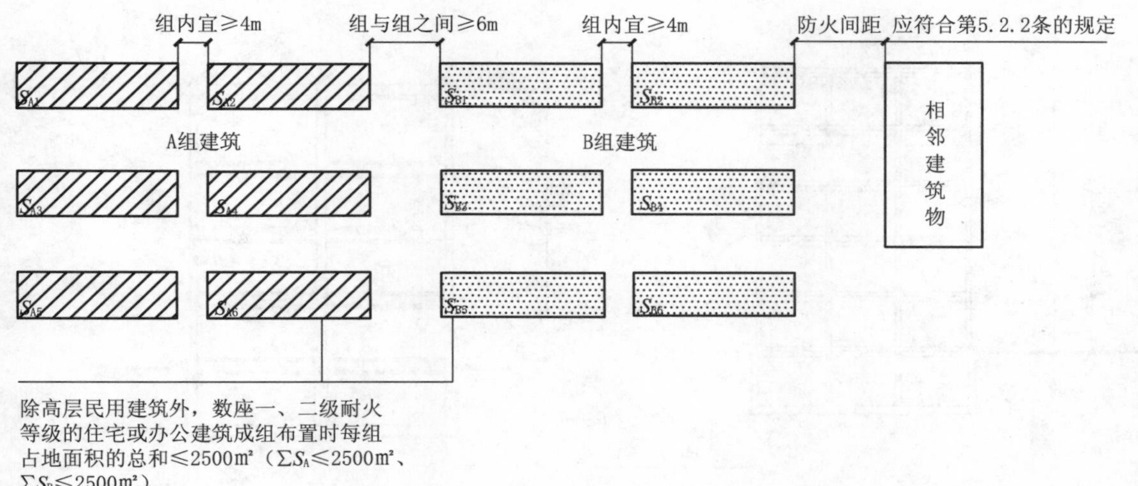
组内宜≥4m
组与组之间≥6m
组内宜≥4m
防火间距 应符合第5.2.2条的规定
A组建筑
B组建筑
相邻建筑物
除高层民用建筑外，数座一、二级耐火等级的住宅或办公建筑成组布置时每组占地面积的总和≤2500m²（∑SA≤2500m²、∑SB≤2500m²）

图5-35 5.2.4图示

注：S_{A1}、S_{A2}……S_{B1}、S_{B2}……分别为A组、B组单栋建筑占地面积。当$\sum S_A \leq 2500m^2$且$\sum S_B \leq 2500m^2$时，防火间距如图所示。

5.3 防火分区和层数

5.3.1 除本规范另有规定外，不同耐火等级建筑的允许建筑高度或层数、防火分区最大允许建筑面积应符合表5.3.1的规定。

不同耐火等级建筑的允许建筑高度或层数、防火分区最大允许建筑面积 表5.3.1

名称	耐火等级	允许建筑高度或层数	防火分区的最大允许建筑面积（m^2）	备注
高层民用建筑	一、二级	按本规范第5.1.1条确定（图5-36）	1500	对于体育馆、剧场的观众厅，防火分区的最大允许建筑面积可适当增加
单、多层民用建筑	一、二级	按本规范第5.1.1条确定	2500（图5-39）	
	三级	5层（图5-37）	1200（图5-39）	—
	四级	2层（图5-38）	600（图5-39）	—
地下或半地下建筑（室）	一级	—	500（图5-39）	设备用房的防火分区最大允许建筑面积不应大于$1000m^2$

注：1 表中规定的防火分区最大允许建筑面积，当建筑内设置自动灭火系统时，可按本表的规定增加1.0倍；局部设置时，防火分区的增加面积可按该局部面积的1.0倍计算（图5-40、图5-41）。

2 裙房与高层建筑主体之间设置防火墙时，裙房的防火分区可按单、多层建筑的要求确定。

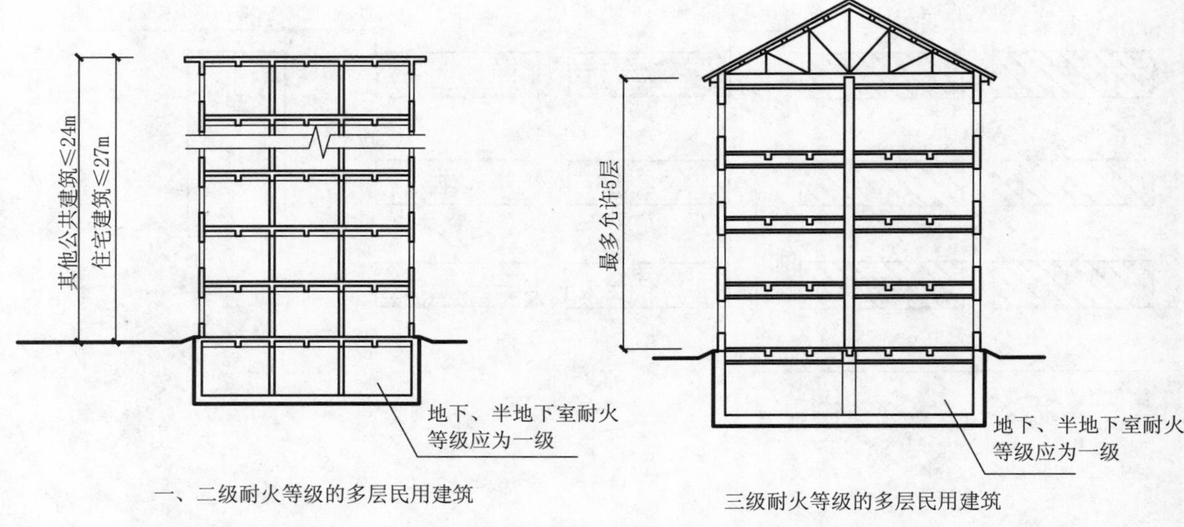
其他公共建筑≤24m
住宅建筑≤27m
地下、半地下室耐火等级应为一级
最多允许5层
地下、半地下室耐火等级应为一级

一、二级耐火等级的多层民用建筑

图5-36 5.3.1图示（1）

三级耐火等级的多层民用建筑

图5-37 5.3.1图示（2）

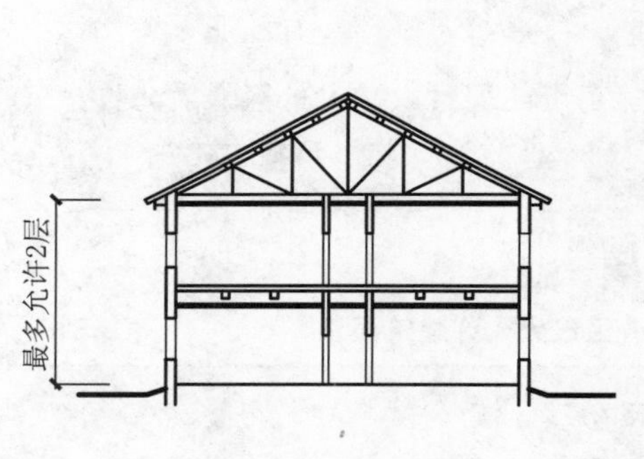
最多允许2层

四级耐火等级的多层民用建筑

图5-38 5.3.1图示（3）

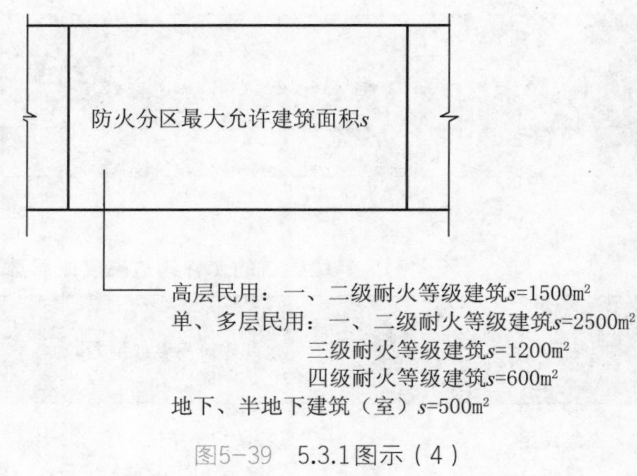
防火分区最大允许建筑面积s
高层民用：一、二级耐火等级建筑s=1500m²
单、多层民用：一、二级耐火等级建筑s=2500m²
三级耐火等级建筑s=1200m²
四级耐火等级建筑s=600m²
地下、半地下建筑（室）s=500m²

图5-39 5.3.1图示（4）

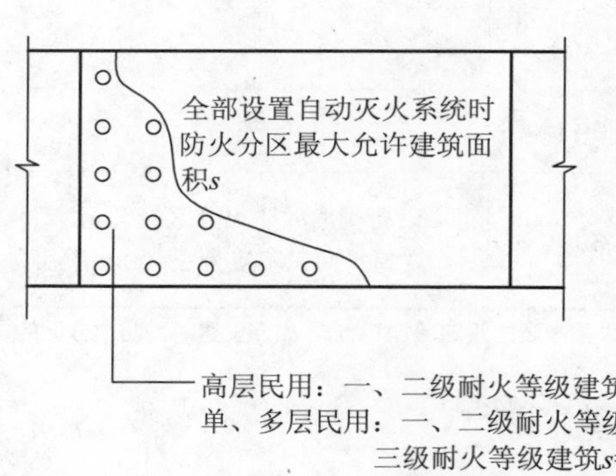
全部设置自动灭火系统时防火分区最大允许建筑面积s
高层民用：一、二级耐火等级建筑s=3000m²
单、多层民用：一、二级耐火等级建筑s=5000m²
三级耐火等级建筑s=2400m²
四级耐火等级建筑s=1200m²
地下、半地下建筑（室）s=1000m²

图5-40 5.3.1图示（5）

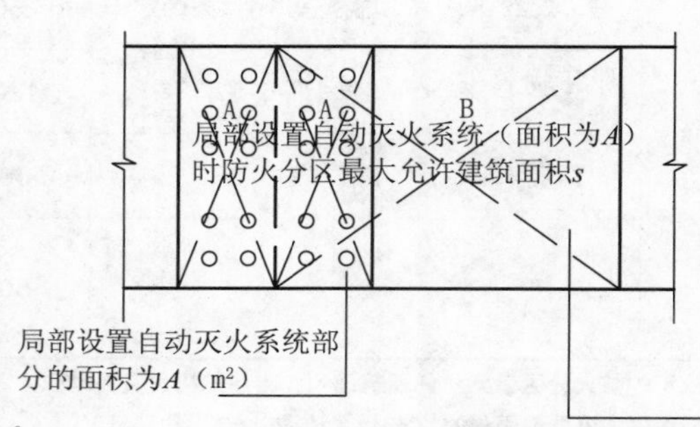
A
A
B
局部设置自动灭火系统（面积为A）时防火分区最大允许建筑面积s
局部设置自动灭火系统部分的面积为A（m²）
高层民用：一、二级耐火等级建筑s=(1500+A) m²
单、多层民用：一、二级耐火等级建筑s=(2500+A) m²
三级耐火等级建筑s=(1200+A) m²
四级耐火等级建筑s=(600+A) m²
地下、半地下建筑(室) s=(500+A) m²

图5-41 5.3.1图示（6）

5.3.2 建筑内设置自动扶梯、敞开楼梯等上、下层相连通的开口时，其防火分区的建筑面积应按上、下层相连通的建筑面积叠加计算；当叠加计算后的建筑面积大于本规范第5.3.1条的规定时，应划分防火分区（图5-42）。

建筑物内设置中庭时，其防火分区的建筑面积应按上、下层相连通的建筑面积叠加计算；当叠加计算后的建筑面积大于本规范第5.3.1条的规定时，应符合下列规定：

1 与周围连通空间应进行防火分隔：采用防火隔墙时，其耐火极限不应低于1.00h；采用防火玻璃墙时，其耐火隔热性和耐火完整性不应低于1.00h；采用耐火完整性不低于1.00h的非隔热性防火玻璃墙时，应设置自动喷水灭火系统进行保护；采用防火卷帘时，其耐火极限不应低于3.00h，并应符合本规范第6.5.3条的规定（图5-43）；与中庭相连通的门、窗，应采用火灾时能自行关闭的甲级防火门、窗；

2 高层建筑内的中庭回廊应设置自动喷水灭火系统和火灾自动报警系统；

3 中庭应设置排烟设施；

4 中庭内不应布置可燃物（图5-44）。

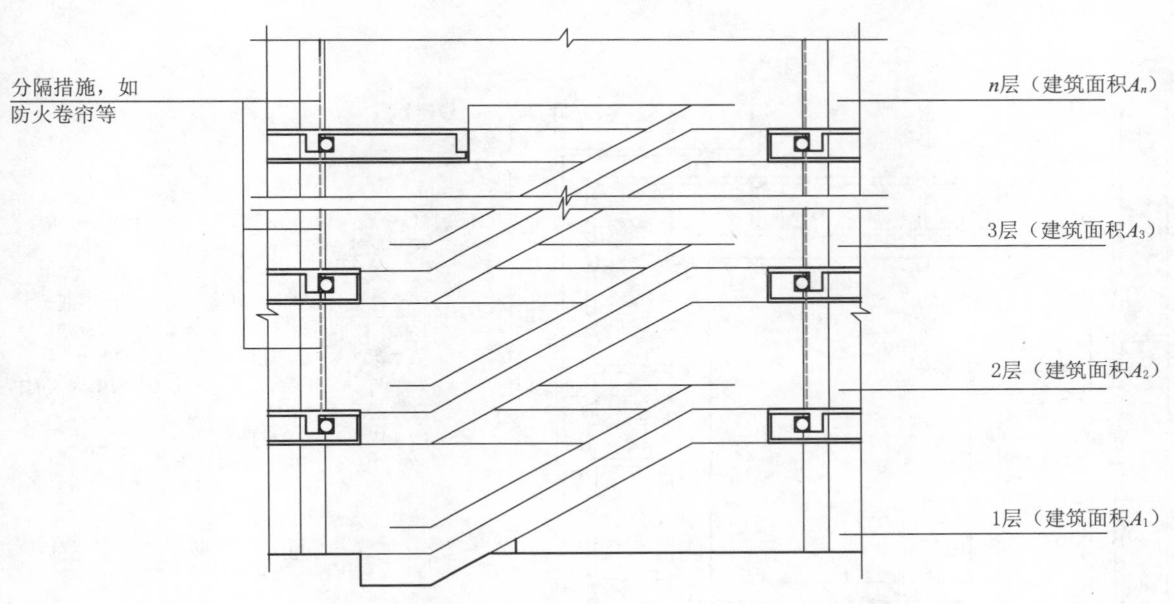
分隔措施，如
防火卷帘等
n层（建筑面积A_n）
3层（建筑面积A_3）
2层（建筑面积A_2）
1层（建筑面积A_1）

图5-42 5.3.2图示（1）

注：以自动扶梯为例，其防火分区面积（A）应按上下层联通面积叠加计算，即$A=A_1+A_2+......+A_n$，当A>第5.3.1条规定时，其超出防火分区允许面积的楼层及该层以上各层均应在扶梯四周设防火卷帘或采取其他措施，以划分防火分区。

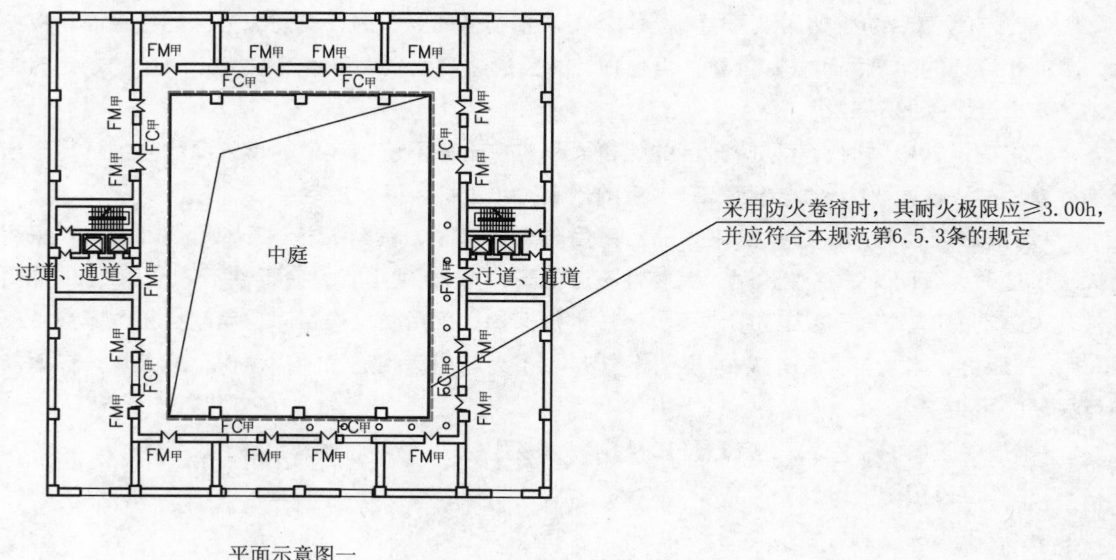
FM甲
FC甲
中庭
过道、通道
采用防火卷帘时，其耐火极限应≥3.00h，并应符合本规范第6.5.3条的规定
平面示意图一

图5-43　5.3.2图示（2）

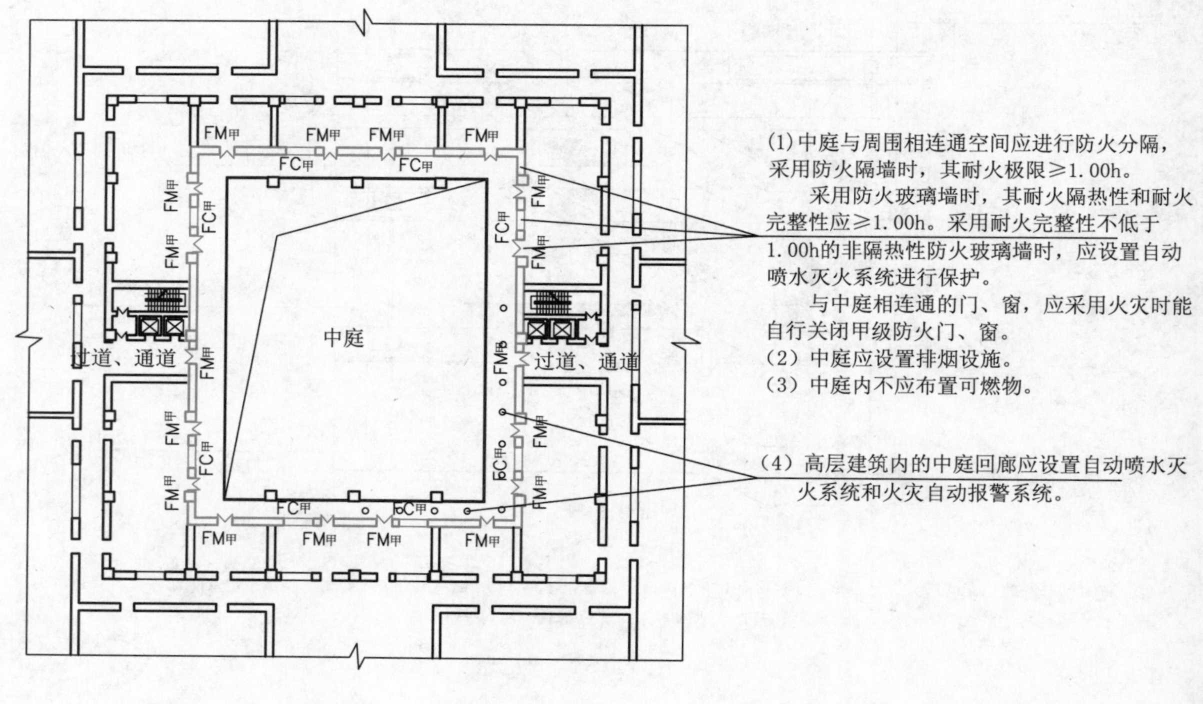
FM甲
FC甲
中庭
过道、通道
(1)中庭与周围相连通空间应进行防火分隔，采用防火隔墙时，其耐火极限≥1.00h。
采用防火玻璃墙时，其耐火隔热性和耐火完整性应≥1.00h。采用耐火完整性不低于1.00h的非隔热性防火玻璃墙时，应设置自动喷水灭火系统进行保护。
与中庭相连通的门、窗，应采用火灾时能自行关闭甲级防火门、窗。
(2) 中庭应设置排烟设施。
(3) 中庭内不应布置可燃物。
(4) 高层建筑内的中庭回廊应设置自动喷水灭火系统和火灾自动报警系统。
平面示意图二

图5-44　5.3.2图示（3）

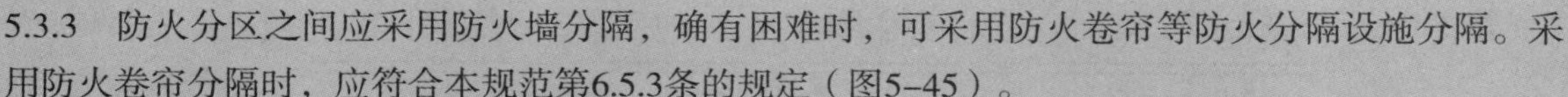

5.3.3 防火分区之间应采用防火墙分隔，确有困难时，可采用防火卷帘等防火分隔设施分隔。采用防火卷帘分隔时，应符合本规范第6.5.3条的规定（图5-45）。

5.3.4 一、二级耐火等级建筑内的商店营业厅、展览厅，当设置自动灭火系统和火灾自动报警系统并采用不燃或难燃装修材料时，其每个防火分区的最大允许建筑面积应符合下列规定：

1 设置在高层建筑内时，不应大于4000m²（图5-46）；

2 设置在单层建筑或仅设置在多层建筑的首层内时，不应大于10000m²（图5-47）；

3 设置在地下或半地下时，不应大于2000m²（图5-48）。

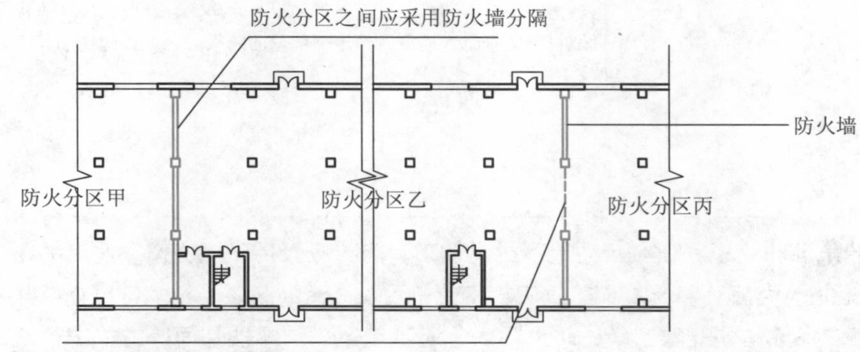
防火分区之间应采用防火墙分隔
防火墙
防火分区甲
防火分区乙
防火分区丙
采用防火墙确有困难时，可采用耐火
极限≥3.00h的防火卷帘等设施分隔

图5-45 5.3.3图示

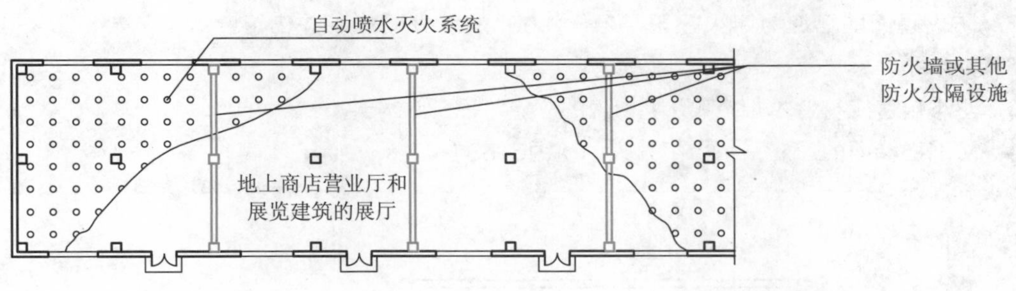
自动喷水灭火系统
防火墙或其他
防火分隔设施
地上商店营业厅和
展览建筑的展厅

图5-46 5.3.4图示（1）

注：一、二级耐火等级的高层建筑内的商店营业厅、展览厅，当设置自动喷水灭火系统和火灾自动报警系统并采用不燃或难燃装修材料时，其每个防火分区的最大允许建筑面积应符合下列规定：当设置在高层建筑内时，其每个防火分区最大允许建筑面积应≤4000m²。

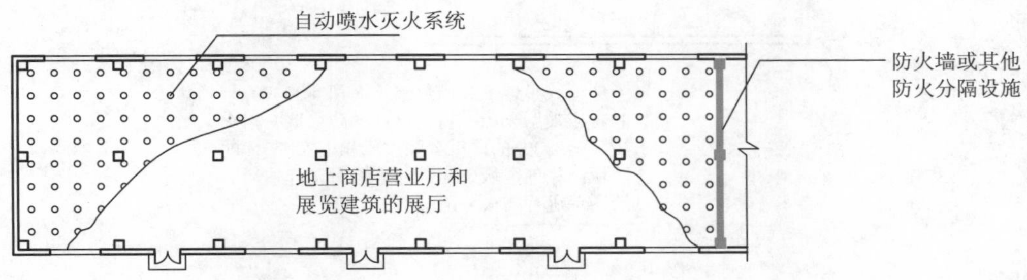
自动喷水灭火系统
防火墙或其他
防火分隔设施
地上商店营业厅和
展览建筑的展厅

图5-47 5.3.4图示（2）

注：设置在一、二级耐火等级的单层建筑或仅设置在多层建筑的首层内时，其防火分区最大允许建筑面积应≤10000m²。

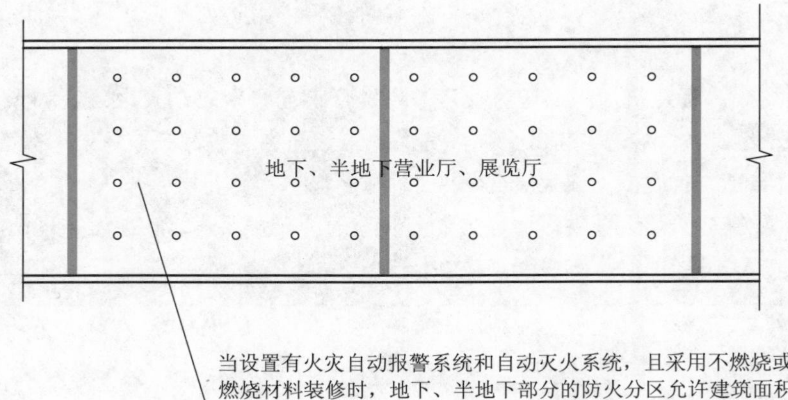
地下、半地下营业厅、展览厅
当设置有火灾自动报警系统和自动灭火系统，且采用不燃烧或难燃烧材料装修时，地下、半地下部分的防火分区允许建筑面积不应大于2000㎡

图5-48　5.3.4图示（3）

5.3.5　总建筑面积大于20000m²的地下或半地下商店，应采用无门、窗、洞口的防火墙、耐火极限不低于2.00h的楼板分隔为多个建筑面积不大于20000m²的区域。相邻区域确需局部连通时，应采用下沉式广场等室外开敞空间、防火隔间、避难走道、防烟楼梯间等方式进行连通，并应符合下列规定（图5-49）：

1　下沉式广场等室外开敞空间应能防止相邻区域的火灾蔓延和便于安全疏散，并应符合本规范第6.4.12条的规定（图5-50）；

2　防火隔间的墙应为耐火极限不低于3.00h的防火隔墙，并应符合本规范6.4.13条的规定（图5-51）；

3　避难走道应符合本规范第6.4.14条的规定（图5-52）；

4　防烟楼梯间的门应采用甲级防火门（图5-53）。

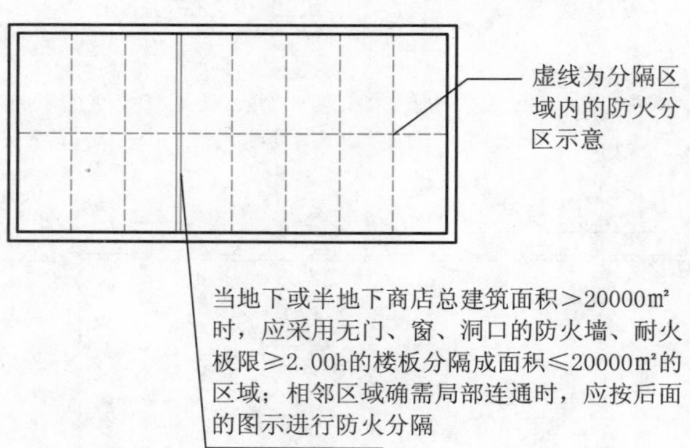
虚线为分隔区域内的防火分区示意
当地下或半地下商店总建筑面积＞20000㎡时，应采用无门、窗、洞口的防火墙、耐火极限≥2.00h的楼板分隔成面积≤20000㎡的区域；相邻区域确需局部连通时，应按后面的图示进行防火分隔

图5-49　5.3.5图示（1）

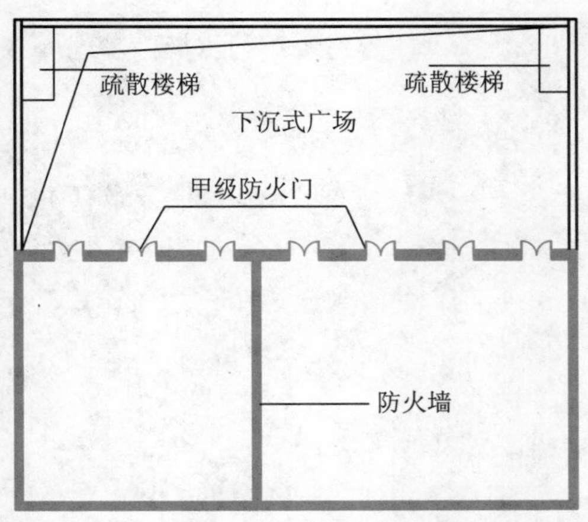
疏散楼梯
疏散楼梯
下沉式广场
甲级防火门
防火墙

图5-50 5.3.5图示（2）

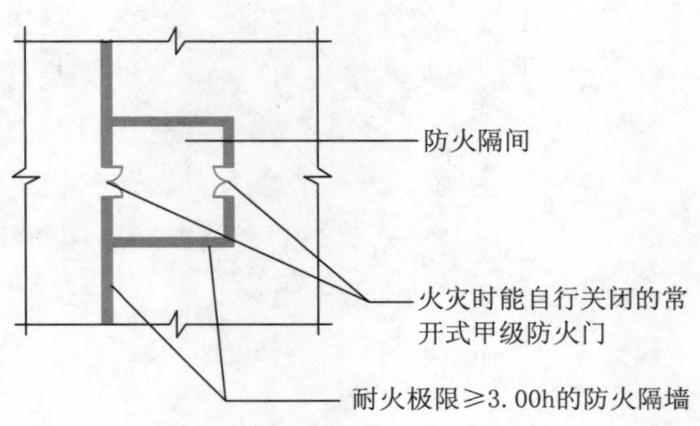
防火隔间
火灾时能自行关闭的常开式甲级防火门
耐火极限≥3.00h的防火隔墙

图5-51 5.3.5图示（3）

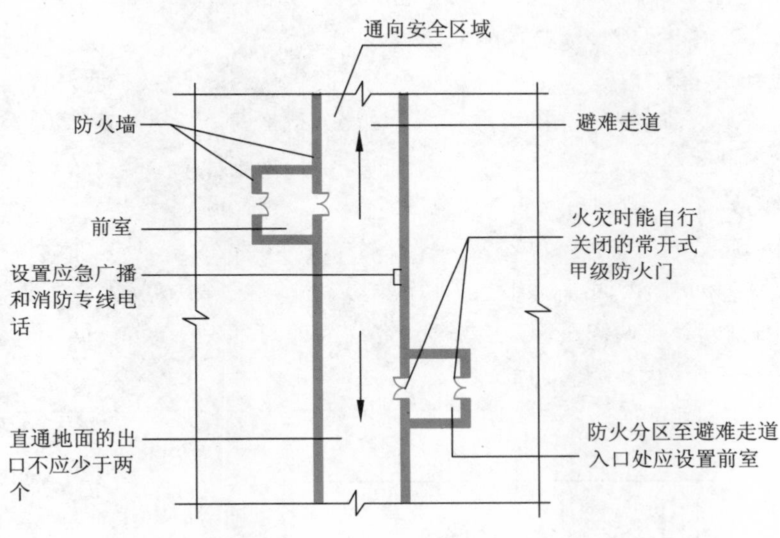
通向安全区域
防火墙
避难走道
前室
火灾时能自行关闭的常开式甲级防火门
设置应急广播和消防专线电话
防火分区至避难走道入口处应设置前室
直通地面的出口不应少于两个

图5-52 5.3.5图示（4）

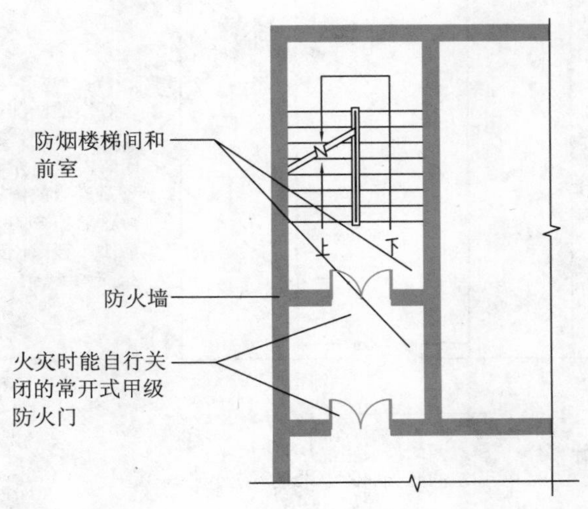
防烟楼梯间和前室
防火墙
火灾时能自行关闭的常开式甲级防火门

图5-53 5.3.5图示（5）

5.3.6 餐饮、商店等商业设施通过有顶棚的步行街连接，且步行街两侧的建筑需利用步行街进行安全疏散时，应符合下列规定：

1 步行街两侧建筑的耐火等级不应低于二级（图5-54）。

2 步行街两侧建筑相对面的最近距离均不应小于本规范对相应高度建筑的防火间距要求且不应小于9m。步行街的端部在各层均不宜封闭，确需封闭时，应在外墙上设置可开启的门窗，且可开启门窗的面积不应小于该部位外墙面积的一半。步行街的长度不宜大于300m（图5-54）。

3 步行街两侧建筑的商铺之间应设置耐火极限不低于2.00h的防火隔墙，每间商铺的建筑面积不宜大于300m^2（图5-55）。

4 步行街两侧建筑的商铺，其面向步行街一侧的围护构件的耐火极限不应低于1.00h，并宜采用实体墙，其门、窗应采用乙级防火门、窗；当采用防火玻璃墙（包括门、窗）时，其耐火隔热性和耐火完整性不应低于1.00h；当采用耐火完整性不低于1.00h的非隔热性防火玻璃墙（包括门、窗）时，应设置闭式自动喷水灭火系统进行保护。相邻商铺之间面向步行街一侧应设置宽度不小于1.0m、耐火极限不低于1.00h的实体墙。

当步行街两侧的建筑为多个楼层时，每层面向步行街一侧的商铺均应设置防止火灾竖向蔓延的措施，并应符合本规范第6.2.5条的规定；设置回廊或挑檐时，其出挑宽度不应小于1.2m；步行街两侧的商铺在上部各层需设置回廊和连接天桥时，应保证步行街上部各层的开口面积不应小于步行街地面面积的37%，且开口宜均匀布置（图5-56）。

5 步行街两侧建筑内的疏散楼梯应靠外墙设置并宜直通室外，确有困难时，可在首层直接通至步行街；首层商铺的疏散门可直接通至步行街，步行街内任一点到达最近室外安全地点的步行距离不应大于60m。步行街两侧建筑二层及以上各层商铺的疏散门至该层最近疏散楼梯口或其他安全出口的直线距离不应大于37.5m（图5-57）。

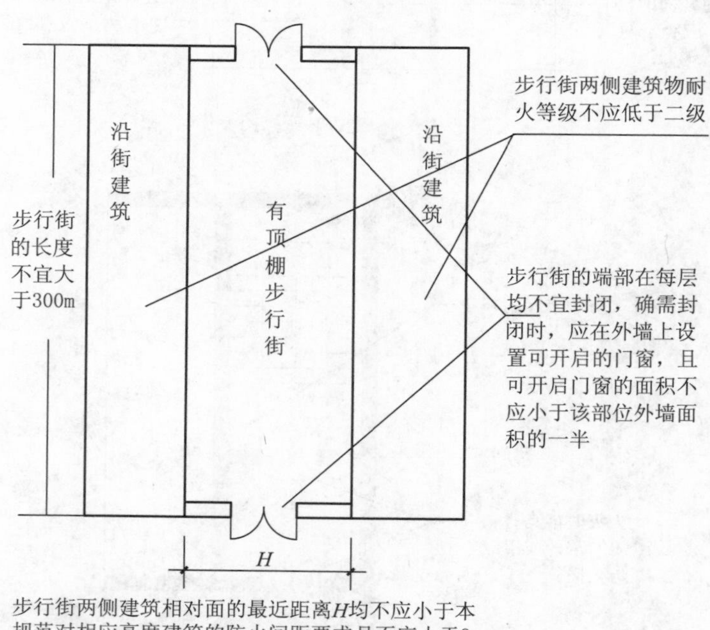
步行街两侧建筑物耐火等级不应低于二级
沿街建筑
沿街建筑
有顶棚步行街
步行街的长度不宜大于300m
步行街的端部在每层均不宜封闭，确需封闭时，应在外墙上设置可开启的门窗，且可开启门窗的面积不应小于该部位外墙面积的一半
H
步行街两侧建筑相对面的最近距离H均不应小于本规范对相应高度建筑的防火间距要求且不应小于9m

图5-54 5.3.6 图示（1）

6 步行街的顶棚材料应采用不燃或难燃材料，其承重结构的耐火极限不应低于1.00h。步行街内不应布置可燃物（图5-58）。

7 步行街的顶棚下檐距地面的高度不应小于6.0m，顶棚应设置自然排烟设施并宜采用常开式的排烟口，且自然排烟口的有效面积不应小于步行街地面面积的25%。常闭式自然排烟设施应能在火灾时手动和自动开启（图5-59）。

8 步行街两侧建筑的商铺外应每隔30m设置*DN*65的消火栓，并应配备消防软管卷盘或消防水龙，商铺内应设置自动喷水灭火系统和火灾自动报警系统；每层回廊均应设置自动喷水灭火系统。步行街内宜设置自动跟踪定位射流灭火系统（图5-59）。

9 步行街两侧建筑的商铺内外均应设置疏散照明、灯光，疏散指示标志和消防应急广播系统（图5-59）。

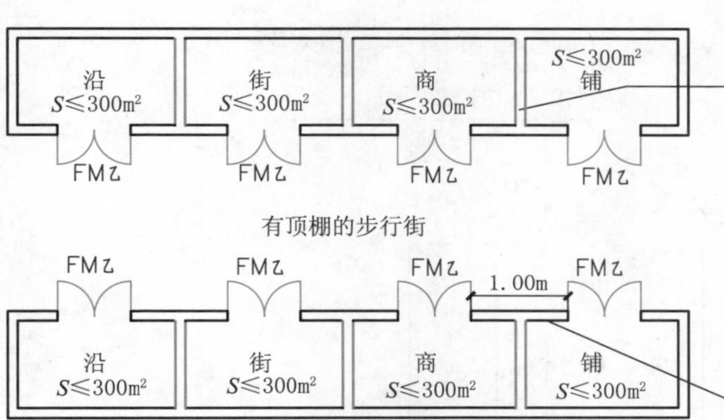
沿 S≤300m²
街 S≤300m²
商 S≤300m²
S≤300m² 铺
FM乙
有顶棚的步行街
1.00m
步行街两侧建筑的商铺之间均应采用耐火极限不低于2.00h的墙体分隔。每间商铺的建筑面积不宜大于300㎡
采用实体墙，其门、窗应采用乙级防火门、窗；当采用防火玻璃墙（包括门、窗）时，其耐火隔热性和耐火完整性不应低于1.00h；采用耐火完整性不低于1.00h的非隔热性防火玻璃墙（包括门、窗）时，应设置闭式自动喷水灭火系统进行保护。相邻商铺之间面向步行街一侧应设置宽度不小于1.0m、耐火极限不低于1.00h的实体墙

图5-55 5.3.6图示（2）

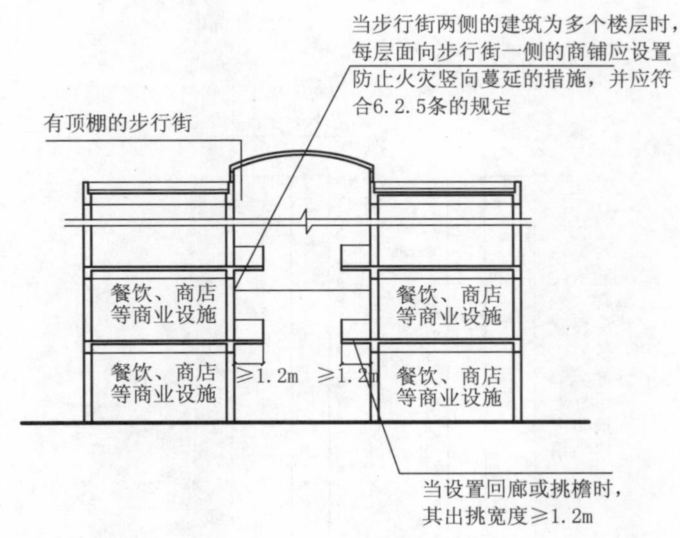
当步行街两侧的建筑为多个楼层时，每层面向步行街一侧的商铺应设置防止火灾竖向蔓延的措施，并应符合6.2.5条的规定
有顶棚的步行街
餐饮、商店等商业设施
≥1.2m ≥1.2m
当设置回廊或挑檐时，其出挑宽度≥1.2m
步行街两侧为多层时剖面示意图

图5-56 5.3.6图示（3）

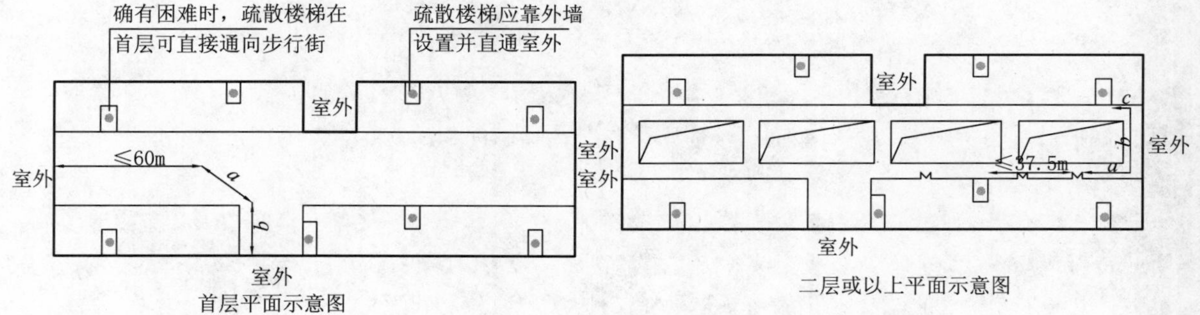
确有困难时，疏散楼梯在
首层可直接通向步行街
疏散楼梯应靠外墙
设置并直通室外
室外
≤60m
a
b
室外
室外
首层平面示意图
室外
c
b
室外
室外
≤37.5m
a
室外
室外
二层或以上平面示意图

图5-57　5.3.6图示（4）

注：1. 最近室外安全地点的步行距离应≤60m（$a+b\leq60$m）。

2. 步行街两侧建筑二层及以上各层商铺的疏散门至该层最近疏散楼梯口或其他安全出口的直线距离应≤37.5m（$a+b+c\leq37.5$m）。

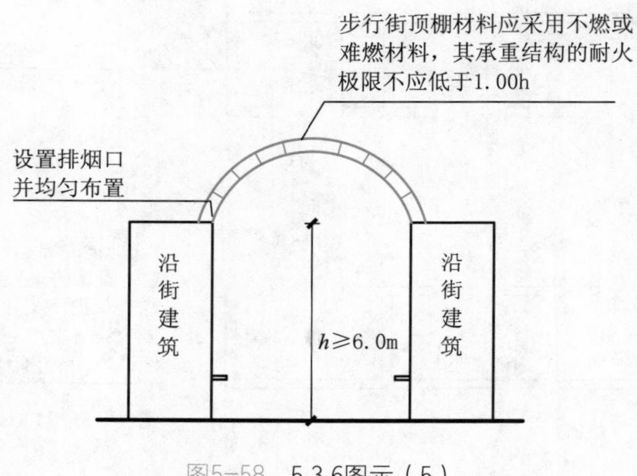
步行街顶棚材料应采用不燃或
难燃材料，其承重结构的耐火
极限不应低于1.00h
设置排烟口
并均匀布置
沿街建筑
h≥6.0m
沿街建筑

图5-58　5.3.6图示（5）

均匀布置排烟设施口，其总面积不应小于步行街地面面积的25%

步行街两侧建筑的商铺内外均应设置疏散照明、灯光疏散指示标志和消防应急广播系统。

沿街建筑

步行街顶棚

沿街建筑

每隔30m应设置消火栓、消防软管卷盘和消防水龙

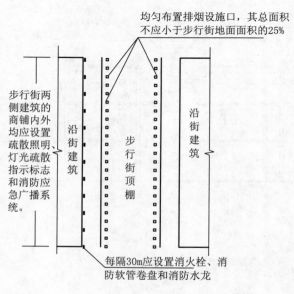

图5-59　5.3.6图示（6）

5.4 平面布置

5.4.1 民用建筑的平面布置应结合建筑的耐火等级、火灾危险性、使用功能和安全疏散等因素合理布置。

5.4.2 除为满足民用建筑使用功能所设置的附属库房外，民用建筑内不应设置生产车间和其他库房（图5-60）。

经营、存放和使用甲、乙类火灾危险性物品的商店、作坊和储藏间，严禁附设在民用建筑内（图5-61）。

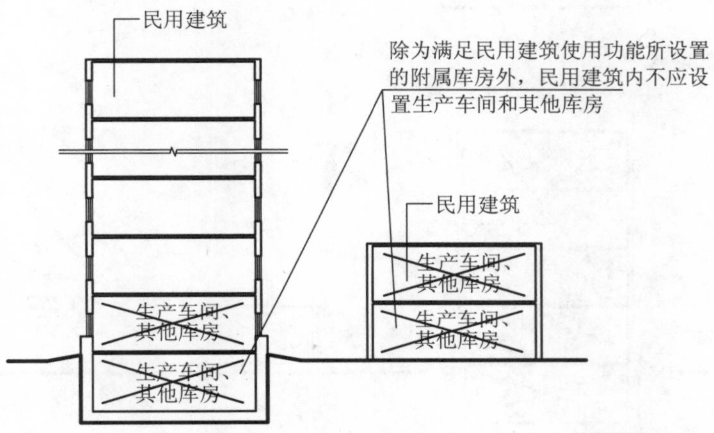
民用建筑
除为满足民用建筑使用功能所设置的附属库房外，民用建筑内不应设置生产车间和其他库房
民用建筑
生产车间、其他库房
生产车间、其他库房
生产车间、其他库房
生产车间、其他库房

图5-60 5.4.2图示（1）

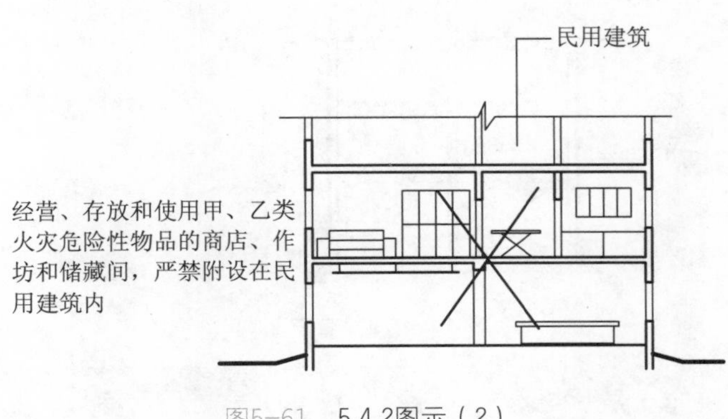
民用建筑
经营、存放和使用甲、乙类火灾危险性物品的商店、作坊和储藏间，严禁附设在民用建筑内

图5-61 5.4.2图示（2）

5.4.3 商店建筑、展览建筑采用三级耐火等级建筑时，不应超过2层；采用四级耐火等级建筑时，应为单层。营业厅、展览厅设置在三级耐火等级的建筑内时，应布置在首层或二层；设置在四级耐火等级的建筑内时，应布置在首层（图5-62、图5-63）。

营业厅、展览厅不应设置在地下三层及以下楼层。地下或半地下营业厅、展览厅不应经营、储存和展示甲、乙类火灾危险性物品（图5-64）。

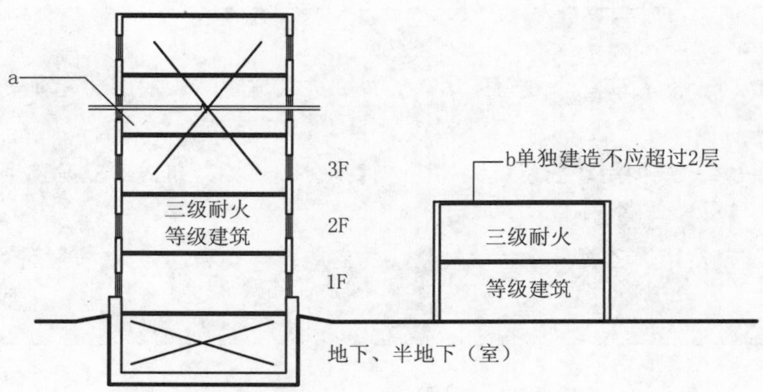
a
b单独建造不应超过2层
3F
2F
1F
三级耐火
等级建筑
三级耐火
等级建筑
地下、半地下（室）

图5-62　5.4.3图示（1）

注：a、b均代表商店建筑、展览建筑。

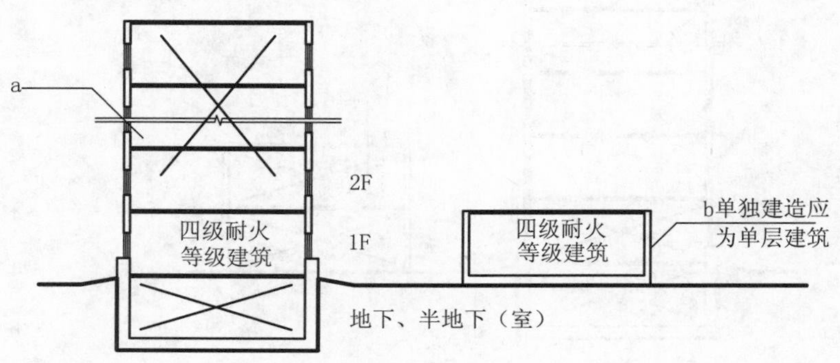
a
2F
1F
四级耐火
等级建筑
四级耐火
等级建筑
b单独建造应
为单层建筑
地下、半地下（室）

图5-63　5.4.3图示（2）

注：a、b均代表商店建筑、展览建筑。

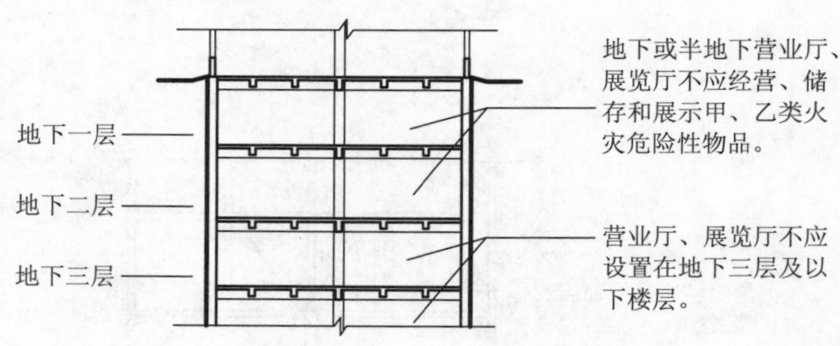
地下一层
地下二层
地下三层
地下或半地下营业厅、展览厅不应经营、储存和展示甲、乙类火灾危险性物品。
营业厅、展览厅不应设置在地下三层及以下楼层。

图5-64　5.4.3图示（3）

5.4.4　托儿所、幼儿园的儿童用房，老年人活动场所和儿童游乐厅等儿童活动场所宜设置在独立的建筑内，且不应设置在地下或半地下；当采用一、二级耐火等级的建筑时，不应超过3层；采用三级耐火等级的建筑时，不应超过2层；采用四级耐火等级的建筑时，应为单层；确需设置在其他民用建筑内时，应符合下列规定：

1　设置在一、二级耐火等级的建筑内时，应布置在首层、二层或三层（图5-65）；

2　设置在三级耐火等级的建筑内时，应布置在首层或二层（图5-66）；

3　设置在四级耐火等级的建筑内时，应布置在首层（图5-67）；

4　设置在高层建筑内时，应设置独立的安全出口和疏散楼梯（图5-68）；

5　设置在单、多层建筑内时，宜设置独立的安全出口和疏散楼梯（图5-69）。

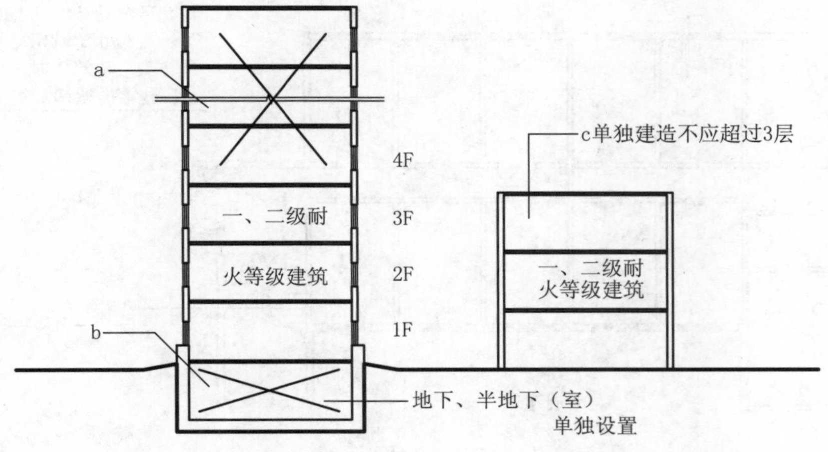
a
b
4F
3F
2F
1F
一、二级耐
火等级建筑
c单独建造不应超过3层
一、二级耐
火等级建筑
地下、半地下（室）
单独设置
置于其他建筑内

图5-65　5.4.4图示（1）

注：a、b、c均代表托儿所、幼儿园的儿童用房，老年人活动场所和儿童游乐厅等儿童活动场。

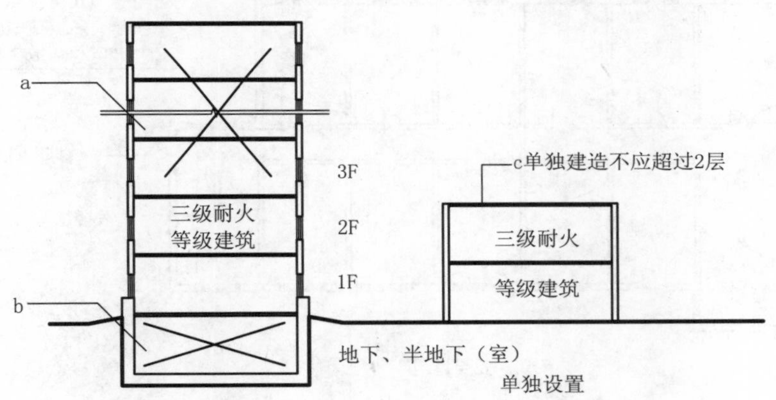
a
b
3F
2F
1F
三级耐火
等级建筑
c单独建造不应超过2层
三级耐火
等级建筑
地下、半地下（室）
单独设置
置于其他建筑内

图5-66　5.4.4图示（2）

注：a、b、c均代表托儿所、幼儿园的儿童用房，老年人活动场所和儿童游乐厅等儿童活动场。

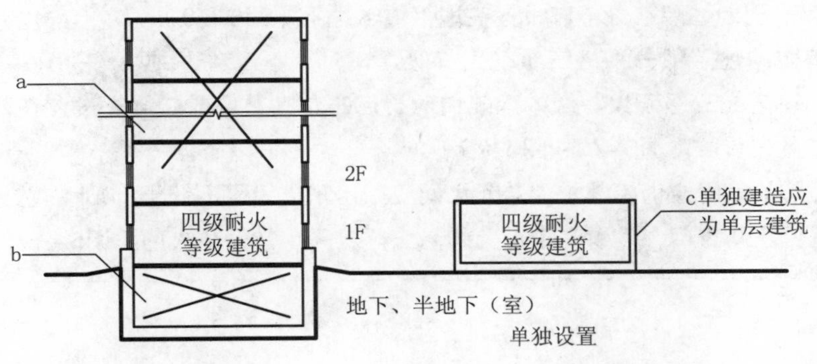
a
b
2F
1F
四级耐火
等级建筑
四级耐火
等级建筑
c单独建造应
为单层建筑
地下、半地下（室）
单独设置
置于其他建筑内

图5-67　5.4.4图示（3）

注：a、b、c均代表托儿所、幼儿园的儿童用房，老年人活动场所和儿童游乐厅等儿童活动场。

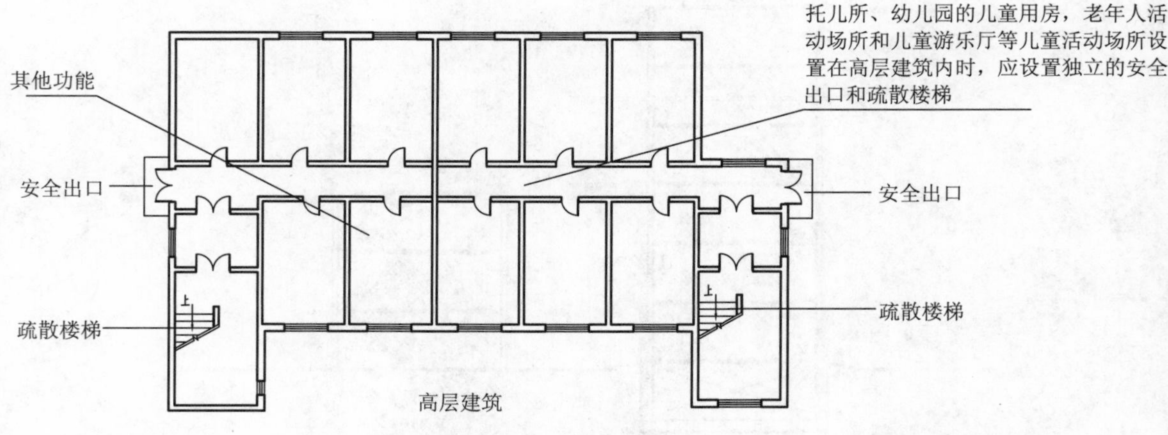
托儿所、幼儿园的儿童用房，老年人活动场所和儿童游乐厅等儿童活动场所设置在高层建筑内时，应设置独立的安全出口和疏散楼梯
其他功能
安全出口
安全出口
疏散楼梯
疏散楼梯
上
上
高层建筑

图5-68　5.4.4图示（4）

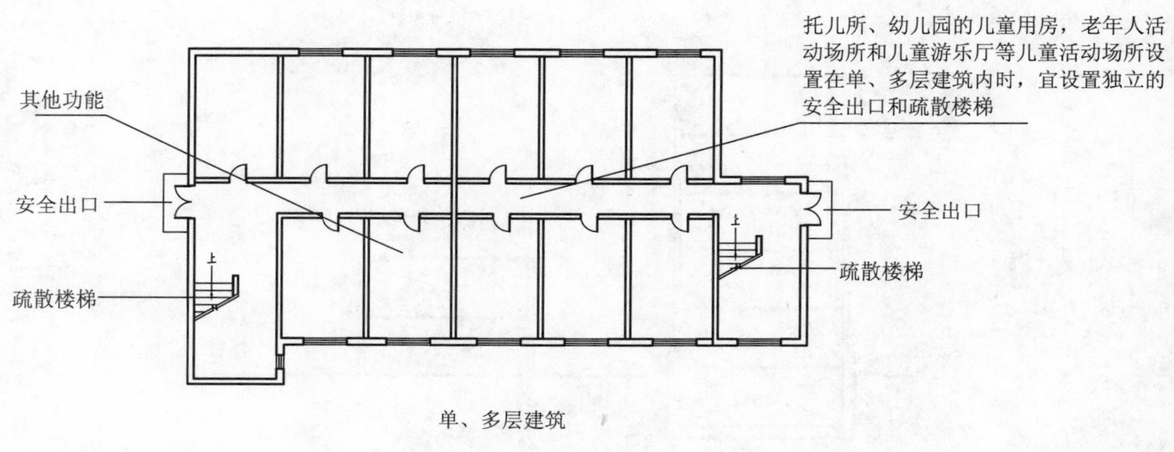
托儿所、幼儿园的儿童用房，老年人活动场所和儿童游乐厅等儿童活动场所设置在单、多层建筑内时，宜设置独立的安全出口和疏散楼梯
其他功能
安全出口
安全出口
疏散楼梯
疏散楼梯
上
上
单、多层建筑

图5-69　5.4.4图示（5）

5.4.5　医院和疗养院的住院部分不应设置在地下或半地下（图5-70）。

医院和疗养院的住院部分采用三级耐火等级建筑时，不应超过2层；采用四级耐火等级建筑时，应为单层；设置在三级耐火等级的建筑内时，应布置在首层或二层；设置在四级耐火等级的建筑内时，应布置在首层（图5-70～图5-72）。

医院和疗养院的病房楼内相邻护理单元之间应采用耐火极限不低于2.00h的防火隔墙分隔，隔墙上的门应采用乙级防火门，设置在走道上的防火门应采用常开防火门（图5-73）。

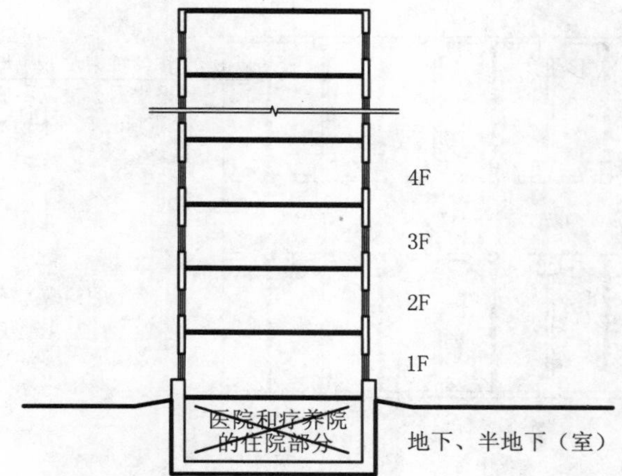
4F
3F
2F
1F
医院和疗养院的住院部分
地下、半地下（室）

图5-70 5.4.5图示（1）

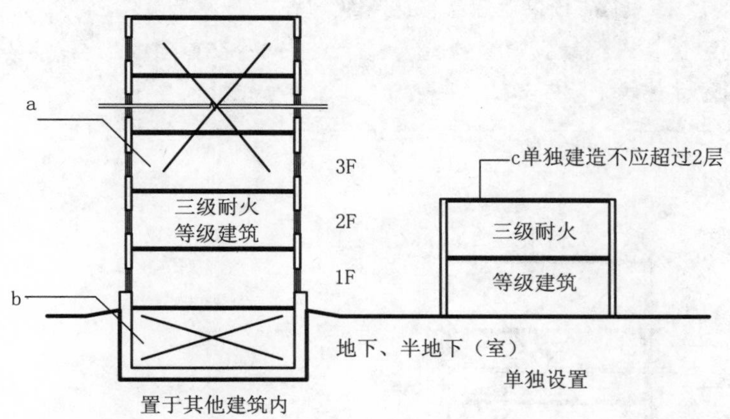
a
b
3F
2F
1F
三级耐火等级建筑
c单独建造不应超过2层
三级耐火
等级建筑
地下、半地下（室）
单独设置
置于其他建筑内

图5-71 5.4.5图示（2）

注：a、b、c均代表医院、疗养院的住院部分。

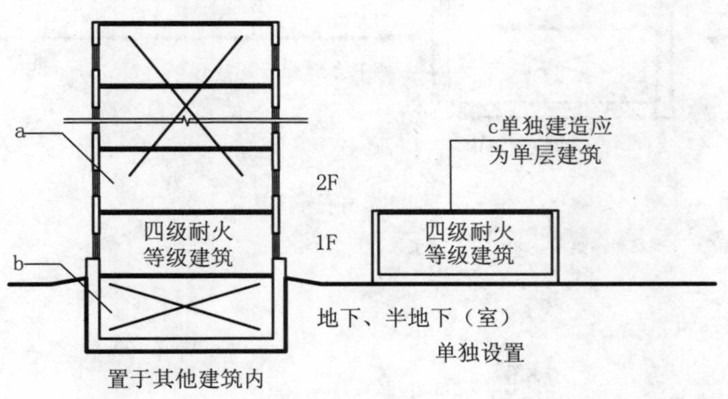
a
b
2F
1F
四级耐火等级建筑
c单独建造应为单层建筑
四级耐火等级建筑
地下、半地下（室）
单独设置
置于其他建筑内

图5-72 5.4.5图示（3）

注：a、b、c均代表医院、疗养院的住院部分。

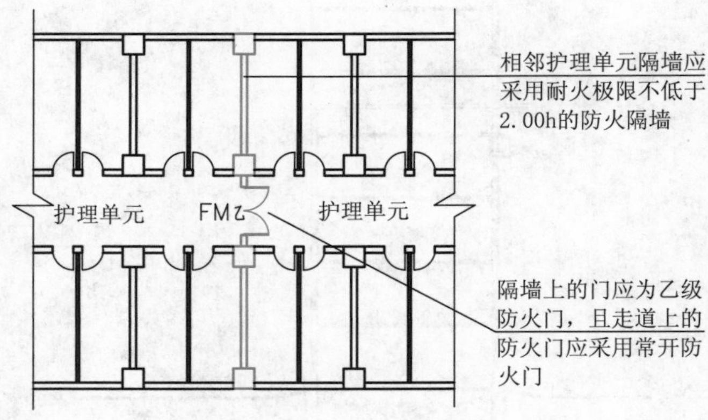
相邻护理单元隔墙应采用耐火极限不低于2.00h的防火隔墙
护理单元
FMZ
护理单元
隔墙上的门应为乙级防火门，且走道上的防火门应采用常开防火门

图5-73 5.4.5图示（4）

5.4.6 教学建筑、食堂、菜市场采用三级耐火等级建筑时，不应超过2层；采用四级耐火等级建筑时，应为单层；设置在三级耐火等级的建筑内时，应布置在首层或二层；设置在四级耐火等级的建筑内时，应布置在首层（图5-74、图5-75）。

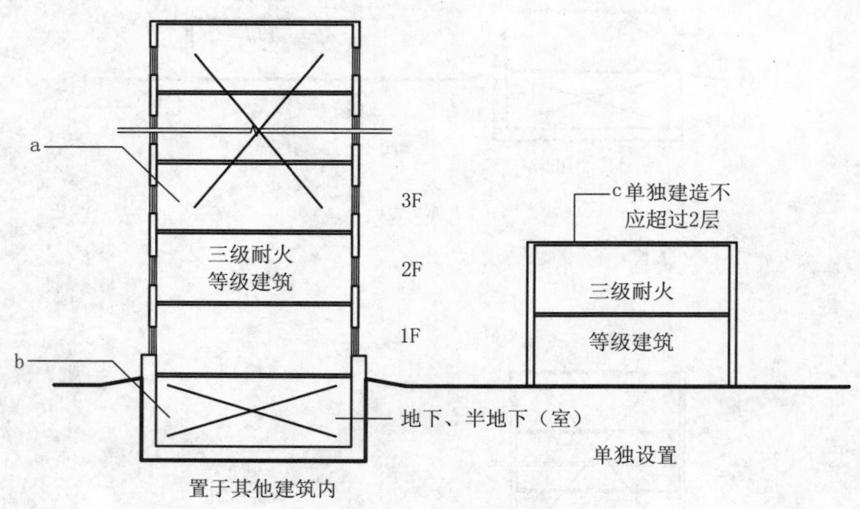
a
3F
三级耐火等级建筑
2F
1F
b
地下、半地下（室）
置于其他建筑内
c单独建造不应超过2层
三级耐火
等级建筑
单独设置

图5-74 5.4.6图示（1）

注：a、b、c均代表教学建筑、食堂、菜市场。

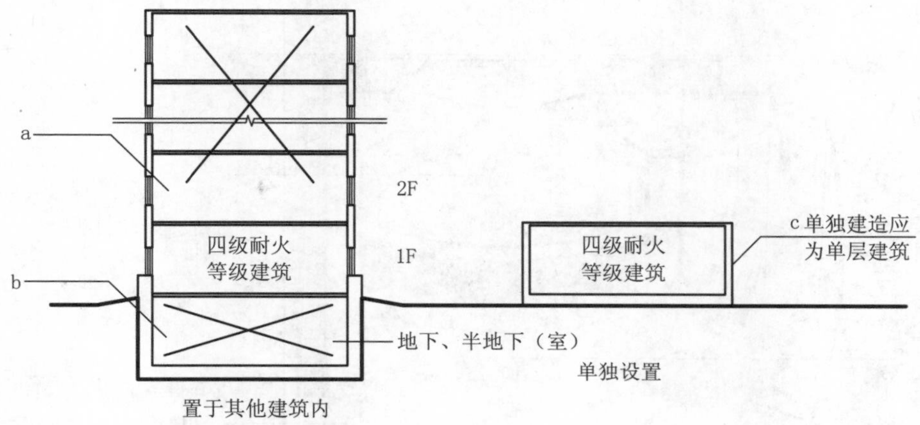
a
b
2F
1F
四级耐火
等级建筑
地下、半地下（室）
置于其他建筑内
四级耐火
等级建筑
c单独建造应
为单层建筑
单独设置

图5–75 5.4.6图示（2）

注：a、b、c均代表教学建筑、食堂、菜市场。

5.4.7 剧场、电影院、礼堂宜设置在独立的建筑内；采用三级耐火等级建筑时，不应超过2层；确需设置在其他民用建筑内时，至少应设置1个独立的安全出口和疏散楼梯，并应符合下列规定（图5–76、图5–77）：

1 应采用耐火极限不低于2.00h的防火隔墙和甲级防火门与其他区域分隔（图5–77）；

2 设置在一、二级耐火等级的建筑内时，观众厅宜布置在首层、二层或三层；确需布置在四层及以上楼层时，一个厅、室的疏散门不应少于2个，且每个观众厅的建筑面积不宜大于400m²（图5–77、图5–78）；

3 设置在三级耐火等级的建筑内时，不应布置在三层及以上楼层（图5–76）；

4 设置在地下或半地下时，宜设置在地下一层，不应设置在地下三层及以下楼层。

5 设置在高层建筑内时，应设置火灾自动报警系统及自动喷水灭火系统等自动灭火系统。

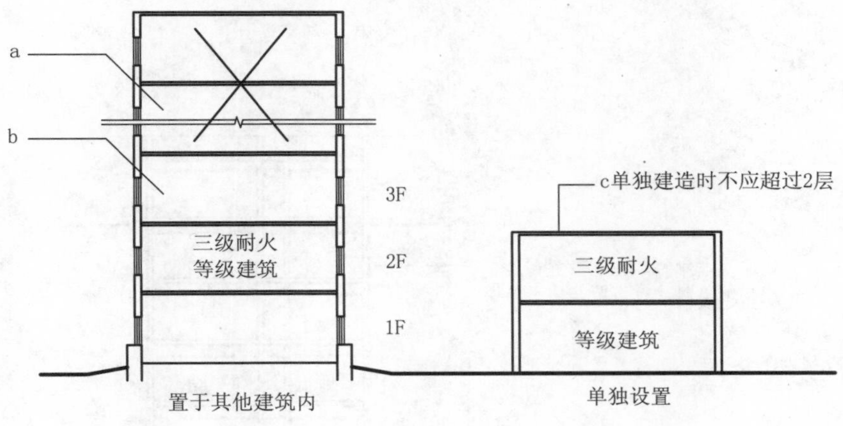
a
b
3F
2F
1F
三级耐火
等级建筑
置于其他建筑内
c单独建造时不应超过2层
三级耐火
等级建筑
单独设置

图5–76 5.4.7图示（1）

注：a、b、c均为剧场、电影院、礼堂。

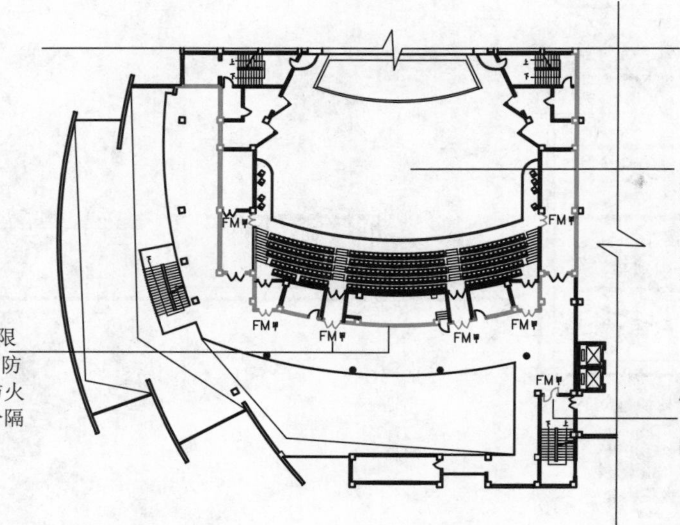
一个厅、室的安全疏散出口不应少于2个，且建筑面积不宜超过400m²；
应设置火灾自动报警系统和自动喷水灭火系统等自动灭火系统；
幕布的燃烧性能不应低于B1级
应采用耐火极限不低于2.00h的防火隔墙和甲级防火门与其他区域分隔
剧场、电影院、礼堂确需设置在其他民用建筑内时，至少应设置1个独立的安全出口和疏散楼梯
FM

图5-77　5.4.7图示（2）

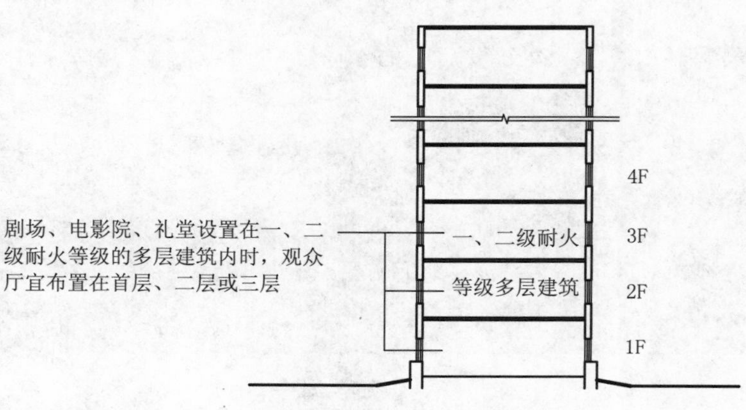
剧场、电影院、礼堂设置在一、二级耐火等级的多层建筑内时，观众厅宜布置在首层、二层或三层
一、二级耐火
等级多层建筑
4F
3F
2F
1F

图5-78　5.4.7图示（3）

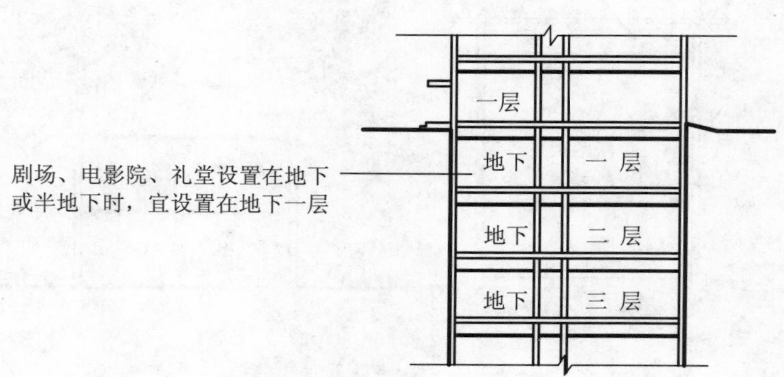
剧场、电影院、礼堂设置在地下或半地下时，宜设置在地下一层
一层
地下　一 层
地下　二 层
地下　三 层

图5-79　5.4.7图示（4）

注：剧场、电影院、礼堂设置在地下或半地下时，不应设置在地下三层及以下楼层，防火分区的最大允许建筑面积不应大于1000m²；当设置自动喷水灭火系统和火灾自动报警系统时，该面积不得增加。

5.4.8 建筑内的会议厅、多功能厅等人员密集的场所，宜布置在首层、二层或三层。设置在三级耐火等级的建筑内时，不应布置在三层及以上楼层。确需布置在一、二级耐火等级建筑的其他楼层时，应符合下列规定：

1 一个厅、室的疏散门不应少于2个，且建筑面积不宜大于400m^2；

2 设置在地下或半地下时，宜设置在地下一层，不应设置在地下三层及以下楼层；

3 设置在高层建筑内时，应设置火灾自动报警系统和自动喷水灭火系统等自动灭火系统。

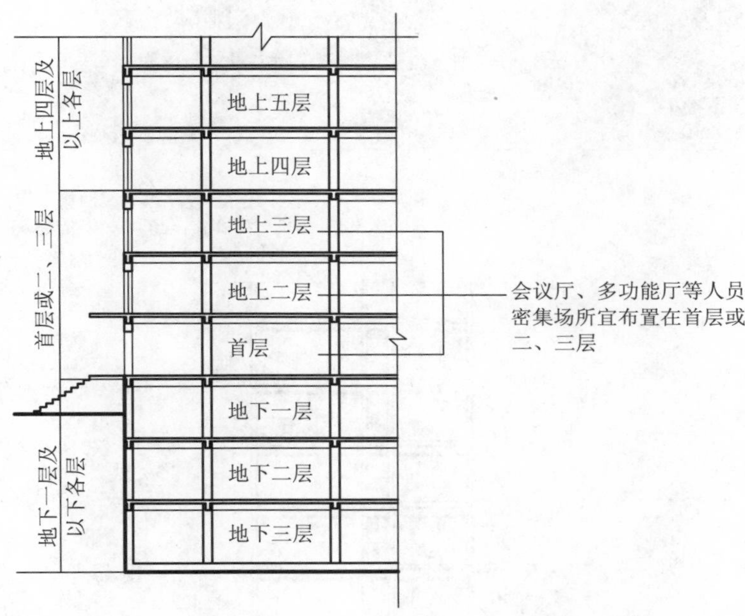
地上四层及以上各层
首层或二、三层
地下一层及以下各层
地上五层
地上四层
地上三层
地上二层
首层
地下一层
地下二层
地下三层
会议厅、多功能厅等人员密集场所宜布置在首层或二、三层

图5-80 5.4.8图示（1）

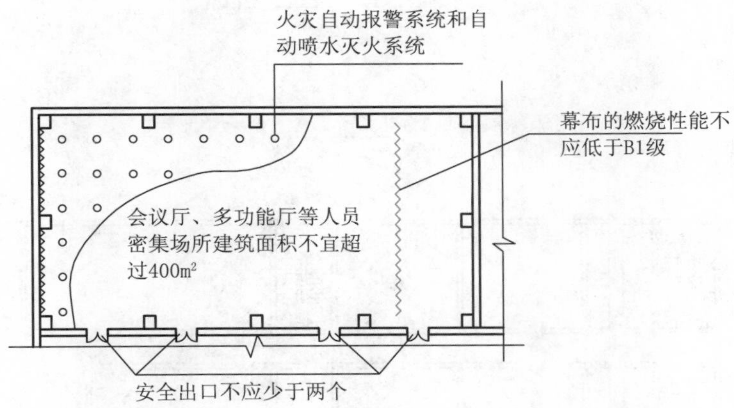
火灾自动报警系统和自动喷水灭火系统
幕布的燃烧性能不应低于B1级
会议厅、多功能厅等人员密集场所建筑面积不宜超过400m²
安全出口不应少于两个

平面示意图

图5-81 5.4.8图示（2）

注：建筑内的会议厅、多功能厅等人员密集场所，宜布置在首层或二、三层。确需布置在其他楼层时，应符合图示内容规定。

5.4.9 歌舞厅、录像厅、夜总会、卡拉OK厅（含具有卡拉OK功能的餐厅）、游艺厅（含电子游艺厅）、桑拿浴室（不包括洗浴部分）、网吧等歌舞娱乐放映游艺场所（不含剧场、电影院）的布置应符合下列规定：

1 **不应布置在地下二层及以下楼层（图5-82）；**

2 宜布置在一、二级耐火等级建筑物内的首层、二层或三层的靠外墙部位（图5-82）；

3 不宜布置在袋形走道的两侧或尽端（图5-83）；

4 **确需布置在地下一层时，地下一层的地面与室外出入口地坪的高差不应大于10m（图5-82）；**

5 **确需布置在地下或四层及以上楼层时，一个厅、室的建筑面积不应大于200m²（图5-84）；**

6 **厅、室之间及与建筑的其他部位之间，应采用耐火极限不低于2.00h的防火隔墙和1.00h的不燃性楼板分隔，设置在厅、室墙上的门和该场所与建筑内其他部位相通的门均应采用乙级防火门（图5-82、图5-84）。**

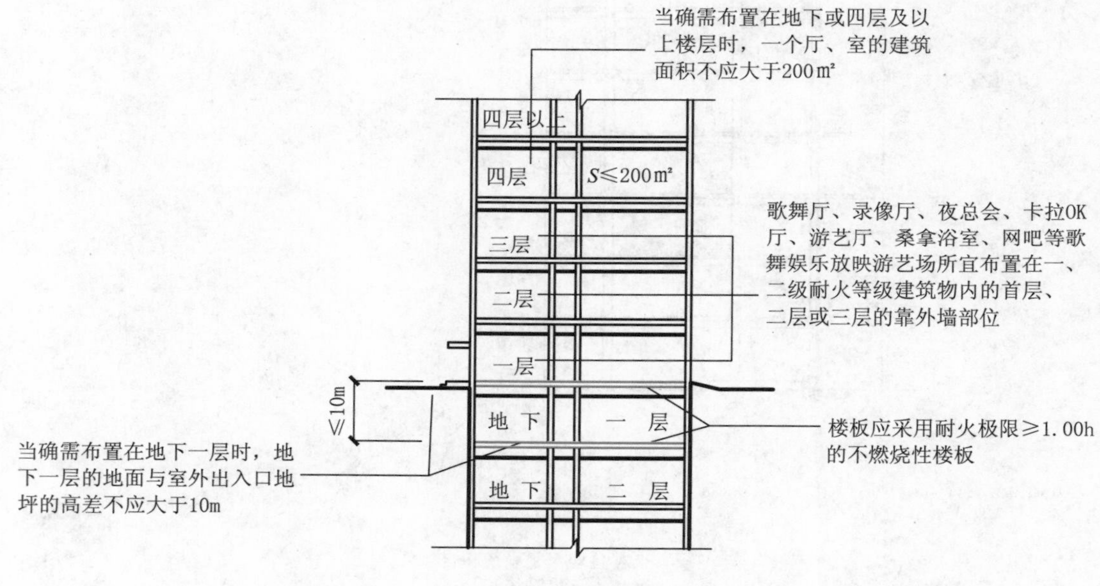
当确需布置在地下或四层及以上楼层时，一个厅、室的建筑面积不应大于200㎡
四层以上
四层
S≤200㎡
三层
二层
一层
歌舞厅、录像厅、夜总会、卡拉OK厅、游艺厅、桑拿浴室、网吧等歌舞娱乐放映游艺场所宜布置在一、二级耐火等级建筑物内的首层、二层或三层的靠外墙部位
≤10m
地 下 一 层
地 下 二 层
楼板应采用耐火极限≥1.00h的不燃烧性楼板
当确需布置在地下一层时，地下一层的地面与室外出入口地坪的高差不应大于10m

图5-82 5.4.9图示（1）

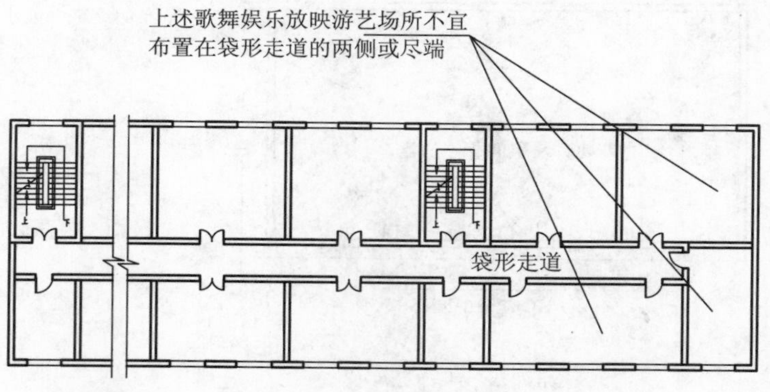
上述歌舞娱乐放映游艺场所不宜布置在袋形走道的两侧或尽端
袋形走道
一、二、三层平面图

图5-83 5.4.9图示（2）

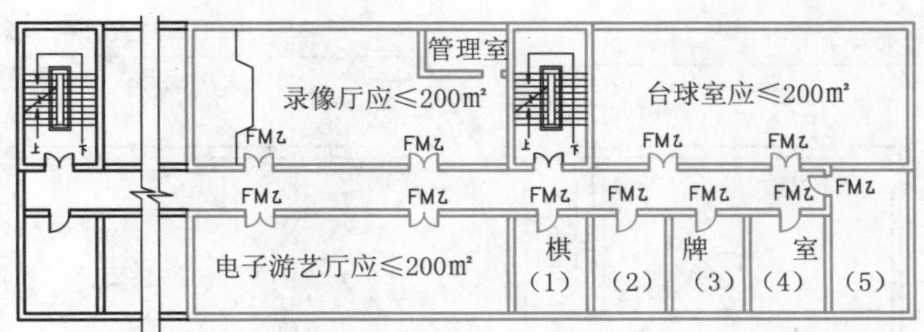
管理室
录像厅应≤200m²
台球室应≤200m²
FM乙
电子游艺厅应≤200m²
棋
牌
室
(1)
(2)
(3)
(4)
(5)
上
下

图5-84 5.4.9图示（3）

注：厅、室之间及与建筑的其他部位之间，应采用耐火极限≥2.00h的防火墙，设置在厅、室墙上的门和该场所与建筑内其他部位相通的门均应采用乙级防火门。

5.4.10 除商业服务网点外，住宅建筑与其他使用功能的建筑合建时，应符合下列规定：

1 **住宅部分与非住宅部分之间，应采用耐火极限不低于2.00h且无门、窗、洞口的防火隔墙和1.50h的不燃性楼板完全分隔；当为高层建筑时，应采用无门、窗、洞口的防火墙和耐火极限不低于2.00h的不燃性楼板完全分隔。建筑外墙上、下层开口之间的防火措施应符合本规范第6.2.5条的规定（图5-85、图5-86）。**

2 **住宅部分与非住宅部分的安全出口和疏散楼梯应分别独立设置；为住宅部分服务的地上车库应设置独立的疏散楼梯或安全出口，地下车库的疏散楼梯应按本规范第6.4.4条的规定进行分隔（图5-85、图5-87）。**

3 住宅部分和非住宅部分的安全疏散、防火分区和室内消防设施配置，可根据各自的建筑高度分别按照本规范有关住宅建筑和公共建筑的规定执行；该建筑的其他防火设计应根据建筑的总高度和建筑规模按本规范有关公共建筑的规定执行。

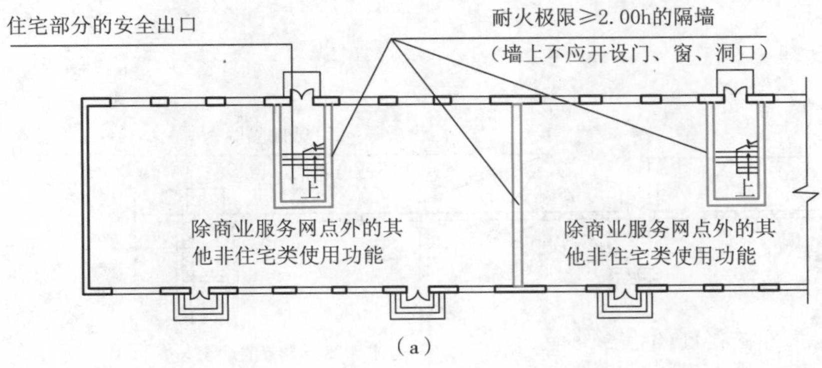
住宅部分的安全出口
耐火极限≥2.00h的隔墙
（墙上不应开设门、窗、洞口）
上
除商业服务网点外的其他非住宅类使用功能
除商业服务网点外的其他非住宅类使用功能

（a）

图5-85 5.4.10图示（1）

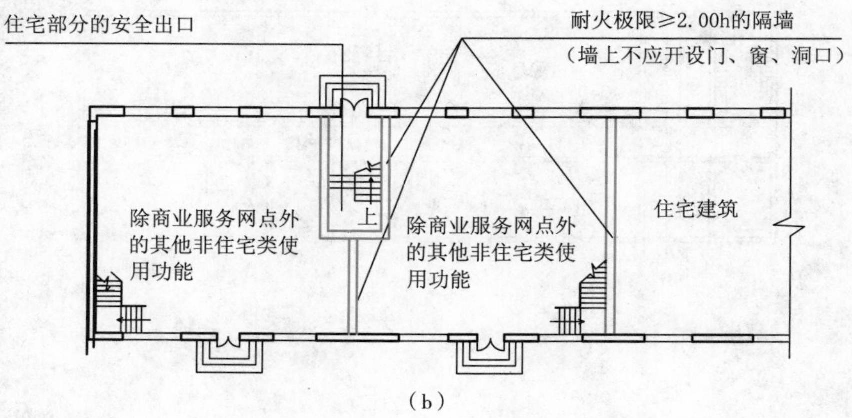
住宅部分的安全出口
耐火极限≥2.00h的隔墙
（墙上不应开设门、窗、洞口）
上
除商业服务网点外的其他非住宅类使用功能
除商业服务网点外的其他非住宅类使用功能
住宅建筑

（b）

图5-85　5.4.10图示（1）（续）

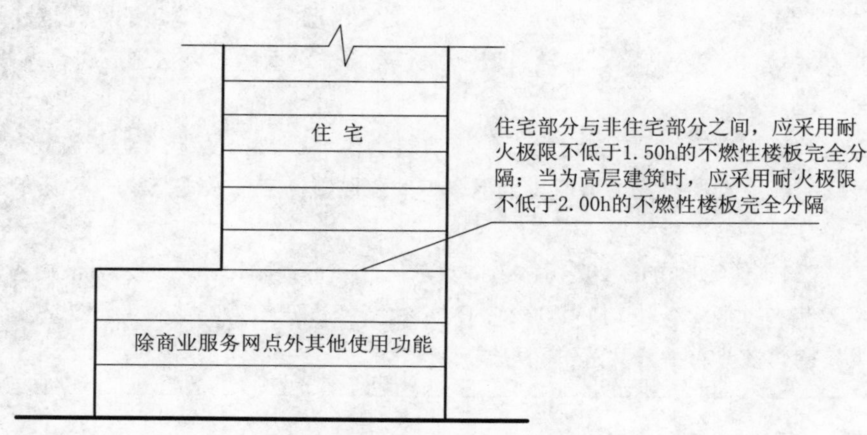
住 宅
住宅部分与非住宅部分之间，应采用耐火极限不低于1.50h的不燃性楼板完全分隔；当为高层建筑时，应采用耐火极限不低于2.00h的不燃性楼板完全分隔
除商业服务网点外其他使用功能

除商业服务网点外，住宅建筑与其他使用功能的建筑合建时

图5-86　5.4.10图示（2）

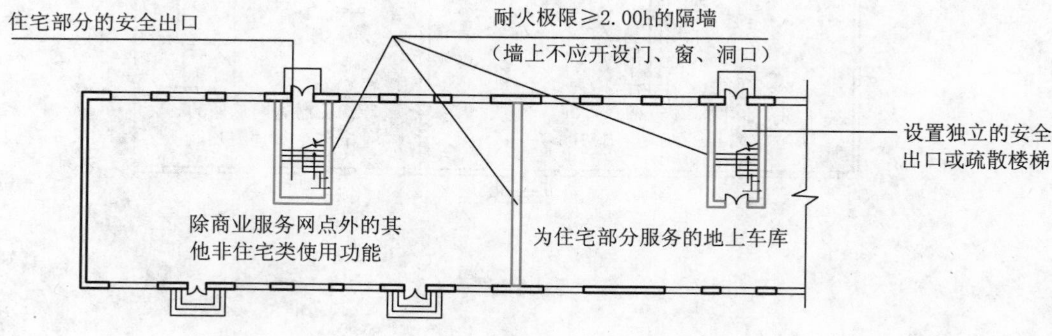
住宅部分的安全出口
耐火极限≥2.00h的隔墙
（墙上不应开设门、窗、洞口）
设置独立的安全出口或疏散楼梯
除商业服务网点外的其他非住宅类使用功能
为住宅部分服务的地上车库

图5-87　5.4.10图示（3）

5.4.11 设置商业服务网点的住宅建筑，其居住部分与商业服务网点之间应采用耐火极限不低于2.00h且无门、窗、洞口的防火隔墙和1.50h的不燃性楼板完全分隔，住宅部分和商业服务网点部分的安全出口和疏散楼梯应分别独立设置（图5-88、图5-89）。

商业服务网点中每个分隔单元之间应采用耐火极限不低于2.00h且无门、窗、洞口的防火隔墙相互分隔，当每个分隔单元任一层的建筑面积大于200m²时，该层应设置2个安全出口或疏散门。每个分隔单元内的任一点至最近直通室外的出口的直线距离不应大于本规范第5.5.17中有关多层其他建筑位于袋形走道两侧或尽端的疏散门至最近安全出口的最大直线距离（图5-90、图5-91）。

注：室内楼梯的距离可按其水平投影长度的1.50倍计算。

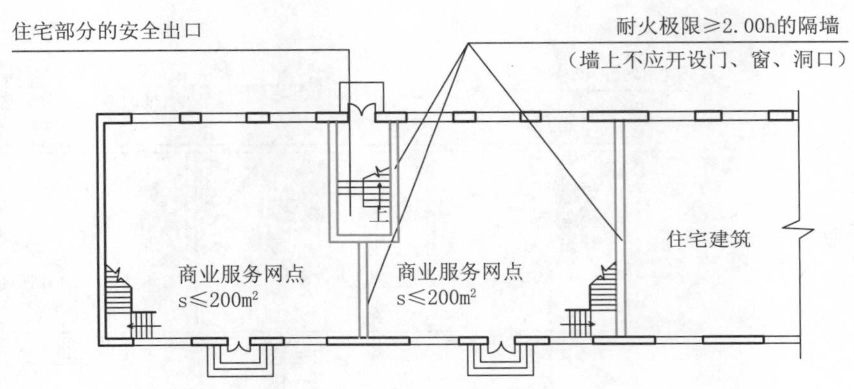
住宅部分的安全出口
耐火极限≥2.00h的隔墙
（墙上不应开设门、窗、洞口）
住宅建筑
商业服务网点
s≤200m²
商业服务网点
s≤200m²
上
设置商业服务网点的住宅建筑

图5-88 5.4.11图示（1）

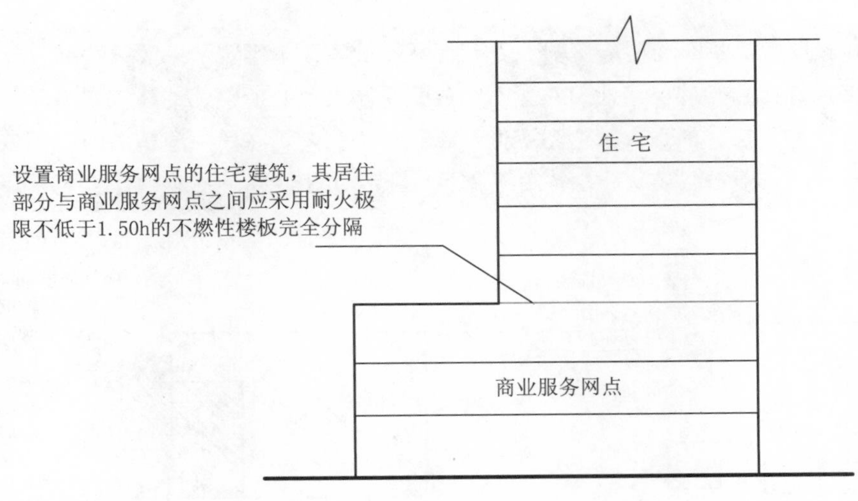
住 宅
设置商业服务网点的住宅建筑，其居住部分与商业服务网点之间应采用耐火极限不低于1.50h的不燃性楼板完全分隔
商业服务网点

图5-89 5.4.11图示（2）

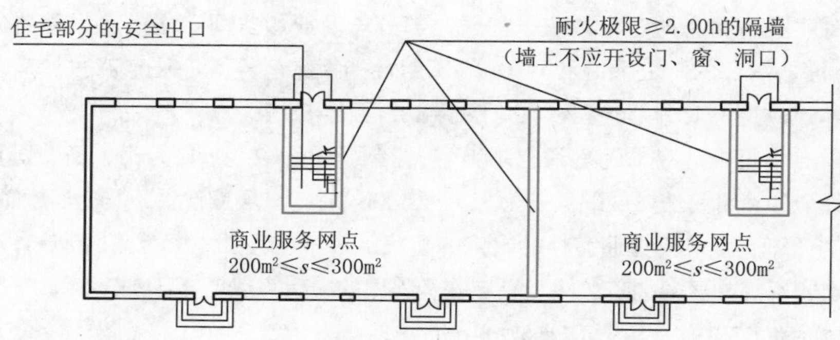
住宅部分的安全出口
耐火极限≥2.00h的隔墙
（墙上不应开设门、窗、洞口）
商业服务网点
200m²≤s≤300m²
商业服务网点
200m²≤s≤300m²
设置商业服务网点的住宅建筑

图5-90　5.4.11图示（3）

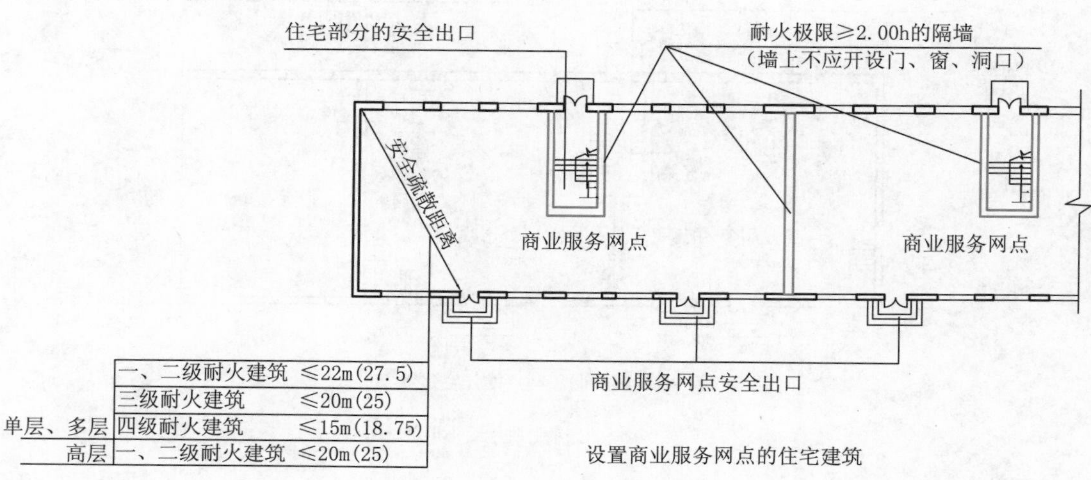
住宅部分的安全出口
耐火极限≥2.00h的隔墙
（墙上不应开设门、窗、洞口）
安全疏散距离
商业服务网点
商业服务网点
商业服务网点安全出口
单层、多层 一、二级耐火建筑 ≤22m(27.5)
三级耐火建筑 ≤20m(25)
四级耐火建筑 ≤15m(18.75)
高层 一、二级耐火建筑 ≤20m(25)
设置商业服务网点的住宅建筑

图5-91　5.4.11图示（4）

5.4.12　燃油或燃气锅炉、油浸变压器、充有可燃油的高压电容器和多油开关等，宜设置在建筑外的专用房间内；确需贴邻民用建筑布置时，应采用防火墙与所贴邻的建筑分隔，且不应贴邻人员密集场所，该专用房间的耐火等级不应低于二级；确需布置在民用建筑内时，不应布置在人员密集场所的上一层、下一层或贴邻，并应符合下列规定（图5-92、图5-93）：

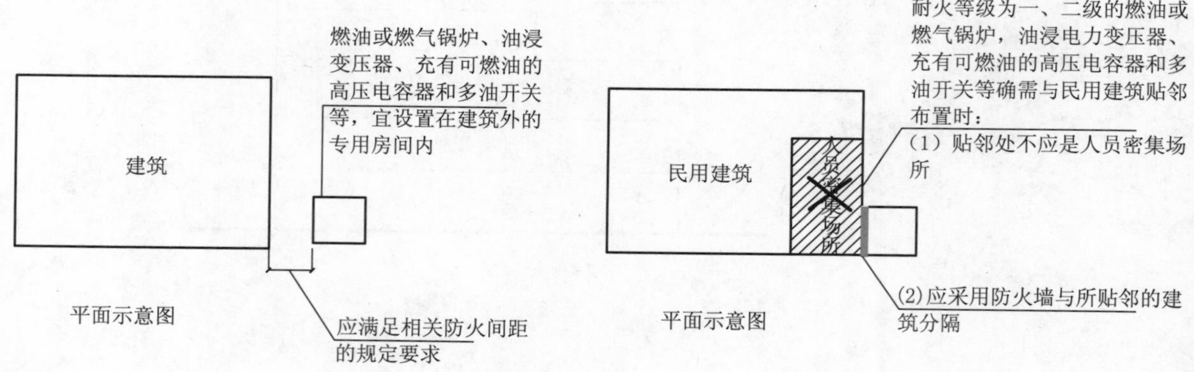
建筑
燃油或燃气锅炉、油浸变压器、充有可燃油的高压电容器和多油开关等，宜设置在建筑外的专用房间内
应满足相关防火间距的规定要求
平面示意图
民用建筑
人员密集场所
耐火等级为一、二级的燃油或燃气锅炉，油浸电力变压器、充有可燃油的高压电容器和多油开关等确需与民用建筑贴邻布置时：
（1）贴邻处不应是人员密集场所
(2)应采用防火墙与所贴邻的建筑分隔
平面示意图

图5-92　5.4.12图示（1）

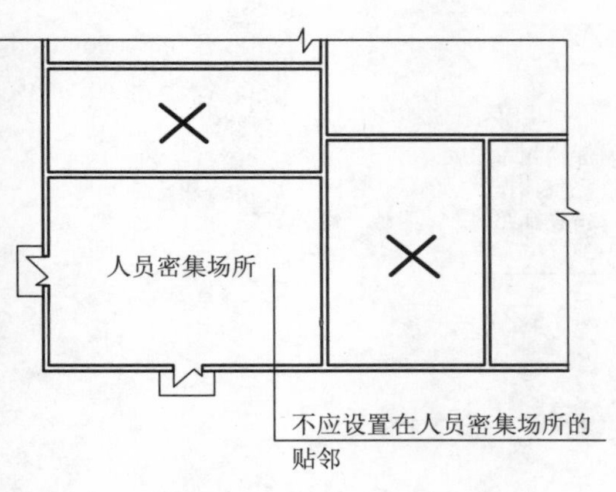
人员密集场所
不应设置在人员密集场所的贴邻
民用建筑平面示意图

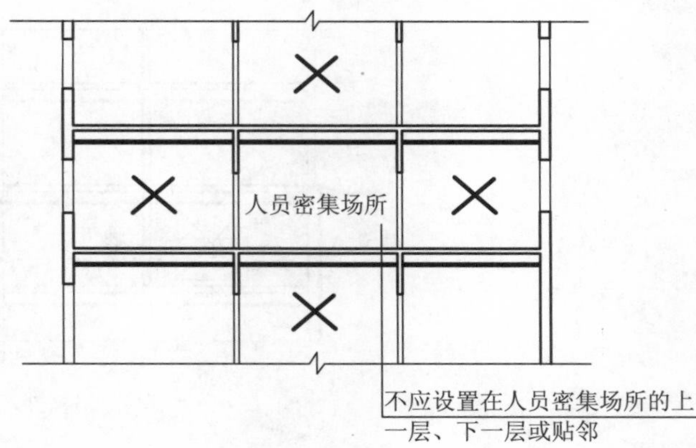
人员密集场所
不应设置在人员密集场所的上一层、下一层或贴邻
民用建筑平面示意图

图5-93 5.4.12图示（2）

1 燃油或燃气锅炉房、变压器室应设置在首层或地下一层的靠外墙部位，但常（负）压燃油或燃气锅炉可设置在地下二层或屋顶上。设置在屋顶上的常（负）压燃气锅炉，距离通向屋面的安全出口不应小于6m。

采用相对密度（与空气密度的比值）不小于0.75的可燃气体为燃料的锅炉，不得设置在地下或半地下（图5-94～图5-96）。

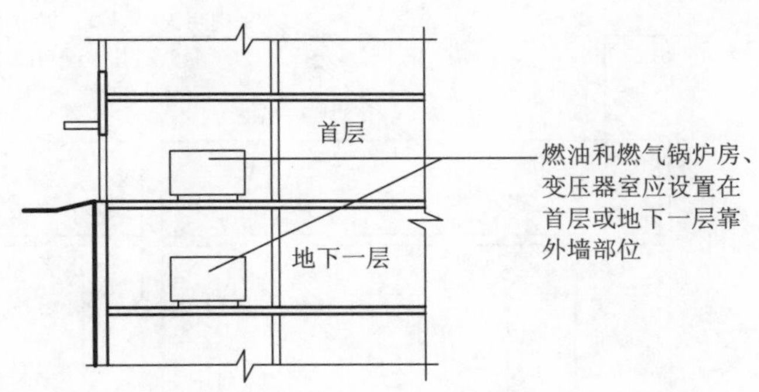
首层
地下一层
燃油和燃气锅炉房、变压器室应设置在首层或地下一层靠外墙部位

图5-94 5.4.12图示（3）

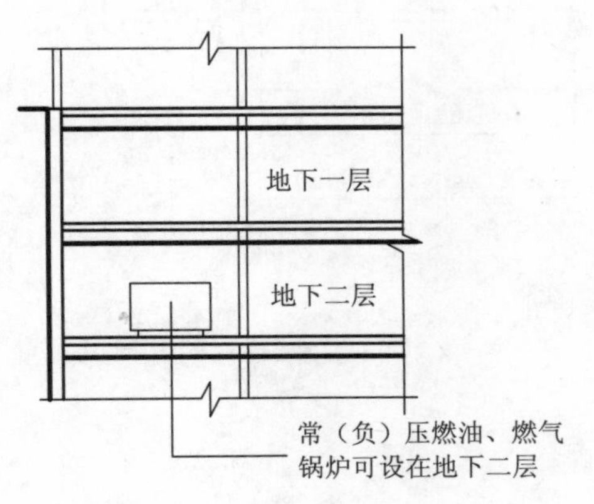
地下一层
地下二层
常（负）压燃油、燃气锅炉可设在地下二层

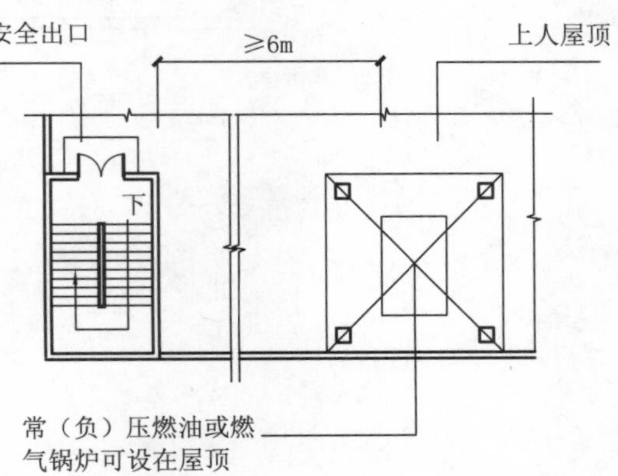
安全出口
≥6m
上人屋顶
下
常（负）压燃油或燃气锅炉可设在屋顶

图5-95 5.4.12图示（4）

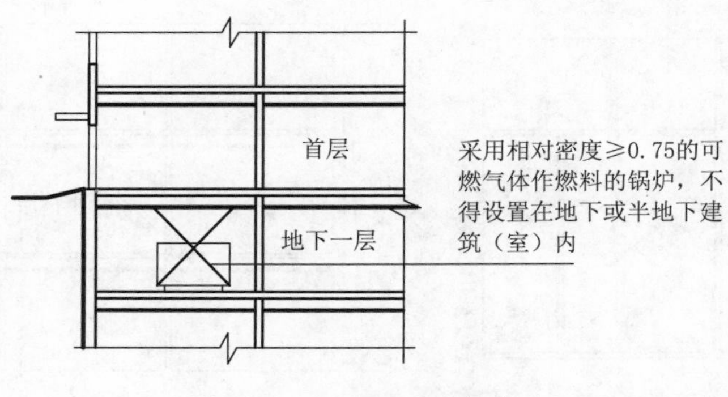
首层
采用相对密度≥0.75的可燃气体作燃料的锅炉，不得设置在地下或半地下建筑（室）内
地下一层

图5-96 5.4.12图示（5）

2 锅炉房、变压器室的疏散门均应直通室外或安全出口（图5-97、图5-98）。

3 锅炉房、变压器室等与其他部位之间应采用耐火极限不低于2.00h的防火隔墙和不低1.50h的不燃性楼板分隔。在隔墙和楼板上不应开设洞口，确需在隔墙上设置门、窗时，应采用甲级防火门、窗（图5-97、图5-98）。

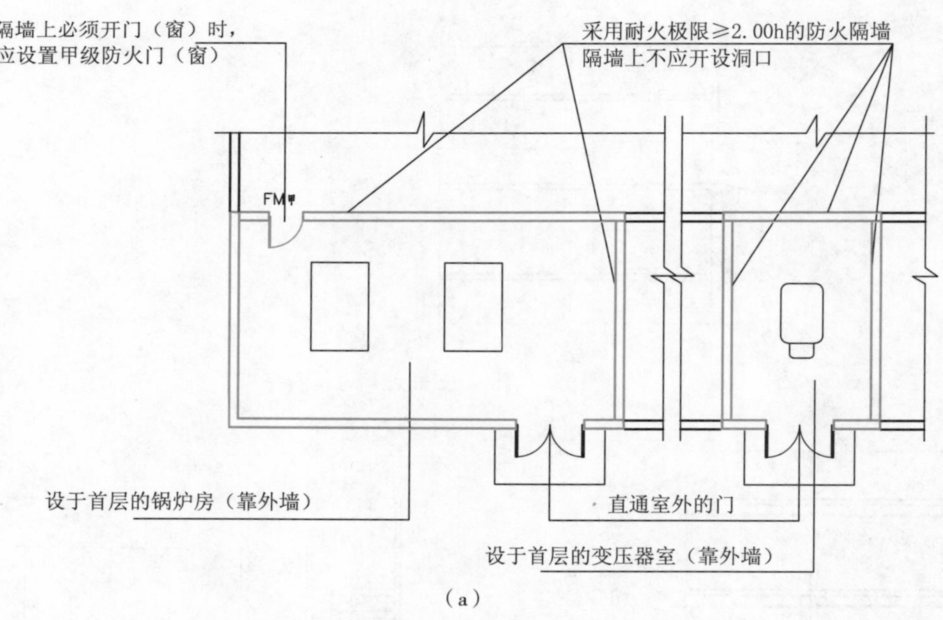
隔墙上必须开门（窗）时，
应设置甲级防火门（窗）
采用耐火极限≥2.00h的防火隔墙
隔墙上不应开设洞口
FM甲
设于首层的锅炉房（靠外墙）
直通室外的门
设于首层的变压器室（靠外墙）

（a）

图5-97 5.4.12图示（6）

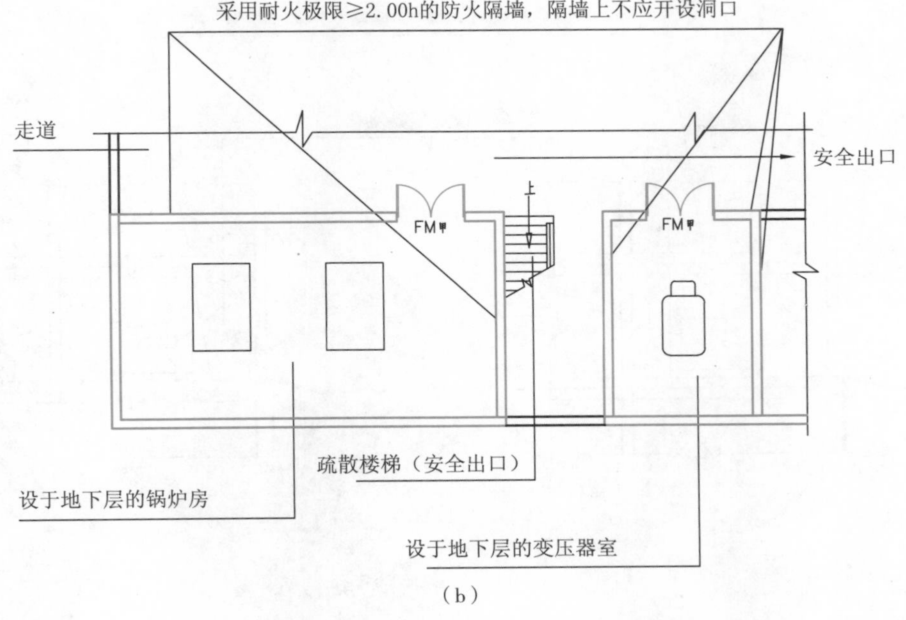
采用耐火极限≥2.00h的防火隔墙，隔墙上不应开设洞口
走道
安全出口
上
FM
FM
疏散楼梯（安全出口）
设于地下层的锅炉房
设于地下层的变压器室

（b）

图5-97 5.4.12图示（6）（续）

4 锅炉房内设置储油间时，其总储存量不应大于1m³，且储油间应采用耐火极限不低于3.00h的防火隔墙与锅炉间分隔；确需在防火隔墙上设置门时，应采用甲级防火门（图5-99）。

5 变压器室之间、变压器室与配电室之间，应设置耐火极限不低于2.00h的防火隔墙（图5-100）。

6 油浸变压器、多油开关室、高压电容器室，应设置防止油品流散的设施。油浸变压器下面应设置储存变压器全部油量的事故储油设施（图5-100）。

7 应设置火灾报警装置（图5-101）。

8 应设置与锅炉、变压器、电容器和多油开关等的容量及建筑规模相适应的灭火设施，当建筑内其他部位设置自动喷水灭火系统时，应设置自动喷水灭火系统（图5-101）。

9 锅炉的容量应符合现行国家标准《锅炉房设计规范》GB 50041的规定。油浸变压器的总容量不应大于1260kV·A，单台容量不应大于630kV·A（图5-101）。

10 燃气锅炉房设置爆炸泄压设施。燃油或燃气锅炉房应设置独立的通风系统，并应符合本规范第9章的规定。

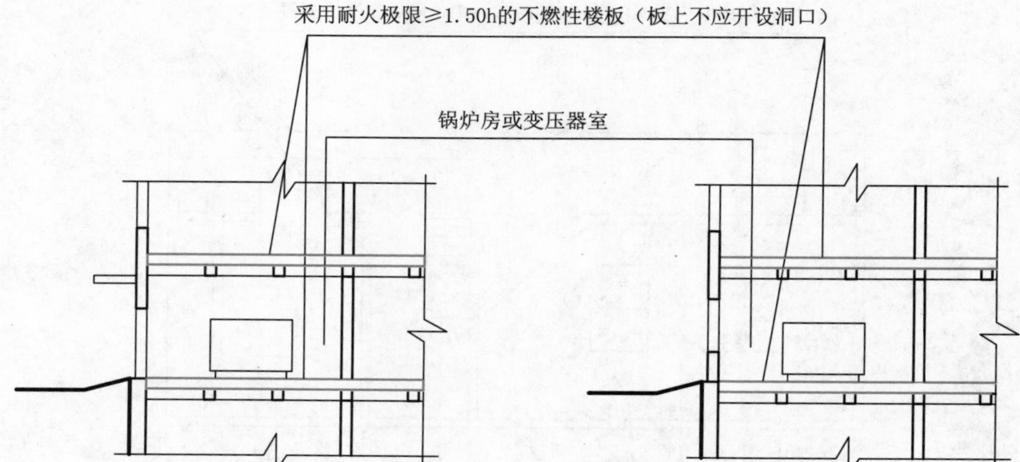
采用耐火极限≥1.50h的不燃性楼板（板上不应开设洞口）
锅炉房或变压器室

图5-98 5.4.12图示（7）

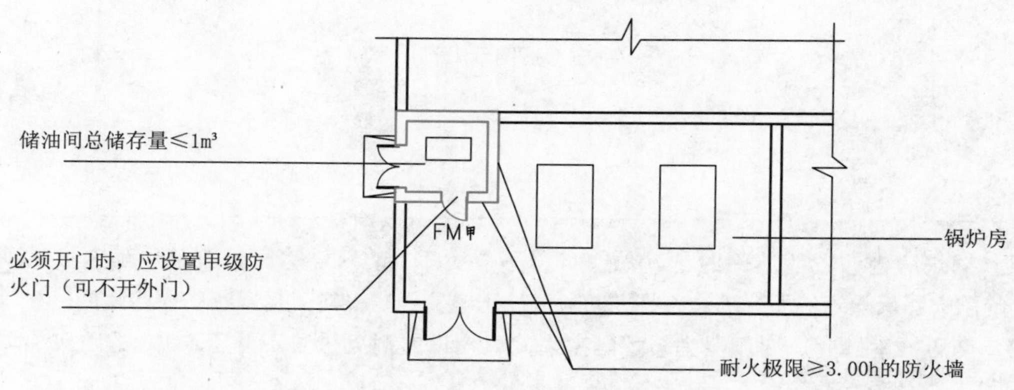
储油间总储存量≤1m³
FM甲
锅炉房
必须开门时，应设置甲级防火门（可不开外门）
耐火极限≥3.00h的防火墙

图5-99 5.4.12图示（8）

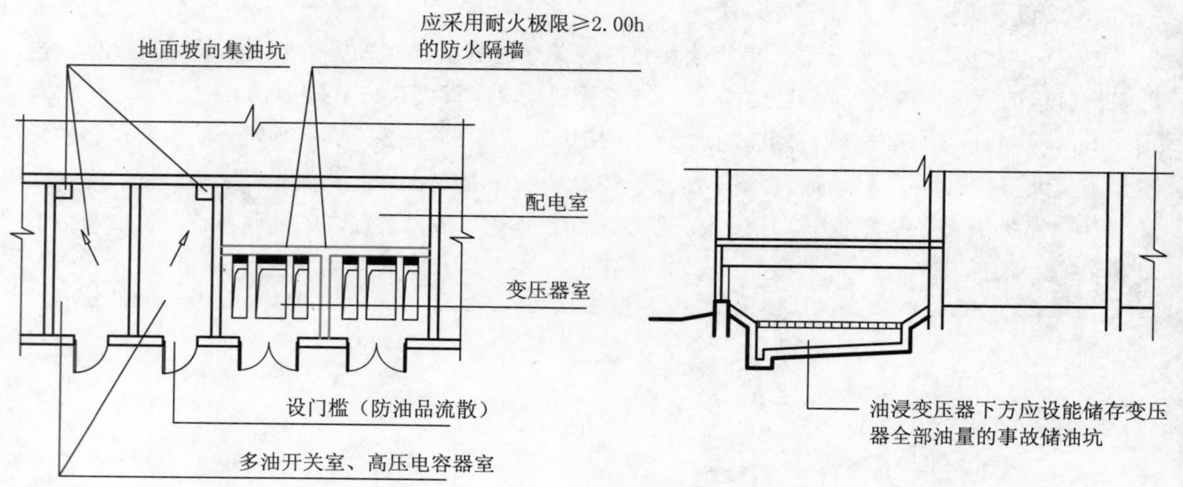
地面坡向集油坑
应采用耐火极限≥2.00h的防火隔墙
配电室
变压器室
设门槛（防油品流散）
多油开关室、高压电容器室
油浸变压器下方应设能储存变压器全部油量的事故储油坑

图5-100 5.4.12图示（9）

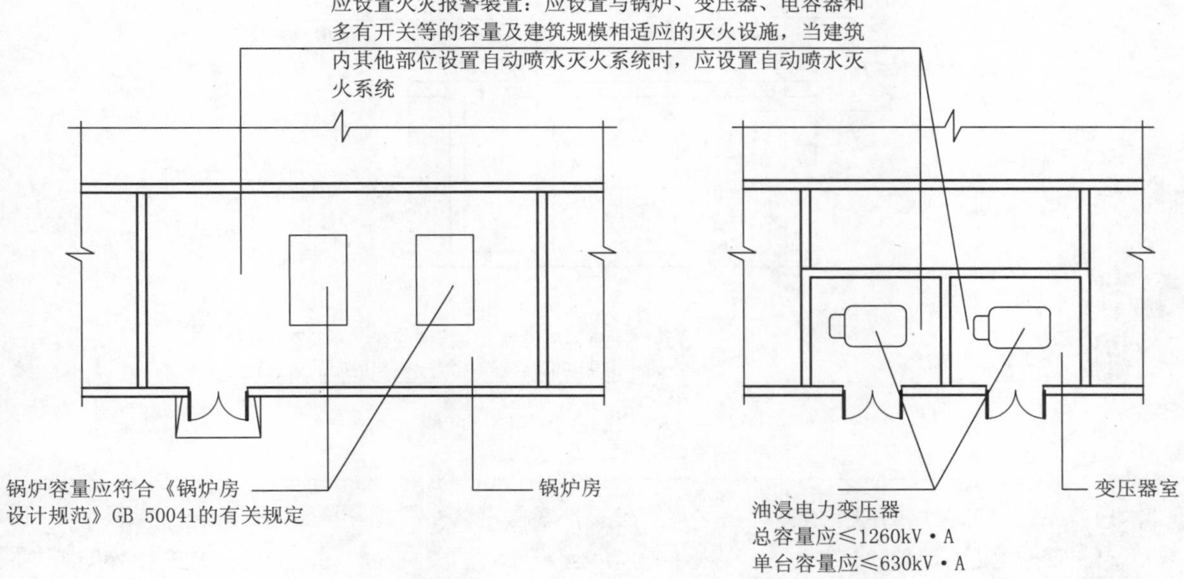
应设置火灾报警装置：应设置与锅炉、变压器、电容器和多有开关等的容量及建筑规模相适应的灭火设施，当建筑内其他部位设置自动喷水灭火系统时，应设置自动喷水灭火系统
锅炉容量应符合《锅炉房设计规范》GB 50041的有关规定
锅炉房
油浸电力变压器
总容量应≤1260kV·A
单台容量应≤630kV·A
变压器室

图5-101 5.4.12图示（10）

5.4.13 布置在民用建筑内的柴油发电机房应符合下列规定：

1 宜布置在首层及地下一、二层。

2 不应布置在人员密集场所的上一层、下一层或贴邻（图5-102）。

3 应采用耐火极限不低于2.00h的防火隔墙和1.50h的不燃性楼板与其他部位分隔，门应采用甲级防火门（图5-102）。

4 机房内设置储油间时，其总储存量不应大于1m³，储油间应采用耐火极限不低于3.00h的防火隔墙与发电机间分隔；确需在防火隔墙上开门时，应设置甲级防火门（图5-103）。

5 应设置火灾报警装置（图5-103）。

6 应设置与柴油发电机容量和建筑规模相适应的灭火设施，当建筑内其他部位设置自动喷水灭火系统时，机房应设置自动喷水灭火系统（图5-103）。

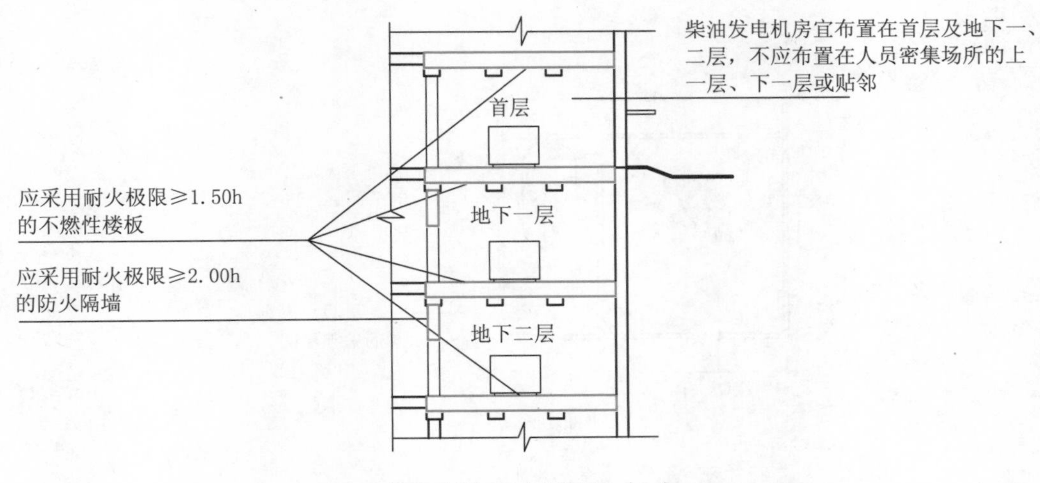
柴油发电机房宜布置在首层及地下一、二层，不应布置在人员密集场所的上一层、下一层或贴邻
首层
地下一层
地下二层
应采用耐火极限≥1.50h的不燃性楼板
应采用耐火极限≥2.00h的防火隔墙

图5-102 5.4.13图示（1）

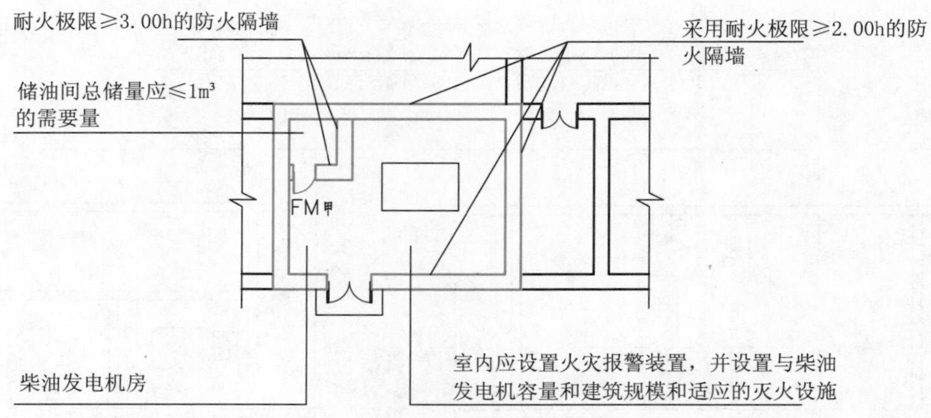
耐火极限≥3.00h的防火隔墙
储油间总储量应≤1m³
的需要量
FM甲
柴油发电机房
采用耐火极限≥2.00h的防
火隔墙
室内应设置火灾报警装置，并设置与柴油
发电机容量和建筑规模和适应的灭火设施

图5-103　5.4.13图示（2）

5.4.14　供建筑内使用的丙类液体燃料，其储罐应布置在建筑外，并应符合下列规定：

1　当总容量不大于15m³时，且直埋于建筑附近、面向油罐一面4.0m范围内的建筑物外墙为防火墙时，储罐与建筑的防火间距不限（图5-104）；

2　当总容量大于15m³时，储罐的布置应符合本规范第4.2节的规定；

3　当设置中间罐时，中间罐的容量不应大于1m³，并应设置在一、二级耐火等级的单独房间内，房间门应采用甲级防火门（图5-105）。

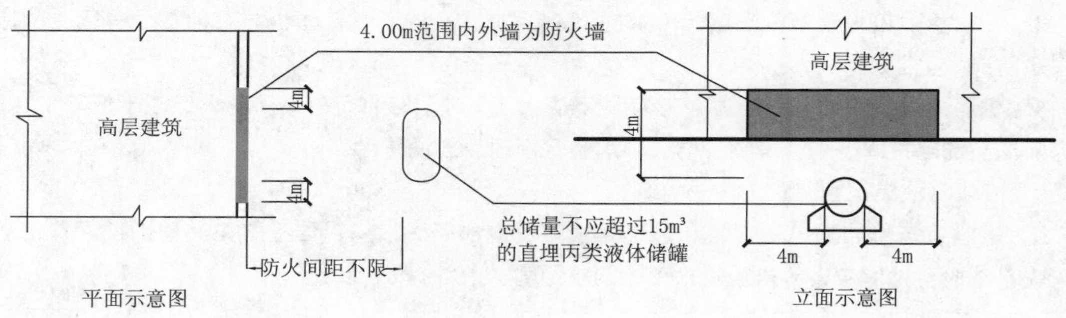
4.00m范围内外墙为防火墙
高层建筑
4m
4m
防火间距不限
平面示意图
总储量不应超过15m³
的直埋丙类液体储罐
高层建筑
4m
4m
4m
立面示意图

图5-104　5.4.14图示（1）

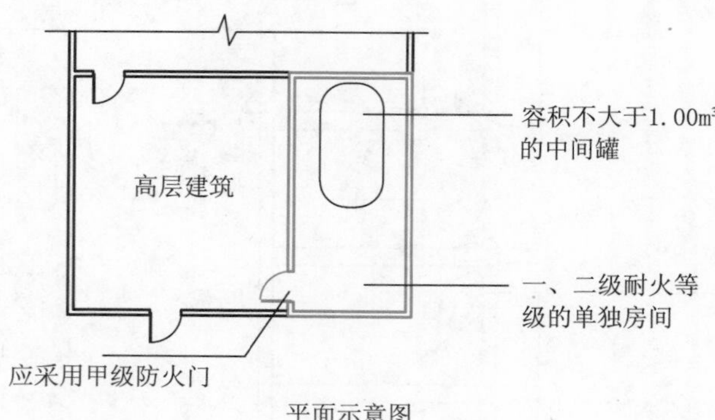
高层建筑
容积不大于1.00m³
的中间罐
一、二级耐火等
级的单独房间
应采用甲级防火门
平面示意图

图5-105　5.4.14图示（2）

5.4.15 设置在建筑内的锅炉、柴油发电机，其燃料供给管道应符合下列规定：

1 在进入建筑物前和设备间内的管道上均应设置自动和手动切断阀（图5-106）；

2 储油间的油箱应密闭且应设置通向室外的通气管，通气管应设置带阻火器的呼吸阀，油箱的下部应设置防止油品流散的设施（图5-107）；

3 燃气供给管道的敷设应符合现行国家标准《城镇燃气设计规范》GB 50028的规定。

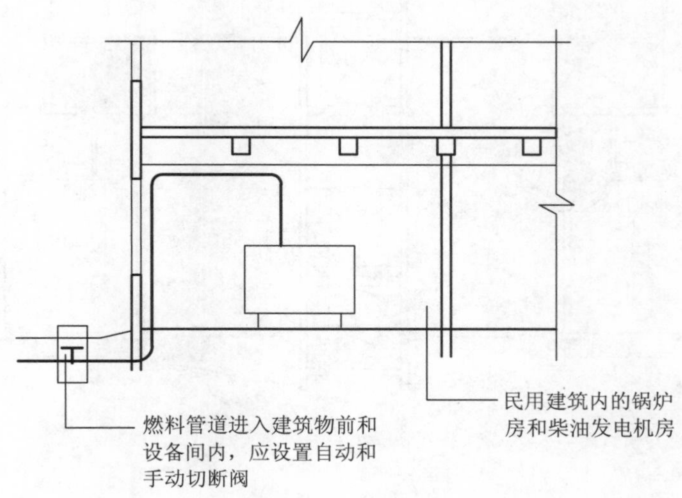
民用建筑内的锅炉
房和柴油发电机房
燃料管道进入建筑物前和
设备间内，应设置自动和
手动切断阀

图5-106 5.4.15图示（1）

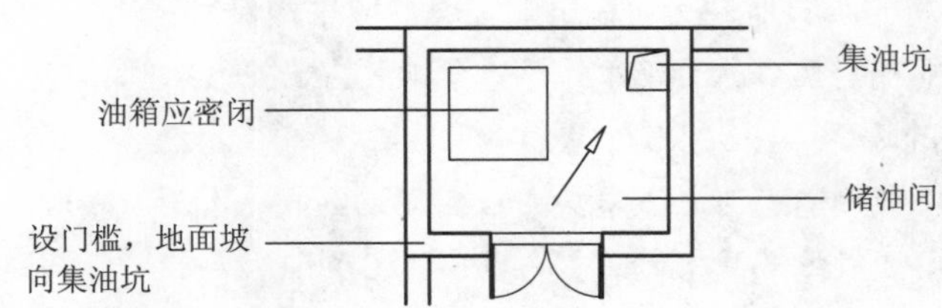
集油坑
油箱应密闭
储油间
设门槛，地面坡
向集油坑

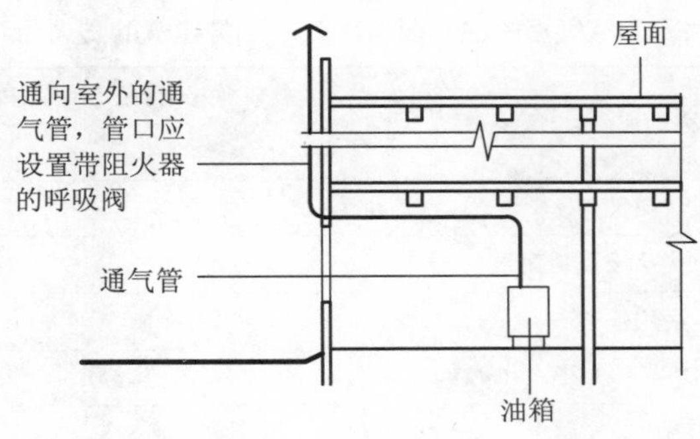
屋面
通向室外的通
气管，管口应
设置带阻火器
的呼吸阀
通气管
油箱

图5-107 5.4.15图示（2）

5.4.16 高层民用建筑内使用可燃气体燃料时，应采用管道供气。使用可燃气体的房间或部位宜靠外墙设置，并应符合现行国家标准《城镇燃气设计规范》GB 50028的规定（图5-108）。

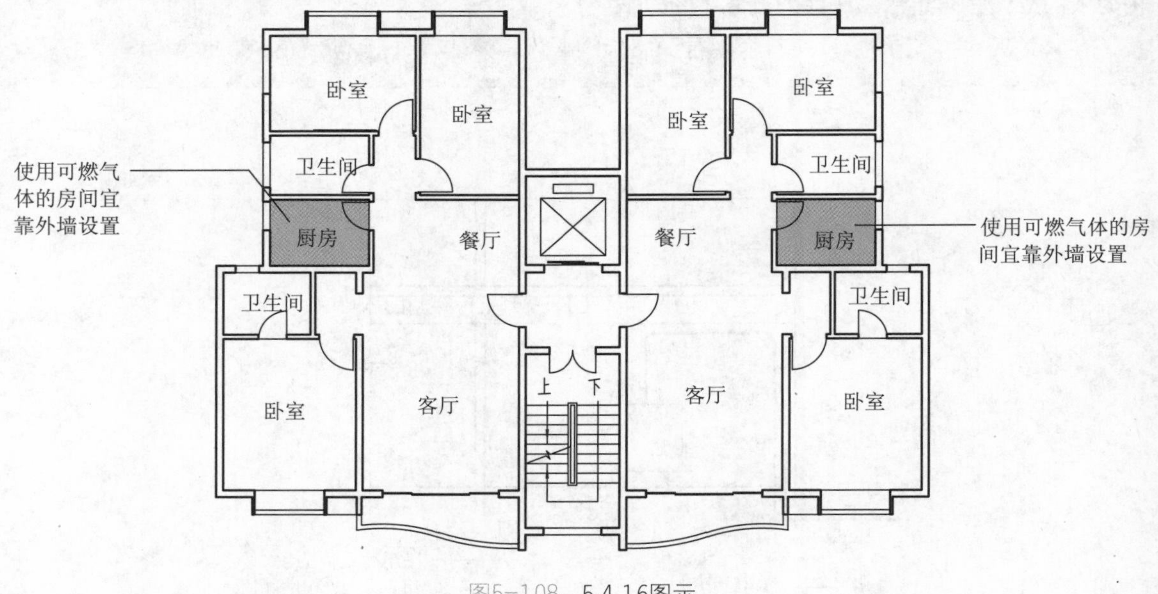
卧室
卧室
卧室
卧室
使用可燃气体的房间宜靠外墙设置
卫生间
卫生间
厨房
餐厅
餐厅
厨房
使用可燃气体的房间宜靠外墙设置
卫生间
卫生间
上
下
卧室
客厅
客厅
卧室

图5-108 5.4.16图示

5.4.17 建筑采用瓶装液化石油气瓶组供气时，应符合下列规定：

1 应设置独立的瓶组间；

2 瓶组间不应与住宅建筑、重要公共建筑和其他高层公共建筑贴邻，液化石油气气瓶的总容量不大于1m³的瓶组间与所服务的其他建筑贴临时，应采用自然气化方式供气（图5-109）；

3 液化石油气气瓶的总容积大于1m³、不大于4m³的独立瓶组间，与所服务建筑的防火间距应符合本规范表5.4.17的规定（图5-110、图5-112）；

4 在瓶组间的总出气管道上应设置紧急事故自动切断阀（图5-111）；

5 瓶组间应设置可燃气体浓度报警装置（图5-110）；

6 其他防火要求应符合现行国家标准《城镇燃气设计规范》GB 50028的规定。

液化石油气气瓶的独立瓶组间与所服务建筑的防火间距（m） 表5.4.17

名称		液化石油气气瓶的独立瓶组间的总容积V（m³）	
		$V\leqslant2$	$2<V\leqslant4$
明火或散发火花地点		25	30
重要公共建筑、一类高层民用建筑		15	20
裙房和其他民用建筑		8	10
道路（路边）	主要	10	
	次要	5	

注：气瓶总容积应按配置气瓶个数与单瓶几何容积的乘积计算。

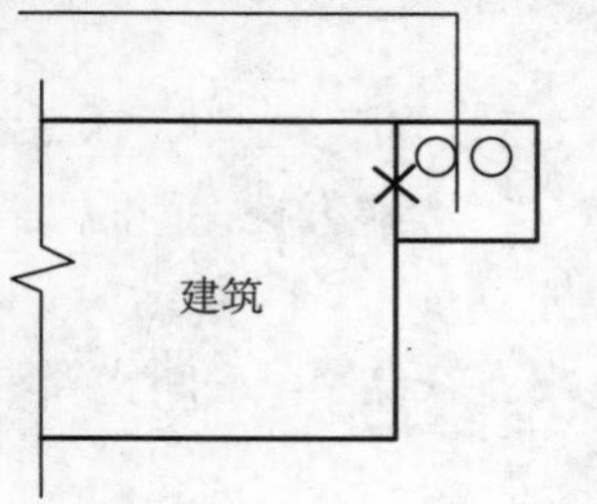
瓶组间不应与住宅建筑、重要公共建筑和其他高层公共建筑贴邻
建筑

图5-109 5.4.17图示（1）

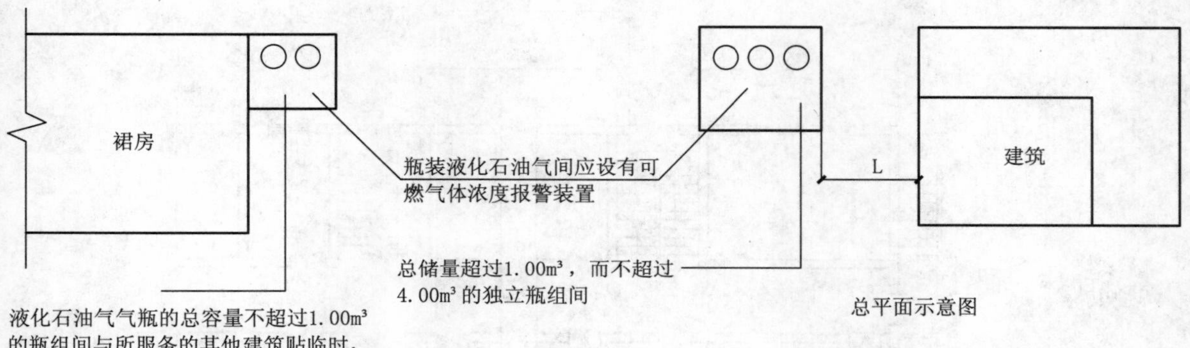
裙房
瓶装液化石油气间应设有可燃气体浓度报警装置
L
建筑
总储量超过1.00m³，而不超过4.00m³的独立瓶组间
总平面示意图
液化石油气气瓶的总容量不超过1.00m³的瓶组间与所服务的其他建筑贴临时，应采用自然气化方式供气

图5-110 5.4.17图示（2）

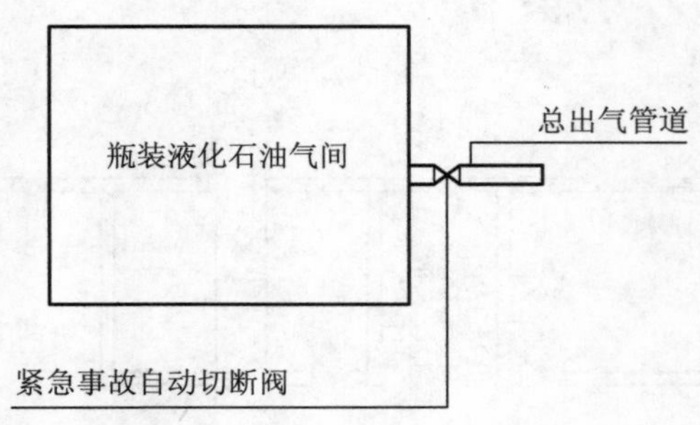
总出气管道
瓶装液化石油气间
紧急事故自动切断阀

图5-111 5.4.17图示（3）

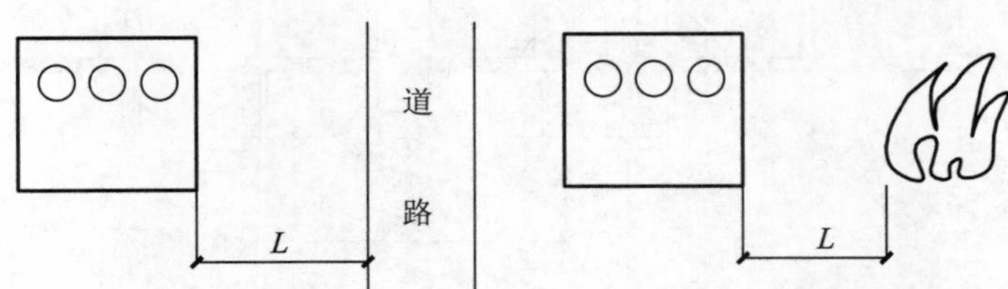
道
路
L
L

图5-112 5.4.17图示（4）

注：图中L均为瓶装液化石油气瓶组与所服务建筑的防火间距，其应符合本规范表5.4.17的规定。

5.5 安全疏散和避难

Ⅰ 一般要求

5.5.1 民用建筑应根据其建筑高度、规模、使用功能和耐火等级等因素合理设置安全疏散和避难设施。安全出口和疏散门的位置、数量、宽度及疏散楼梯间的形式，应满足人员安全疏散的要求。

5.5.2 建筑内的安全出口和疏散门应分散布置，且建筑内每个防火分区或一个防火分区的每个楼层、每个住宅单元每层相邻两个安全出口以及每个房间相邻两个疏散门最近边缘之间的水平距离不应小于5m（图5-113）。

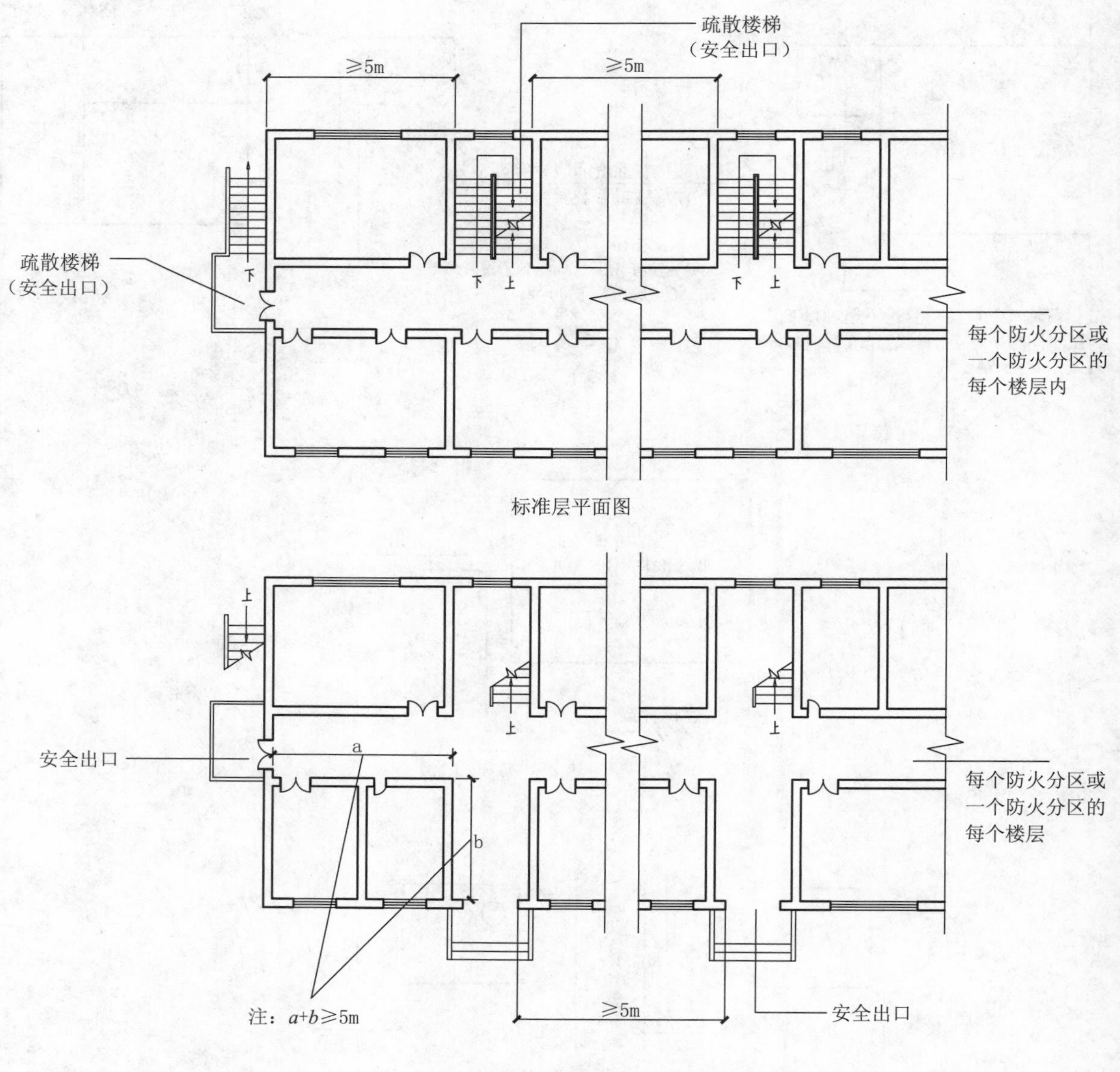
疏散楼梯
（安全出口）
≥5m
≥5m
疏散楼梯
（安全出口）
下
下
上
下
上
每个防火分区或
一个防火分区的
每个楼层内
标准层平面图
上
上
上
安全出口
a
b
每个防火分区或
一个防火分区的
每个楼层
注：a+b≥5m
≥5m
安全出口
首层平面图

图5-113 5.5.2图示

5.5.3 建筑的楼梯间宜通至屋面，通向屋面的门或窗应向外开启（图5-114）。

5.5.4 自动扶梯和电梯不应计作安全疏散设施（图5-115、图5-116）。

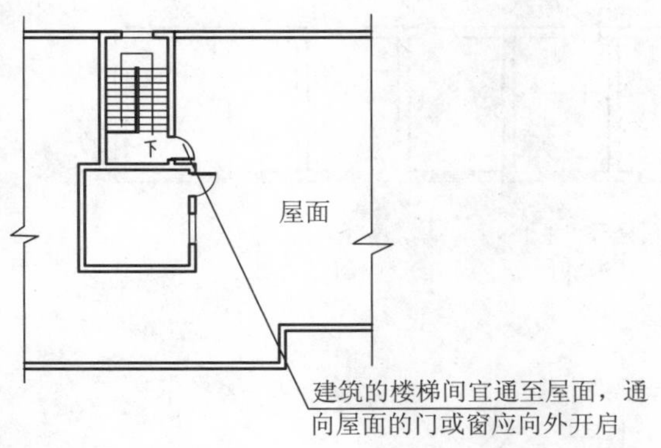
下
屋面
建筑的楼梯间宜通至屋面，通
向屋面的门或窗应向外开启

图5-114 5.5.3图示

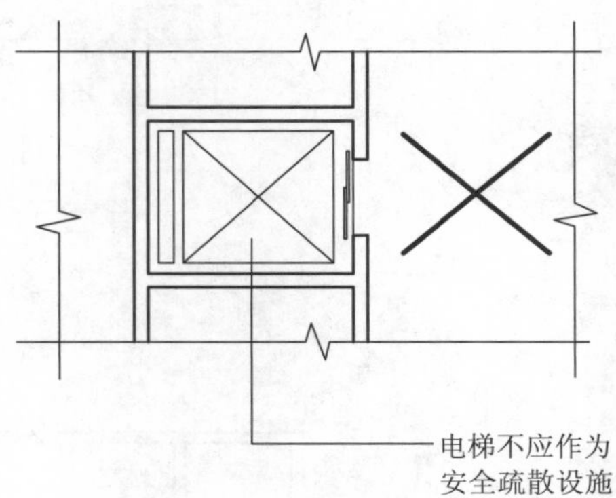
电梯不应作为
安全疏散设施

图5-115 5.5.4图示（1）

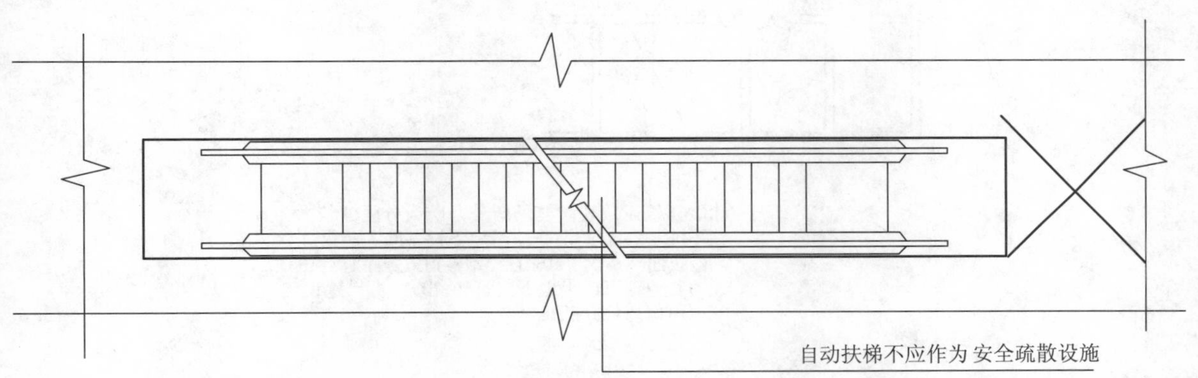
自动扶梯不应作为 安全疏散设施

图5-116 5.5.4图示（2）

5.5.5 除人员密集场所外，建筑面积不大于500m²、使用人数不超过30人且埋深不大于10m的地下或半地下建筑（室），当需要设置2个安全出口时，其中一个安全出口可利用直通室外的金属竖向梯（图5-117）。

除歌舞娱乐放映游艺场所外，防火分区建筑面积不大于200m²的地下或半地下设备间、防火分区建筑面积不大于50m²且经常停留人数不超过15人的其他地下或半地下建筑（室），可设置1个安全出口或1部疏散楼梯（图5-118）。

除本规范另有规定外，建筑面积不大于200m²的地下或半地下设备间、建筑面积不大于50m²且经常停留人数不超过15人的其他地下或半地下房间，可设置1个疏散门（图5-119）。

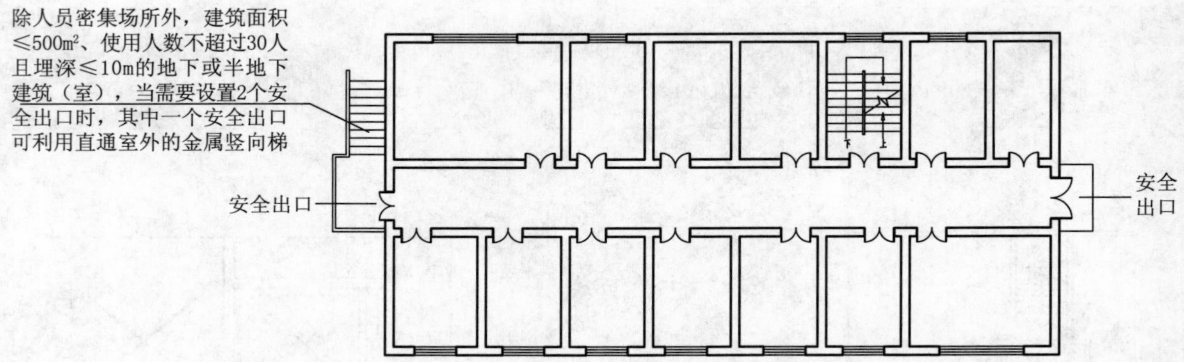
除人员密集场所外，建筑面积≤500m²、使用人数不超过30人且埋深≤10m的地下或半地下建筑（室），当需要设置2个安全出口时，其中一个安全出口可利用直通室外的金属竖向梯
安全出口
安全出口

图5-117　5.5.5图示（1）

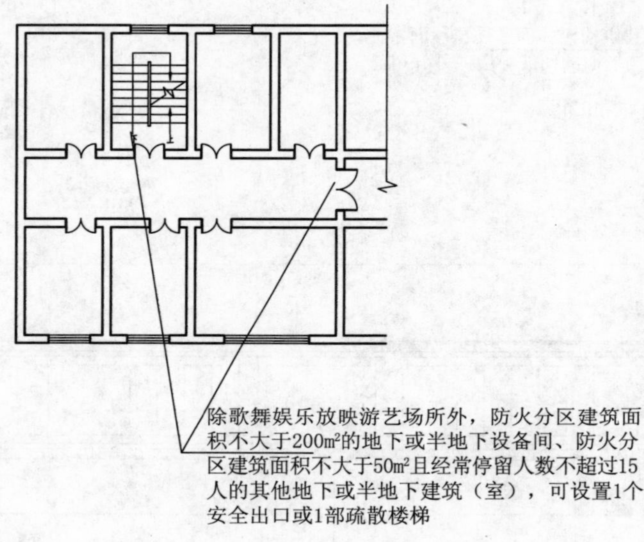
除歌舞娱乐放映游艺场所外，防火分区建筑面积不大于200m²的地下或半地下设备间、防火分区建筑面积不大于50m²且经常停留人数不超过15人的其他地下或半地下建筑（室），可设置1个安全出口或1部疏散楼梯

图5-118　5.5.5图示（2）

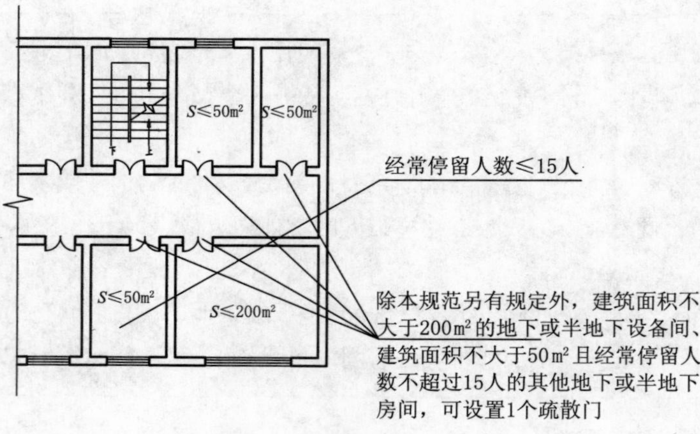
S≤50m²
S≤50m²
经常停留人数≤15人
S≤50m²
S≤200m²
除本规范另有规定外，建筑面积不大于200m²的地下或半地下设备间、建筑面积不大于50m²且经常停留人数不超过15人的其他地下或半地下房间，可设置1个疏散门

图5-119　5.5.5图示（3）

5.5.6　直通建筑内附设汽车库的电梯，应在汽车库部分设置电梯候梯厅，并应采用耐火极限不低于2.00h的防火隔墙和乙级防火门与汽车库分隔（图5-120）。

5.5.7　高层建筑直通室外的安全出口上方，应设置挑出宽度不小于1.0m的防护挑檐（图5-121）。

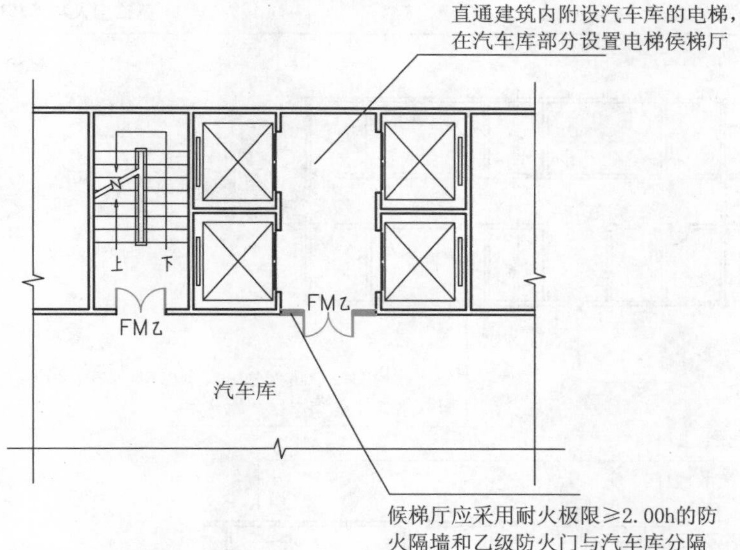
直通建筑内附设汽车库的电梯，在汽车库部分设置电梯候梯厅
上
下
FM乙
FM乙
汽车库
候梯厅应采用耐火极限≥2.00h的防火隔墙和乙级防火门与汽车库分隔

图5-120　5.5.6图示

注：普通电梯间是否设置防火门按本规范的相关规定执行。

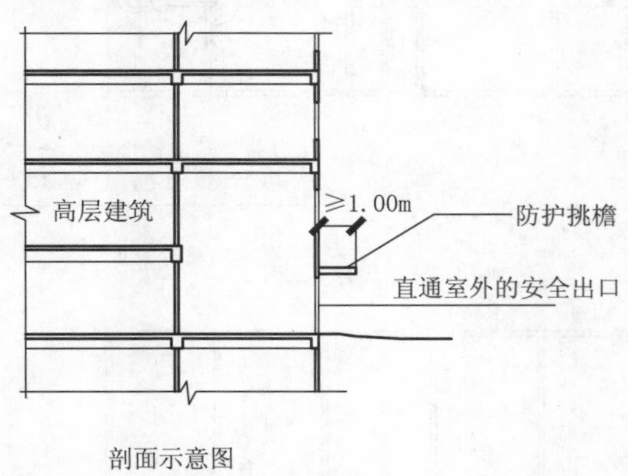
高层建筑
≥1.00m
防护挑檐
直通室外的安全出口
剖面示意图

图5-121　5.5.7图示

Ⅱ　公共建筑

5.5.8　公共建筑内每个防火分区或一个防火分区的每个楼层，其安全出口的数量应经计算确定，且不应少于2个。符合下列条件之一的公共建筑，可设置1个安全出口或1部疏散楼梯（图5-122）：

1　除托儿所、幼儿园外，建筑面积不大于200m²且人数不超过50人的单层公共建筑或多层公共建筑的首层（图5-123）；

2　除医疗建筑，老年人建筑，托儿所、幼儿园的儿童用房，儿童游乐厅等儿童活动场所和歌舞娱乐放映游艺场所等外，符合表5.5.8规定的公共建筑。

可设置1部疏散楼梯的公共建筑 表5.5.8

耐火等级	最多层数	每层最大建筑面积（m^2）	人 数
一、二级	3层	200	第二、三层的人数之和不超过50人
三级	3层	200	第二、三层的人数之和不超过25人
四级	2层	200	第二层人数不超过15人

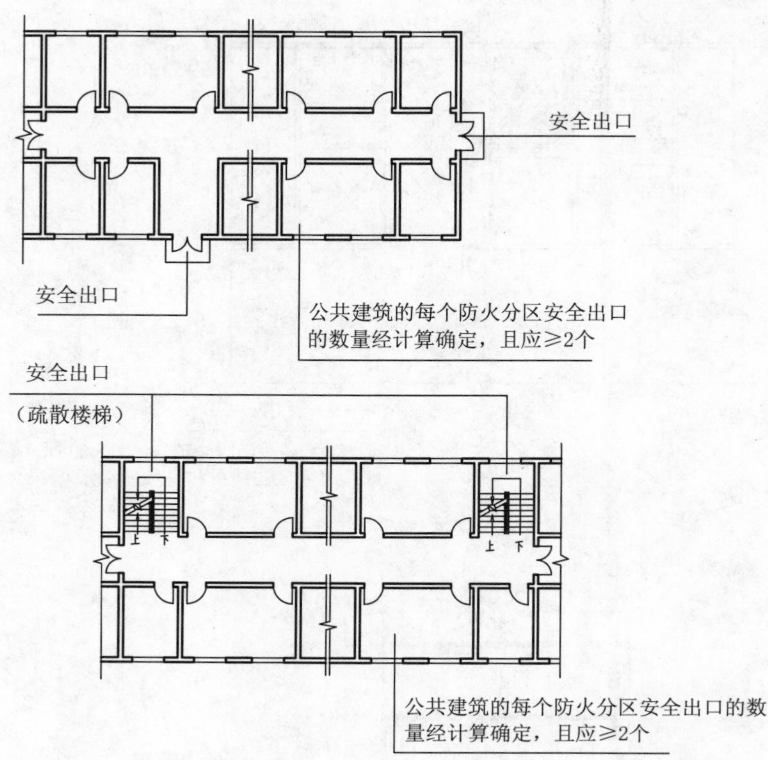
安全出口
安全出口
公共建筑的每个防火分区安全出口的数量经计算确定，且应≥2个
安全出口
（疏散楼梯）
上
下
上
下
公共建筑的每个防火分区安全出口的数量经计算确定，且应≥2个

图5-122 5.5.8图示（1）

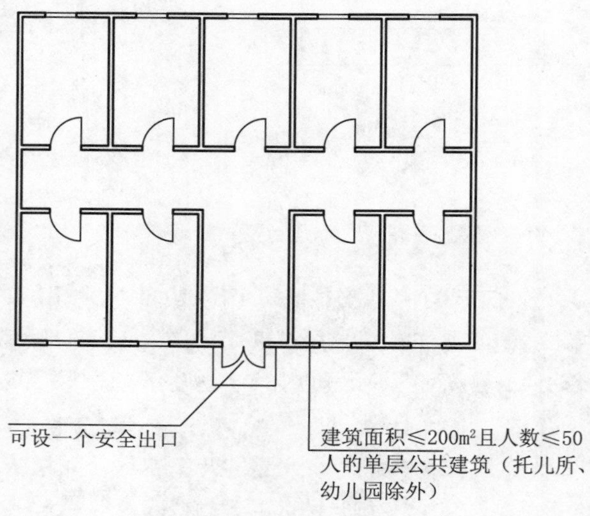
可设一个安全出口
建筑面积≤200㎡且人数≤50人的单层公共建筑（托儿所、幼儿园除外）

图5-123 5.5.8图示（2）

5.5.9 一、二级耐火等级公共建筑内的安全出口全部直通室外确有困难的防火分区，可利用通向相邻防火分区的甲级防火门作为安全出口，但应符合下列要求（图5–124）：

1 利用通向相邻防火分区的甲级防火门作为安全出口时，应采用防火墙与相邻防火分区进行分隔（图5–124）；

2 建筑面积大于1000m^{2}的防火分区，直通室外的安全出口不应少于2个（图5–124）；建筑面积不大于1000m^{2}的防火分区，直通室外的安全出口不应少于1个（图5–125）；

3 该防火分区通向相邻防火分区的疏散净宽度不应大于其按本规范第5.5.21条规定计算所需疏散总净宽度的30%，建筑各层直通室外的安全出口总净宽度不应小于按照本规范第5.5.21条规定计算所需疏散总净宽度（图5–125）。

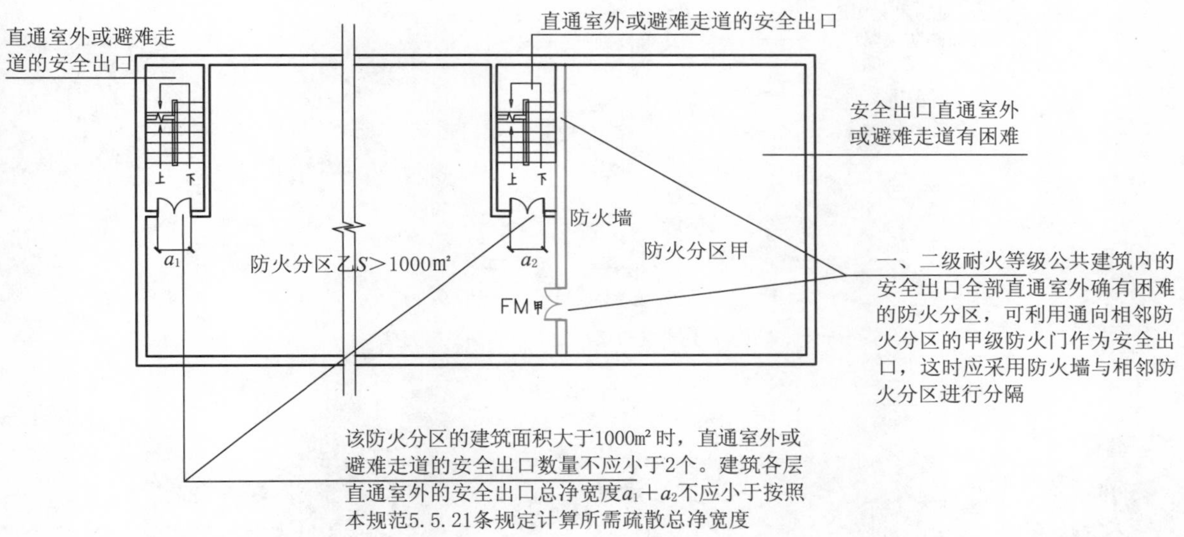
直通室外或避难走道的安全出口
直通室外或避难走道的安全出口
安全出口直通室外或避难走道有困难
上 下
上 下
防火墙
a_1
防火分区乙 $S>1000$㎡
a_2
防火分区甲
FM甲
一、二级耐火等级公共建筑内的安全出口全部直通室外确有困难的防火分区，可利用通向相邻防火分区的甲级防火门作为安全出口，这时应采用防火墙与相邻防火分区进行分隔
该防火分区的建筑面积大于1000㎡时，直通室外或避难走道的安全出口数量不应小于2个。建筑各层直通室外的安全出口总净宽度a_1+a_2不应小于按照本规范5.5.21条规定计算所需疏散总净宽度

图5–124 5.5.9图示（1）

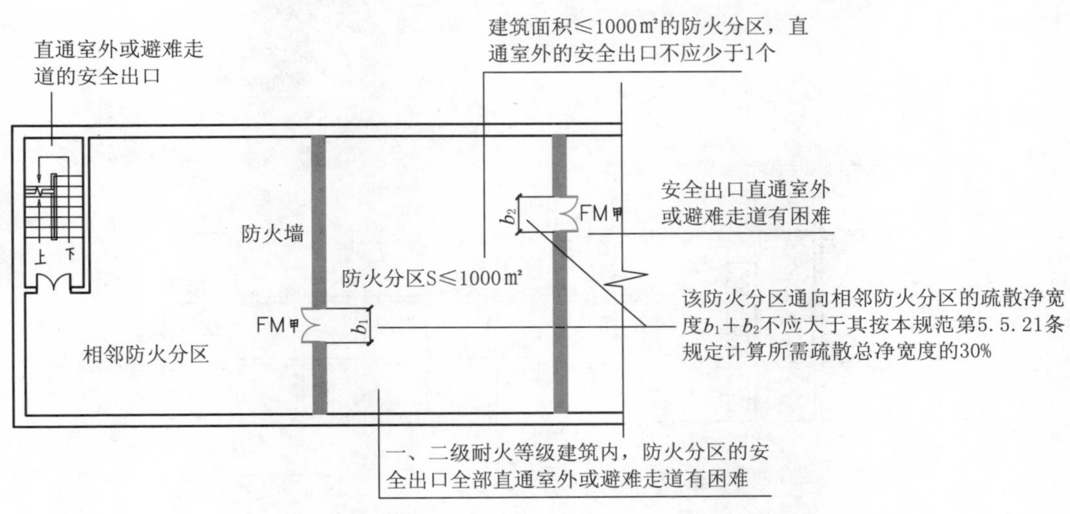
直通室外或避难走道的安全出口
建筑面积≤1000㎡的防火分区，直通室外的安全出口不应少于1个
安全出口直通室外或避难走道有困难
b_2
FM甲
防火墙
上 下
防火分区S≤1000㎡
FM甲
b_1
相邻防火分区
该防火分区通向相邻防火分区的疏散净宽度b_1+b_2不应大于其按本规范第5.5.21条规定计算所需疏散总净宽度的30%
一、二级耐火等级建筑内，防火分区的安全出口全部直通室外或避难走道有困难

图5–125 5.5.9图示（2）

5.5.10 高层公共建筑的疏散楼梯，当分散设置确有困难且从任一疏散门至最近疏散楼梯间入口的距离不大于10m时，可采用剪刀楼梯间，但应符合下列规定（图5-126）：

1 楼梯间应为防烟楼梯间；

2 梯段之间应设置耐火极限不低于1.00h的防火隔墙；

3 楼梯间的前室应分别设置。

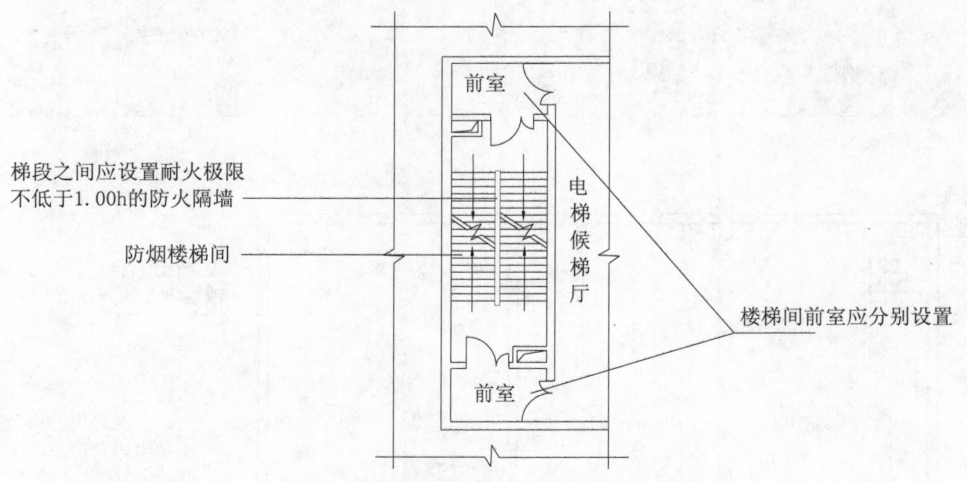
前室
梯段之间应设置耐火极限
不低于1.00h的防火隔墙
防烟楼梯间
电梯候梯厅
楼梯间前室应分别设置
前室
高层公共建筑疏散楼梯平面示意图（剪刀梯）

图5-126 5.5.10图示

5.5.11 设置不少于2部疏散楼梯的一、二级耐火等级多层公共建筑，如顶层局部升高，当高出部分的层数不超过2层、人数之和不超过50人且每层建筑面积不大于200m²时，高出部分可设置1部疏散楼梯，但至少应另外设置1个直通建筑主体上人平屋面的安全出口，且上人屋面应符合人员安全疏散的要求（图5-127）。

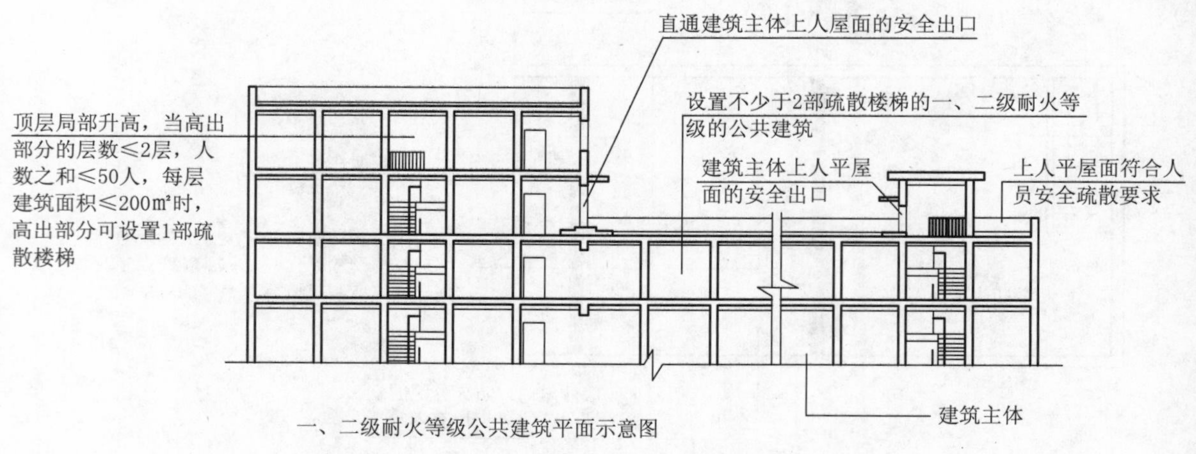
直通建筑主体上人屋面的安全出口
顶层局部升高，当高出部分的层数≤2层，人数之和≤50人，每层建筑面积≤200m²时，高出部分可设置1部疏散楼梯
设置不少于2部疏散楼梯的一、二级耐火等级的公共建筑
建筑主体上人平屋面的安全出口
上人平屋面符合人员安全疏散要求
建筑主体
一、二级耐火等级公共建筑平面示意图

图5-127 5.5.11图示

5.5.12 一类高层公共建筑和建筑高度大于32m的二类高层公共建筑，其疏散楼梯应采用防烟楼梯间（图5-128、图5-129）。

裙房和建筑高度不大于32m的二类高层公共建筑，其疏散楼梯应采用封闭楼梯间（图5-130）。

注：当裙房与高层建筑主体之间设置防火墙时，裙房的疏散楼梯可按本规范有关单、多层建筑要求确定。

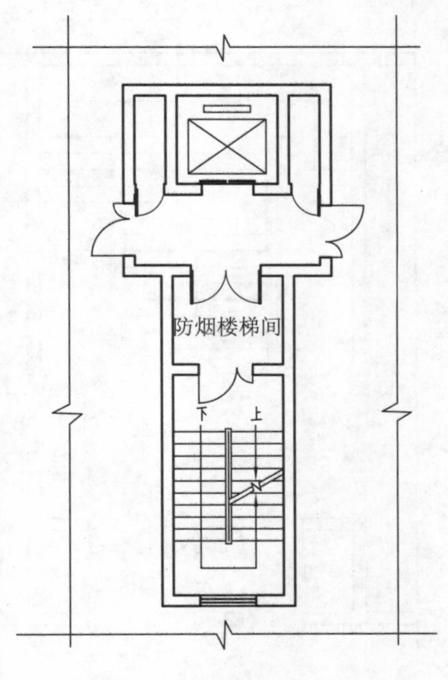
防烟楼梯间
下
上

一类高层公共建筑

图5-128 5.5.12图示（1）

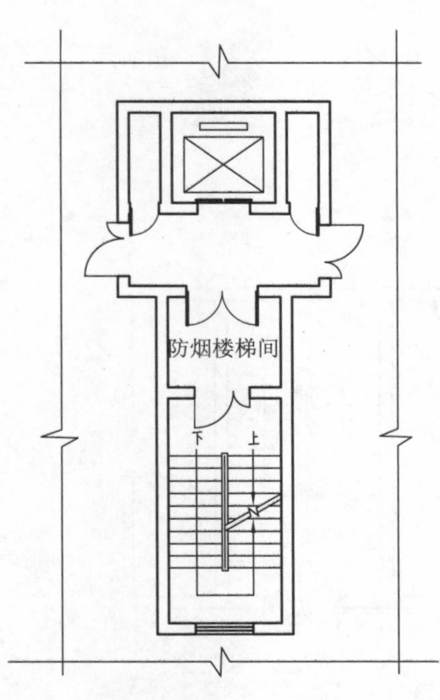
防烟楼梯间
下
上

二类高层公共建筑（$H>32$m）

图5-129 5.5.12图示（2）

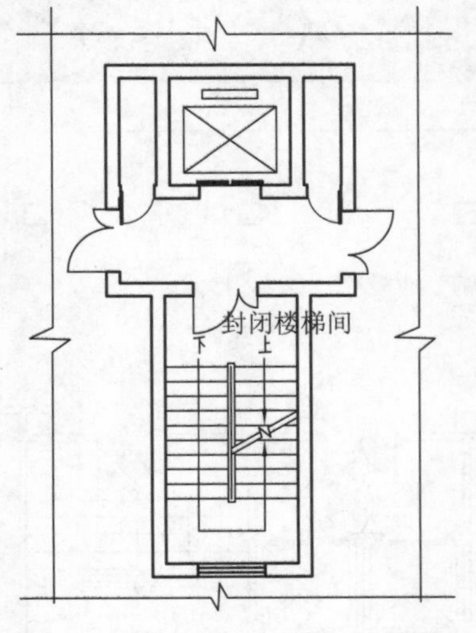
封闭楼梯间
下
上

二类高层公共建筑（$H\leqslant32$m）

图5-130 5.5.12图示（3）

5.5.13 下列多层公共建筑的疏散楼梯，除与敞开式外廊直接相连的楼梯间外，均应采用封闭楼梯间：

1 医疗建筑、旅馆、老年人建筑及类似使用功能的建筑；

2 设置歌舞娱乐放映游艺场所的建筑；

3 商店、图书馆、展览建筑、会议中心及类似使用功能的建筑；

4 6层及以上的其他建筑（图5-131、图5-132）。

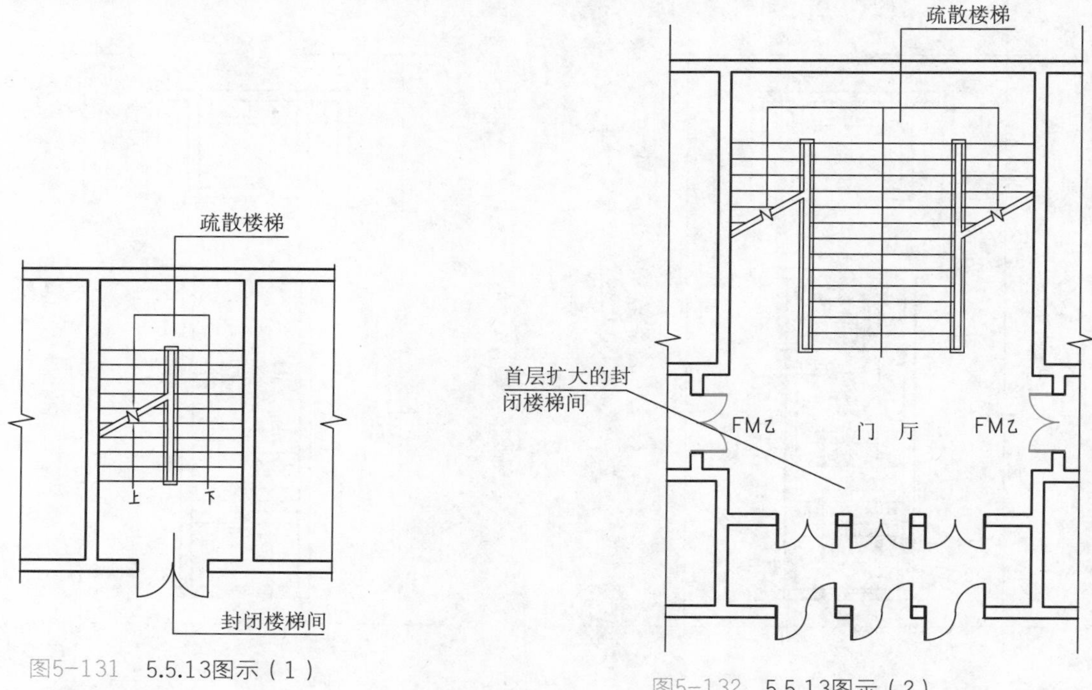
疏散楼梯
上
下
封闭楼梯间
疏散楼梯
首层扩大的封
闭楼梯间
FM乙
门 厅
FM乙

图5-131 5.5.13图示（1）

图5-132 5.5.13图示（2）

5.5.14 公共建筑内的客、货电梯宜设置电梯候梯厅，不宜直接设置在营业厅、展览厅、多功能厅等场所内（图5-133）。

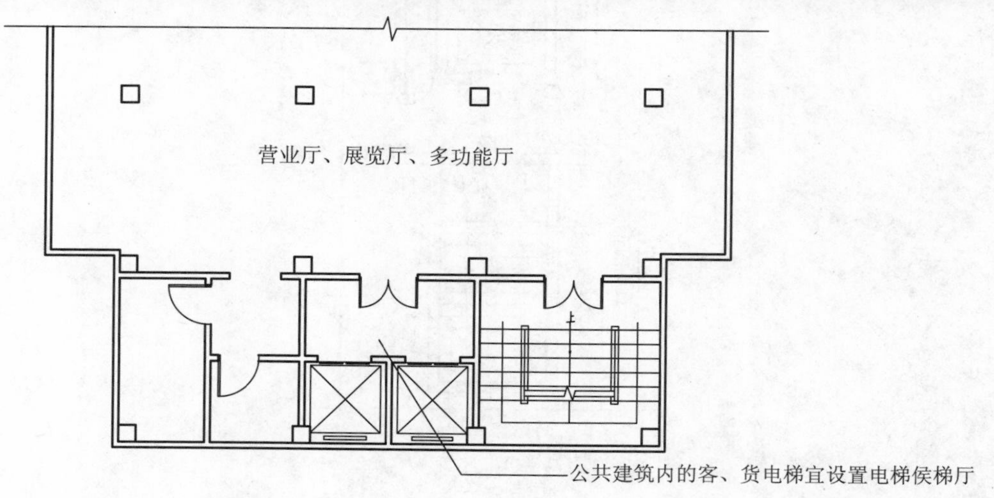
营业厅、展览厅、多功能厅
上
公共建筑内的客、货电梯宜设置电梯候梯厅

图5-133 5.5.14图示

5.5.15 公共建筑内房间的疏散门数量应经计算确定且不应少于2个。除托儿所、幼儿园、老年人建筑、医疗建筑、教学建筑内位于走道尽端的房间外，符合下列条件之一的房间可设置1个疏散门（图5-134）：

1 位于两个安全出口之间或袋形走道两侧的房间，对于托儿所、幼儿园、老年人建筑，建筑面积不大于$50m^2$；对于医疗建筑、教学建筑，建筑面积不大于$75m^2$；对于其他建筑或场所，建筑面积不大于$120m^2$（图5-135）；

2 位于走道尽端的房间，建筑面积小于$50m^2$且疏散门的净宽度不小于0.90m，或由房间内任一点至疏散门的直线距离不大于15m、建筑面积不大于$200m^2$且疏散门的净宽度不小于1.40m（图5-136）；

3 歌舞娱乐放映游艺场所内建筑面积不大于$50m^2$且经常停留人数不超过15人的厅、室（图5-137）。

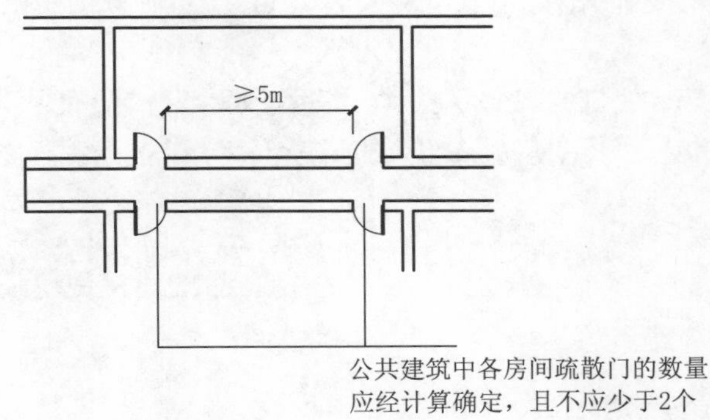
≥5m
公共建筑中各房间疏散门的数量应经计算确定，且不应少于2个

图5-134 5.5.15图示（1）

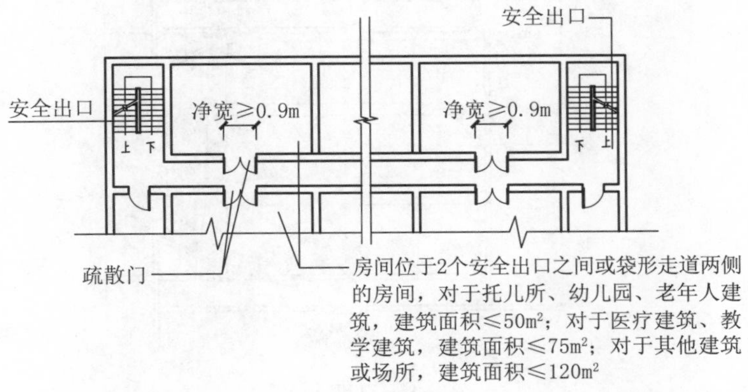
安全出口
安全出口
净宽≥0.9m
净宽≥0.9m
上
下
下
上
疏散门
房间位于2个安全出口之间或袋形走道两侧的房间，对于托儿所、幼儿园、老年人建筑，建筑面积≤50m²；对于医疗建筑、教学建筑，建筑面积≤75m²；对于其他建筑或场所，建筑面积≤120m²

图5-135 5.5.15图示（2）

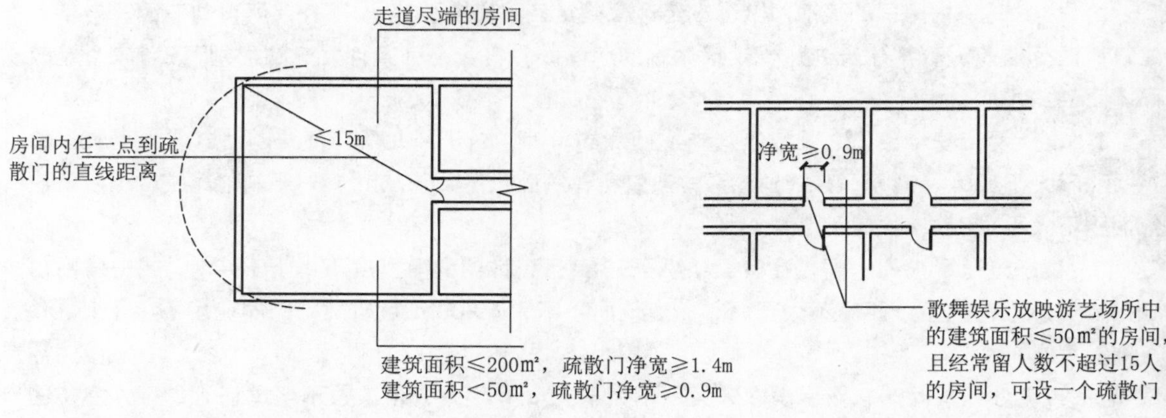

走道尽端的房间
房间内任一点到疏散门的直线距离
≤15m
建筑面积≤200m²，疏散门净宽≥1.4m
建筑面积<50m²，疏散门净宽≥0.9m
净宽≥0.9m
歌舞娱乐放映游艺场所中的建筑面积≤50m²的房间，且经常留人数不超过15人的房间，可设一个疏散门

图5-136　5.5.15图示（3）

图5-137　5.5.15图示（4）

5.5.16　剧场、电影院、礼堂和体育馆的观众厅或多功能厅，其疏散门的数量应经计算确定且不应少于2个，并应符合下列规定：

1　对于剧场、电影院、礼堂的观众厅或多功能厅，每个疏散门的平均疏散人数不应超过250人；当容纳人数超过2000人时，其超过2000人的部分，每个疏散门的平均疏散人数不应超过400人（图5-138）。

2　对于体育馆的观众厅，每个疏散门的平均疏散人数不宜超过400～700人（图5-139）。

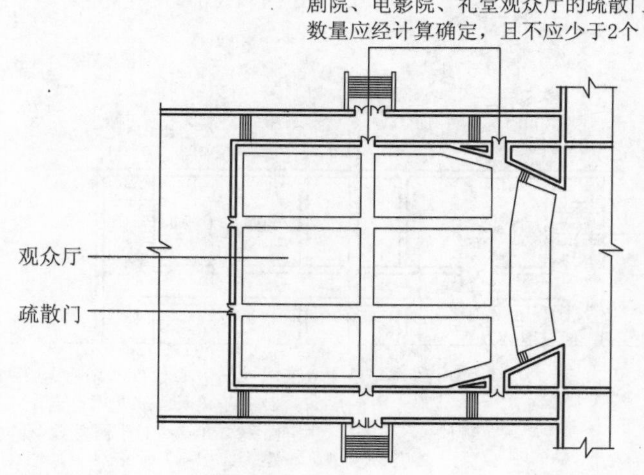

剧院、电影院、礼堂观众厅的疏散门数量应经计算确定，且不应少于2个
观众厅
疏散门

图5-138　5.5.16图示（1）

注：疏散门的数量计算举例：
当观众厅容纳人数x≤2000（人），疏散门数量n≥x/250；
当观众厅容纳人数x>2000（人），疏散门数量n≥2000/250+（x−2000）/400。

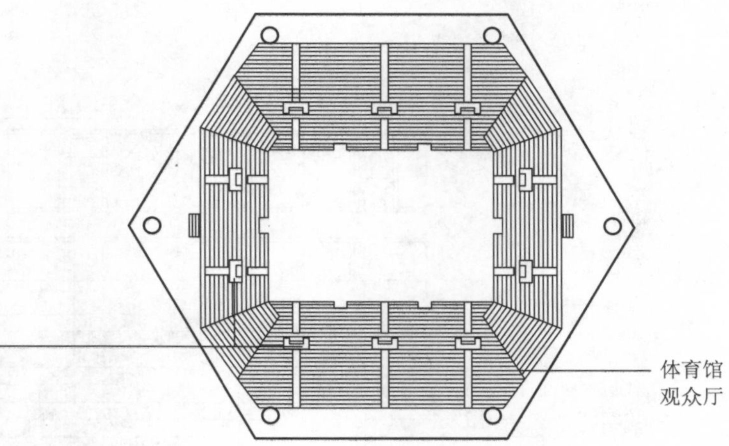
体育馆观众厅的疏散门数量应按每门平均疏散人数不宜超过400～700人经计算确定且不应少于2个
体育馆观众厅

图5-139 5.5.16图示（2）

5.5.17 公共建筑的安全疏散距离应符合下列规定：

1 直通疏散走道的房间疏散门至最近安全出口的直线距离不应大于表5.5.17的规定。

2 楼梯间应在首层直通室外，确有困难时，可在首层采用扩大的封闭楼梯间或防烟楼梯间前室。当层数不超过4层且未采用扩大的封闭楼梯间或防烟楼梯间前室时，可将直通室外的门设置在离楼梯间不大于15m处。

3 房间内任一点至房间直通疏散走道的疏散门的直线距离，不应大于表5.5.17规定的袋形走道两侧或尽端的疏散门至最近安全出口的直线距离。

4 一、二级耐火等级建筑内疏散门或安全出口不少于2个的观众厅、展览厅、多功能厅、餐厅、营业厅等，其室内任一点至最近疏散门或安全出口的直线距离不应大于30m；当疏散门不能直通室外地面或疏散楼梯间时，应采用长度不大于10m的疏散走道通至最近的安全出口。当该场所设置自动喷水灭火系统时，室内任一点至最近安全出口的安全疏散距离可分别增加25%（图5-140～图5-144）。

直通疏散走道的房间疏散门至最近安全出口的直线距离（m） 表5.5.17

名称			位于两个安全出口之间的疏散门			位于袋形走道两侧或尽端的疏散门		
			一、二级	三级	四级	一、二级	三级	四级
托儿所、幼儿园、老年人建筑			25	20	15	20	15	10
歌舞娱乐放映游艺场所			25	20	15	9	—	—
医疗建筑	单、多层		35	30	25	20	15	10
	高层	病房部分	24	—	—	12	—	—
		其他部分	30	—	—	15	—	—
教学建筑	单、多层		35	30	25	22	20	10
	高层		30	—	—	15	—	—
高层旅馆、展览建筑			30	—	—	15	—	—
其他建筑	单、多层		40	35	25	22	20	15
	高层		40	—	—	20	—	—

注：1 建筑内开向敞开式外廊的房间疏散门至最近安全出口的直线距离可按本表的规定增加5m。

2 直通疏散走道的房间疏散门至最近敞开楼梯间的直线距离，当房间位于两个楼梯间之间时，应按本表的规定减少5m；当房间位于袋形走道两侧或尽端时，应按本表的规定减少2m。

3 建筑物内全部设置自动喷水灭火系统时，其安全疏散距离可按本表的规定增加25%。

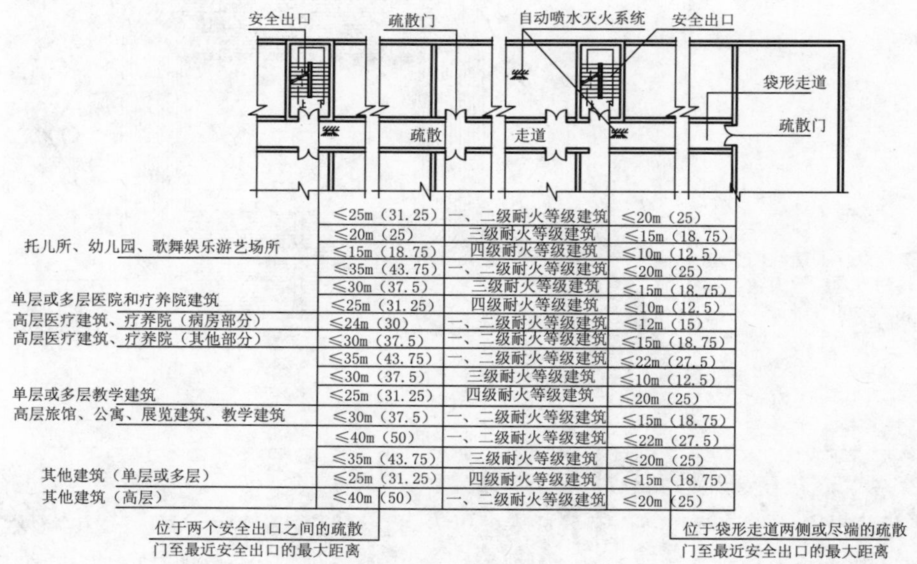
安全出口
疏散门
自动喷水灭火系统
安全出口
袋形走道
疏散门
疏散
走道
≤25m（31.25） 一、二级耐火等级建筑 ≤20m（25）
≤20m（25） 三级耐火等级建筑 ≤15m（18.75）
托儿所、幼儿园、歌舞娱乐游艺场所
≤15m（18.75） 四级耐火等级建筑 ≤10m（12.5）
≤35m（43.75） 一、二级耐火等级建筑 ≤20m（25）
≤30m（37.5） 三级耐火等级建筑 ≤15m（18.75）
单层或多层医院和疗养院建筑
≤25m（31.25） 四级耐火等级建筑 ≤10m（12.5）
高层医疗建筑、疗养院（病房部分）
≤24m（30） 一、二级耐火等级建筑 ≤12m（15）
高层医疗建筑、疗养院（其他部分）
≤30m（37.5） 一、二级耐火等级建筑 ≤15m（18.75）
≤35m（43.75） 一、二级耐火等级建筑 ≤22m（27.5）
≤30m（37.5） 三级耐火等级建筑 ≤10m（12.5）
单层或多层教学建筑
≤25m（31.25） 四级耐火等级建筑 ≤20m（25）
高层旅馆、公寓、展览建筑、教学建筑
≤30m（37.5） 一、二级耐火等级建筑 ≤15m（18.75）
≤40m（50） 一、二级耐火等级建筑 ≤22m（27.5）
≤35m（43.75） 三级耐火等级建筑 ≤20m（25）
其他建筑（单层或多层）
≤25m（31.25） 四级耐火等级建筑 ≤15m（18.75）
其他建筑（高层）
≤40m（50） 一、二级耐火等级建筑 ≤20m（25）
位于两个安全出口之间的疏散门至最近安全出口的最大距离
位于袋形走道两侧或尽端的疏散门至最近安全出口的最大距离

图5-140　5.5.17图示（1）

注：建筑物内全部设自动喷水灭火系统时，安全疏散距离按括号内数字。

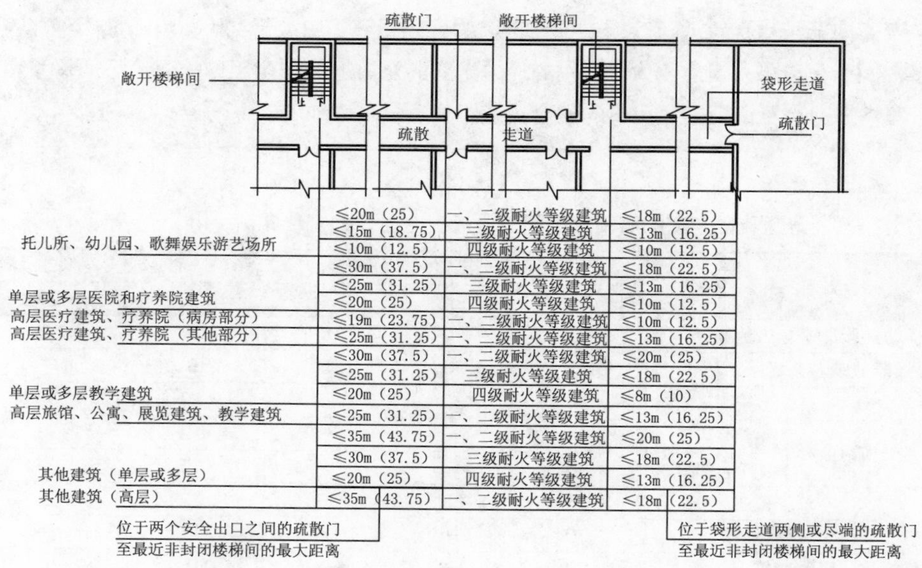
疏散门
敞开楼梯间
敞开楼梯间
袋形走道
疏散门
疏散
走道
≤20m（25） 一、二级耐火等级建筑 ≤18m（22.5）
≤15m（18.75） 三级耐火等级建筑 ≤13m（16.25）
托儿所、幼儿园、歌舞娱乐游艺场所
≤10m（12.5） 四级耐火等级建筑 ≤10m（12.5）
≤30m（37.5） 一、二级耐火等级建筑 ≤18m（22.5）
≤25m（31.25） 三级耐火等级建筑 ≤13m（16.25）
单层或多层医院和疗养院建筑
≤20m（25） 四级耐火等级建筑 ≤10m（12.5）
高层医疗建筑、疗养院（病房部分）
≤19m（23.75） 一、二级耐火等级建筑 ≤10m（12.5）
高层医疗建筑、疗养院（其他部分）
≤25m（31.25） 一、二级耐火等级建筑 ≤13m（16.25）
≤30m（37.5） 一、二级耐火等级建筑 ≤20m（25）
≤25m（31.25） 三级耐火等级建筑 ≤18m（22.5）
单层或多层教学建筑
≤20m（25） 四级耐火等级建筑 ≤8m（10）
高层旅馆、公寓、展览建筑、教学建筑
≤25m（31.25） 一、二级耐火等级建筑 ≤13m（16.25）
≤35m（43.75） 一、二级耐火等级建筑 ≤20m（25）
≤30m（37.5） 三级耐火等级建筑 ≤18m（22.5）
其他建筑（单层或多层）
≤20m（25） 四级耐火等级建筑 ≤13m（16.25）
其他建筑（高层）
≤35m（43.75） 一、二级耐火等级建筑 ≤18m（22.5）
位于两个安全出口之间的疏散门至最近非封闭楼梯间的最大距离
位于袋形走道两侧或尽端的疏散门至最近非封闭楼梯间的最大距离

图5-141　5.5.17图示（2）

注：建筑物内全部设自动喷水灭火系统时，安全疏散距离按括号内数字。

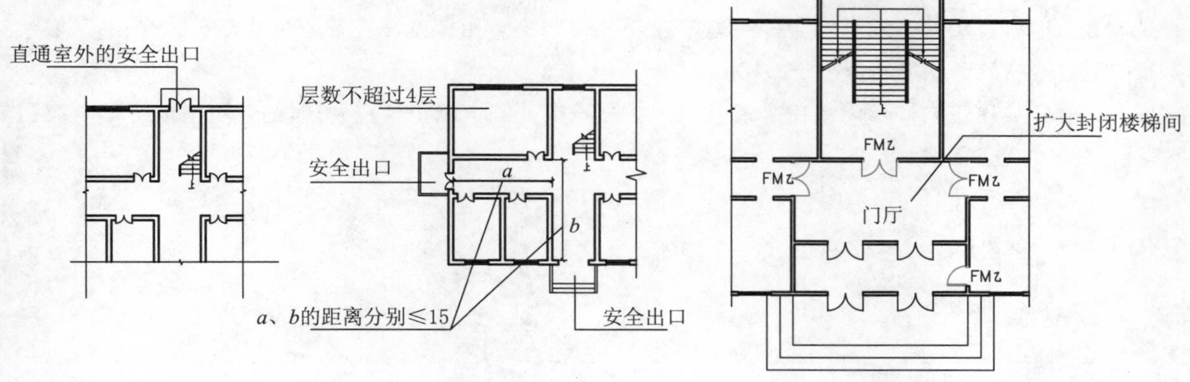
直通室外的安全出口
层数不超过4层
安全出口
a
b
a、b的距离分别≤15
安全出口
扩大封闭楼梯间
FMZ
FMZ
FMZ
门厅
FMZ

图5-142 5.5.17图示（3）

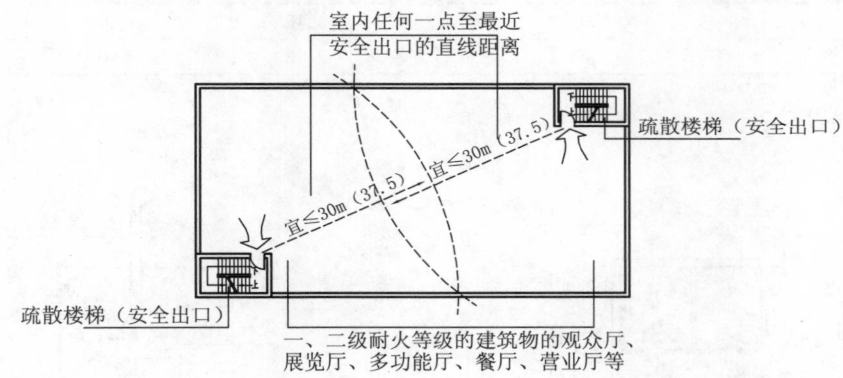
室内任何一点至最近
安全出口的直线距离
疏散楼梯（安全出口）
宜≤30m（37.5）
宜≤30m（37.5）
疏散楼梯（安全出口）
一、二级耐火等级的建筑物的观众厅、
展览厅、多功能厅、餐厅、营业厅等

图5-143 5.5.17图示（4）

注：建筑物内全部设自动喷水灭火系统时，安全疏散距离按括号内数字。非直通安全出口时室内任一点至最近安全出口的直线距离不应大于40m。

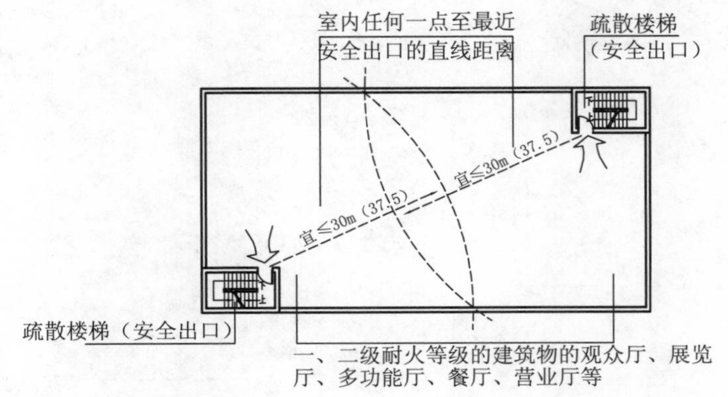
室内任何一点至最近
安全出口的直线距离
疏散楼梯
（安全出口）
宜≤30m（37.5）
宜≤30m（37.5）
疏散楼梯（安全出口）
一、二级耐火等级的建筑物的观众厅、展览
厅、多功能厅、餐厅、营业厅等

图5-144 5.5.17图示（5）

注：建筑物内全部设自动喷水灭火系统时，安全疏散距离按括号内数字。非直通安全出口时室内任一点至最近安全出口的直线距离不应大于40m。

5.5.18　除本规范另有规定外，公共建筑内疏散门和安全出口的净宽度不应小于0.90m，疏散走道和疏散楼梯的净宽度不应小于1.10m（图5-145）。

高层公共建筑内楼梯间的首层疏散门、首层疏散外门、疏散走道和疏散楼梯的最小净宽度应符合表5.5.18的规定。

5.5.19　人员密集的公共场所、观众厅的疏散门不应设置门槛，其净宽度不应小于1.4m，且紧靠门口内外各1.4m范围内不应设置踏步（图5-146）。

人员密集的公共场所的室外疏散通道的净宽度不应小于3.00m，并应直接通向宽敞地带（图5-147）。

高层公共建筑内楼梯间的首层疏散门、首层疏散外门、疏散走道和疏散楼梯的最小净宽度（m）　表5.5.18

建筑类别	楼梯间的首层疏散门、首层疏散外门	走道		疏散楼梯
		单面布房	双面布房	
高层医疗建筑	1.30	1.40	1.50	1.30
其他高层公共建筑	1.20	1.30	1.40	1.20

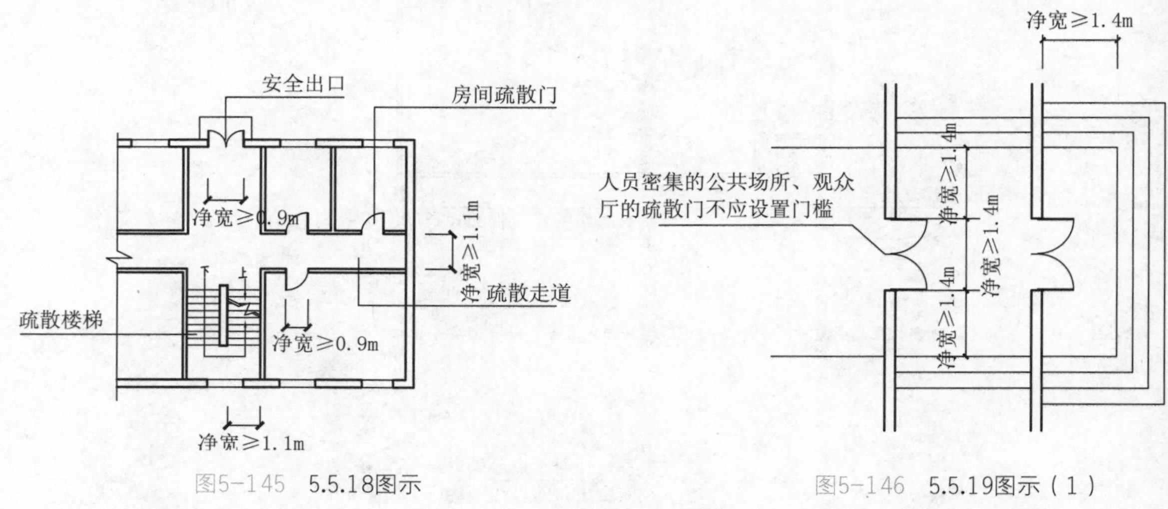
安全出口
房间疏散门
净宽≥0.9m
净宽≥1.1m
疏散走道
疏散楼梯
净宽≥0.9m
净宽≥1.1m
净宽≥1.4m
人员密集的公共场所、观众厅的疏散门不应设置门槛
净宽≥1.4m
净宽≥1.4m
净宽≥1.4m

图5-145　5.5.18图示

图5-146　5.5.19图示（1）

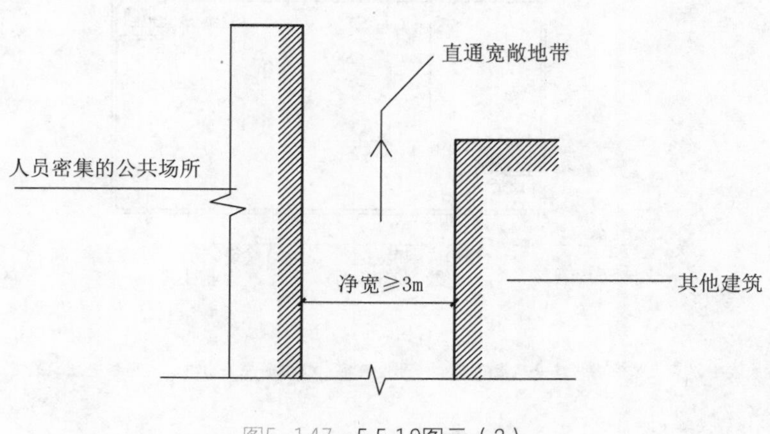
直通宽敞地带
人员密集的公共场所
净宽≥3m
其他建筑

图5-147　5.5.19图示（2）

5.5.20 剧场、电影院、礼堂、体育馆等场所的疏散走道、疏散楼梯、疏散门、安全出口的各自总净宽度，应符合下列规定：

1 观众厅内疏散走道的净宽度应按每100人不小于0.60m计算，且不应小于1.00m；边走道的净宽度不宜小于0.80m（图5-148）。

布置疏散走道时，横走道之间的座位排数不宜超过20排；纵走道之间的座位数：剧场、电影院、礼堂等，每排不宜超过22个；体育馆，每排不宜超过26个；前后排座椅的排距不小于0.90m时，可增加1.0倍，但不得超过50个；仅一侧有纵走道时，座位数应减少一半。

2 剧场、电影院、礼堂等场所供观众疏散的所有内门、外门、楼梯和走道的各自总净宽度，应根据疏散人数按每100人的最小疏散净宽度不小于表5.5.20-1的规定计算确定（图5-149）。

3 体育馆供观众疏散的所有内门、外门、楼梯和走道的各自总净宽度，应根据疏散人数按每100人的最小疏散净宽度不小于表5.5.20-2的规定计算确定（图5-150）。

4 有等场需要的入场门不应作为观众厅的疏散门。

剧院、电影院、礼堂等场所每100人所需最小疏散净宽度（m/百人） 表5.5.20-1

观众厅座位数（座）			≤2500	≤1200
耐火等级			一、二级	三级
疏散部位	门和走道	平坡地面	0.65	0.85
		阶梯地面	0.75	1.00
	楼梯		0.75	1.00

体育馆每100人所需最小疏散净宽度（m/百人） 表5.5.20-2

观众厅座位数范围（座）			3000~5000	5001~10000	10001~20000
疏散部位	门和走道	平坡地面	0.43	0.37	0.32
		阶梯地面	0.50	0.43	0.37
	楼梯		0.50	0.43	0.37

注：本表对应较大座位数范围按规定计算的疏散总净宽度，不应小于对应相邻较小座位数范围按其最多座位数计算的疏散总净宽度。对于观众厅座位数少于3000个的体育馆，计算供观众疏散的所有内门、外门、楼梯和走道的各自总净宽度时，每100人的最小疏散净宽度不应小于表5.5.20-1的规定。

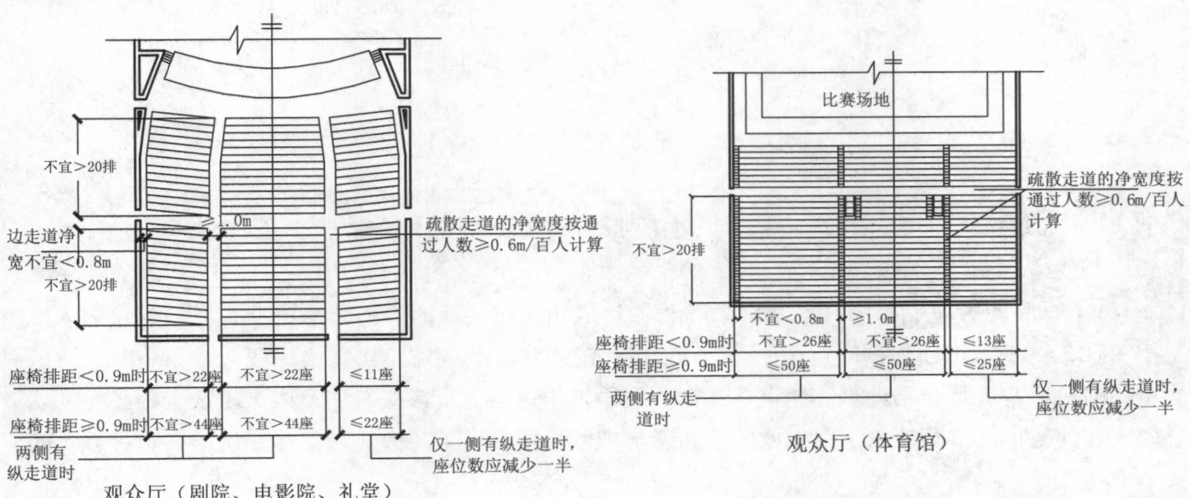
不宜>20排
边走道净宽不宜<0.8m
≥1.0m
疏散走道的净宽度按通过人数≥0.6m/百人计算
不宜>20排
座椅排距<0.9m时
不宜>22座
不宜>22座
≤11座
座椅排距≥0.9m时
不宜>44座
不宜>44座
≤22座
两侧有纵走道时
仅一侧有纵走道时，座位数应减少一半
观众厅（剧院、电影院、礼堂）
比赛场地
疏散走道的净宽度按通过人数≥0.6m/百人计算
不宜>20排
不宜<0.8m
≥1.0m
座椅排距<0.9m时
不宜>26座
不宜>26座
≤13座
座椅排距≥0.9m时
≤50座
≤50座
≤25座
两侧有纵走道时
仅一侧有纵走道时，座位数应减少一半
观众厅（体育馆）

图5-148 5.5.20图示（1）

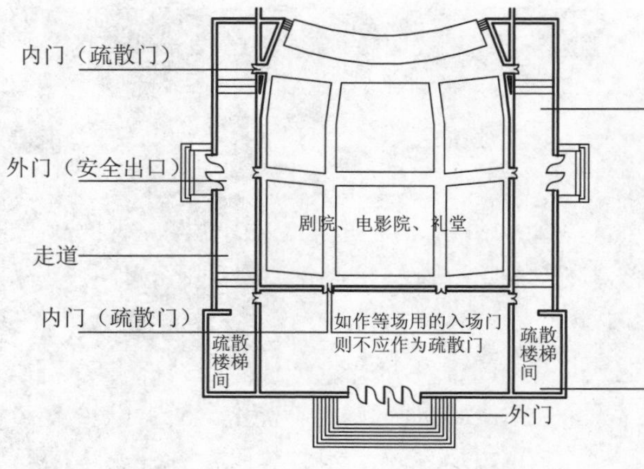
内门（疏散门）
外门（安全出口）
走道
内门（疏散门）
剧院、电影院、礼堂
如作等场用的入场门则不应作为疏散门
疏散楼梯间
疏散楼梯间
外门
供观众疏散的内门、外门和走道的各自总宽度按以下疏散宽度指标计算确定：
1. 观众厅≤2500座（一、二级耐火等级建筑），平坡地面时≥0.65m/百人，阶梯地面≥0.75m/百人；
2. 观众厅≤1200座（三级耐火等级建筑），平坡地面时≥0.85m/百人，阶梯地面时≥1.0m/百人。
供观众疏散的楼梯总宽度按以下疏散净宽度指标计算确定：
1. 观众厅≤2500座（一、二级耐火等级建筑），≥0.75m/百人（楼座人数）；
2. 观众厅≤1200座（三级耐火等级建筑），≥1.0m/百人（楼座人数）。

图5-149　5.5.20图示（2）

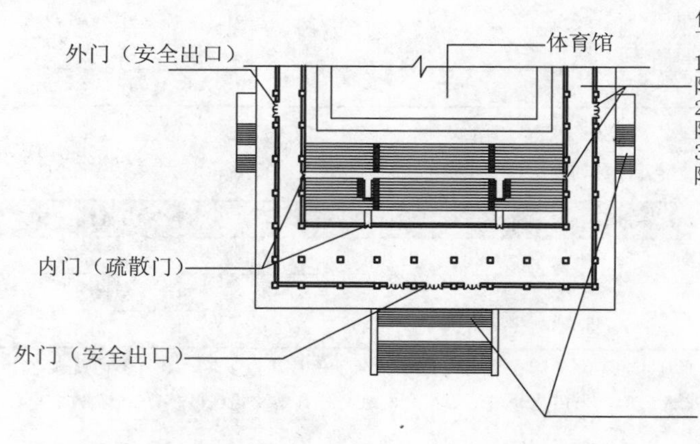
外门（安全出口）
体育馆
内门（疏散门）
外门（安全出口）
供观众疏散的内门、外门和走道的各自总宽度按以下疏散宽度指标计算确定：
1. 观众厅3000～5000座，平坡地面时≥0.43m/百人，阶梯地面时≥0.50m/百人；
2. 观众厅5001～10000座，平坡地面时≥0.37m/百人，阶梯地面时≥0.43m/百人；
3. 观众厅10001～20000座，平坡地面时≥0.32m/百人阶梯地面时≥0.37m/百人。
供观众疏散的楼梯总宽度按以下疏散净宽度指标计算确定：
1. 观众厅3000～5000座，≥0.50m/百人；
2. 观众厅5001～10000座，≥0.43m/百人；
3. 观众厅10001～20000座，≥0.37m/百人。

图5-150　5.5.20图示（3）

5.5.21　除剧场、电影院、礼堂、体育馆外的其他公共建筑，其房间疏散门、安全出口、疏散走道和疏散楼梯的各自总净宽度，应符合下列规定：

1　每层的房间疏散门、安全出口、疏散走道和疏散楼梯的各自总净宽度，应根据疏散人数按每100人的最小疏散净宽度不小于表5.5.21-1的规定计算确定。当每层疏散人数不等时，疏散楼梯的总净宽度可分层计算，地上建筑内下层楼梯的总净宽度应按该层及以上疏散人数最多一层的人数计算；地下建筑内上层楼梯的总净宽度应按该层及以下疏散人数最多一层的人数计算（图5-151）；

每层的房间疏散门、安全出口、疏散走道和疏散楼梯的每100人最小疏散净宽度（m/百人） 表5.5.21-1

建筑层数		建筑的耐火等级		
		一、二级	三级	四级
地上楼层	1～2层	0.65	0.75	1.00
	3层	0.75	1.00	—
	≥4层	1.00	1.25	—
地下楼层	与地面出入口地面的高差ΔH≤10m	0.75	—	—
	与地面出入口地面的高差ΔH>10m	1.00	—	—

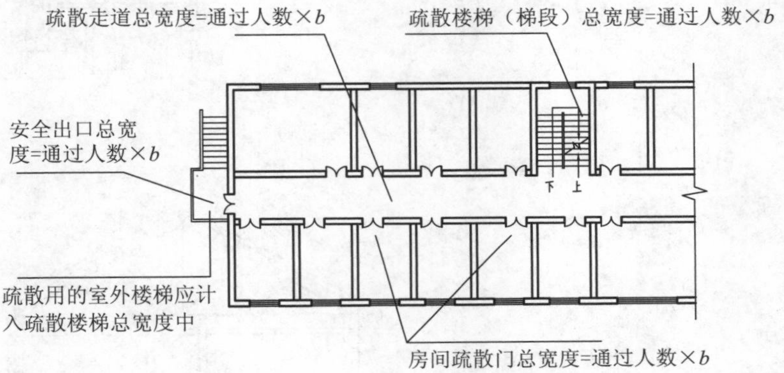

疏散走道总宽度=通过人数×b
疏散楼梯（梯段）总宽度=通过人数×b
安全出口总宽度=通过人数×b
下
上
疏散用的室外楼梯应计入疏散楼梯总宽度中
房间疏散门总宽度=通过人数×b
房间疏散门 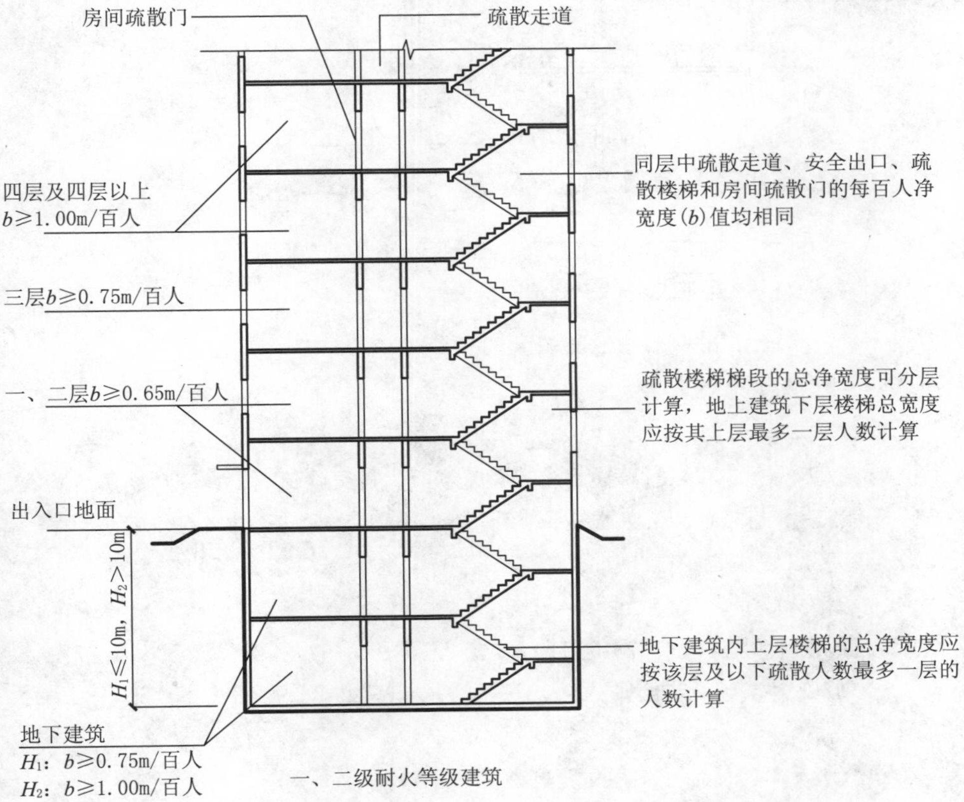
疏散走道
四层及四层以上 b≥1.00m/百人
同层中疏散走道、安全出口、疏散楼梯和房间疏散门的每百人净宽度(b)值均相同
三层b≥0.75m/百人
一、二层b≥0.65m/百人
疏散楼梯梯段的总净宽度可分层计算，地上建筑下层楼梯总宽度应按其上层最多一层人数计算
出入口地面
$H_1 \leq 10m$，$H_2 > 10m$
地下建筑内上层楼梯的总净宽度应按该层及以下疏散人数最多一层的人数计算
地下建筑
H_1：b≥0.75m/百人
H_2：b≥1.00m/百人
一、二级耐火等级建筑

图5-151 5.5.21图示（1）

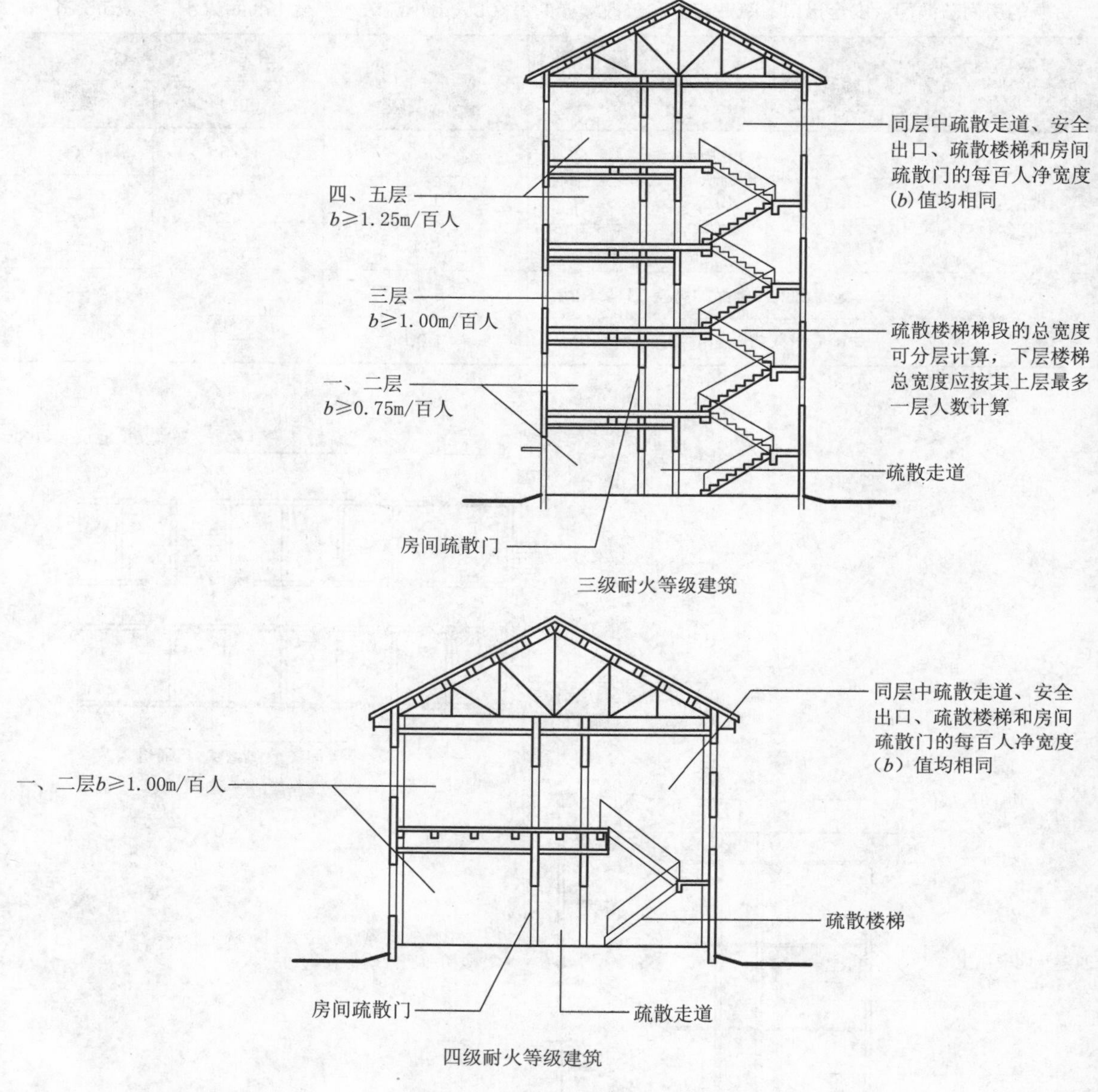
同层中疏散走道、安全出口、疏散楼梯和房间疏散门的每百人净宽度(b)值均相同
四、五层
b≥1.25m/百人
三层
b≥1.00m/百人
疏散楼梯梯段的总宽度可分层计算，下层楼梯总宽度应按其上层最多一层人数计算
一、二层
b≥0.75m/百人
疏散走道
房间疏散门
三级耐火等级建筑
同层中疏散走道、安全出口、疏散楼梯和房间疏散门的每百人净宽度（b）值均相同
一、二层b≥1.00m/百人
疏散楼梯
房间疏散门
疏散走道
四级耐火等级建筑

图5-151 5.5.21图示（1）续

注：b为各疏散部位每百人净宽度内规定值，见各剖面。

2 地下或半地下人员密集的厅、室和歌舞娱乐放映游艺场所，其房间疏散门、安全出口、疏散走道和疏散楼梯的各自总净宽度，应根据疏散人数按每100人不小于1.00m计算确定（图5-152）。

3 首层外门的总净宽度应按该建筑疏散人数最多一层的人数计算确定，不供其他楼层人员疏散的外门，可按本层的疏散人数计算确定（图5-153）。

4 歌舞娱乐放映游艺场所中录像厅放映厅的疏散人数，应根据厅、室的建筑面积按不小于1.0人/m^2计算；其他歌舞娱乐放映游艺场所的疏散人数，应根据厅、室的建筑面积按不小于0.5人/m^2计算（图5-154）。

5 有固定座位的场所，其疏散人数可按实际座位数的1.1倍计算；

6 展览厅的疏散人数应根据展览厅的建筑面积和人员密度计算，展览厅内的人员密度不宜小于0.75人/m²确定。

7 商店的疏散人数应按每层营业厅的建筑面积乘以表5.5.21-2规定的人员密度计算。对于建材商店、家具和灯饰展示建筑，其人员密度可按表5.5.21-2规定值的30%确定（图5-155）。

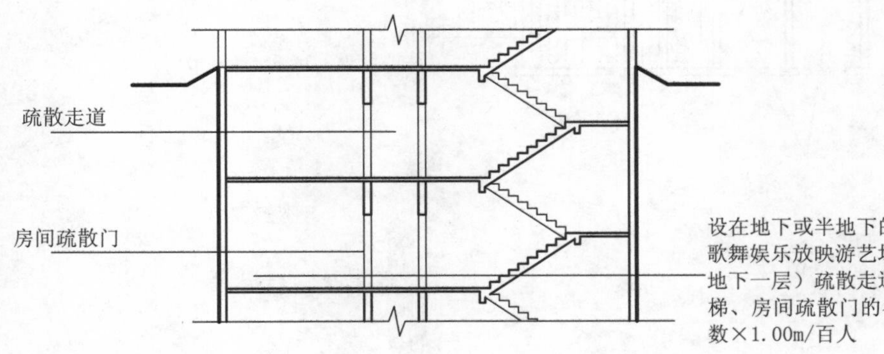
疏散走道
房间疏散门
设在地下或半地下的人员密集厅、室以及歌舞娱乐放映游艺场所（该场所只能设在地下一层）疏散走道、安全出口、疏散楼梯、房间疏散门的各自总净宽度=通过人数×1.00m/百人

图5-152 5.5.21图示（2）

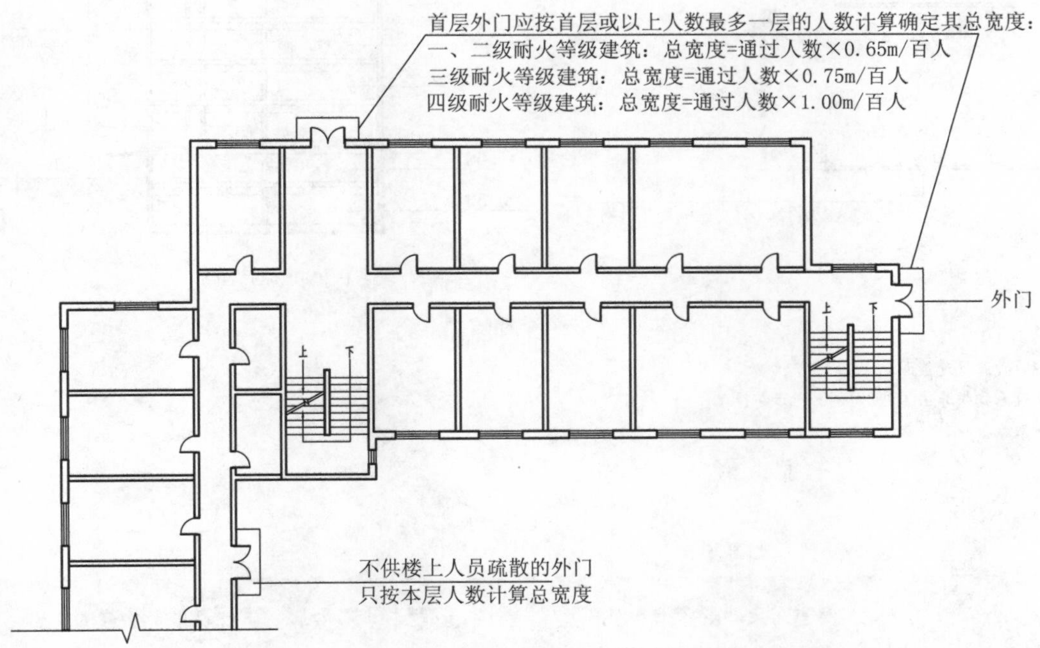
首层外门应按首层或以上人数最多一层的人数计算确定其总宽度：
一、二级耐火等级建筑：总宽度=通过人数×0.65m/百人
三级耐火等级建筑：总宽度=通过人数×0.75m/百人
四级耐火等级建筑：总宽度=通过人数×1.00m/百人
外门
上
下
上
下
不供楼上人员疏散的外门
只按本层人数计算总宽度

图5-153 5.5.21图示（3）

商店营业厅内的人员密度（人/m²） 表5.5.21-2

楼层位置	地下二层	地下一层	地上第一、二层	地上第三层	地上第四层及以上各层
人员密度	0.56	0.60	0.43 ~ 0.60	0.39 ~ 0.54	0.30 ~ 0.42

注：对于建材商店、家具和灯饰展示建筑，其人员密度可按表5.5.21-2规定值的30%确定。

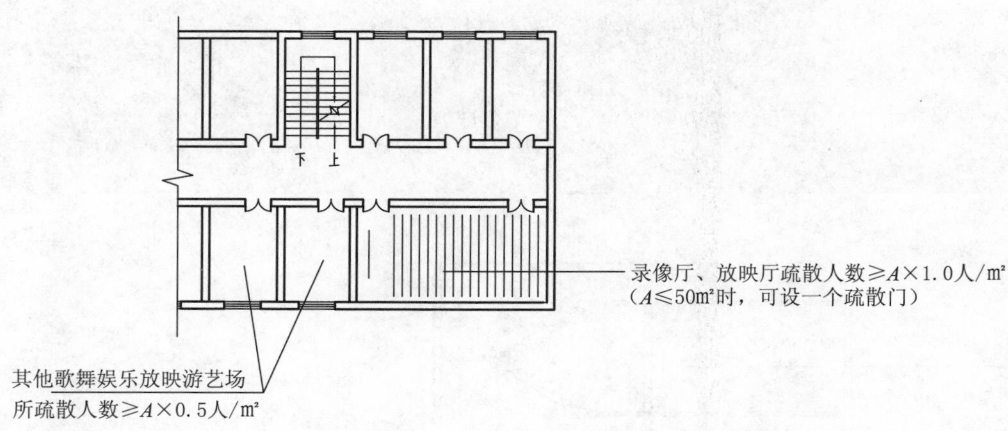
下
上
录像厅、放映厅疏散人数≥A×1.0人/㎡
（A≤50㎡时，可设一个疏散门）
其他歌舞娱乐放映游艺场
所疏散人数≥A×0.5人/㎡

图5-154 5.5.21图示（4）

注：A为各场所厅室的建筑面积（m^2）。

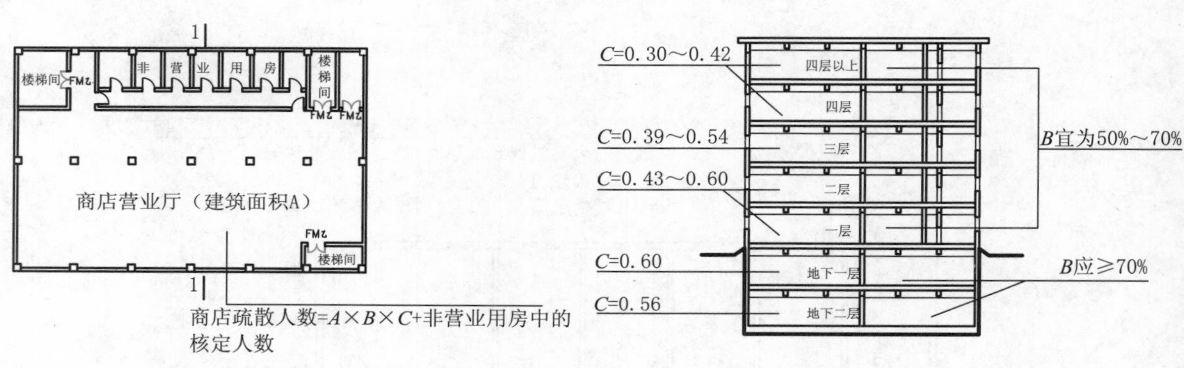
1
楼梯间
FM乙
非
营
业
用
房
楼梯间
FM乙 FM乙
商店营业厅（建筑面积A）
FM乙
楼梯间
1
商店疏散人数=A×B×C+非营业用房中的核定人数
C=0.30～0.42
四层以上
四层
C=0.39～0.54
三层
C=0.43～0.60
二层
一层
C=0.60
地下一层
C=0.56
地下二层
B宜为50%～70%
B应≥70%
1-1剖面示意图

图5-155 5.5.21图示（5）

注：A为营业厅建筑面积（m^2）；
B为建筑面积折算值（见1-1剖面所示）；
C为疏散人数换算系数（见1-1剖面所示）。

5.5.22 人员密集的公共建筑不宜在窗口、阳台等部位设置封闭的金属栅栏，确需设置时，应能从内部易于开启；窗口、阳台等部位宜根据其高度设置适用的辅助疏散逃生设施（图5-156）。

5.5.23 建筑高度大于100m的公共建筑，应设置避难层（间）。避难层（间）应符合下列规定：

1 第一个避难层（间）的楼地面至灭火救援场地地面的高度不应大于50m，两个避难层（间）之间的高度不宜大于50m（图5-157）。

2 通向避难层的疏散楼梯应在避难层分隔、同层错位或上下层断开（图5-157）。

3 避难层（间）的净面积应能满足设计避难人数避难的要求，并宜按5.0人/m^2计算（图5-158）；

4 避难层可兼作设备层。设备管理宜集中布置，其中的易燃、可燃液体或气体管道应集中布置，设备管道区应采用耐火极限不低于3.00h的防火隔墙与避难区分隔。管道井和设备间应采用耐火极限不低于2.00h的防火隔墙与避难区分隔，管道井和设备间的门不应直接开向避难区；确需直接开向避难区时，与避难层区出入口的距离不应小于5m，且应采用甲级防火门（图5-158）。

避难间内不应设置易燃、可燃液体或气体管道，不应开设除外窗、疏散门之外的其他开口（图5-158）。

5 避难层应设置消防电梯出口（图5-158）。

6 应设置消火栓和消防软管卷盘（图5-158）。

7 应设置消防专线电话和应急广播（图5-158）。

8 在避难层（间）进入楼梯间的入口处和疏散楼梯通向避难层（间）的出口处，应设置明显的指示标志（图5-158）。

9 应设置直接对外的可开启窗口或独立的机械防烟设施，外窗应采用乙级防火窗（图5-158）。

5.5.24 高层病房楼应在二层及以上的病房楼层和洁净手术部设置避难间。避难间应符合下列规定（图5-159）：

1 避难间服务的护理单元不应超过2个，其净面积应按每个护理单元不小于25.0m^{2}确定。

2 避难间兼作其他用途时，应保证人员的避难安全，且不得减少可供避难的净面积。

3 应靠近楼梯间，并应采用耐火极限不低于2.00h的防火隔墙和甲级防火门与其他部位分隔。

4 应设置消防专线电话和消防应急广播。

5 避难间的入口处应设置明显的指示标志。

6 应设置直接对外的可开启窗口或独立的机械防烟设施，外窗应采用乙级防火窗。

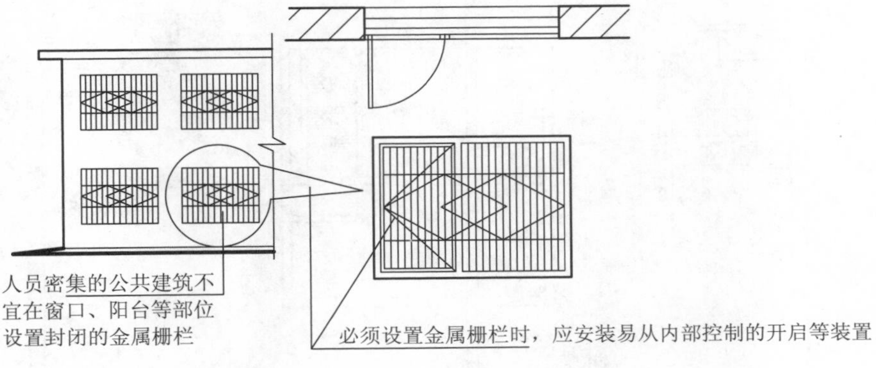
人员密集的公共建筑不
宜在窗口、阳台等部位
设置封闭的金属栅栏
必须设置金属栅栏时，应安装易从内部控制的开启等装置

图5-156 5.5.22图示

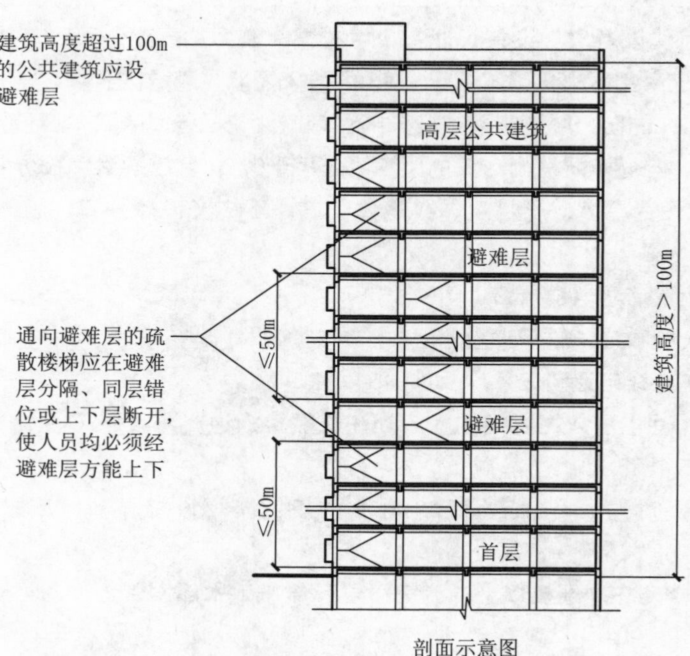
建筑高度超过100m
的公共建筑应设
避难层
高层公共建筑
避难层
通向避难层的疏
散楼梯应在避难
层分隔、同层错
位或上下层断开，
使人员均必须经
避难层方能上下
≤50m
避难层
≤50m
首层
建筑高度＞100m
剖面示意图

图5-157　5.5.23图示（1）

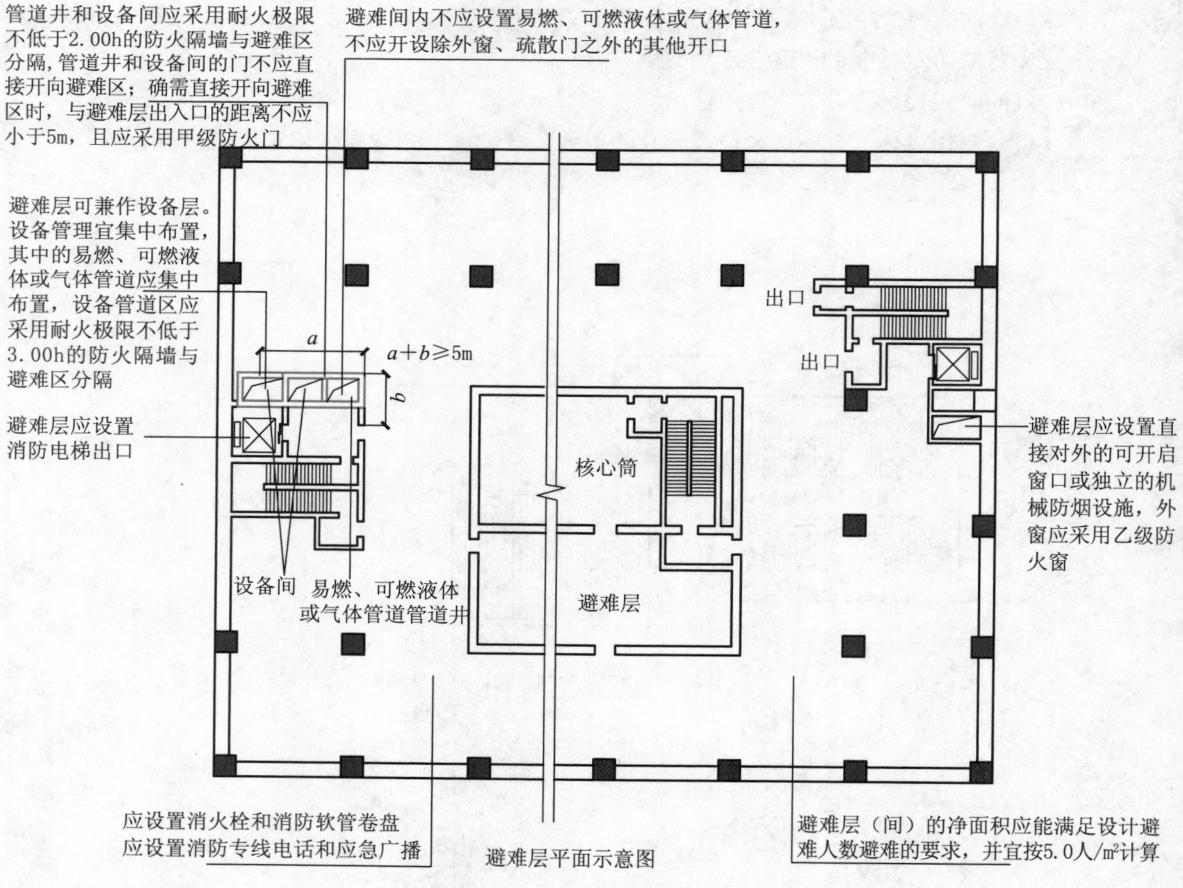

管道井和设备间应采用耐火极限不低于2.00h的防火隔墙与避难区分隔，管道井和设备间的门不应直接开向避难区；确需直接开向避难区时，与避难层出入口的距离不应小于5m，且应采用甲级防火门

避难间内不应设置易燃、可燃液体或气体管道，不应开设除外窗、疏散门之外的其他开口

避难层可兼作设备层。设备管理宜集中布置，其中的易燃、可燃液体或气体管道应集中布置，设备管道区应采用耐火极限不低于3.00h的防火隔墙与避难区分隔

a

$a+b\geqslant 5$m

b

避难层应设置消防电梯出口

出口

出口

核心筒

避难层应设置直接对外的可开启窗口或独立的机械防烟设施，外窗应采用乙级防火窗

设备间　易燃、可燃液体或气体管道管道井

避难层

应设置消火栓和消防软管卷盘
应设置消防专线电话和应急广播

避难层平面示意图

避难层（间）的净面积应能满足设计避难人数避难的要求，并宜按5.0人/㎡计算

图5-158　5.5.23图示（2）

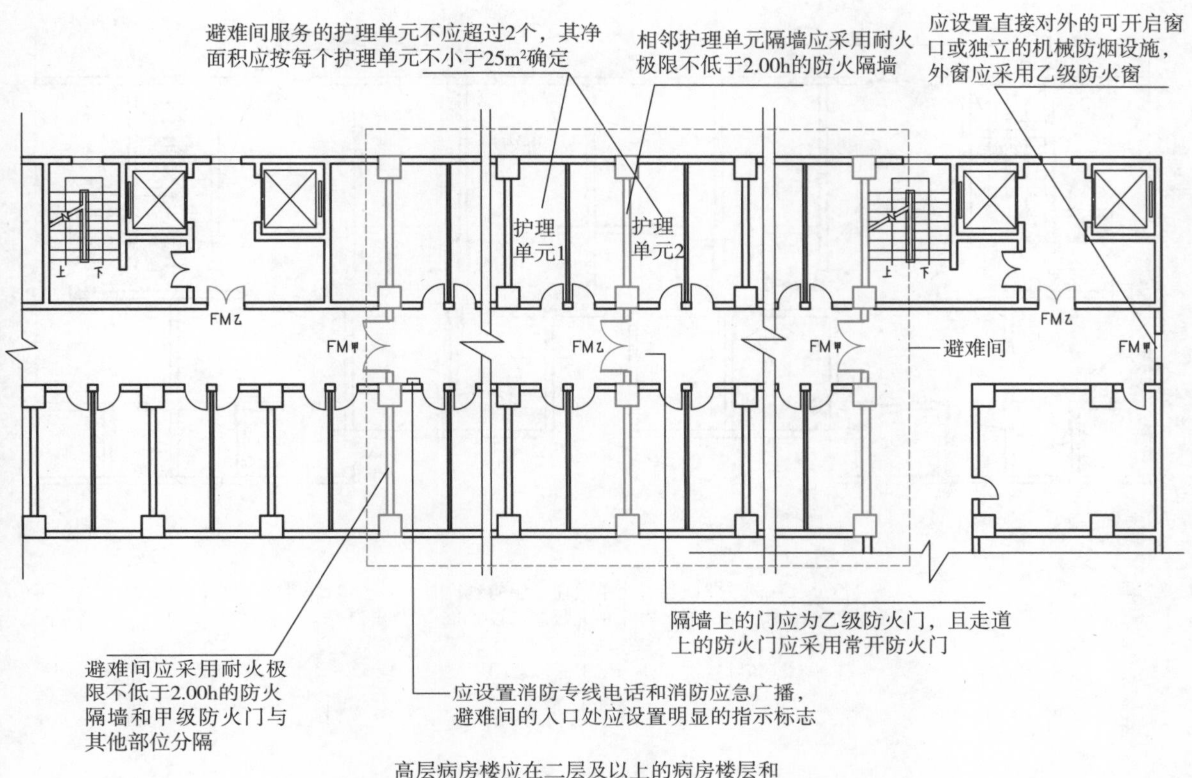
避难间服务的护理单元不应超过2个，其净面积应按每个护理单元不小于25m²确定
相邻护理单元隔墙应采用耐火极限不低于2.00h的防火隔墙
应设置直接对外的可开启窗口或独立的机械防烟设施，外窗应采用乙级防火窗
护理单元1
护理单元2
上
下
FM乙
FM甲
避难间
隔墙上的门应为乙级防火门，且走道上的防火门应采用常开防火门
避难间应采用耐火极限不低于2.00h的防火隔墙和甲级防火门与其他部位分隔
应设置消防专线电话和消防应急广播，避难间的入口处应设置明显的指示标志

高层病房楼应在二层及以上的病房楼层和洁净手术部设置的避难间平面示意图

图5-159　5.5.24图示

Ⅲ　住宅建筑

5.5.25　住宅建筑安全出口的设置应符合下列规定：

1　建筑高度不大于27m的建筑，当每个单元任一层的建筑面积大于650m²，或任一户门至最近安全出口的距离大于15m时，每个单元每层的安全出口不应少于2个（图5-160）；

2　建筑高度大于27m、不大于54m的建筑，当每个单元任一层的建筑面积大于650m²，或任一户门至最近安全出口的距离大于10m时，每个单元每层的安全出口不应少于2个（图5-161）；

3　建筑高度大于54m的建筑，每个单元每层的安全出口不应少于2个（图5-162）。

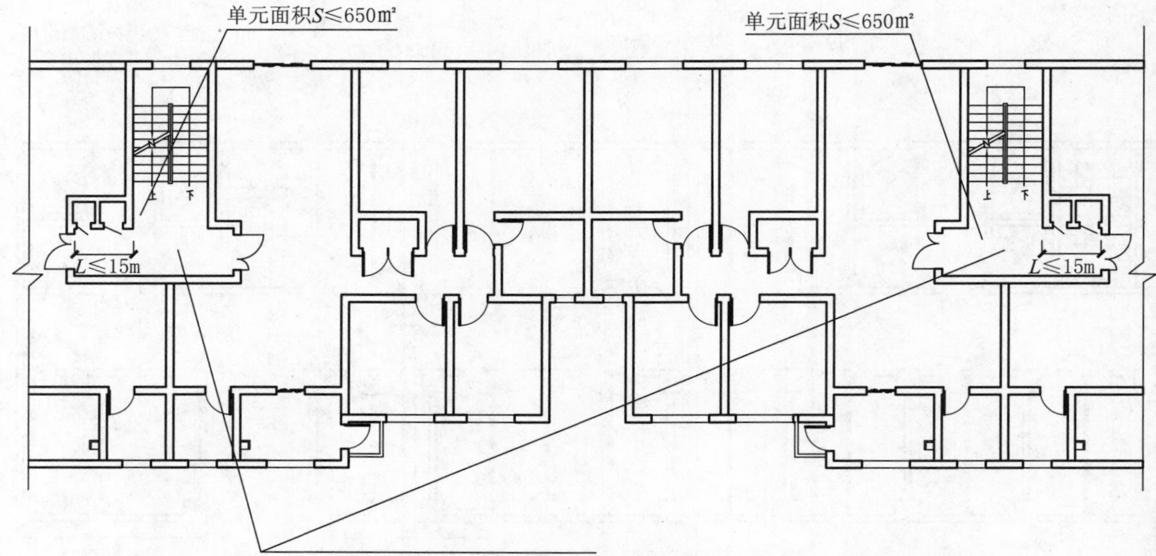
单元面积$S\leqslant650m^2$
单元面积$S\leqslant650m^2$
上
下
上
下
$L\leqslant15m$
$L\leqslant15m$
建筑高度$h\leqslant27m$的建筑，当每个单元任一层的建筑面积$S\leqslant650m^2$，且任意户门至最近安全出口的距离$L\leqslant15m$时，每个单元每层可设置1个安全出口

住宅建筑除首层外任一层平面示意图

图5-160　5.5.25图示（1）

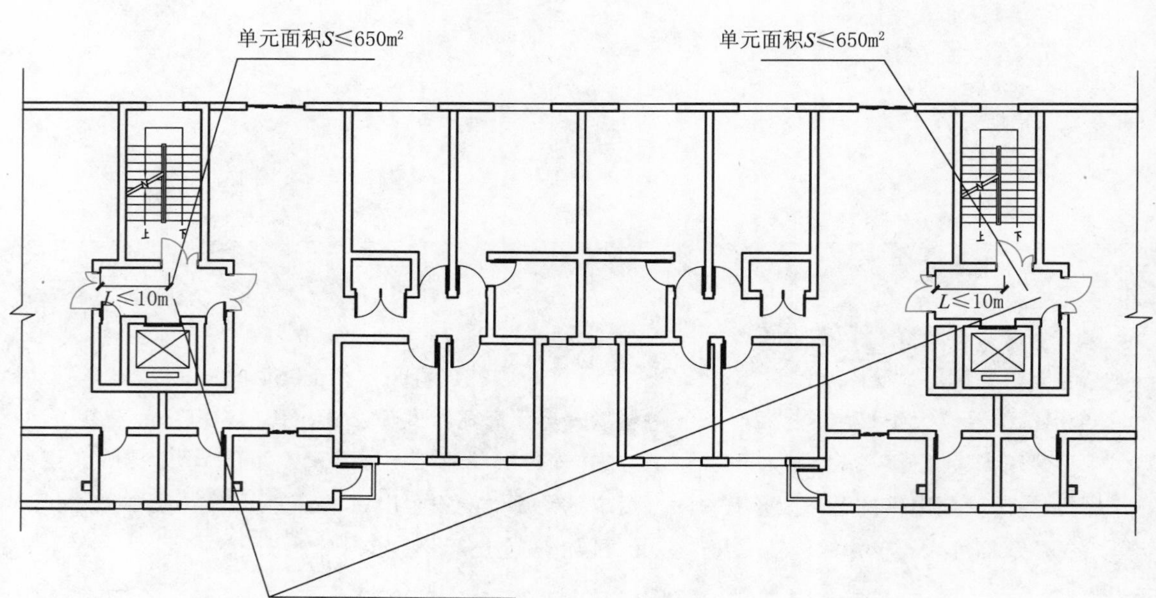
单元面积$S\leqslant650m^2$
单元面积$S\leqslant650m^2$
上
下
上
下
$L\leqslant10m$
$L\leqslant10m$
建筑高度$27m<h\leqslant54m$的建筑，当每个单元任一层的建筑面积$\leqslant650m^2$，且任一户门至最近安全出口的距离$L\leqslant10m$时，每个单元每层设置1个安全出口

住宅建筑除首层外任一层平面示意图

图5-161　5.5.25图示（2）

注：建筑高度27m＜h≤54m的住宅建筑，每单元设置一座疏散楼梯时，还应符合5.5.27条的规定。
图中红色的疏散门均应或可能为乙级疏散门，设置要求见5.5.26、5.5.27及6.4条。

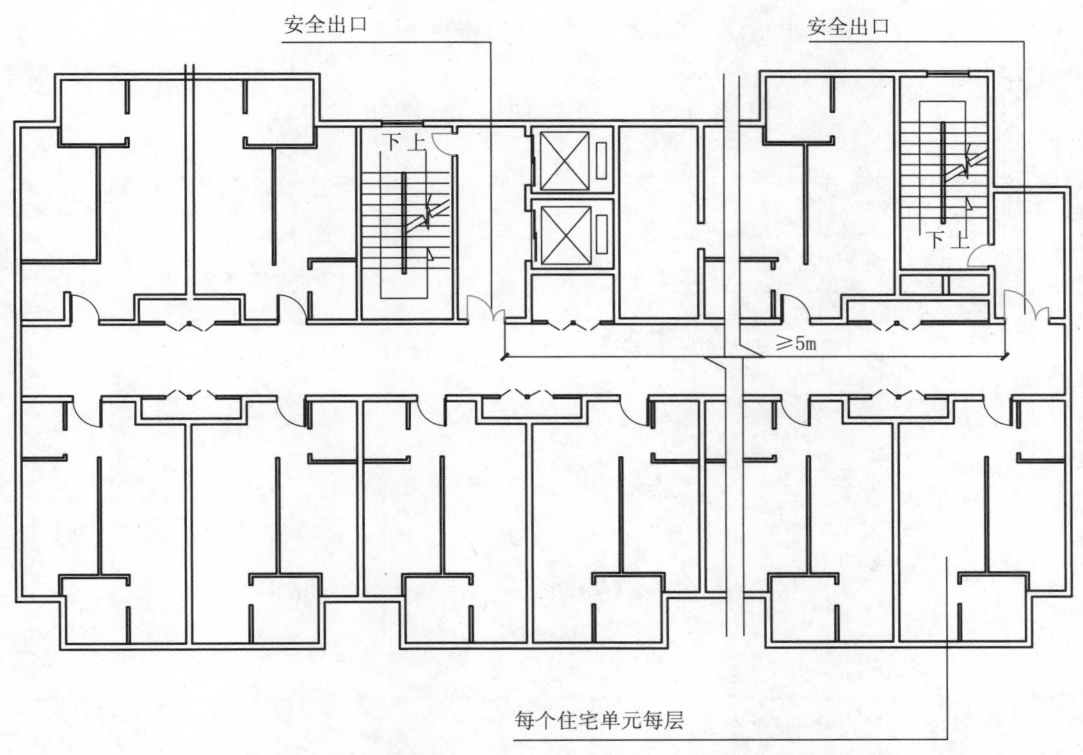
安全出口
安全出口
下 上
下 上
≥5m
每个住宅单元每层

建筑高度$h>54$m的住宅单元平面示意图

图5-162 5.5.25图示（3）

注：红色标注的疏散门均应或可能为乙级防火门，设置要求见第5.5.26、5.5.27及6.4条。

5.5.26 建筑高度大于27m，但不大于54m的住宅建筑，每个单元设置一座疏散楼梯时，疏散楼梯应通至屋面，且单元之间的疏散楼梯应能通过屋面连通，户门应采用乙级防火门。当不能通至屋面或不能通过屋面连通时，应设置2个安全出口（图5-163）。

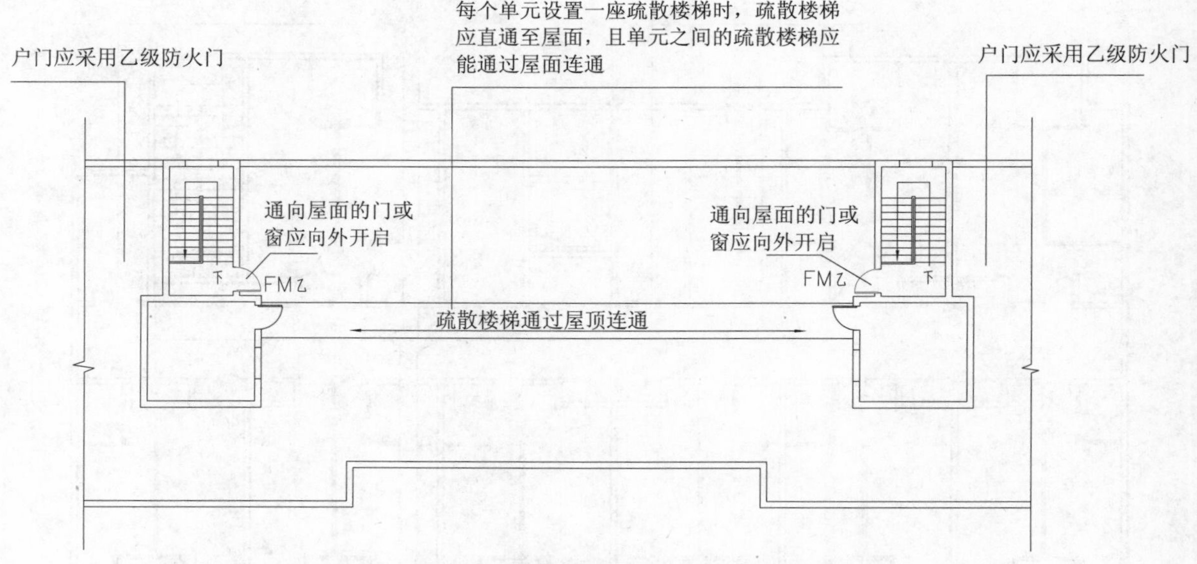
户门应采用乙级防火门
每个单元设置一座疏散楼梯时，疏散楼梯应直通至屋面，且单元之间的疏散楼梯应能通过屋面连通
户门应采用乙级防火门
通向屋面的门或窗应向外开启
通向屋面的门或窗应向外开启
下
FM乙
FM乙
下
疏散楼梯通过屋顶连通

建筑高度27m<h≤54m的住宅建筑单元屋顶平面示意图

图5-163 5.5.26图示

5.5.27 住宅建筑的疏散楼梯设置应符合下列规定：

1 建筑高度不大于21m的住宅建筑可采用敞开楼梯间；与电梯井相邻布置的疏散楼梯应采用封闭楼梯间，当户门采用乙级防火门时，仍可采用敞开楼梯间（图5-165）。

2 建筑高度大于21m、不大于33m的住宅建筑应采用封闭楼梯间；当户门采用乙级防火门时，可采用敞开楼梯间（图5-164、图5-165）。

3 建筑高度大于33m的住宅建筑应采用防烟楼梯间。户门不宜直接开向前室，确有困难时，每层开向同一前室的户门不应大于3樘且应采用乙级防火门（图5-166、图5-167）。

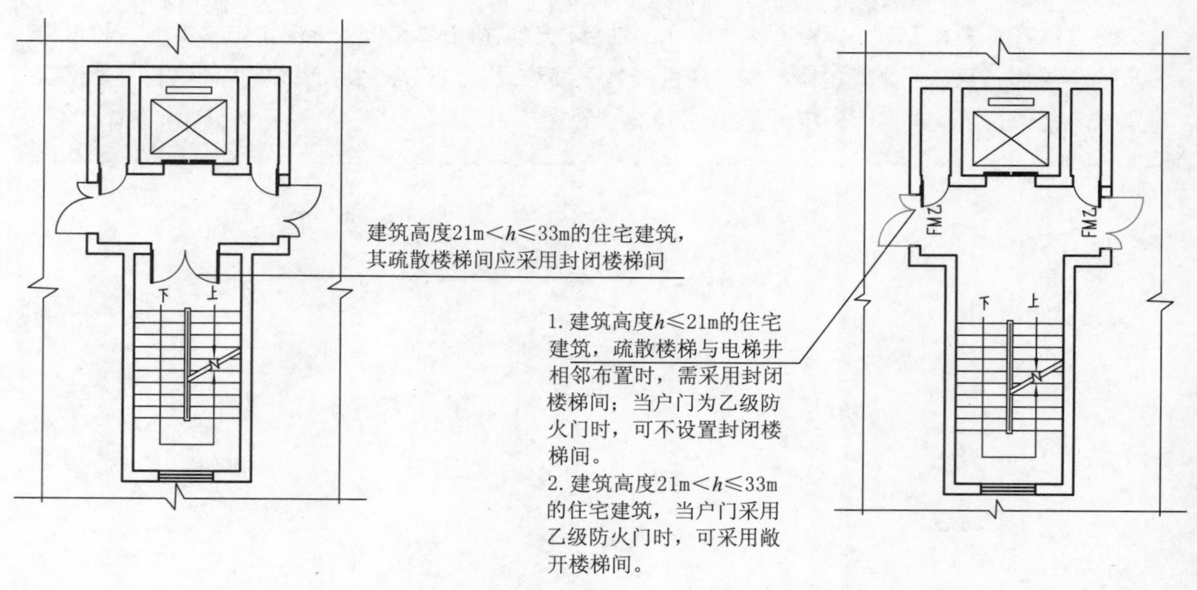
建筑高度21m<h≤33m的住宅建筑，其疏散楼梯间应采用封闭楼梯间
下
上
1. 建筑高度h≤21m的住宅建筑，疏散楼梯与电梯井相邻布置时，需采用封闭楼梯间；当户门为乙级防火门时，可不设置封闭楼梯间。
2. 建筑高度21m<h≤33m的住宅建筑，当户门采用乙级防火门时，可采用敞开楼梯间。
FM乙
FM乙
下
上

图5-164 5.5.27图示（1）

图5-165 5.5.27图示（2）

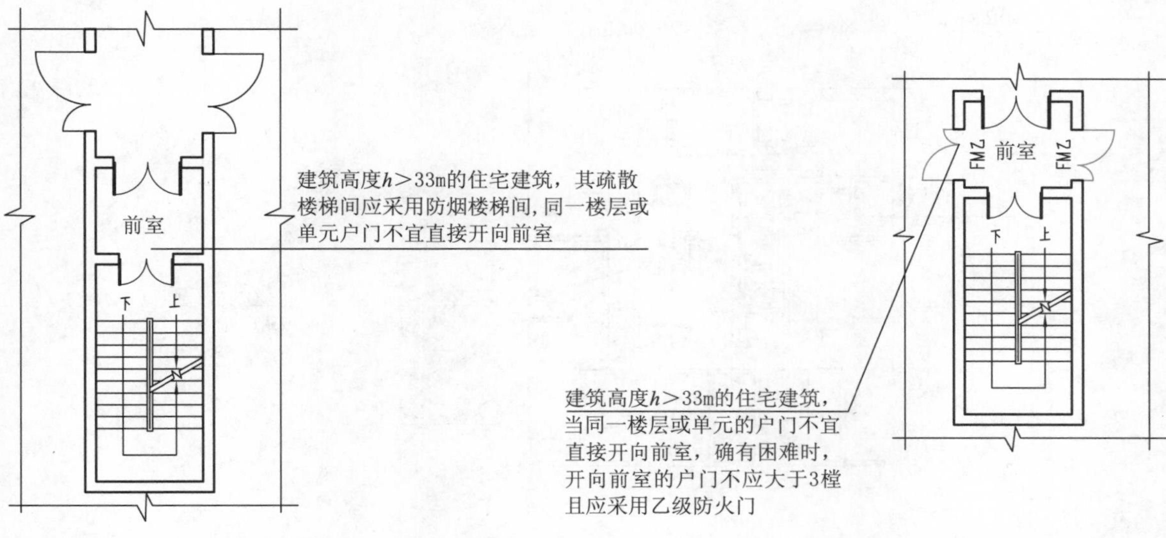
前室
下
上
建筑高度$h>33$m的住宅建筑，其疏散楼梯间应采用防烟楼梯间，同一楼层或单元户门不宜直接开向前室
FMZ
前室
FMZ
下
上
建筑高度$h>33$m的住宅建筑，当同一楼层或单元的户门不宜直接开向前室，确有困难时，开向前室的户门不应大于3樘且应采用乙级防火门

图5-166　5.5.27图示（3）

图5-167　5.5.27图示（4）

5.5.28　住宅单元的疏散楼梯，当分散设置确有困难且任一户门至最近疏散楼梯间入口的距离不大于10m时，可采用剪刀楼梯间，但应符合下列规定：

1　应采用防烟楼梯间（图5-168）。

2　梯段之间应设置耐火极限不低于1.00h的防火隔墙（图5-168）。

3　楼梯间的前室不宜共用；共用时，前室的使用面积不应小于$6.0m^2$（图5-168）。

4　楼梯间的前室或共用前室不宜与消防电梯的前室合用；楼梯间的共用前室与消防电梯的前室合用时，合用前室的使用面积不应小于$12.0m^2$时，且短边不应小于2.4m（图5-169）。

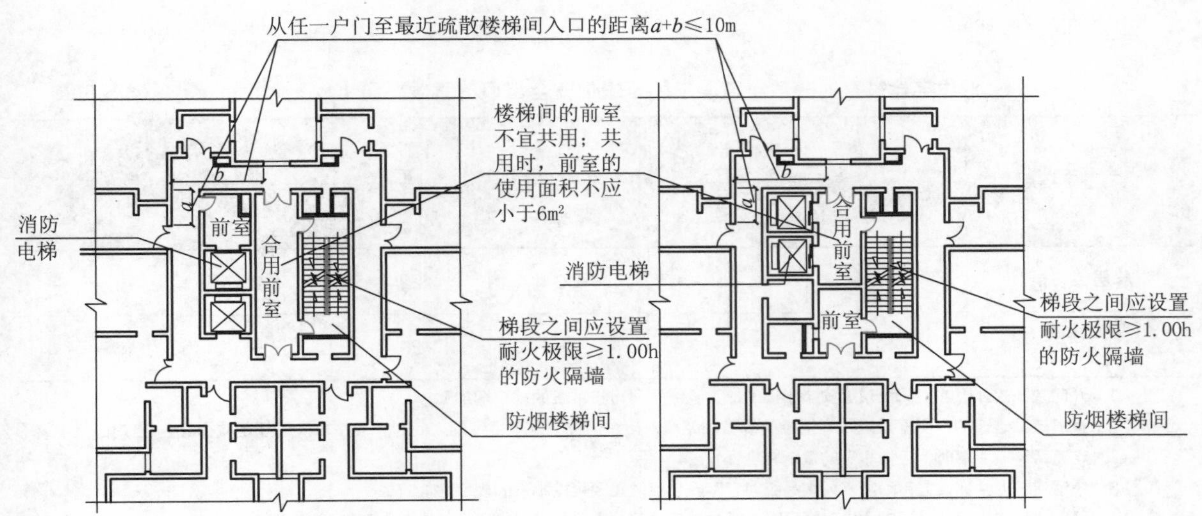
从任一户门至最近疏散楼梯间入口的距离$a+b\leqslant10$m
楼梯间的前室不宜共用；共用时，前室的使用面积不应小于$6m^2$
消防电梯
前室
合用前室
梯段之间应设置耐火极限≥1.00h的防火隔墙
防烟楼梯间
合用前室
消防电梯
前室
梯段之间应设置耐火极限≥1.00h的防火隔墙
防烟楼梯间

图5-168　5.5.28图示（1）

注：红色标注的疏散门均应或可能为乙级防火门，设置要求见第5.5.26、5.5.27及6.4条。

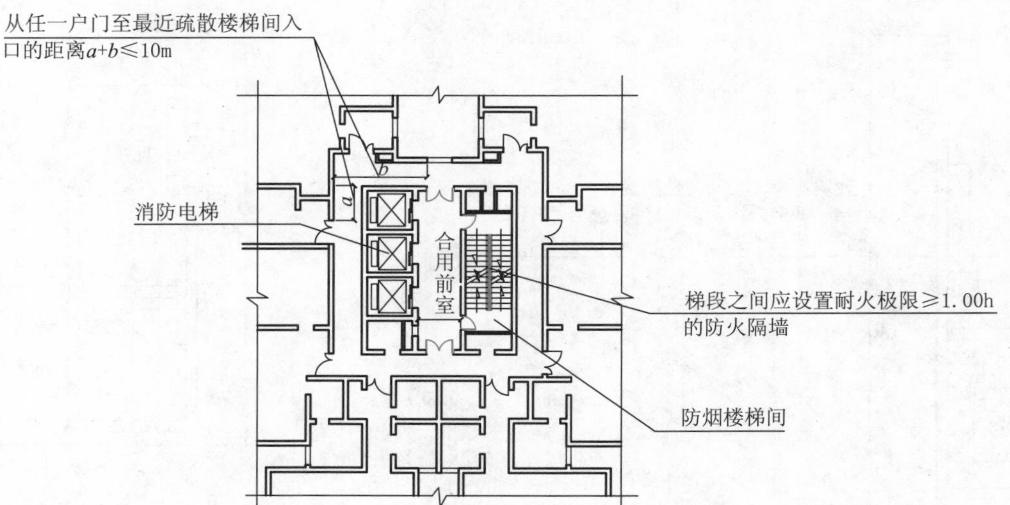
从任一户门至最近疏散楼梯间入
口的距离a+b≤10m
消防电梯
合用前室
梯段之间应设置耐火极限≥1.00h
的防火隔墙
防烟楼梯间

图5-169　5.5.28图示（2）

注：红色标注的疏散门均应或可能为乙级防火门，设置要求见第5.5.26、5.5.27及6.4条

5.5.29　住宅建筑的安全疏散距离应符合下列规定：

1　直通疏散走道的户门至最近安全出口的直线距离不应大于表5.5.29的规定。

2　楼梯间应在首层直通室外，或在首层采用扩大的封闭楼梯间或防烟楼梯间前室。层数不超过4层时，可将直通室外的门设置在离楼梯间不大于15m处。

3　户内任一点至直通疏散走道的户门的直线距离不应大于表5.5.29规定的袋形走道两侧或尽端的疏散门至最近安全出口的最大直线距离（图5-170～图5-172）。

注：跃层式住宅，户内楼梯的距离可按其梯段水平投影长度的1.50倍计算。

住宅建筑直通疏散走道的户门至最近安全出口的直线距离（m）　　表5.5.29

住宅建筑类别	位于两个安全出口之间的户门			位于袋形走道两侧或尽端的户门		
	一、二级	三级	四级	一、二级	三级	四级
单层或多层	40	35	25	22	20	15
高层	40	—	—	20	—	—

注：1　开向敞开式外廊的户门至最近安全出口的最大直线距离可按本表的规定增加5m。

2　直通疏散走道的户门至最近敞开楼梯间的直线距离，当户门位于两个楼梯间之间时，应按本表的规定减少5m；当户门位于袋形走道两侧或尽端时，应按本表的规定减少2m。

3　住宅建筑内全部设置自动喷水灭火系统时，其安全疏散距离可按本表的规定增加25%。

4　跃廊式住宅户门至最近安全出口的距离，应从户门算起，小楼梯的一段距离可按其水平投影长度的1.50倍计算。

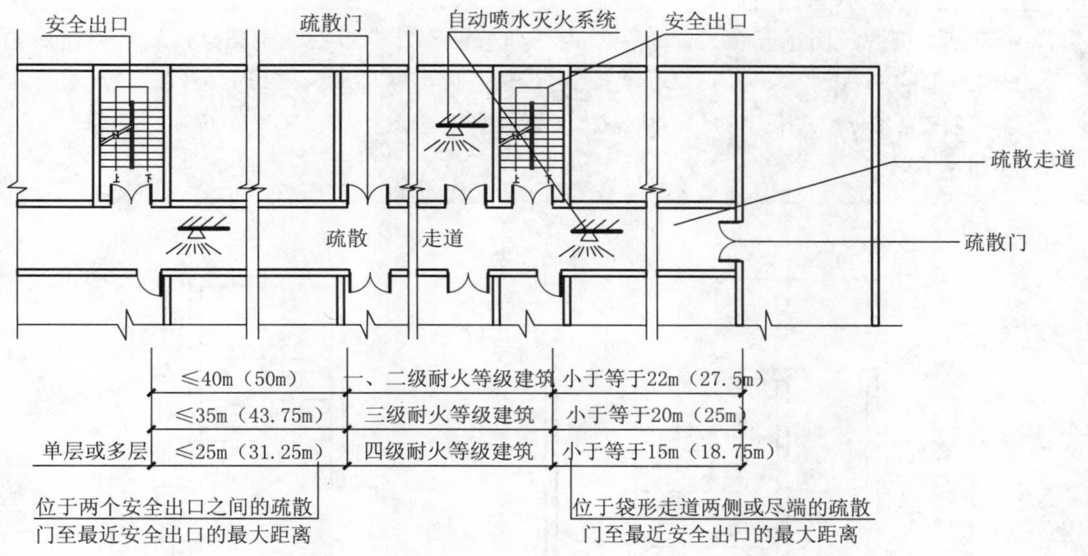
安全出口
疏散门
自动喷水灭火系统
安全出口
疏散走道
疏散 走道
疏散门
≤40m（50m） 一、二级耐火等级建筑 小于等于22m（27.5m）
≤35m（43.75m） 三级耐火等级建筑 小于等于20m（25m）
单层或多层 ≤25m（31.25m） 四级耐火等级建筑 小于等于15m（18.75m）
位于两个安全出口之间的疏散门至最近安全出口的最大距离
位于袋形走道两侧或尽端的疏散门至最近安全出口的最大距离

图5-170 5.5.29图示（1）

注：建筑物内全部设自动喷水灭火系统时，安全疏散距离按括号内数字。

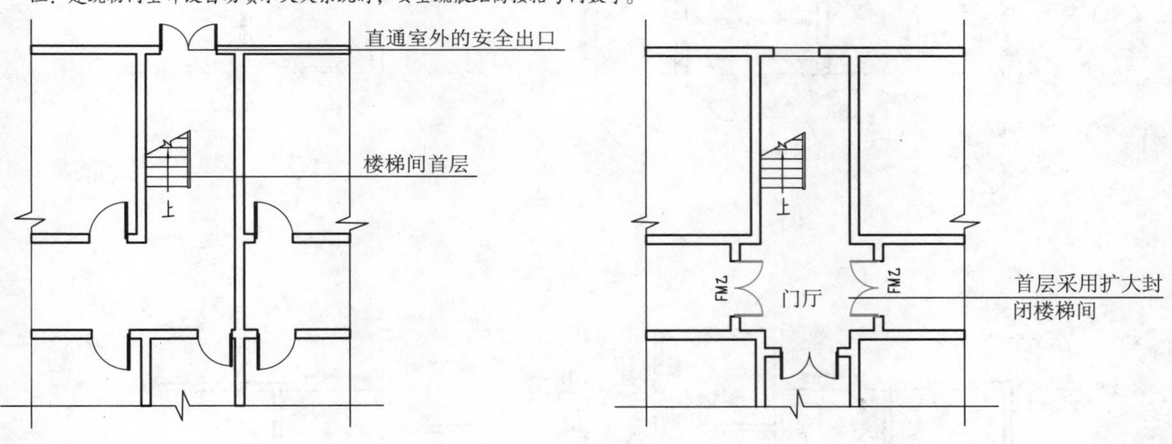
直通室外的安全出口
楼梯间首层
上
FMZ
门厅
首层采用扩大封闭楼梯间

图5-171 5.5.29图示（2）

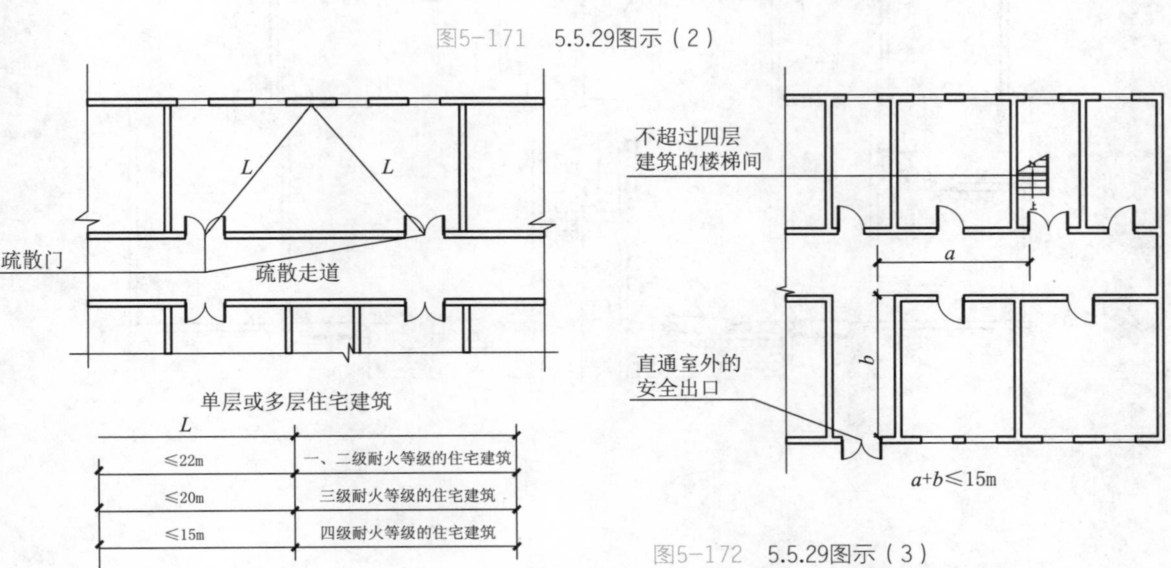
L
L
疏散门
疏散走道
单层或多层住宅建筑
L
≤22m 一、二级耐火等级的住宅建筑
≤20m 三级耐火等级的住宅建筑
≤15m 四级耐火等级的住宅建筑
不超过四层建筑的楼梯间
a
b
直通室外的安全出口
a+b≤15m

图5-172 5.5.29图示（3）

注：L为房间内任一点到疏散门的距离。

5.5.30 住宅建筑的户门、安全出口、疏散走道和疏散楼梯的各自总净宽度应经计算确定，且户门和安全出口的净宽度不应小于0.90m，疏散走道、疏散楼梯和首层疏散外门的净宽度不应小于1.10m。建筑高度不大于18m的住宅中一边设置栏杆的疏散楼梯，其净宽度不应小于1.0m（图5-173、图5-174）。

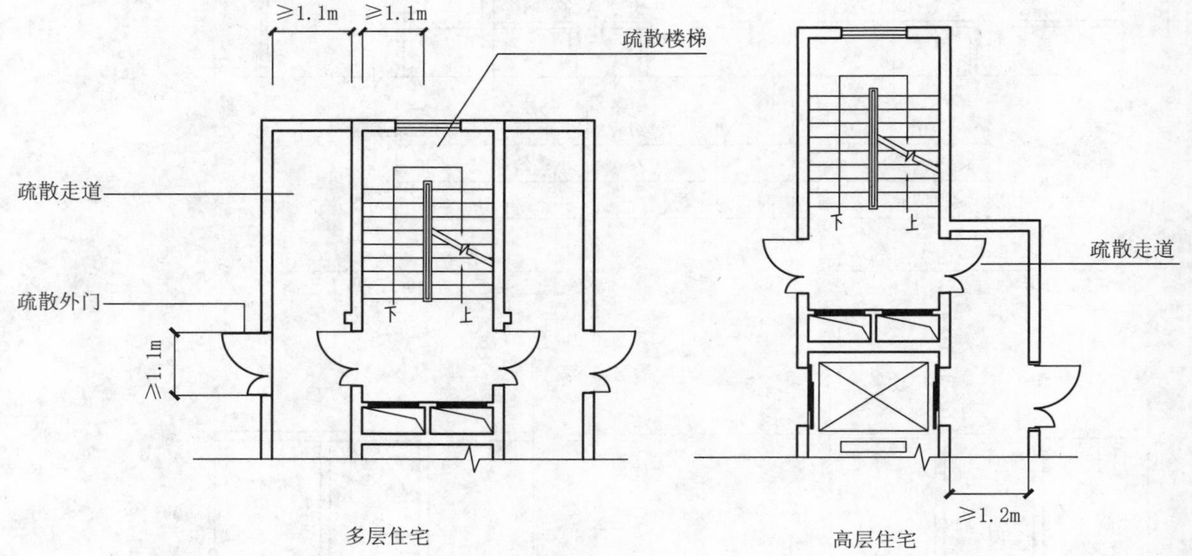
≥1.1m
≥1.1m
疏散楼梯
疏散走道
疏散外门
≥1.1m
下
上
多层住宅
疏散走道
≥1.2m
高层住宅

图5-173 5.5.30图示（1）

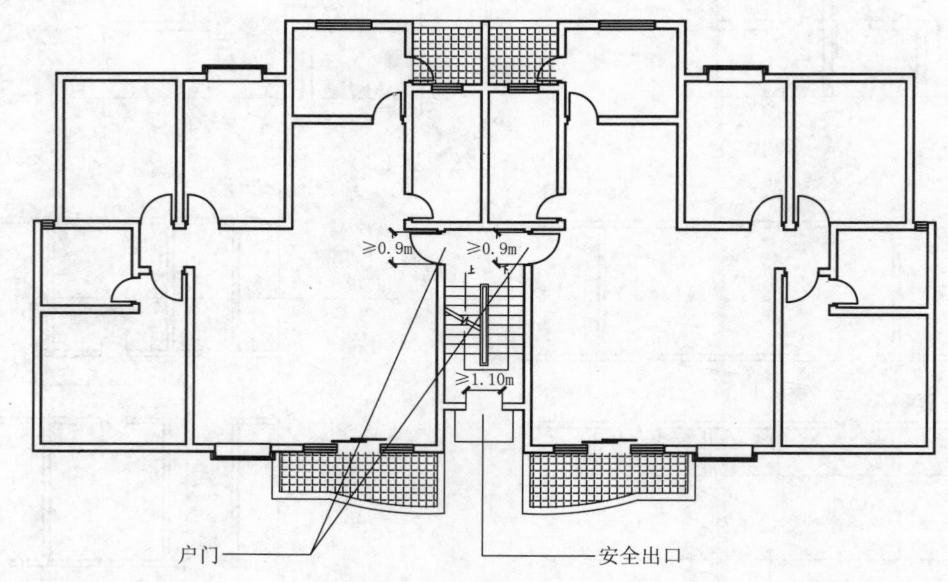
≥0.9m
≥0.9m
≥1.10m
户门
安全出口

图5-174 5.5.30图示（2）

5.5.31　建筑高度大于100m的住宅建筑应设置避难层，避难层的设置应符合本规范第5.5.23条有关避难层的要求（图5-175～图5-177）。

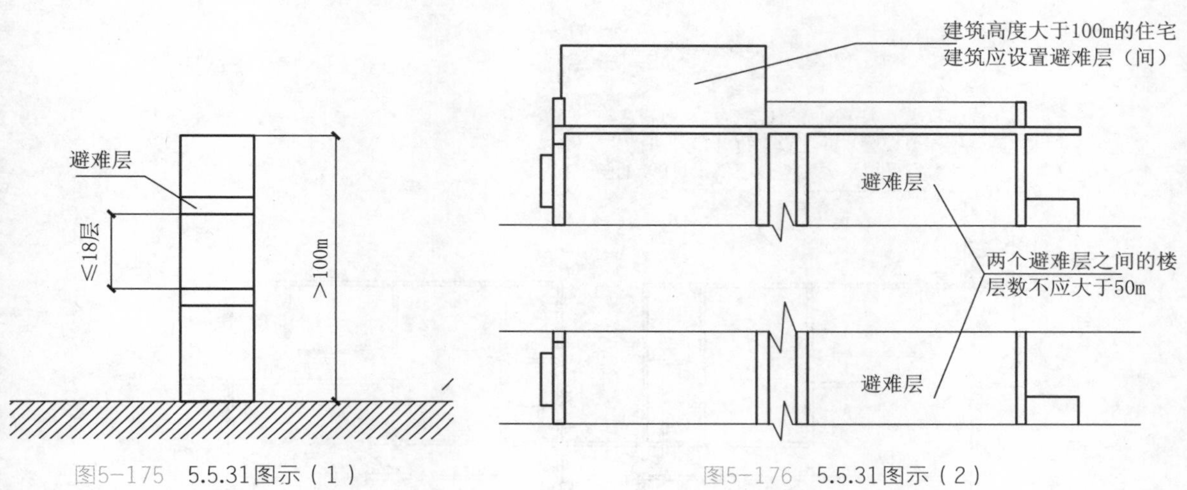
避难层
≤18层
>100m
建筑高度大于100m的住宅
建筑应设置避难层（间）
避难层
两个避难层之间的楼
层数不应大于50m
避难层

图5-175　5.5.31图示（1）

图5-176　5.5.31图示（2）

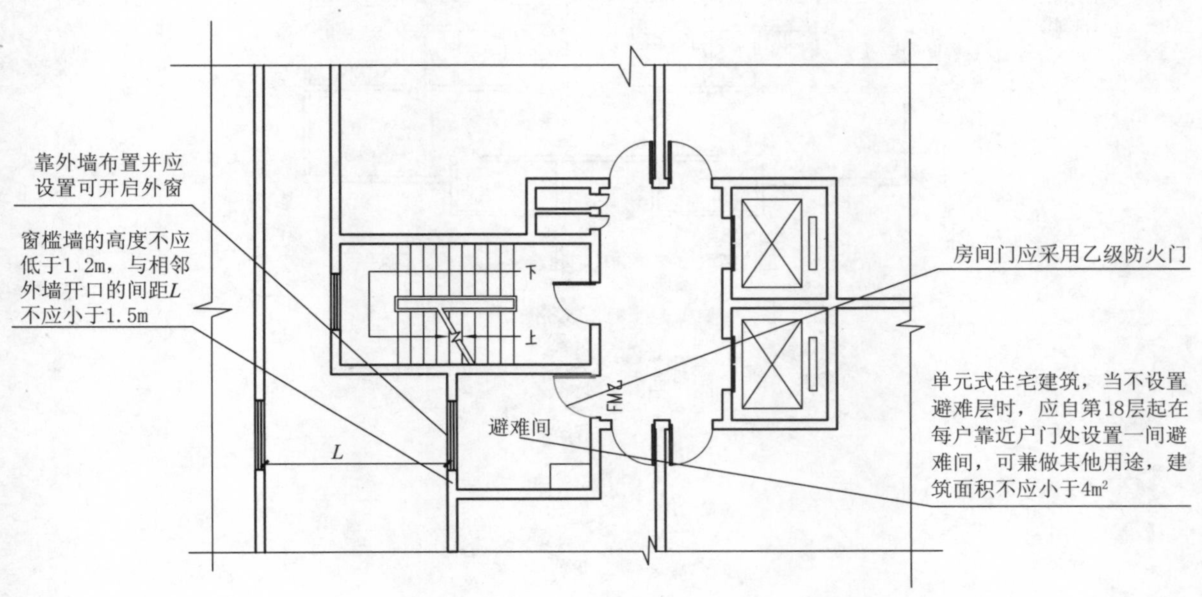
靠外墙布置并应
设置可开启外窗
窗槛墙的高度不应
低于1.2m，与相邻
外墙开口的间距L
不应小于1.5m
下
上
FM乙
避难间
L
房间门应采用乙级防火门
单元式住宅建筑，当不设置
避难层时，应自第18层起在
每户靠近户门处设置一间避
难间，可兼做其他用途，建
筑面积不应小于4m²

图5-177　5.5.31图示（3）

5.5.32 建筑高度大于54m的住宅建筑，每户应有一间房间符合下列规定：

1 应靠外墙设置，并应设置可开启外窗；

2 内、外墙体的耐火极限不应低于1.00h，该房间的门宜采用乙级防火门，外窗的耐火完整性不宜低于1.00h（图5-178）。

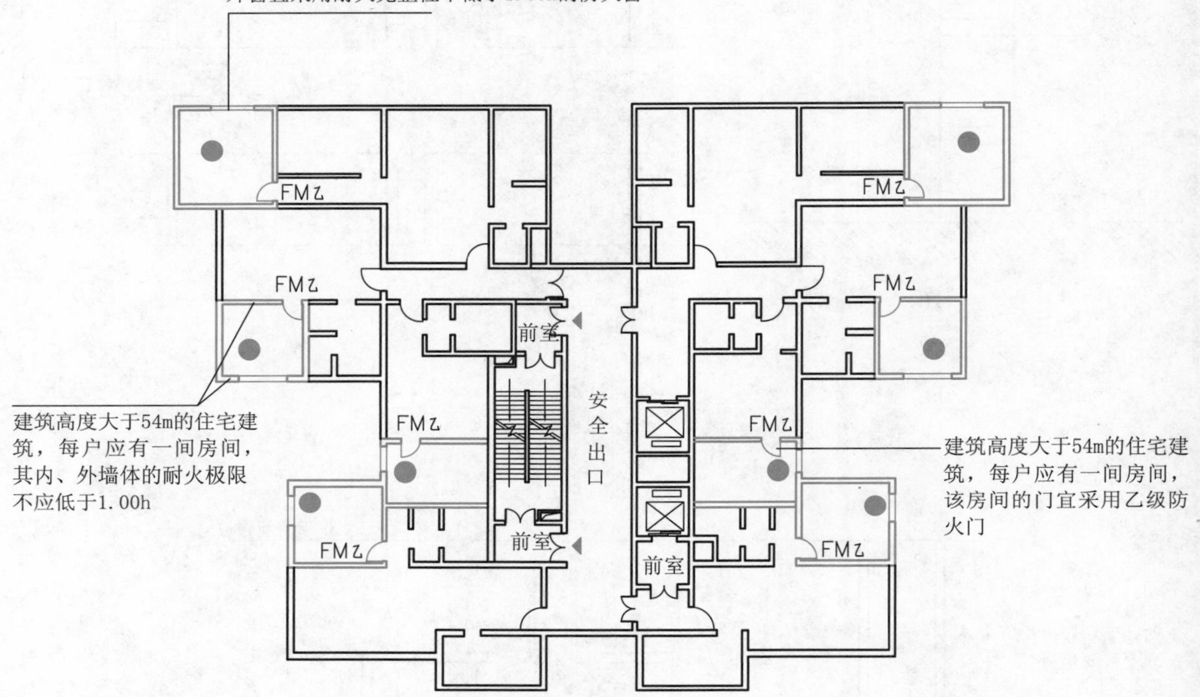
建筑高度大于54m的住宅建筑，每户应有一间房间应
靠外墙设置，并应设置可开启外窗；
外窗宜采用耐火完整性不低于1.00h的防火窗
FM乙
FM乙
FM乙
FM乙
FM乙
FM乙
FM乙
FM乙
前室
前室
前室
安全出口
建筑高度大于54m的住宅建筑，每户应有一间房间，其内、外墙体的耐火极限不应低于1.00h
建筑高度大于54m的住宅建筑，每户应有一间房间，该房间的门宜采用乙级防火门

建筑高度h>54m的住宅建筑标准层平面示意图

图5-178 5.5.32图示

6 建筑构造

6.1 防火墙

6.1.1 防火墙应直接设置在建筑的基础或框架、梁等承重结构上，框架、梁等承重结构的耐火极限不应低于防火墙的耐火极限（图6-1）。

防火墙应从楼地面基层隔断至梁、楼板或屋面板的底面基层。当高层厂房（仓库）屋顶承重结构和屋面板的耐火极限低于1.00h，其他建筑屋顶承重结构和屋面板的耐火极限低于0.50h时，防火墙应高出屋面0.5m以上（图6-2）。

6.1.2 防火墙横截面中心线水平距离天窗端面小于4.0m，且天窗端面为可燃性墙体时，应采取防止火势蔓延的措施（图6-3、图6-4）。

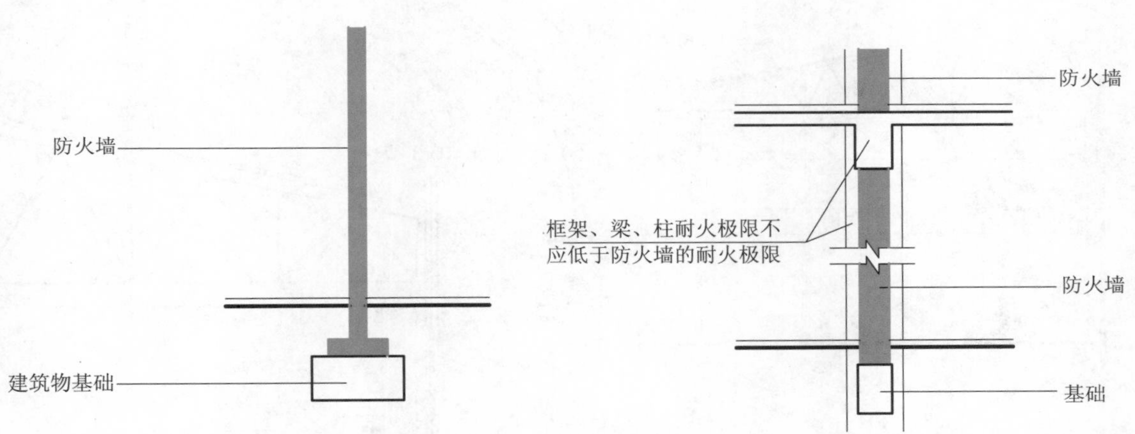
防火墙
建筑物基础
防火墙
框架、梁、柱耐火极限不
应低于防火墙的耐火极限
防火墙
基础

图6-1 6.1.1图示（1）

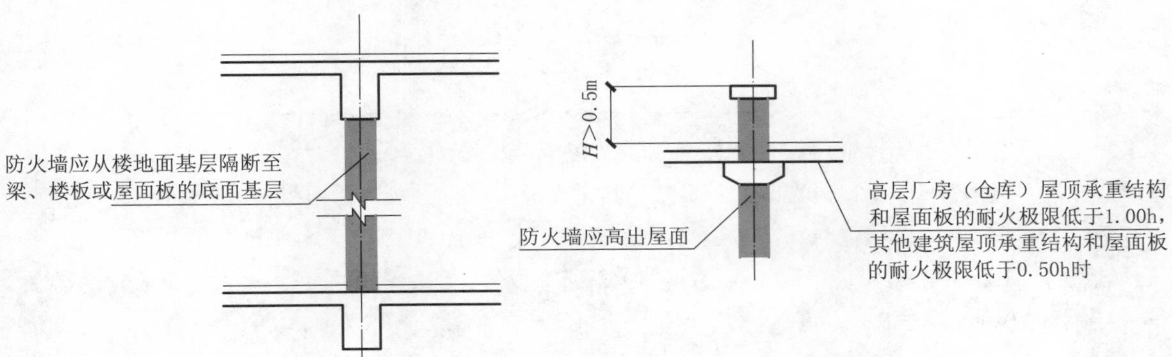
防火墙应从楼地面基层隔断至
梁、楼板或屋面板的底面基层
H>0.5m
防火墙应高出屋面
高层厂房（仓库）屋顶承重结构
和屋面板的耐火极限低于1.00h,
其他建筑屋顶承重结构和屋面板
的耐火极限低于0.50h时

图6-2 6.1.1图示（2）

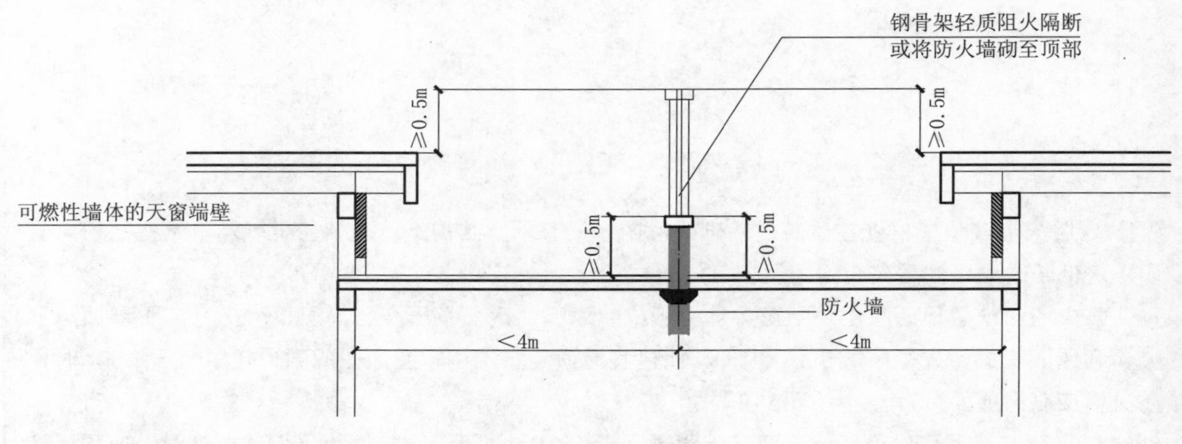
钢骨架轻质阻火隔断
或将防火墙砌至顶部
≥0.5m
≥0.5m
可燃性墙体的天窗端壁
≥0.5m
≥0.5m
防火墙
<4m
<4m

图6-3　6.1.2图示（1）

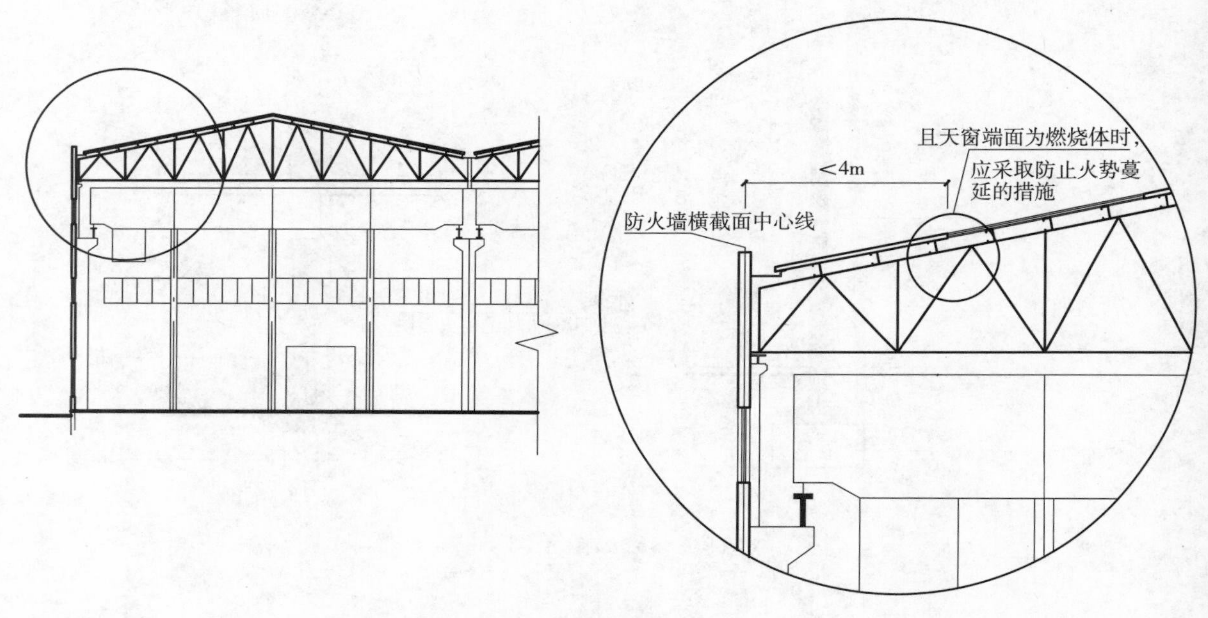
且天窗端面为燃烧体时，
应采取防止火势蔓
延的措施
<4m
防火墙横截面中心线

图6-4　6.1.2图示（2）

6.1.3　建筑外墙为难燃性或可燃性墙体时，防火墙应凸出墙的外表面0.4m以上，且防火墙两侧的外墙均应为宽度均不小于2.0m的不燃性墙体，其耐火极限不应低于外墙的耐火极限（图6-5）。

建筑外墙为不燃性墙体时，防火墙可不凸出墙的外表面，紧靠防火墙两侧的门、窗、洞口之间最近边缘的水平距离不应小于2.0m（图6-6）；采取设置乙级防火窗等防止火灾水平蔓延的措施时，该距离不限（图6-7）。

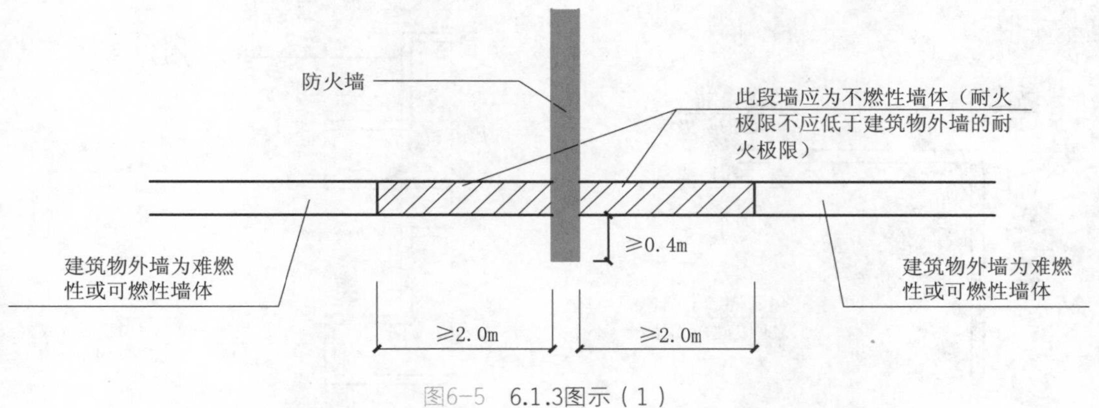
防火墙
此段墙应为不燃性墙体（耐火极限不应低于建筑物外墙的耐火极限）
≥0.4m
建筑物外墙为难燃性或可燃性墙体
建筑物外墙为难燃性或可燃性墙体
≥2.0m
≥2.0m

图6-5　6.1.3图示（1）

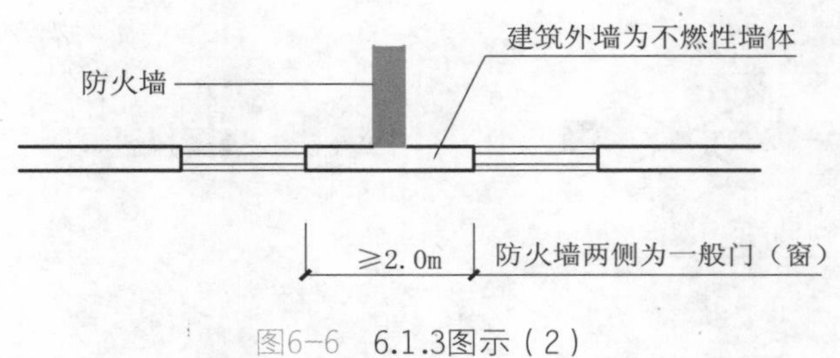
建筑外墙为不燃性墙体
防火墙
≥2.0m
防火墙两侧为一般门（窗）

图6-6　6.1.3图示（2）

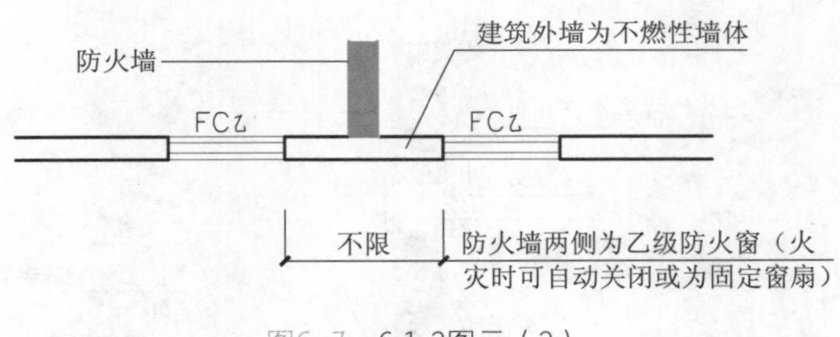
建筑外墙为不燃性墙体
防火墙
FCℤ
FCℤ
不限
防火墙两侧为乙级防火窗（火灾时可自动关闭或为固定窗扇）

图6-7　6.1.3图示（3）

6.1.4　建筑内的防火墙不宜设置在转角处，确需设置时，内转角两侧墙上的门、窗、洞口之间最近边缘的水平距离不应小于4.0m（图6-8）；采取设置乙级防火窗等防止火灾水平蔓延的措施时，该距离不限（图6-9）。

6.1.5　防火墙上不应开设门、窗、洞口，确需开设时，应设置不可开启或火灾时能自动关闭的甲级防火门、窗（图6-10）。

可燃气体和甲、乙、丙类液体的管道严禁穿过防火墙。防火墙内不应设置排气道（图6-11）。

6.1.6　除本规范第6.1.5条规定外的其他管道不宜穿过防火墙，确需穿过时，应采用防火封堵材料将墙与管道之间的空隙紧密填实，穿过防火墙处的管道保温材料，应采用不燃材料；当管道为难燃及可燃材料时，应在防火墙两侧的管道上采取防火措施（图6-12）。

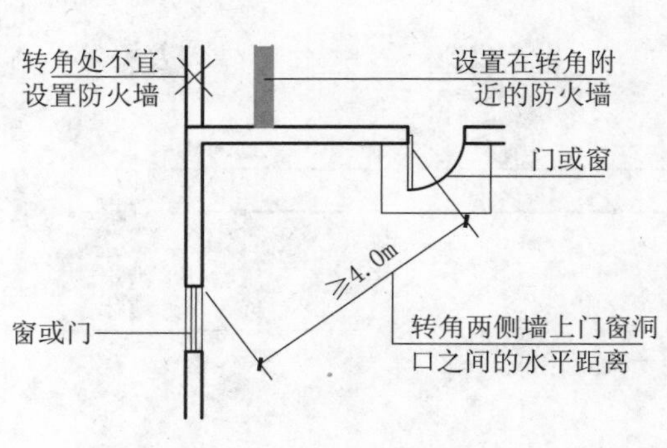
转角处不宜
设置防火墙
设置在转角附
近的防火墙
门或窗
≥4.0m
窗或门
转角两侧墙上门窗洞
口之间的水平距离

图6-8 6.1.4图示（1）

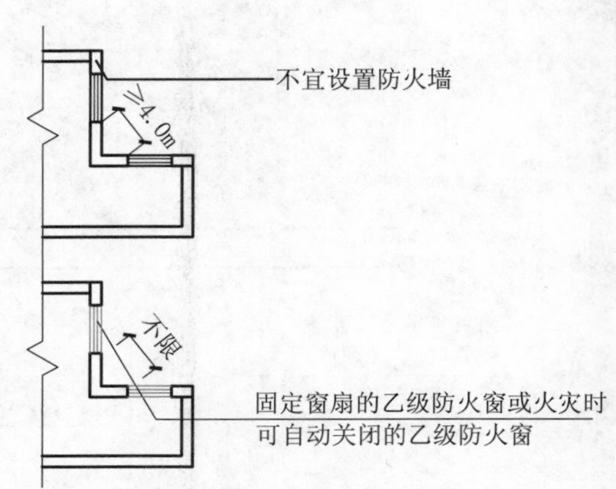
不宜设置防火墙
≥4.0m
不限
固定窗扇的乙级防火窗或火灾时
可自动关闭的乙级防火窗

图6-9 6.1.4图示（2）

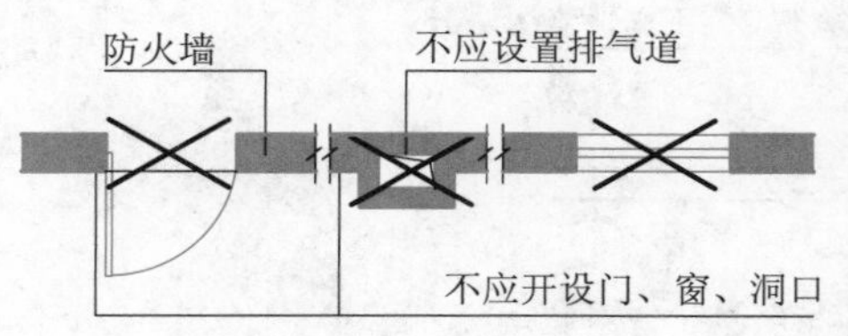
防火墙
不应设置排气道
不应开设门、窗、洞口

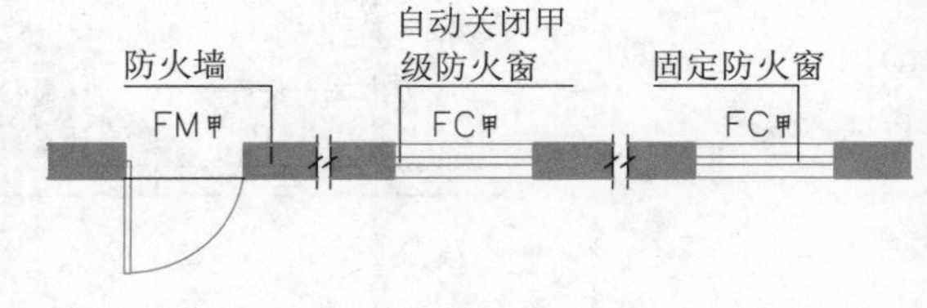
防火墙
FM甲
自动关闭甲
级防火窗
FC甲
固定防火窗
FC甲

图6-10 6.1.5图示（1）

注：确需开设时，应设置不可开启或火灾时能自动关闭的甲级防火门、窗。

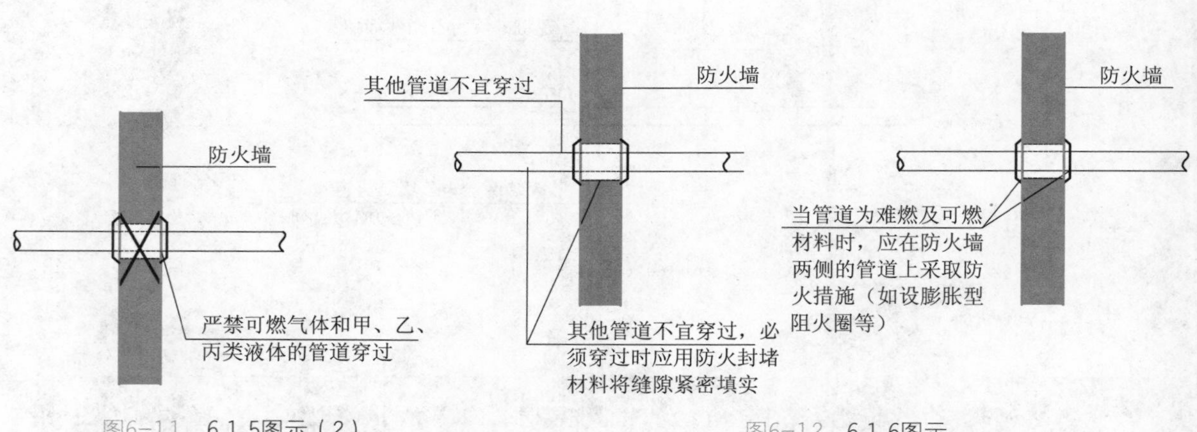
防火墙
严禁可燃气体和甲、乙、
丙类液体的管道穿过
其他管道不宜穿过
防火墙
其他管道不宜穿过，必
须穿过时应用防火封堵
材料将缝隙紧密填实
防火墙
当管道为难燃及可燃
材料时，应在防火墙
两侧的管道上采取防
火措施（如设膨胀型
阻火圈等）

图6-11 6.1.5图示（2）

图6-12 6.1.6图示

6.1.7 防火墙的构造应能在防火墙任意一侧的屋架、梁、楼板等受到火灾的影响而破坏时，不会导致防火墙倒塌（图6-13～图6-16）。

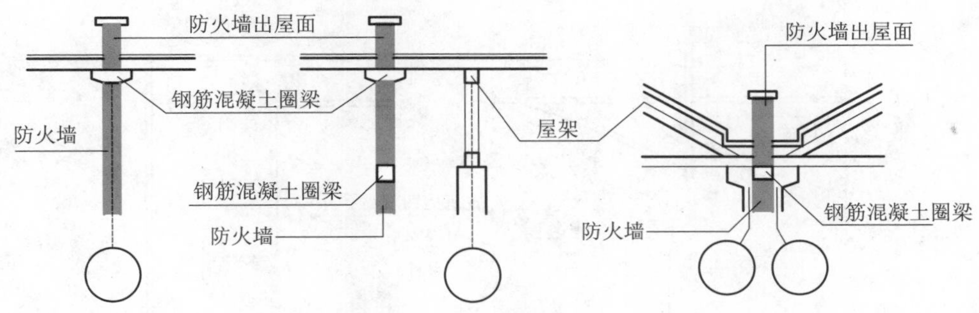
防火墙出屋面
钢筋混凝土圈梁
防火墙
钢筋混凝土圈梁
防火墙
屋架
防火墙出屋面
防火墙
钢筋混凝土圈梁

图6-13 6.1.7图示（1）

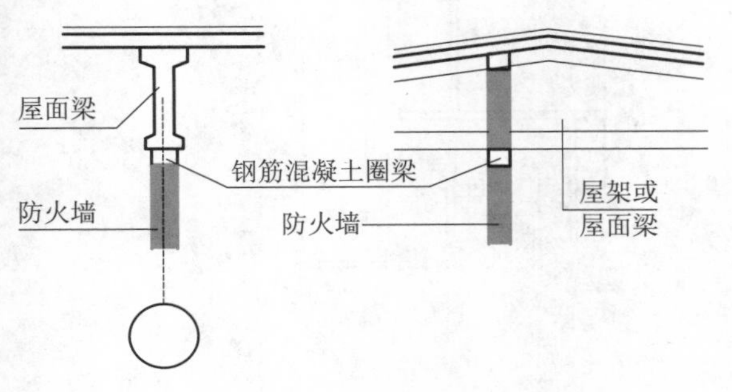
屋面梁
钢筋混凝土圈梁
防火墙
防火墙
屋架或
屋面梁

图6-14 6.1.7图示（2）

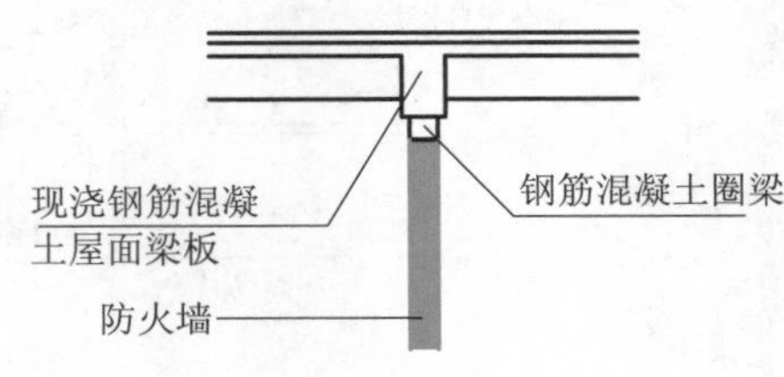
现浇钢筋混凝
土屋面梁板
钢筋混凝土圈梁
防火墙

图6-15 6.1.7图示（3）

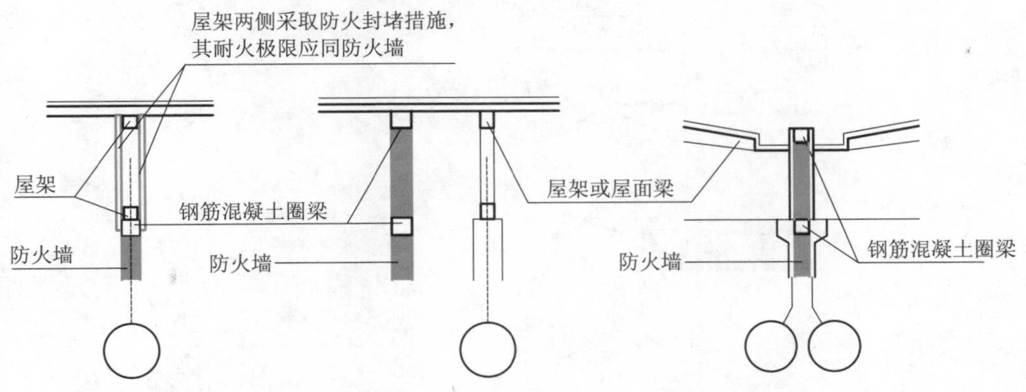
屋架两侧采取防火封堵措施，
其耐火极限应同防火墙
屋架
钢筋混凝土圈梁
防火墙
防火墙
屋架或屋面梁
防火墙
钢筋混凝土圈梁

图6-16 6.1.7图示（4）

6.2 建筑构件和管道井

6.2.1 剧场等建筑的舞台与观众厅之间的隔墙应采用耐火极限不低于3.00h的防火隔墙（图6-17）。

舞台上部与观众厅闷顶之间的隔墙可采用耐火极限不低于1.50h的防火隔墙，隔墙上的门应采用乙级防火门（图6-18）。

舞台下部的灯光操作室和可燃物储藏室应采用耐火极限不低于2.00h的防火隔墙与其他部位分隔（图6-18）。

电影放映室、卷片室应采用耐火极限不低于1.50h的防火隔墙与其他部位分隔（图6-19），观察孔和放映孔应采取防火分隔措施（图6-20）。

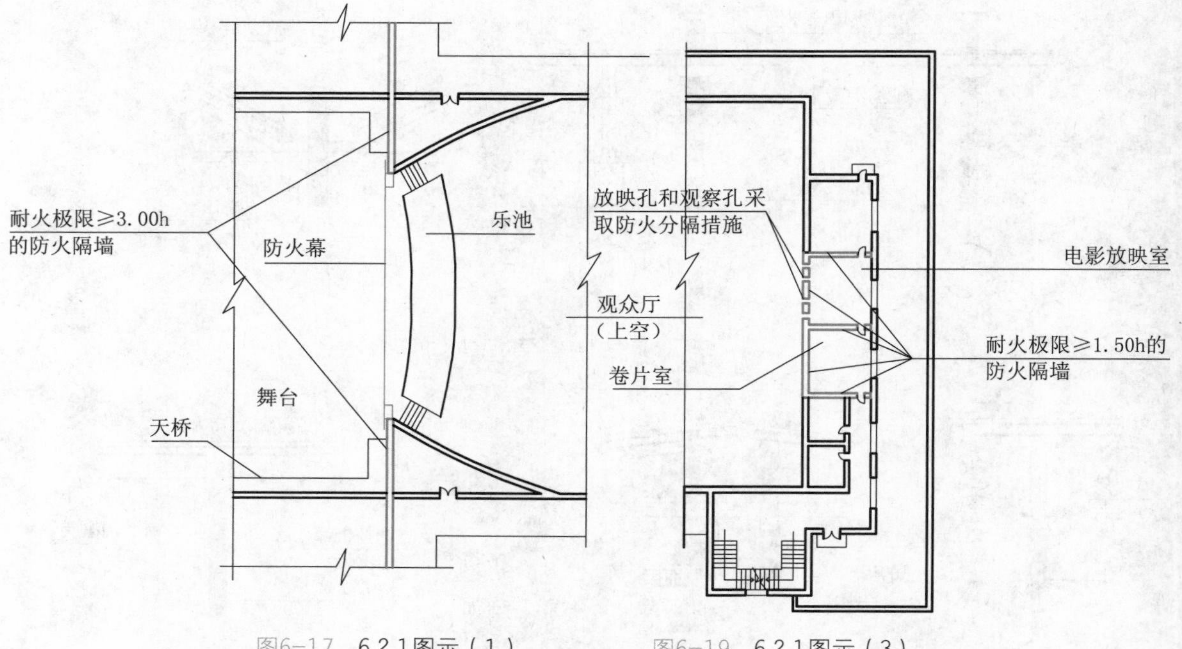
耐火极限≥3.00h
的防火隔墙
防火幕
乐池
舞台
天桥
放映孔和观察孔采
取防火分隔措施
电影放映室
观众厅
（上空）
耐火极限≥1.50h的
防火隔墙
卷片室

图6-17　6.2.1图示（1）

图6-19　6.2.1图示（3）

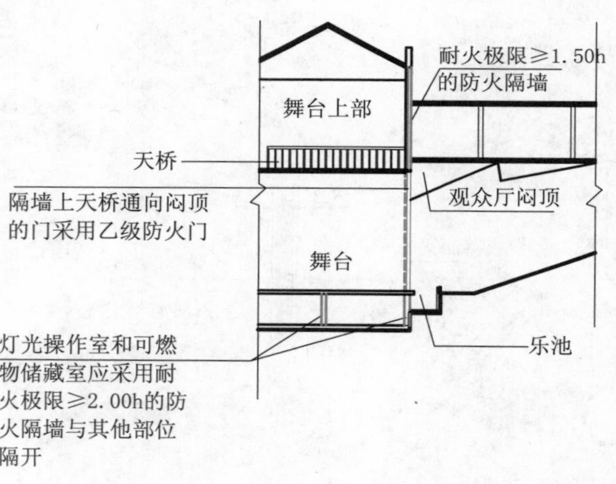
耐火极限≥1.50h
的防火隔墙
舞台上部
天桥
隔墙上天桥通向闷顶
的门采用乙级防火门
观众厅闷顶
舞台
灯光操作室和可燃
物储藏室应采用耐
火极限≥2.00h的防
火隔墙与其他部位
隔开
乐池

图6-18　6.2.1图示（2）

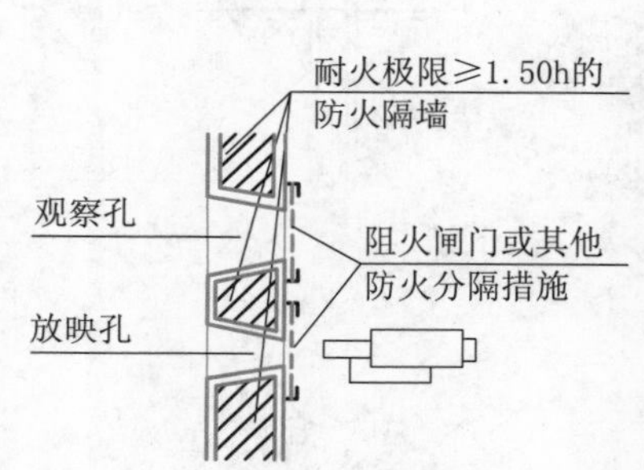
耐火极限≥1.50h的
防火隔墙
观察孔
阻火闸门或其他
防火分隔措施
放映孔

图6-20　6.2.1图示（4）

6.2.2　医疗建筑内的手术室或手术部、产房、重症监护室、贵重精密医疗装备用房、储藏间、实验室、胶片室等，附设在建筑内的托儿所、幼儿园的儿童用房和儿童游乐厅等儿童活动场所、老年人活动场所，应采用耐火极限不低于2.00h的防火隔墙和1.00h的楼板与其他场所或部位分隔，墙上必须设置的门、窗应采用乙级防火门、窗（图6-21、图6-22）。

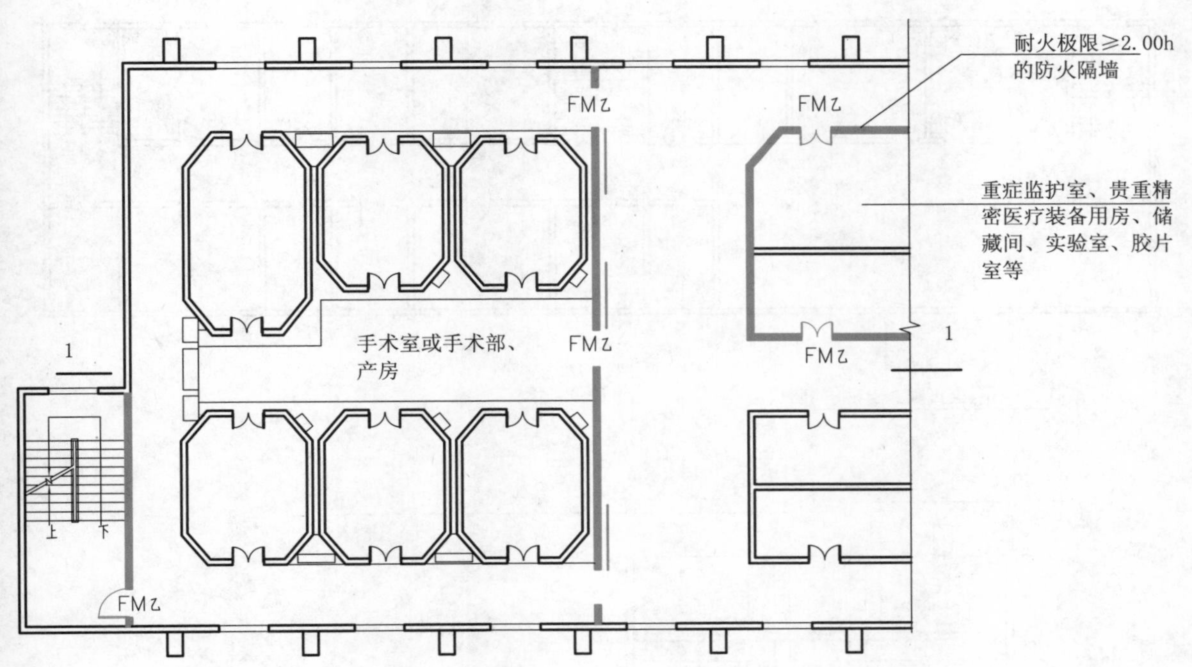

耐火极限≥2.00h
的防火隔墙
FM乙
FM乙
重症监护室、贵重精
密医疗装备用房、储
藏间、实验室、胶片
室等
1
手术室或手术部、
产房
FM乙
FM乙
1
上
下
FM乙

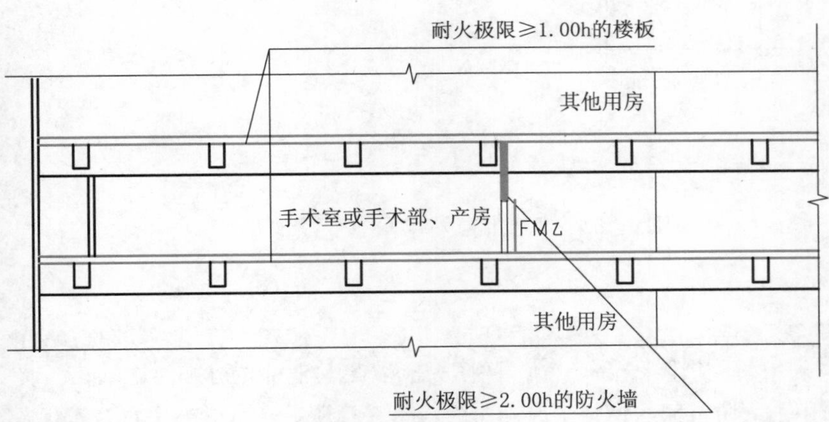

耐火极限≥1.00h的楼板
其他用房
手术室或手术部、产房
FM乙
其他用房
耐火极限≥2.00h的防火墙

1-1 剖面示意图

图6-21　6.2.2图示（1）

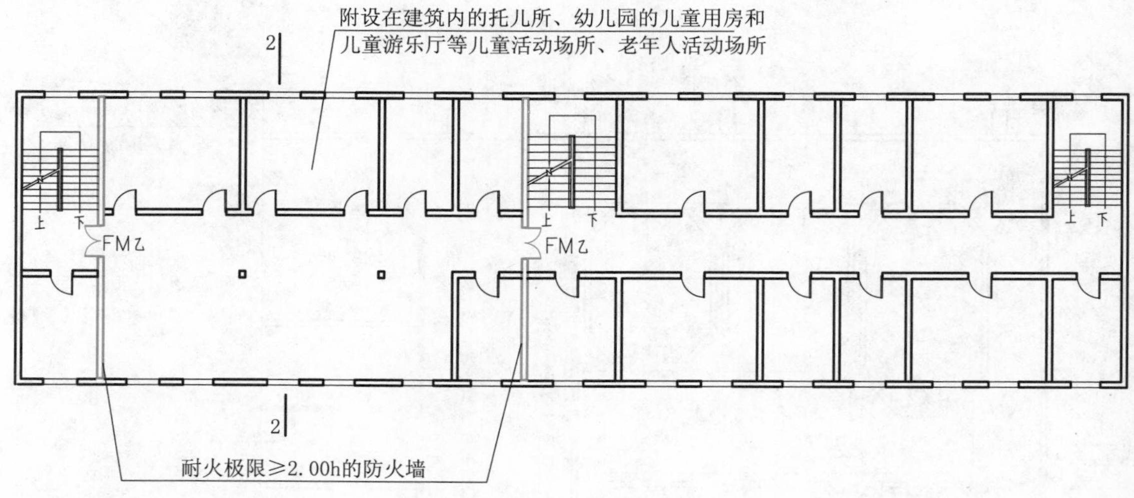
附设在建筑内的托儿所、幼儿园的儿童用房和
儿童游乐厅等儿童活动场所、老年人活动场所
2
上
下
FM乙
FM乙
上
下
上
下
2
耐火极限≥2.00h的防火墙

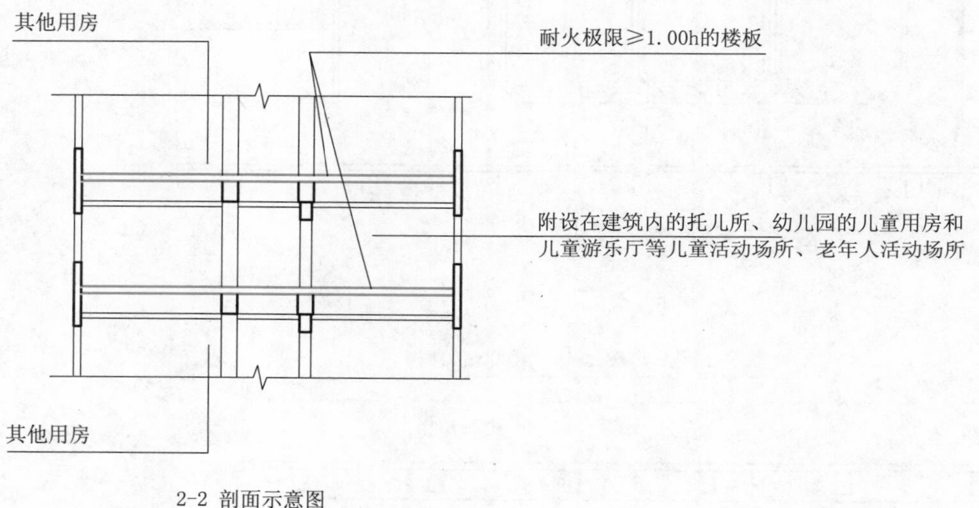
其他用房
耐火极限≥1.00h的楼板
附设在建筑内的托儿所、幼儿园的儿童用房和
儿童游乐厅等儿童活动场所、老年人活动场所
其他用房
2-2 剖面示意图

图6-22　6.2.2图示（2）

6.2.3　建筑内的下列部位应采用耐火极限不低于2.00h的防火隔墙与其他部位分隔（图6-23，图6-27），墙上的门、窗应采用乙级防火门、窗，确有困难时，可采用防火卷帘，但应符合本规范第6.5.3条的规定：

1　甲、乙类生产部位和建筑内使用丙类液体的部位（图6-23）；

2　厂房内有明火和高温的部位（图6-23）；

3　甲、乙、丙类厂房（仓库）内布置有不同火灾危险性类别的房间（图6-24）；

4　民用建筑内的附属库房，剧场后台的辅助用房（图6-25）；

5　除居住建筑中套内的厨房外，宿舍、公寓建筑中的公共厨房和其他建筑内的厨房（图6-26）；

6　附设在住宅建筑内的机动车库（图6-27）。

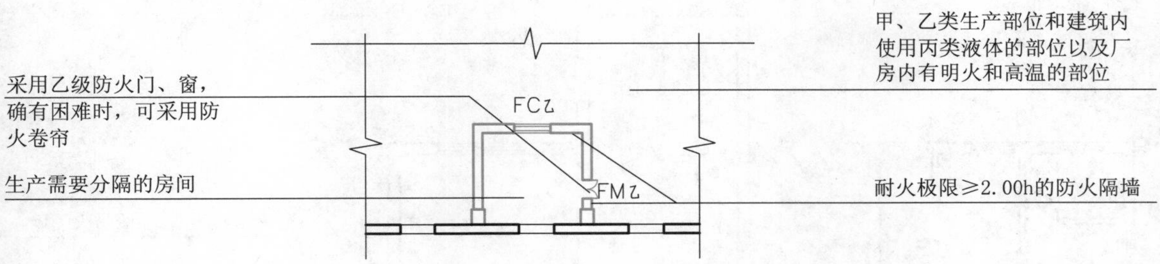
甲、乙类生产部位和建筑内使用丙类液体的部位以及厂房内有明火和高温的部位
采用乙级防火门、窗，确有困难时，可采用防火卷帘
FC乙
FM乙
生产需要分隔的房间
耐火极限≥2.00h的防火隔墙

图6-23 6.2.3图示（1）

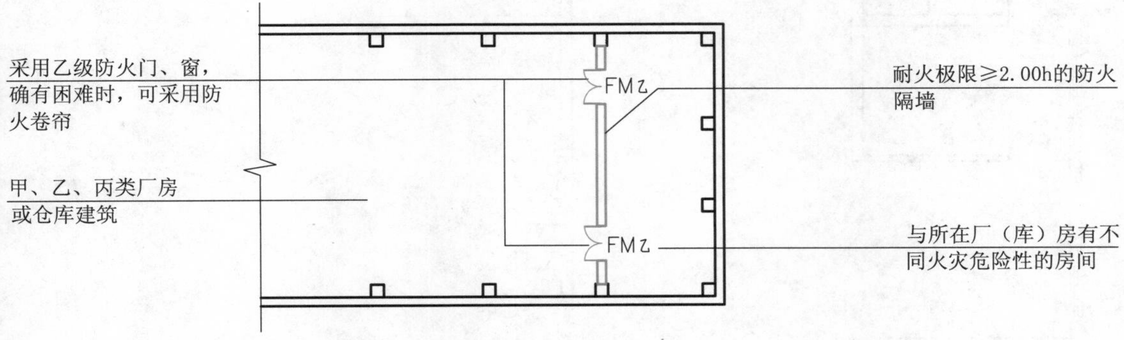
采用乙级防火门、窗，确有困难时，可采用防火卷帘
FM乙
耐火极限≥2.00h的防火隔墙
甲、乙、丙类厂房或仓库建筑
FM乙
与所在厂（库）房有不同火灾危险性的房间

图6-24 6.2.3图示（2）

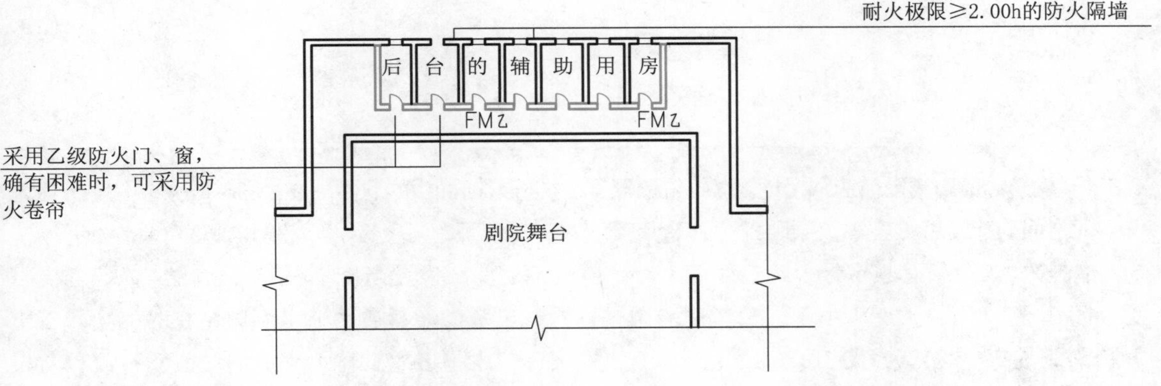
耐火极限≥2.00h的防火隔墙
后 台 的 辅 助 用 房
FM乙
FM乙
采用乙级防火门、窗，确有困难时，可采用防火卷帘
剧院舞台

图6-25 6.2.3图示（3）

注：后台的辅助用房包括楼层。

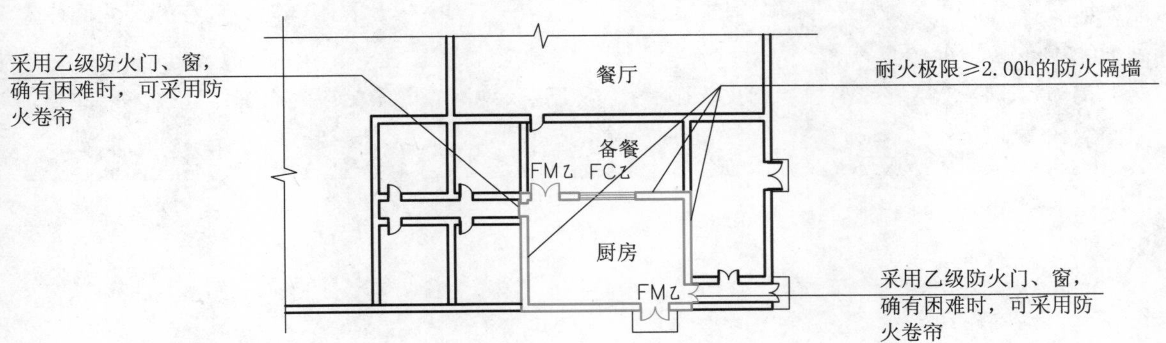
采用乙级防火门、窗，确有困难时，可采用防火卷帘
餐厅
耐火极限≥2.00h的防火隔墙
备餐
FM乙
FC乙
厨房
FM乙
采用乙级防火门、窗，确有困难时，可采用防火卷帘

图6-26 6.2.3图示（4）

注：住宅的厨房除外。

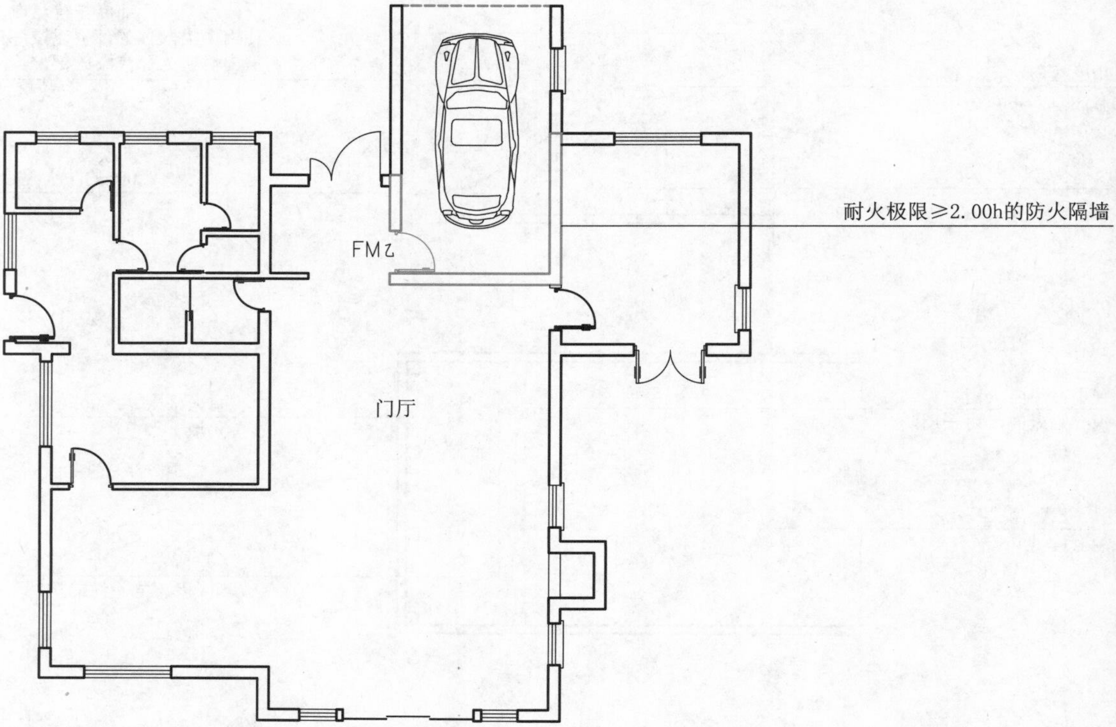

耐火极限≥2.00h的防火隔墙

FM乙

门厅

图6-27　6.2.3图示（5）

6.2.4　建筑内的防火隔墙应从楼地面基层隔断至梁、楼板或屋面板的底面基层（图6-28）。住宅分户墙和单元之间的墙应隔断至梁、楼板或屋面板的底面基层，屋面板的耐火极限不应低于0.50h（图6-29）。

6.2.5　除本规范另有规定外，建筑外墙上、下层开口之间应设置高度不小于1.2m的实体墙或挑出宽度不小于1.0m、长度不小于开口宽度的防火挑檐；当室内设置自动喷水灭火系统时，上、下层开口之间的实体墙高度不应小于0.8m。当上、下层开口之间设置实体墙确有困难时，可设置防火玻璃墙，但高层建筑的防火玻璃墙的耐火完整性不应低于1.00h，多层建筑的防火玻璃墙的耐火完整性不应低于0.50h。外窗的耐火完整性不应低于防火玻璃墙的耐火完整性要求（图6-30）。

住宅建筑外墙上相邻户开口之间的墙体宽度不应小于1.0m；小于1.0m时，应在开口之间设置突出外墙不小于0.6m的隔板。

实体墙、防火挑檐和隔板的耐火极限和燃烧性能，均不应低于相应耐火等级建筑外墙的要求（图6-31）。

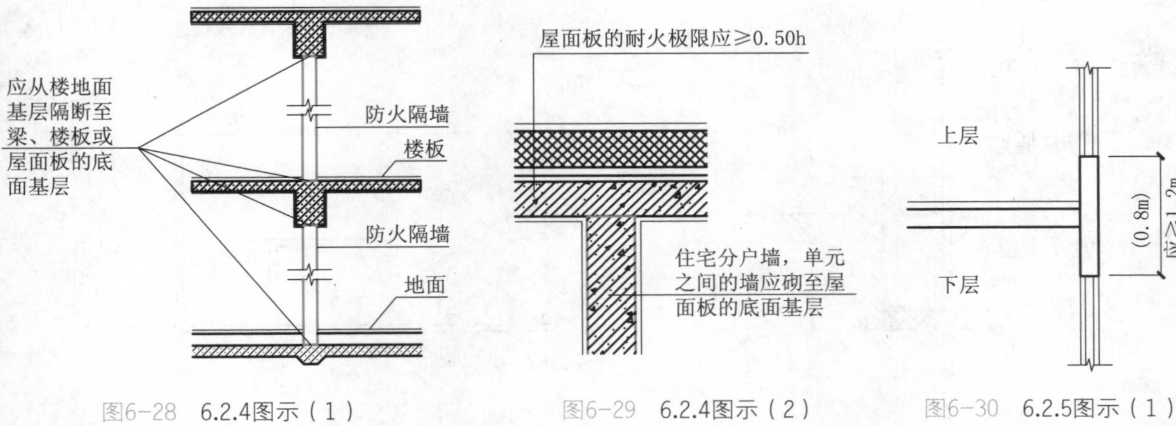
应从楼地面
基层隔断至
梁、楼板或
屋面板的底
面基层
防火隔墙
楼板
防火隔墙
地面
屋面板的耐火极限应≥0.50h
住宅分户墙，单元
之间的墙应砌至屋
面板的底面基层
上层
下层
(0.8m)
应≥1.2m

图6-28 6.2.4图示（1）　图6-29 6.2.4图示（2）　图6-30 6.2.5图示（1）

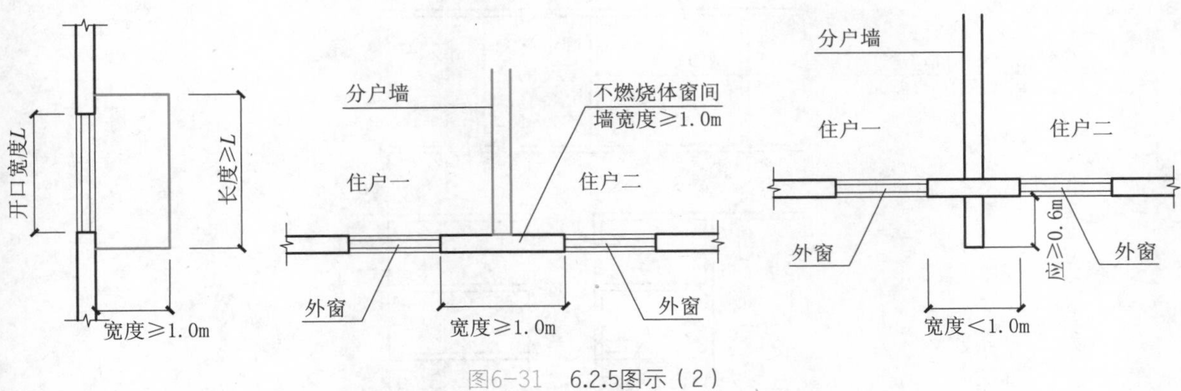
开口宽度L
长度≥L
宽度≥1.0m
分户墙
不燃烧体窗间
墙宽度≥1.0m
住户一
住户二
外窗
宽度≥1.0m
外窗
分户墙
住户一
住户二
外窗
应≥0.6m
外窗
宽度<1.0m

图6-31 6.2.5图示（2）

6.2.6 建筑幕墙应在每层楼板外沿处采取符合本规范第6.2.5条规定的防火措施，幕墙与每层楼板、隔墙处的缝隙应采用防火封堵材料封堵（图6-32）。

6.2.7 附设在建筑内的消防控制室、灭火设备室、消防水泵房和通风空气调节机房、变配电室等，应采用耐火极限不低于2.00h的防火隔墙和l.50h的楼板与其他部位分隔（图6-33、图6-34）。

设置在丁、戊类厂房内的通风机房，应采用耐火极限不低于l.00h的防火隔墙和0.50h的楼板与其他部位分隔。

通风、空气调节机房和变配电室开向建筑内的门应采用甲级防火门，消防控制室和其他设备房开向建筑内的门应采用乙级防火门。

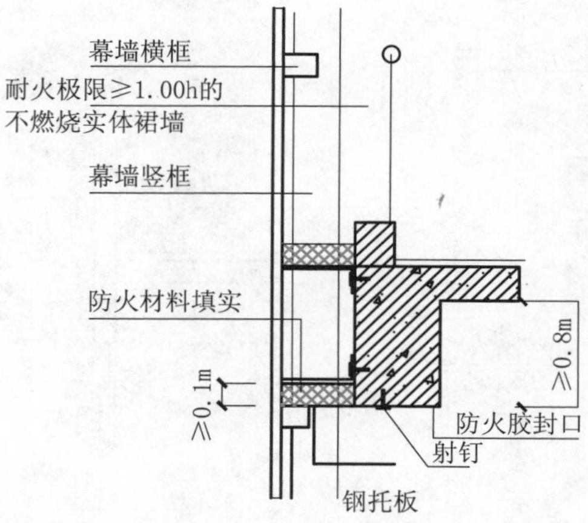

幕墙横框
耐火极限≥1.00h的不燃烧实体裙墙
幕墙竖框
防火材料填实
≥0.8m
≥0.1m
防火胶封口
射钉
钢托板

图6-32　6.2.6图示

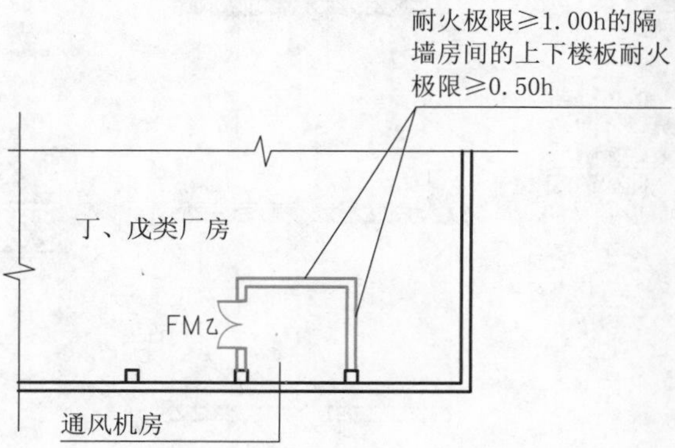

耐火极限≥1.00h的隔墙房间的上下楼板耐火极限≥0.50h
丁、戊类厂房
FM乙
通风机房

图6-33　6.2.7图示（1）

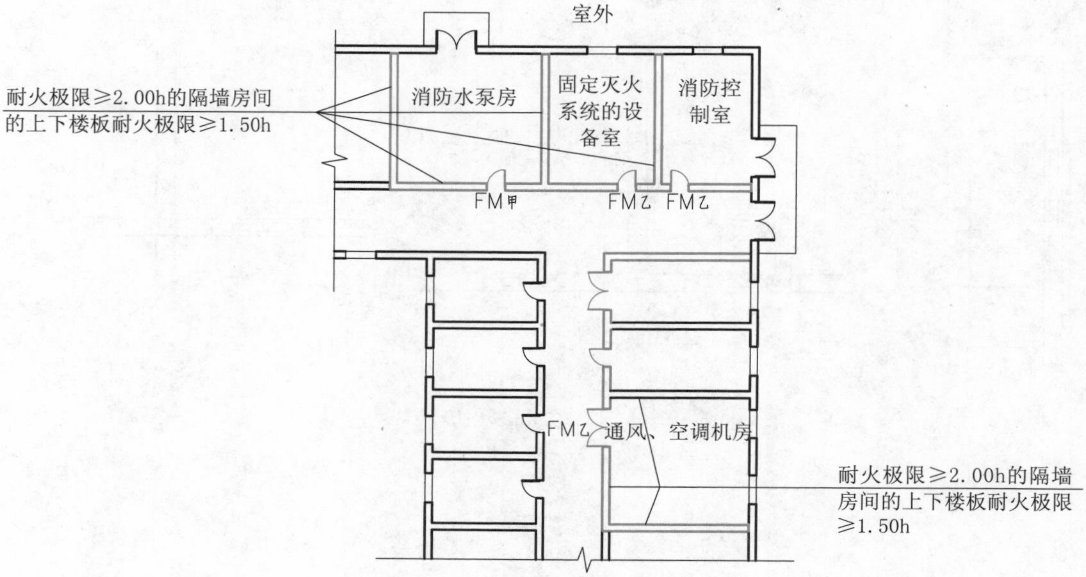

室外
消防水泵房
固定灭火系统的设备室
消防控制室
耐火极限≥2.00h的隔墙房间的上下楼板耐火极限≥1.50h
FM甲
FM乙
FM乙
FM乙
通风、空调机房
耐火极限≥2.00h的隔墙房间的上下楼板耐火极限≥1.50h

图6-34　6.2.7图示（2）

6.2.8　冷库、低温环境生产场所采用泡沫塑料等可燃材料作墙体内的绝热层时，宜采用不燃绝热材料在每层楼板处做水平防火分隔。防火分隔部位的耐火极限不应低于楼板的耐火极限（图6–35）。冷库阁楼层和墙体的可燃绝热层宜采用不燃性墙体分隔（图6–36）。

冷库、低温环境生产场所采用泡沫塑料作内绝热层时，绝热层的燃烧性能不应低于B1级，且绝热层的表面应采用不燃材料做防护层。

冷库的库房与加工车间贴邻建造时，应采用防火墙分隔，当确需开设相互连通的开口时，应采取防火隔间等措施进行分隔，隔间两侧的门应为甲级防火门。当冷库的氨压缩机房与加工车间贴邻时，应采用不开门窗洞口的防火墙分隔。

6.2.9　建筑内的电梯井等竖井应符合下列规定：

1　电梯井应独立设置，井内严禁敷设可燃气体和甲、乙、丙类液体管道，不应敷设与电梯无关的电缆、电线等。电梯井的井壁除设置电梯门、安全逃生门和通气孔洞外，不应设置其他开口（图6–37）。

2 电缆井、管道井、排烟道、排气道、垃圾道等竖向井道，应分别独立设置。井壁的耐火极限不应低于1.00h，井壁上的检查门应采用丙级防火门（图6-38）。

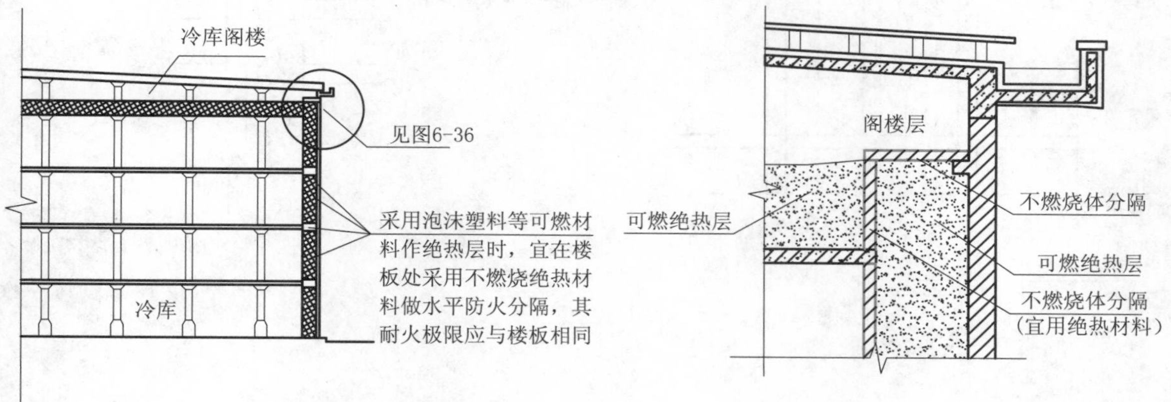
冷库阁楼
见图6-36
采用泡沫塑料等可燃材料作绝热层时，宜在楼板处采用不燃烧绝热材料做水平防火分隔，其耐火极限应与楼板相同
冷库
阁楼层
可燃绝热层
不燃烧体分隔
可燃绝热层
不燃烧体分隔
（宜用绝热材料）

图6-35 6.2.8图示（1）

图6-36 6.2.8图示（2）

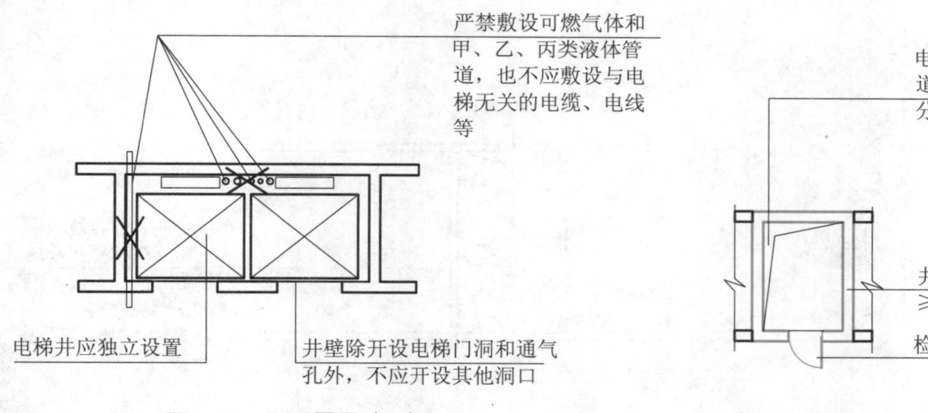
严禁敷设可燃气体和甲、乙、丙类液体管道，也不应敷设与电梯无关的电缆、电线等
电梯井应独立设置
井壁除开设电梯门洞和通气孔外，不应开设其他洞口

图6-37 6.2.9图示（1）

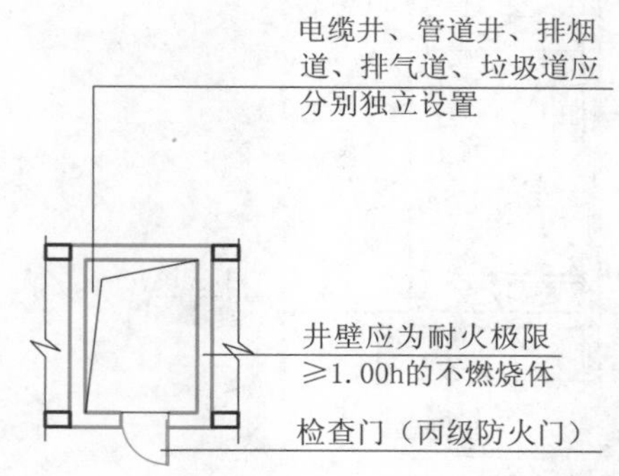
电缆井、管道井、排烟道、排气道、垃圾道应分别独立设置
井壁应为耐火极限≥1.00h的不燃烧体
检查门（丙级防火门）

图6-38 6.2.9图示（2）

3 建筑内的电缆井、管道井应在每层楼板处采用不低于楼板耐火极限的不燃材料或防火封堵材料封堵（图6-39）。

建筑内的电缆井、管道井与房间、走道等相连通的孔隙应采用防火封堵材料封堵（图6-40）。

4 建筑内的垃圾道宜靠外墙设置，垃圾道的排气口应直接开向室外，垃圾斗应采用不燃材料制作，并应能自行关闭（图6-41）。

5 电梯层门的耐火极限不应低于1.00h，并应符合现行国家标准《电梯层门耐火试验 完整性、隔热性和热通量测定法》GB/T 27903规定的完整性和隔热性要求。

6.2.10 户外电致发光广告牌不应直接设置在有可燃、难燃材料的墙体上。

户外广告牌的设置不应遮挡建筑的外窗，不应影响外部灭火救援行动。

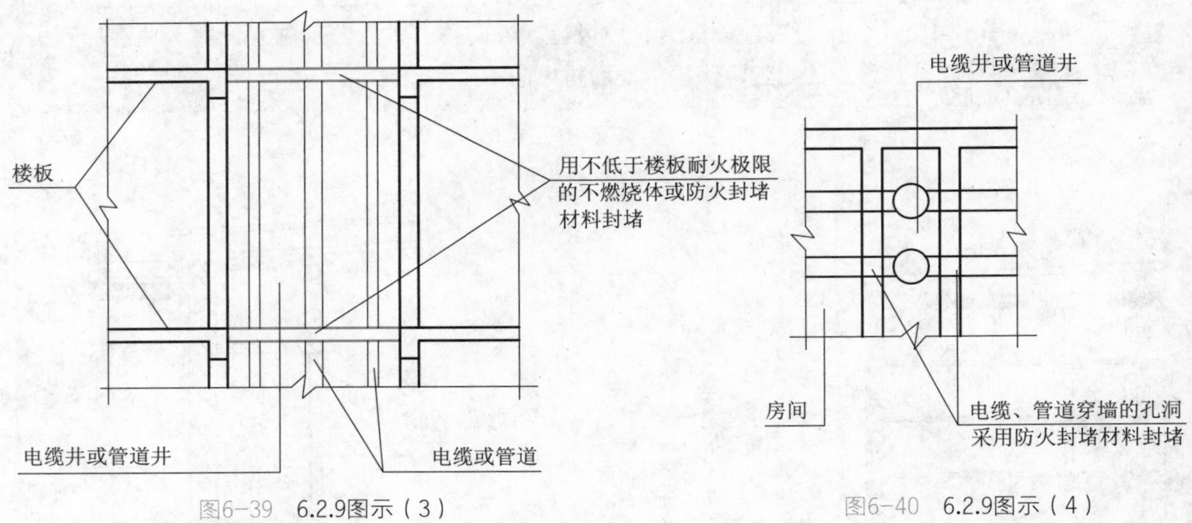
楼板
用不低于楼板耐火极限的不燃烧体或防火封堵材料封堵
电缆井或管道井
电缆或管道
电缆井或管道井
房间
电缆、管道穿墙的孔洞采用防火封堵材料封堵

图6-39 6.2.9图示（3）

图6-40 6.2.9图示（4）

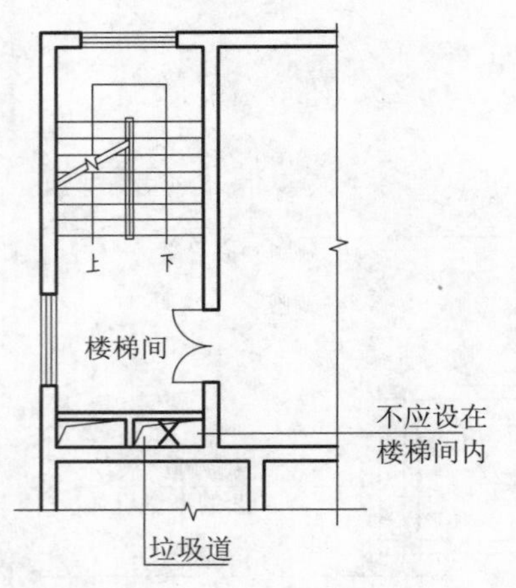
上
下
楼梯间
不应设在楼梯间内
垃圾道

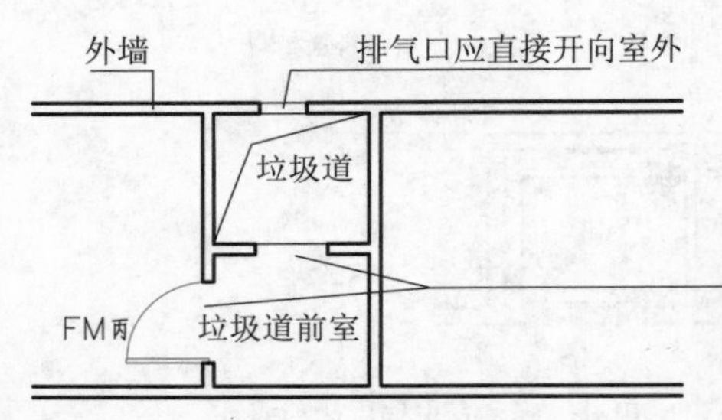
外墙
排气口应直接开向室外
垃圾道
FM丙
垃圾道前室

垃圾斗宜设在垃圾道前室内，该前室应采用丙级防火门。垃圾斗应采用不燃烧材料制作，并应能自行关闭

图6-41 6.2.9图示（5）

6.3 屋顶、闷顶和建筑缝隙

6.3.1 在三、四级耐火等级建筑的闷顶内采用可燃材料作绝热层时，屋顶不应采用冷摊瓦。

闷顶内的非金属烟囱周围0.5m、金属烟囱0.7m范围内，应采用不燃材料作绝热层（图6-42）。

6.3.2 层数超过2层的三级耐火等级建筑内的闷顶，应在每个防火隔断范围内设置老虎窗，且老虎窗的间距不宜大于50m（图6-43）。

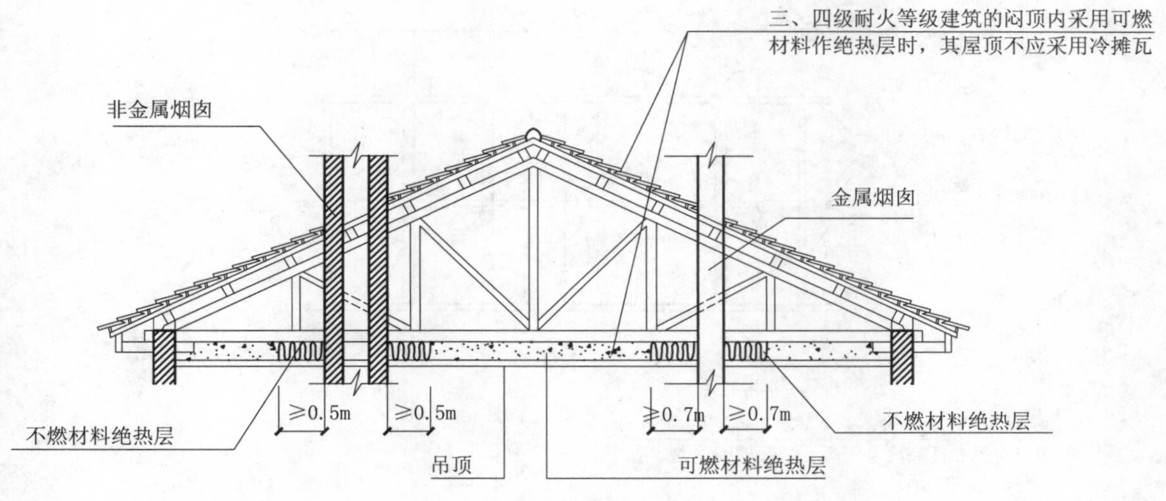
三、四级耐火等级建筑的闷顶内采用可燃材料作绝热层时，其屋顶不应采用冷摊瓦
非金属烟囱
金属烟囱
≥0.5m
≥0.5m
≥0.7m
≥0.7m
不燃材料绝热层
不燃材料绝热层
吊顶
可燃材料绝热层
图6-42　6.3.1图示

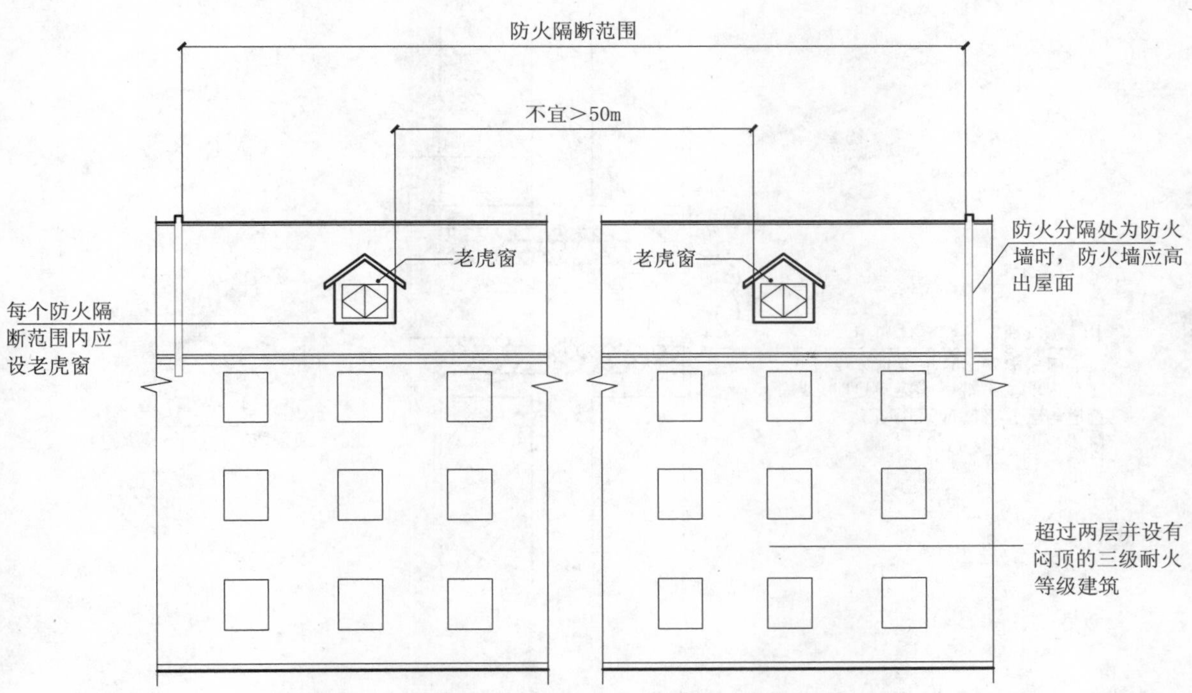
防火隔断范围
不宜>50m
老虎窗
老虎窗
每个防火隔断范围内应设老虎窗
防火分隔处为防火墙时，防火墙应高出屋面
超过两层并设有闷顶的三级耐火等级建筑
图6-43　6.3.2图示

6.3.3　内有可燃物的闷顶，应在每个防火隔断范围内设置净宽度和净高度均不小于0.7m的闷顶入口；对于公共建筑，每个防火隔断范围内的闷顶入口不宜少于2个。闷顶入口宜布置在走廊中靠近楼梯间的部位（图6–44）。

6.3.4　变形缝内的填充材料和变形缝的构造基层应采用不燃材料。

电线、电缆、可燃气体和甲、乙、丙类液体的管道不宜穿过建筑内的变形缝，确需穿过时，应在穿过处加设不燃材料制作的套管或采取其他防变形措施，并应采用防火封堵材料封堵（图6–45）。

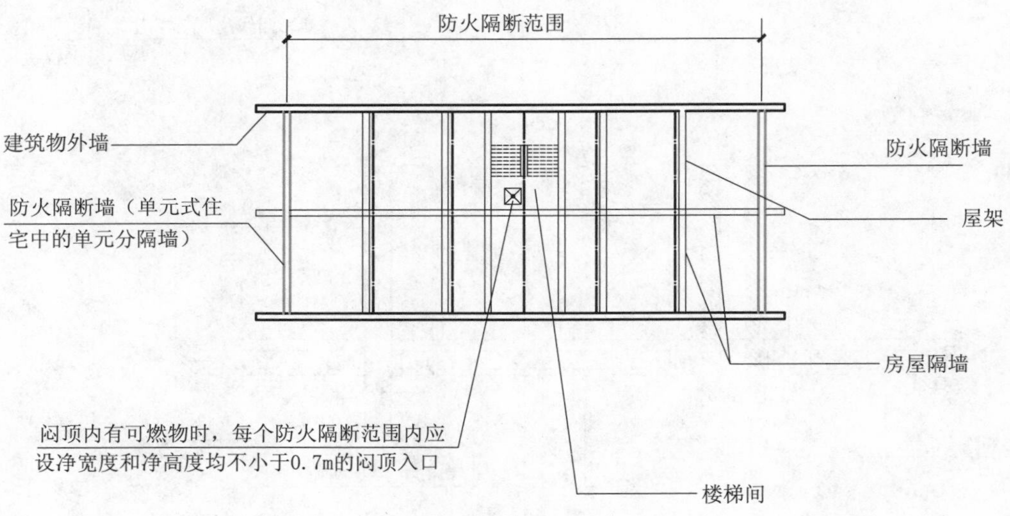
防火隔断范围
建筑物外墙
防火隔断墙（单元式住
宅中的单元分隔墙）
防火隔断墙
屋架
房屋隔墙
闷顶内有可燃物时，每个防火隔断范围内应
设净宽度和净高度均不小于0.7m的闷顶入口
楼梯间

图6-44　6.3.3图示

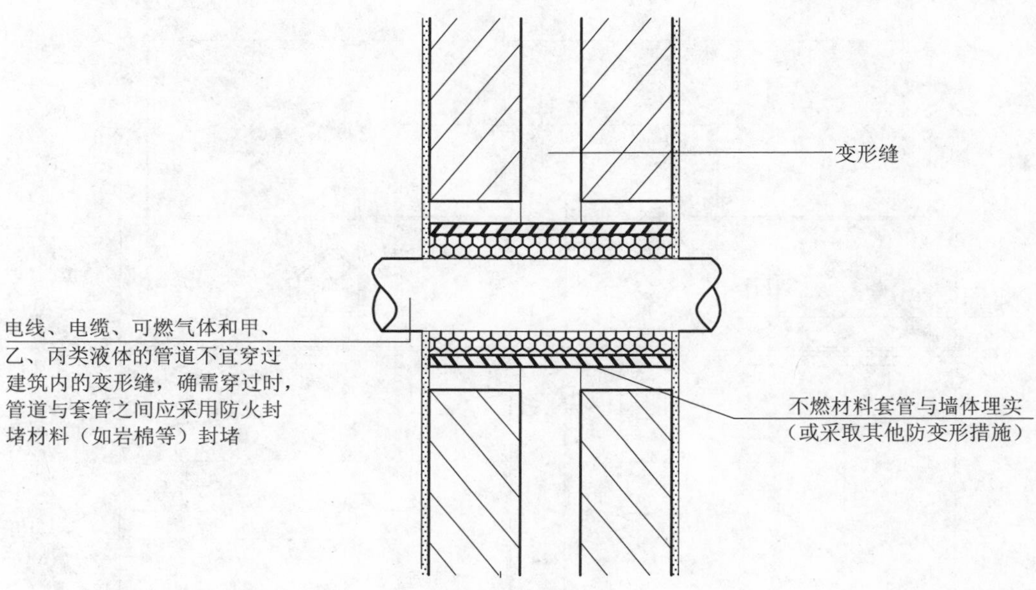
变形缝
电线、电缆、可燃气体和甲、
乙、丙类液体的管道不宜穿过
建筑内的变形缝，确需穿过时，
管道与套管之间应采用防火封
堵材料（如岩棉等）封堵
不燃材料套管与墙体埋实
（或采取其他防变形措施）

图6-45　6.3.4图示

6.3.5　防烟、排烟、供暖、通风和空气调节系统中的管道及建筑内的其他管道，在穿越防火隔墙、楼板和防火墙处的孔隙应采用防火封堵材料封堵（图6-46）。

风管穿过防火隔墙、楼板和防火墙时，穿越处风管上的防火阀、排烟防火阀两侧各2.0m范围内的风管应采用耐火风管或风管外壁应采取防火保护措施，且耐火极限不应低于该防火分隔体的耐火极限（图6-47）。

6.3.6　建筑内受高温或火焰作用易变形的管道，在贯穿楼板部位和穿越防火隔墙的两侧宜采取阻火措施（图6-48）。

6.3.7　建筑屋顶上的开口与邻近建筑或设施之间，应采取防止火灾蔓延的措施。

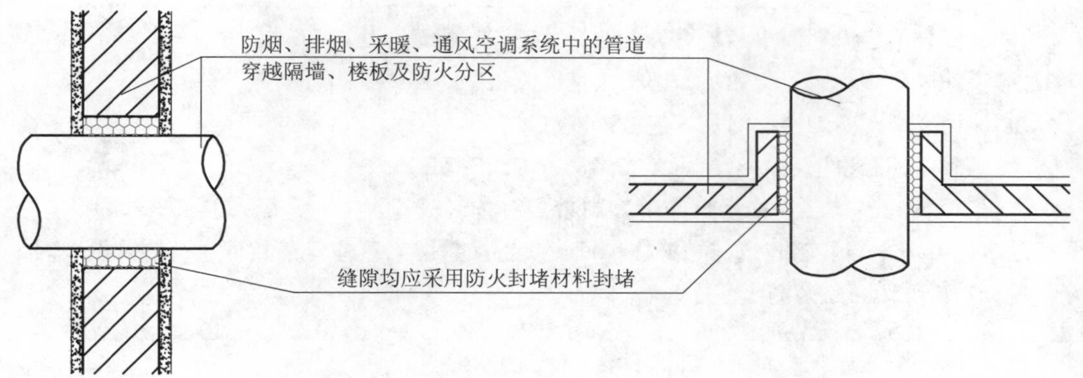
防烟、排烟、采暖、通风空调系统中的管道
穿越隔墙、楼板及防火分区
缝隙均应采用防火封堵材料封堵

图6-46 6.3.5图示（1）

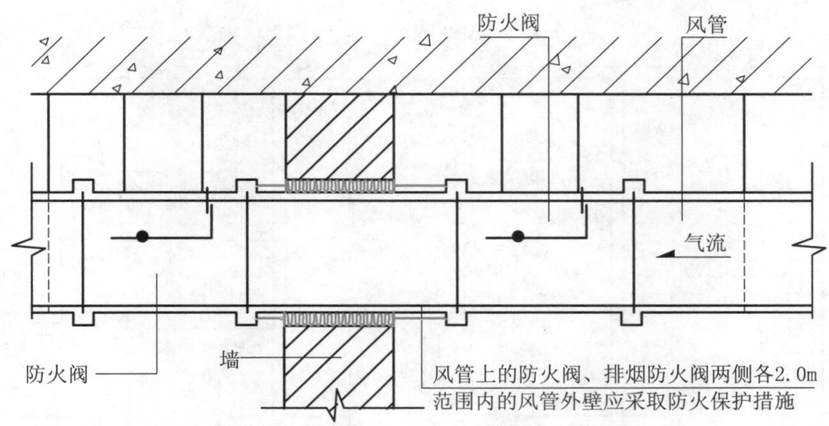
防火阀
风管
气流
防火阀
墙
风管上的防火阀、排烟防火阀两侧各2.0m
范围内的风管外壁应采取防火保护措施

图6-47 6.3.5图示（1）

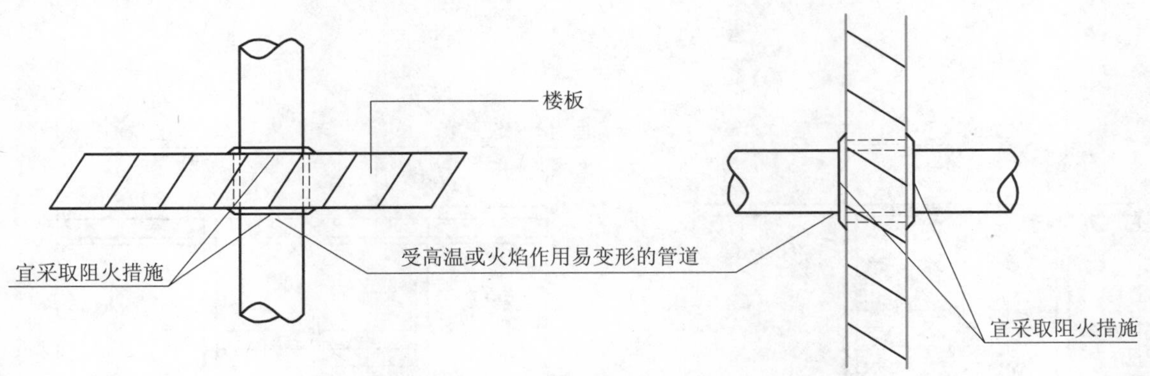
楼板
宜采取阻火措施
受高温或火焰作用易变形的管道
宜采取阻火措施

图6-48 6.3.6图示

6.4 疏散楼梯间和疏散楼梯等

6.4.1 疏散楼梯间应符合下列规定：

1 楼梯间应能天然采光和自然通风，并宜靠外墙设置。靠外墙设置时，楼梯间、前室及合用前室外墙上的窗口与两侧门、窗、洞口最近边缘的水平距离不应小于1.0m（图6-49）。

2 楼梯间内不应设置烧水间、可燃材料储藏室、垃圾道（图6-50）。

3 楼梯间内不应有影响疏散的凸出物或其他障碍物（图6-51）。

4 封闭楼梯间、防烟楼梯间及其前室，不应设置卷帘。

5 楼梯间内不应设置甲、乙、丙类液体管道（图6-52）。

6 封闭楼梯间、防烟楼梯间及其前室内禁止穿过或设置可燃气体管道。敞开楼梯间内不应设置可燃气体管道，当住宅建筑的敞开楼梯间内确需设置可燃气体管道和可燃气体计量表时，应采用金属管和设置切断气源的阀门。

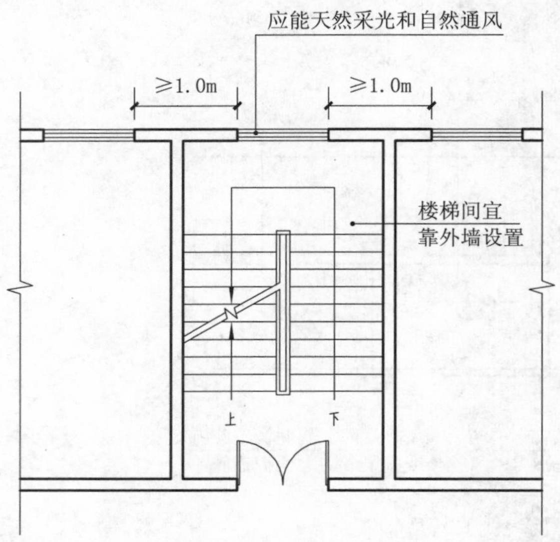
应能天然采光和自然通风
≥1.0m
≥1.0m
楼梯间宜
靠外墙设置
上
下

图6-49 6.4.1图示（1）

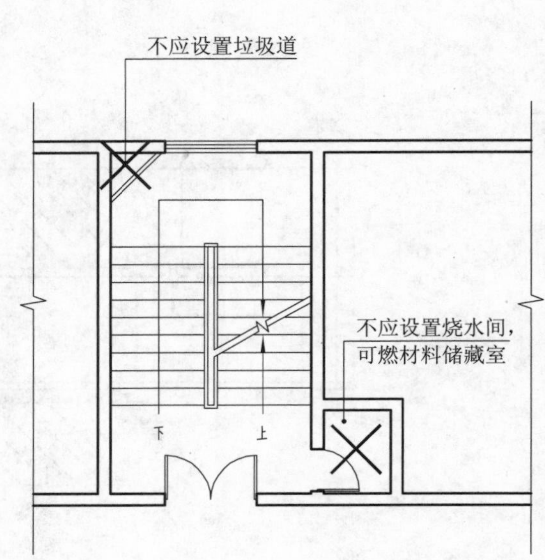
不应设置垃圾道
不应设置烧水间，
可燃材料储藏室
下
上

图6-50 6.4.1图示（2）

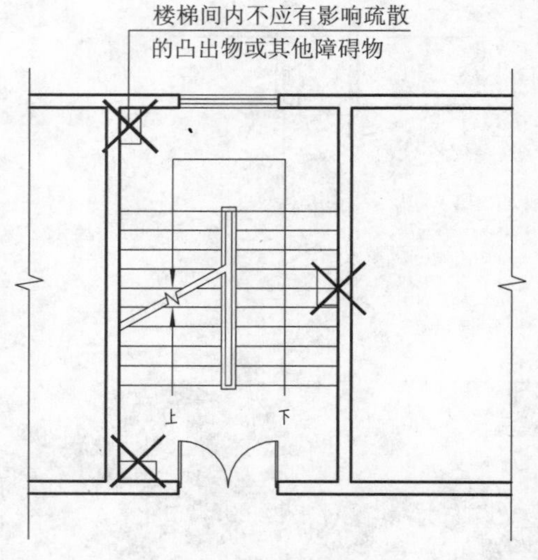
楼梯间内不应有影响疏散
的凸出物或其他障碍物
上
下

图6-51 6.4.1图示（3）

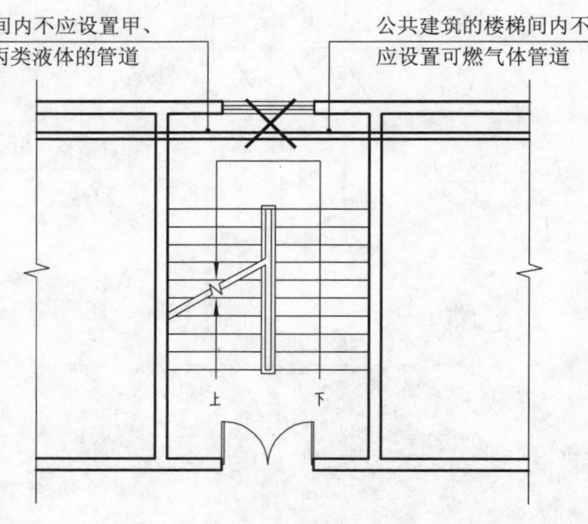
楼梯间内不应设置甲、
乙、丙类液体的管道
公共建筑的楼梯间内不
应设置可燃气体管道
上
下

图6-52 6.4.1图示（4）

6.4.2　封闭楼梯间除应符合本规范第6.4.1条的规定外，尚应符合下列规定：

1　不能自然通风或自然通风不能满足要求时，应设置机械加压送风系统或采用防烟楼梯间（图6-53）。

2　除楼梯间的出入口和外窗外，楼梯间的墙上不应开设其他门、窗、洞口（图6-54）。

3　高层建筑、人员密集的公共建筑、人员密集的多层丙类厂房、甲、乙类厂房，其封闭楼梯间的门应采用乙级防火门，并应向疏散方向开启；其他建筑，可采用双向弹簧门（图6-55）。

4　楼梯间的首层可将走道和门厅等包括在楼梯间内形成扩大的封闭楼梯间，但应采用乙级防火门等与其他走道和房间分隔（图6-56）。

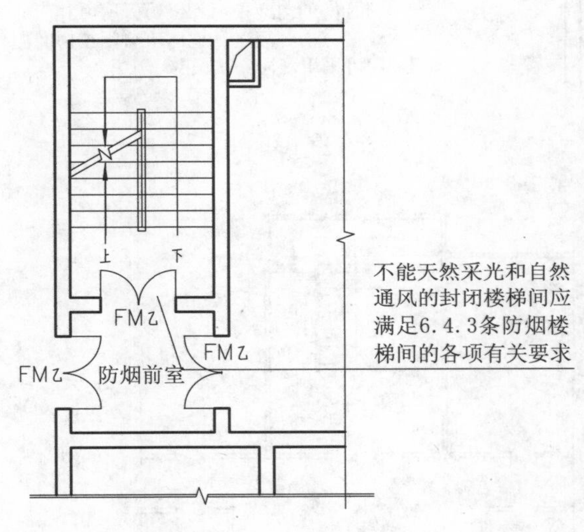
上
下
FM乙
FM乙
FM乙
防烟前室
不能天然采光和自然
通风的封闭楼梯间应
满足6.4.3条防烟楼
梯间的各项有关要求

图6-53　6.4.2图示（1）

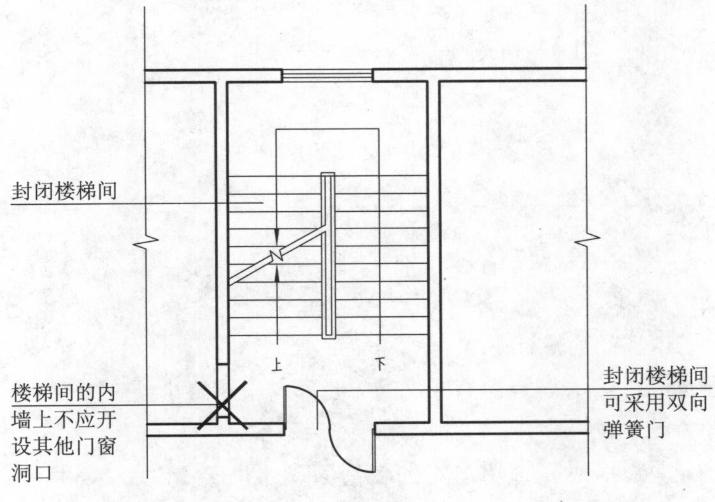
封闭楼梯间
上
下
楼梯间的内
墙上不应开
设其他门窗
洞口
封闭楼梯间
可采用双向
弹簧门

图6-54　6.4.2图示（2）

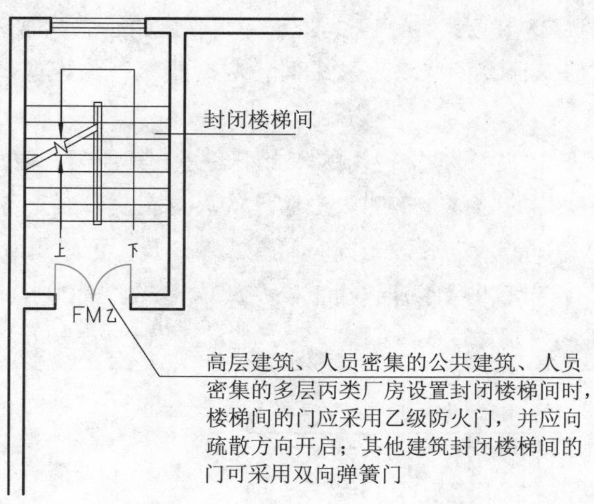
封闭楼梯间
上
下
FM乙
高层建筑、人员密集的公共建筑、人员密集的多层丙类厂房设置封闭楼梯间时，楼梯间的门应采用乙级防火门，并应向疏散方向开启；其他建筑封闭楼梯间的门可采用双向弹簧门

图6-55 6.4.2图示（3）

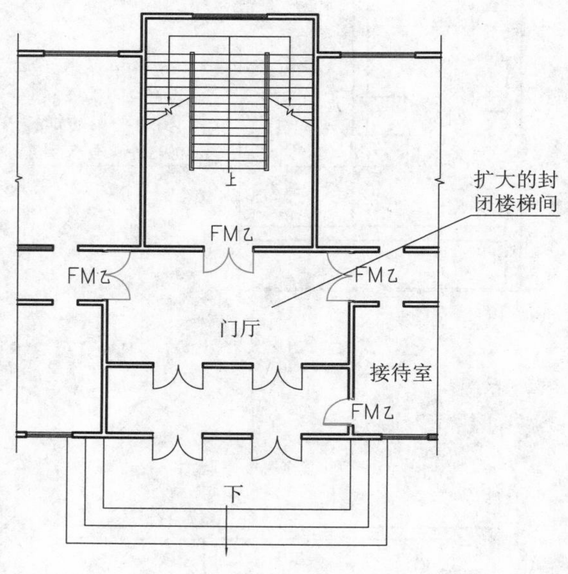
上
扩大的封闭楼梯间
FM乙
FM乙
FM乙
门厅
接待室
FM乙
下

图6-56 6.4.2图示（4）

6.4.3 防烟楼梯间除应符合本规范第6.4.1条的规定外，尚应符合下列规定：

1 **应设置防烟设施。**

2 前室可与消防电梯间前室合用。

3 **前室的使用面积：公共建筑、高层厂房（仓库），不应小于6.0m²；住宅建筑，不应小于4.5m²（图6-57）。**

与消防电梯间前室合用时，合用前室的使用面积（图6-57）：公共建筑、高层厂房（仓库），不应小于10.0m²；住宅建筑，不应小于6.0m²（图6-58）。

4 **疏散走道通向前室以及前室通向楼梯间的门应采用乙级防火门（图6-59）。**

5 除住宅建筑的楼梯间前室外，防烟楼梯间和前室内的墙上不应开设除疏散门和送风口外的其他门、窗、洞口（图6-57）。

6 楼梯间的首层可将走道和门厅等包括在楼梯间前室内形成扩大的前室，但应采用乙级防火门等与其他走道和房间分隔（图6-60）。

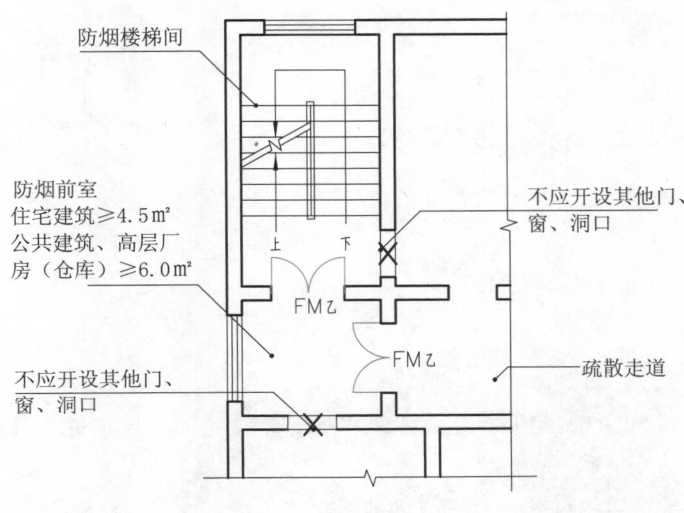
防烟楼梯间
防烟前室
住宅建筑≥4.5㎡
公共建筑、高层厂
房（仓库）≥6.0㎡
上
下
FM乙
FM乙
不应开设其他门、
窗、洞口
不应开设其他门、
窗、洞口
疏散走道
图6-57 6.4.3图示（1）

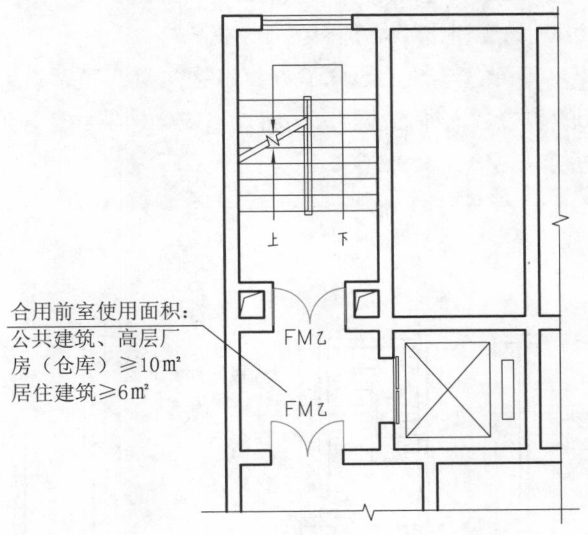
上
下
合用前室使用面积：
公共建筑、高层厂
房（仓库）≥10㎡
居住建筑≥6㎡
FM乙
FM乙
图6-58 6.4.3图示（2）

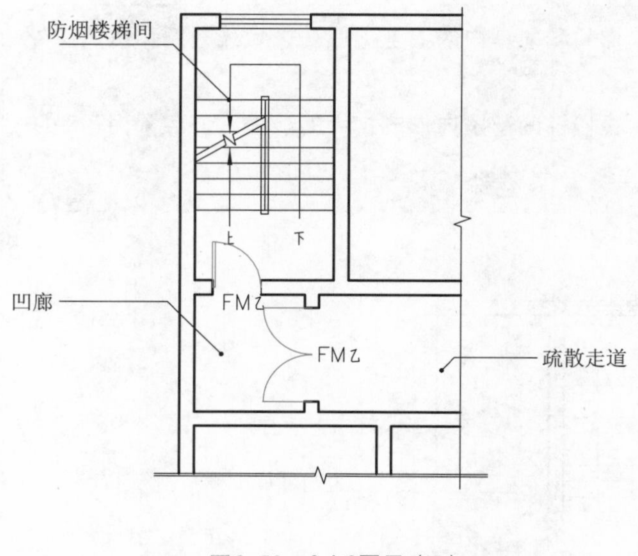
防烟楼梯间
上
下
凹廊
FM乙
FM乙
疏散走道

图6-59 6.4.3图示（3）

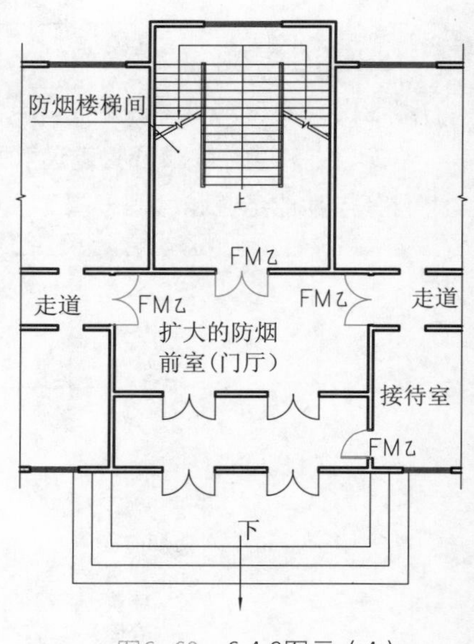
防烟楼梯间
上
FM乙
走道
FM乙
FM乙
走道
扩大的防烟
前室(门厅)
接待室
FM乙
下

图6-60 6.4.3图示（4）

6.4.4 除通向避难层错位的疏散楼梯外，建筑内的疏散楼梯间在各层的平面位置不应改变（图6-61）。

除住宅建筑套内的自用楼梯外，地下或半地下建筑（室）的疏散楼梯间，应符合下列规定：

1 室内地面与室外出入口地坪高差大于10m或3层及以上的地下、半地下建筑（室），其疏散楼梯应采用防烟楼梯间；其他地下或半地下建筑（室），其疏散楼梯应采用封闭楼梯间。

2 应在首层采用耐火极限不低于2.00h的防火隔墙与其他部位分隔并应直通室外，确需在隔墙上开门时，应采用乙级防火门（图6-62）。

3 建筑的地下或半地下部分与地上部分不应共用楼梯间，确需共用楼梯间时，应在首层采用耐火极限不低于2.00h的防火隔墙和乙级防火门将地下或半地下部分与地上部分的连通部位完全分隔，并应设置明显的标志（图6-63、图6-64）。

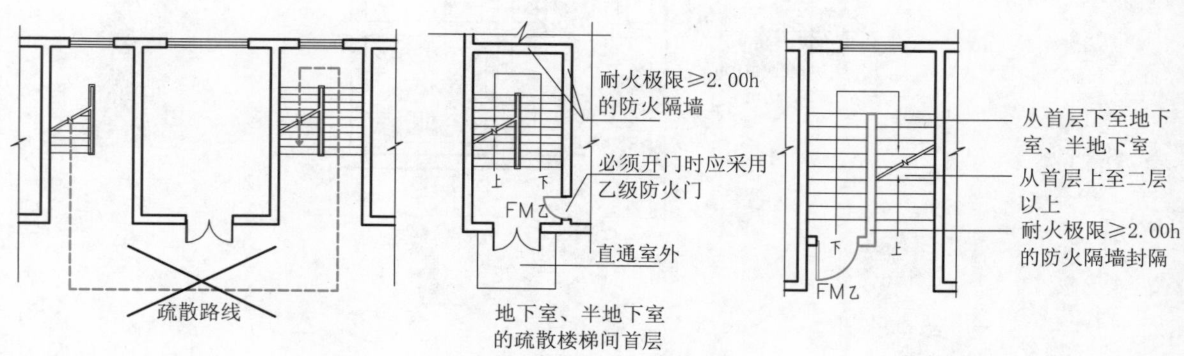
疏散路线
耐火极限≥2.00h
的防火隔墙
上
下
必须开门时应采用
乙级防火门
FM乙
直通室外
地下室、半地下室
的疏散楼梯间首层
从首层下至地下
室、半地下室
从首层上至二层
以上
耐火极限≥2.00h
的防火隔墙封隔
下
上
FM乙

图6-61 6.4.4图示（1）

注：楼梯在各层平面位置不应改变。

图6-62 6.4.4图示（2）

图6-63 6.4.4图示（3）

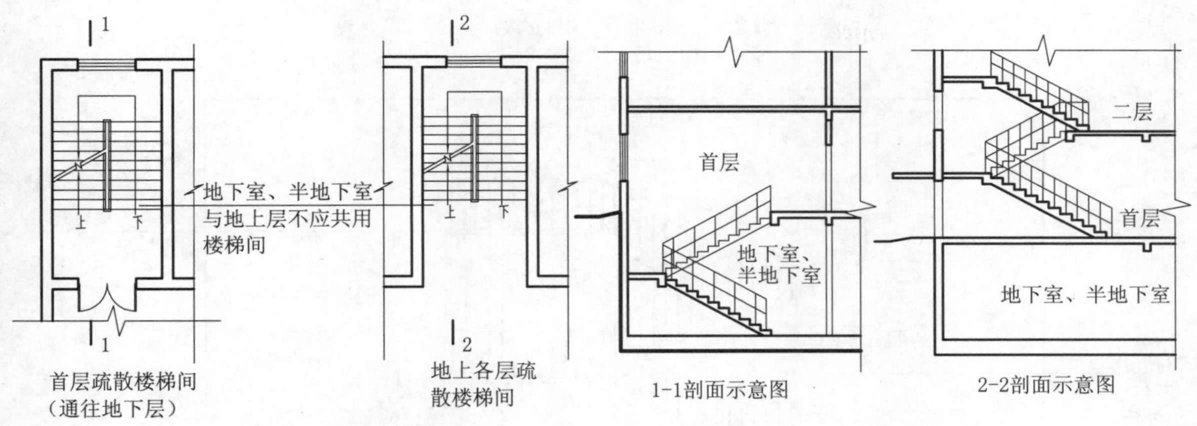

1
1
首层疏散楼梯间
（通往地下层）
上
下
地下室、半地下室
与地上层不应共用
楼梯间
2
2
地上各层疏
散楼梯间
上
下
首层
地下室、
半地下室
1-1剖面示意图
二层
首层
地下室、半地下室
2-2剖面示意图

图6-64 6.4.4图示（4）

6.4.5 室外疏散楼梯应符合下列规定（图6-65、图6-66）：

1 栏杆扶手的高度不应小于1.10m，楼梯的净宽度不应小于0.90m。

2 倾斜角度不应大于45°。

3 梯段和平台均应采用不燃材料制作。平台的耐火极限不应低于1.00h，梯段的耐火极限不应低于0.25h。

4 通向室外楼梯的门应采用乙级防火门，并应向外开启。

5 除疏散门外，楼梯周围2m内的墙面上不应设置门、窗、洞口。疏散门不应正对梯段。

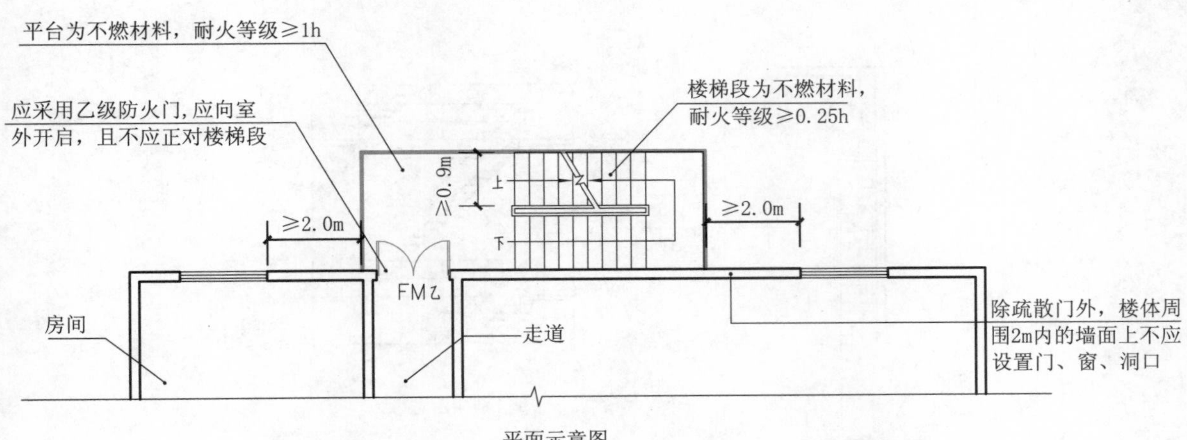

平台为不燃材料，耐火等级≥1h
应采用乙级防火门，应向室
外开启，且不应正对楼梯段
楼梯段为不燃材料，
耐火等级≥0.25h
≥0.9m
上
下
≥2.0m
≥2.0m
FM乙
房间
走道
除疏散门外，楼体周
围2m内的墙面上不应
设置门、窗、洞口
平面示意图

图6-65 6.4.5图示（1）

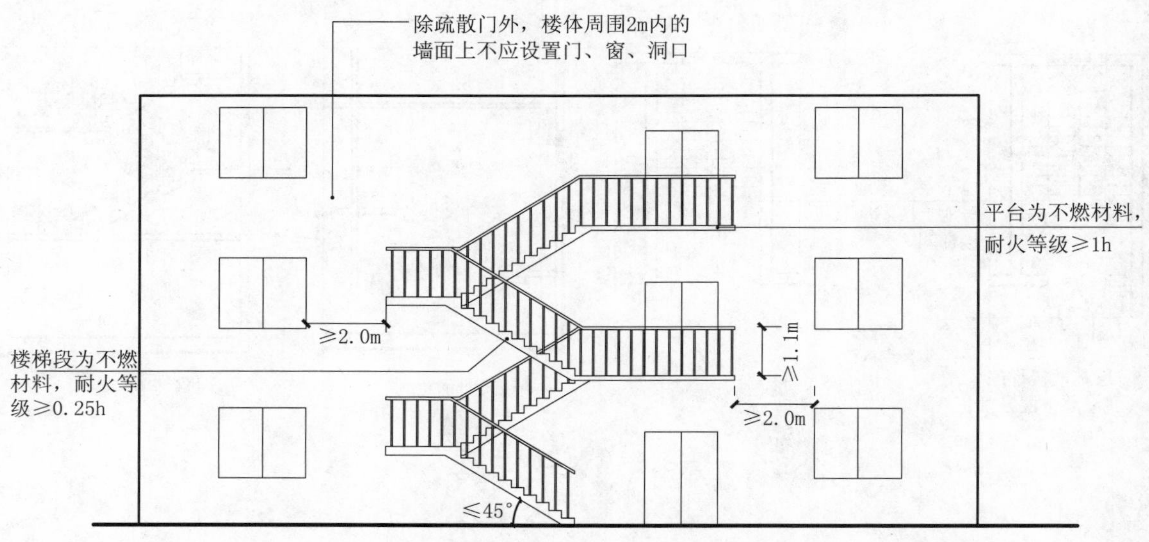
除疏散门外，楼体周围2m内的
墙面上不应设置门、窗、洞口
平台为不燃材料，
耐火等级≥1h
≥2.0m
≥1.1m
楼梯段为不燃
材料，耐火等
级≥0.25h
≥2.0m
≤45°

立面示意图

图6-66　6.4.5图示（2）

6.4.6　用作丁、戊类厂房内第二安全出口的楼梯可采用金属梯，但其净宽度不应小于 0.90m，倾斜角度不应大于45°（图6-67）。

丁、戊类高层厂房，当每层工作平台上的人数不超过2人且各层工作平台上同时工作的人数总和不超过10人时，其疏散楼梯可采用敞开楼梯或利用净宽度不小于0.90m、倾斜角度不大于60°的金属梯（图6-68、图6-69）。

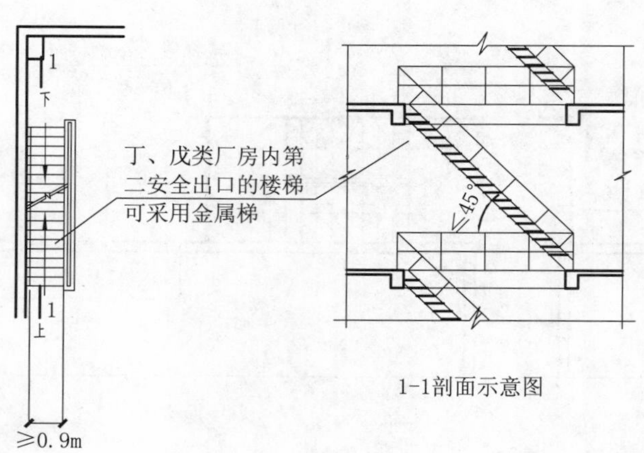
1
下
丁、戊类厂房内第
二安全出口的楼梯
可采用金属梯
1
上
≥0.9m
≤45°

1-1剖面示意图

图6-67　6.4.6图示（1）

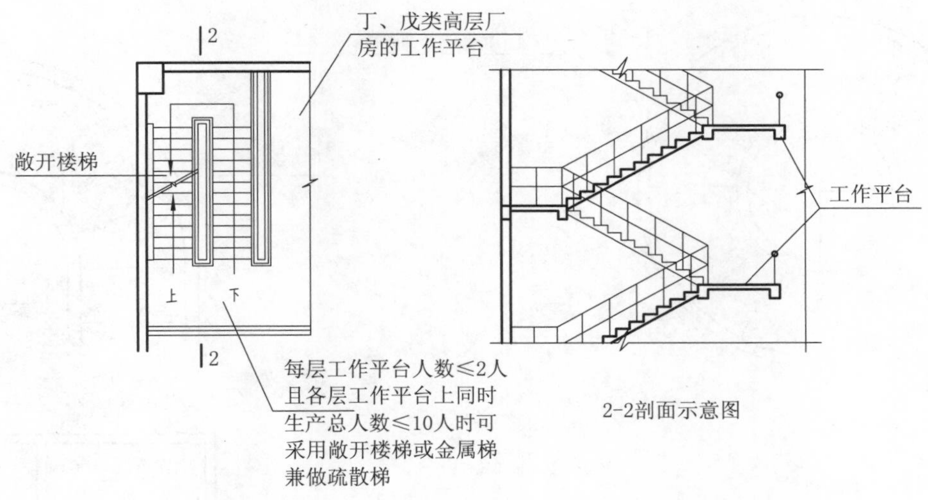
丁、戊类高层厂
房的工作平台
敞开楼梯
工作平台
每层工作平台人数≤2人
且各层工作平台上同时
生产总人数≤10人时可
采用敞开楼梯或金属梯
兼做疏散梯
2-2剖面示意图

图6-68 6.4.6图示（2）

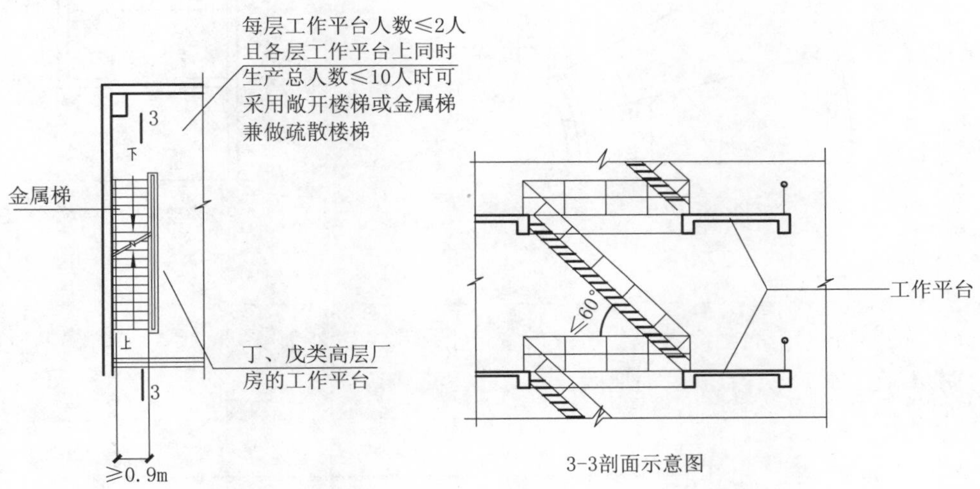
每层工作平台人数≤2人
且各层工作平台上同时
生产总人数≤10人时可
采用敞开楼梯或金属梯
兼做疏散楼梯
金属梯
丁、戊类高层厂
房的工作平台
≥0.9m
≤60°
工作平台
3-3剖面示意图

图6-69 6.4.6图示（3）

6.4.7 疏散用楼梯和疏散通道上的阶梯不宜采用螺旋楼梯和扇形踏步；确需采用时，踏步上、下两级所形成的平面角度不应大于10°，且每级离扶手250mm处的踏步深度不应小于220mm（图6-70）。

6.4.8 建筑内的公共疏散楼梯，其两梯段及扶手间的水平净距不宜小于150mm（图6-71）。

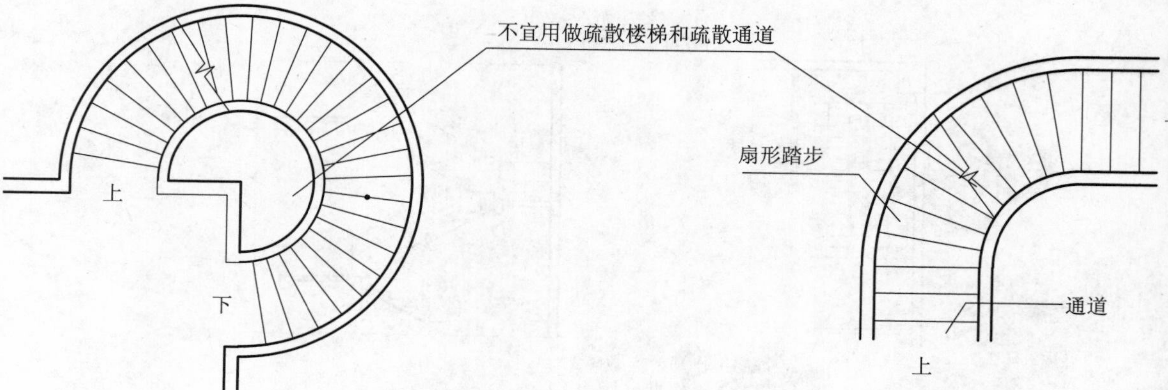

不宜用做疏散楼梯和疏散通道

上

下

螺旋楼梯

扇形踏步

下

通道

上

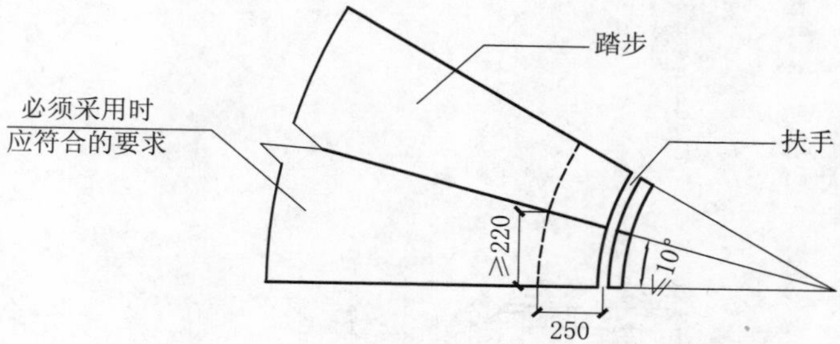

踏步

必须采用时
应符合的要求

扶手

≥220

≤10°

250

图6-70　6.4.7图示

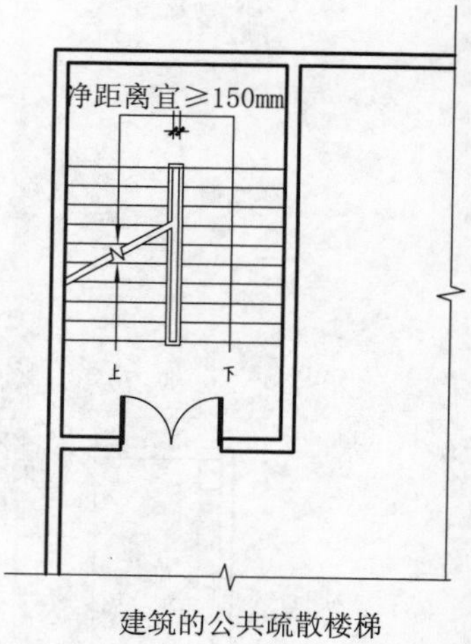

净距离宜≥150mm

上

下

建筑的公共疏散楼梯

图6-71　6.4.8图示

6.4.9　高度大于10m的三级耐火等级建筑应设置通至屋顶的室外消防梯。室外消防梯不应面对老虎窗，宽度不应小于0.6m，且宜从离地面3.0m高处设置（图6-72）。

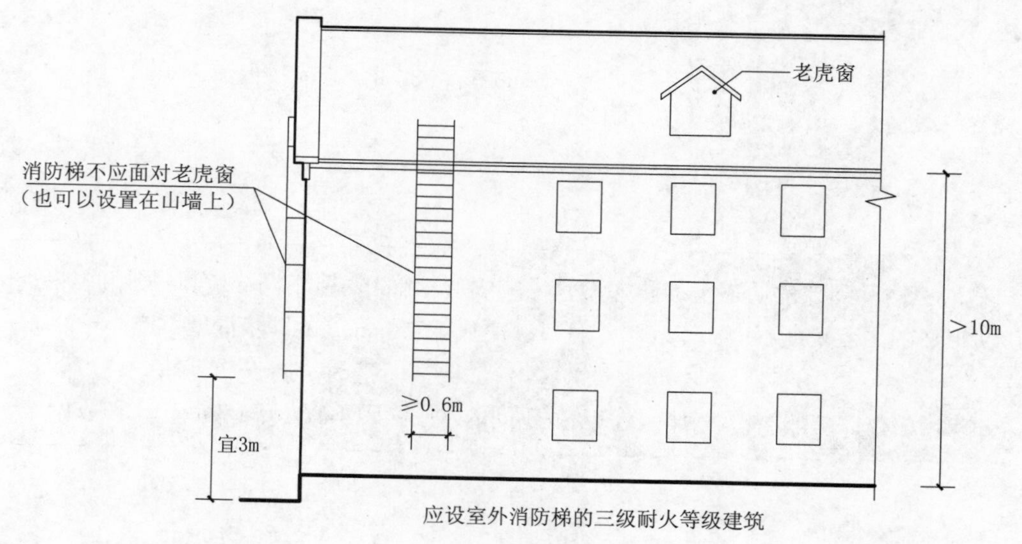
老虎窗
消防梯不应面对老虎窗
（也可以设置在山墙上）
>10m
≥0.6m
宜3m

应设室外消防梯的三级耐火等级建筑

图6-72　6.4.9图示

6.4.10 疏散走道的防火分区处应设置常开甲级防火门（图6-73）。

6.4.11 建筑内的疏散门应符合下列规定：

1 民用建筑和厂房的疏散门，应采用向疏散方向开启的平开门，不应采用推拉门、卷帘门、吊门、转门和折叠门。除甲、乙类生产车间外，人数不超过60人且每樘门的平均疏散人数不超过30人的房间，其疏散门的开启方向不限（图6-74）。

2 仓库的疏散门应采用向疏散方向开启的平开门，但丙、丁、戊类仓库首层靠墙的外侧可采用推拉门或卷帘门（图6-75）。

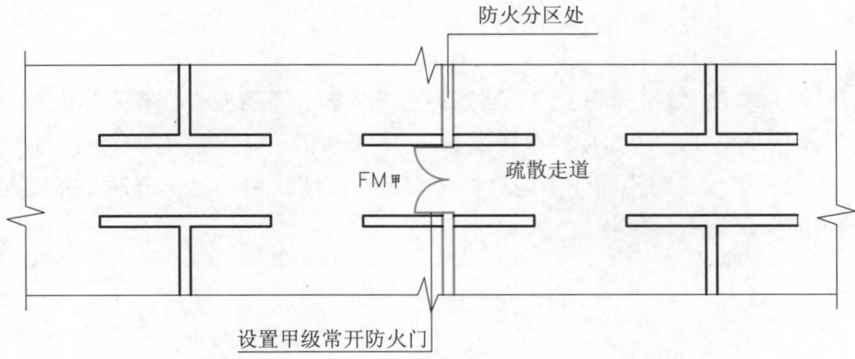
防火分区处
FM甲
疏散走道
设置甲级常开防火门

图6-73 6.4.10图示

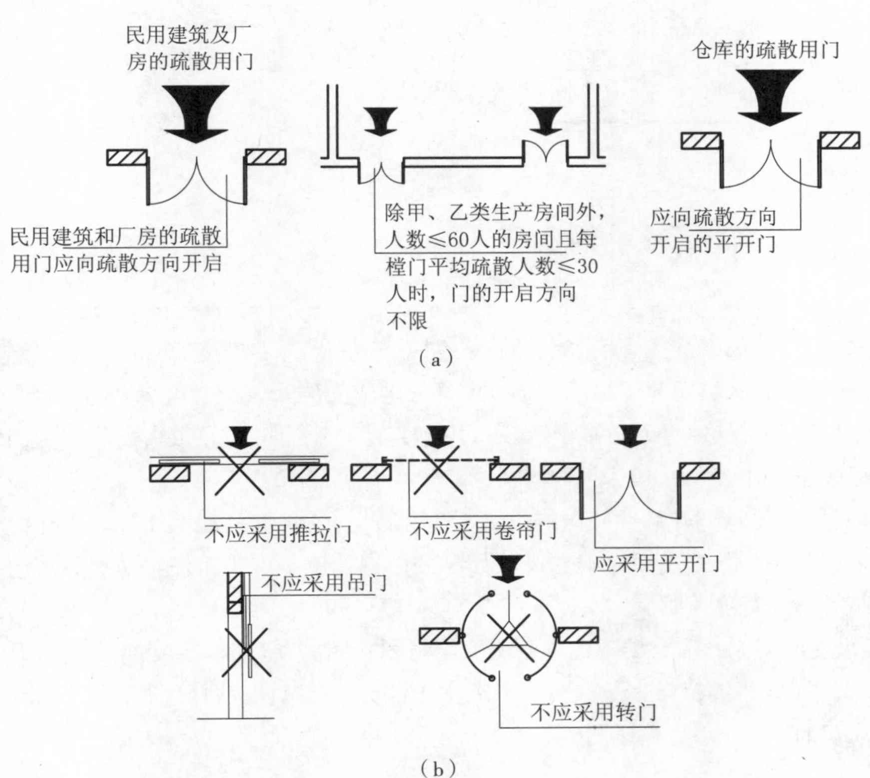
民用建筑及厂
房的疏散用门
民用建筑和厂房的疏散
用门应向疏散方向开启
除甲、乙类生产房间外，
人数≤60人的房间且每
樘门平均疏散人数≤30
人时，门的开启方向
不限
仓库的疏散用门
应向疏散方向
开启的平开门
（a）
不应采用推拉门
不应采用卷帘门
应采用平开门
不应采用吊门
不应采用转门
（b）

图6-74 6.4.11图示（1）

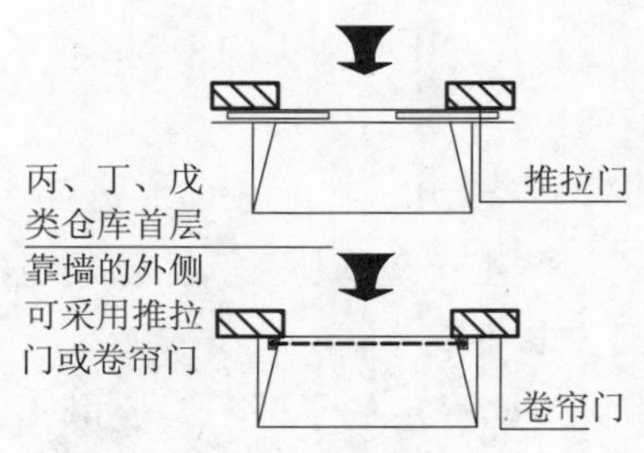
丙、丁、戊类仓库首层靠墙的外侧可采用推拉门或卷帘门
推拉门
卷帘门

图6-75 6.4.11图示（2）

3 开向疏散楼梯或疏散楼梯间的门，当其完全开启时，不应减少楼梯平台的有效宽度。

4 人员密集场所内平时需要控制人员随意出入的疏散门和设置门禁系统的住宅、宿舍、公寓建筑的外门，应保证火灾时不需使用钥匙等任何工具即能从内部易于打开，并应在显著位置设置具有使用提示的标识（图6-76）。

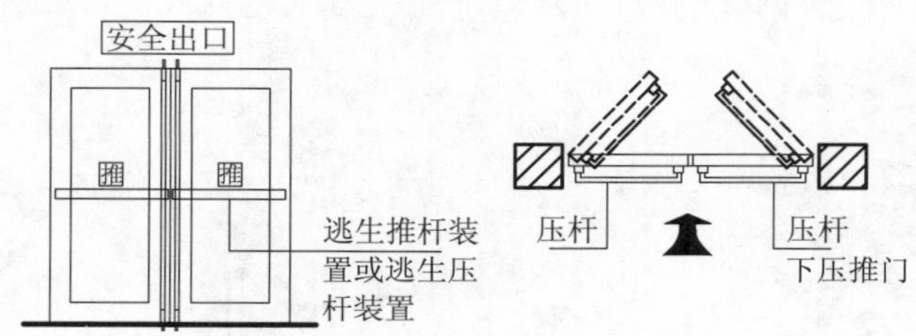
安全出口
逃生推杆装置或逃生压杆装置
压杆
压杆
下压推门

图6-76 6.4.11图示（3）

6.4.12 用于防火分隔的下沉式广场等室外开敞空间，应符合下列规定：

1 分隔后的不同区域通向下沉式广场等室外开敞空间的开口最近边缘之间的水平距离不应小于13m。室外开敞空间除用于人员疏散外不得用于其他商业或可能导致火灾蔓延的用途，其中用于疏散的净面积不应小于169m^2（图6-77）。

2 下沉式广场等室外开敞空间内应设置不少于1部直通地面的疏散楼梯。当连接下沉广场的防火分区需利用下沉广场进行疏散时，疏散楼梯的总净宽度不应小于任一防火分区通向室外开敞空间的设计疏散总净宽度（图6-77）。

3 确需设置防风雨篷时，防风雨篷不应完全封闭，四周开口部位应均匀布置，开口的面积不应小于该空间地面面积的25%，开口高度不应小于1.0m；开口设置百叶时，百叶的有效排烟面积可按百叶通风口面积的60%计算（图6-78）。

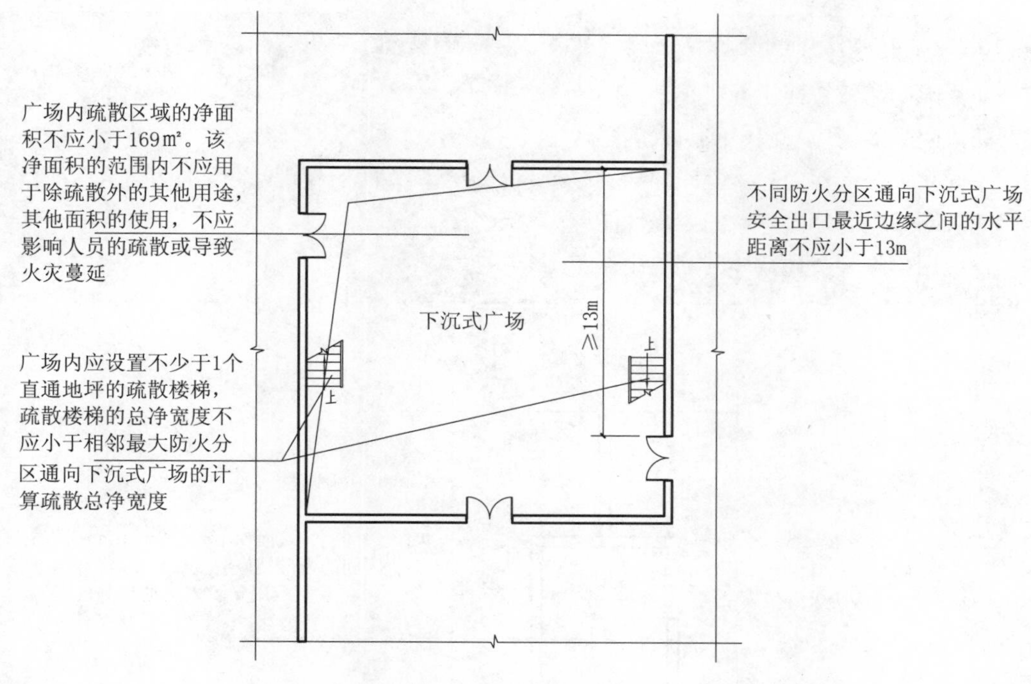
广场内疏散区域的净面积不应小于169㎡。该净面积的范围内不应用于除疏散外的其他用途，其他面积的使用，不应影响人员的疏散或导致火灾蔓延
不同防火分区通向下沉式广场安全出口最近边缘之间的水平距离不应小于13m
下沉式广场
≥13m
上
上
广场内应设置不少于1个直通地坪的疏散楼梯，疏散楼梯的总净宽度不应小于相邻最大防火分区通向下沉式广场的计算疏散总净宽度

图6-77 6.4.12图示（1）

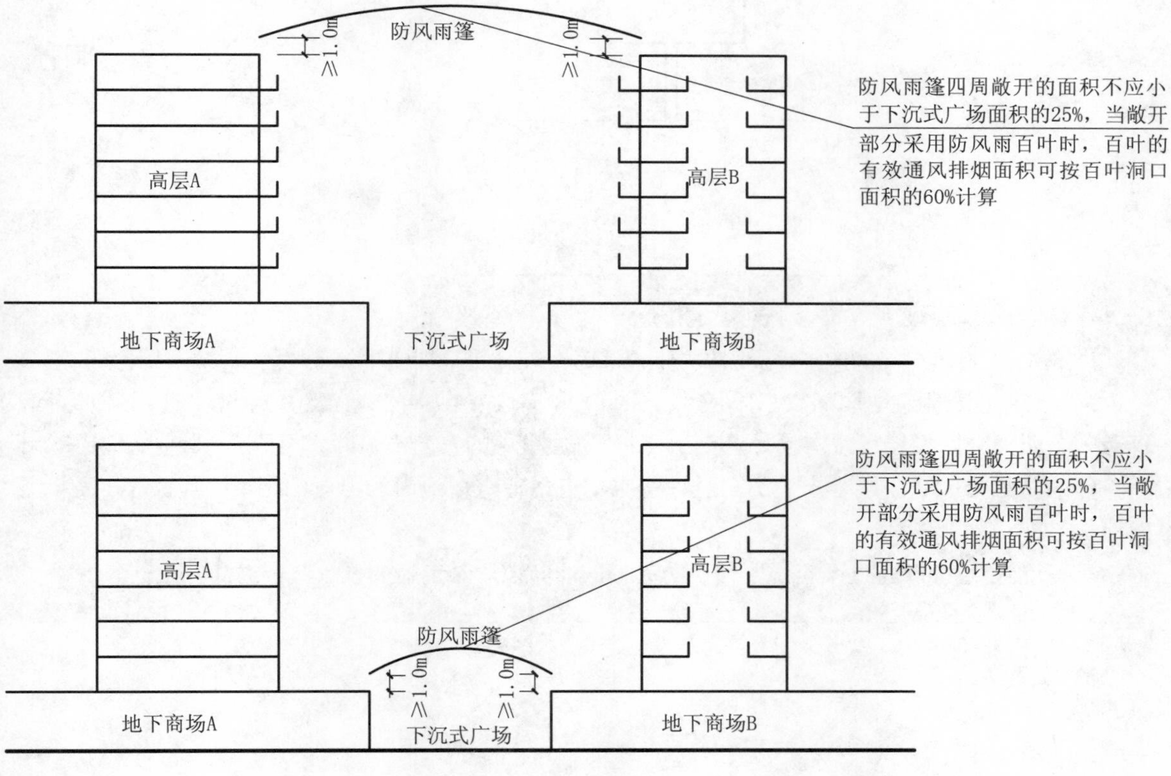

防风雨篷
≥1.0m
≥1.0m
防风雨篷四周敞开的面积不应小于下沉式广场面积的25%，当敞开部分采用防风雨百叶时，百叶的有效通风排烟面积可按百叶洞口面积的60%计算
高层A
高层B
地下商场A
下沉式广场
地下商场B

防风雨篷四周敞开的面积不应小于下沉式广场面积的25%，当敞开部分采用防风雨百叶时，百叶的有效通风排烟面积可按百叶洞口面积的60%计算
高层A
高层B
防风雨篷
≥1.0m
≥1.0m
地下商场A
下沉式广场
地下商场B

图6-78 6.4.12图示（2）

6.4.13 防火隔间的设置应符合下列规定：

1 防火隔间的建筑面积不应小于6.0m²；

2 防火隔间的门应采用甲级防火门；

3 不同防火分区通向防火隔间的门不应计入安全出口，门的最小间距不应小于4m；

4 防火隔间内部装修材料的燃烧性能应为A级；

5 不应用于除人员通行外的其他用途（图6-79）。

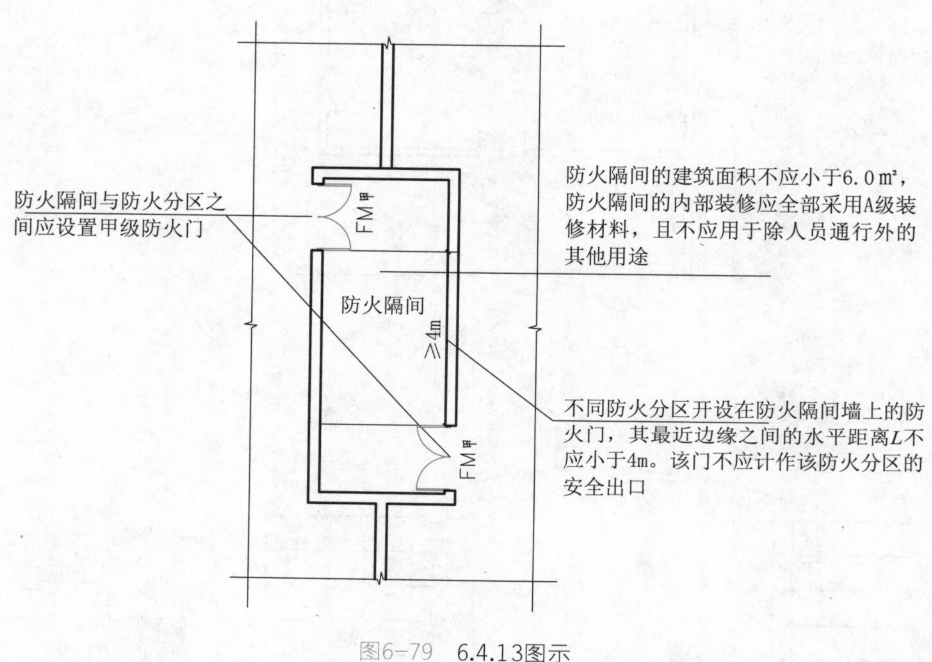
防火隔间与防火分区之间应设置甲级防火门
FM甲
防火隔间
≥4m
FM甲
防火隔间的建筑面积不应小于6.0㎡，防火隔间的内部装修应全部采用A级装修材料，且不应用于除人员通行外的其他用途
不同防火分区开设在防火隔间墙上的防火门，其最近边缘之间的水平距离L不应小于4m。该门不应计作该防火分区的安全出口

图6-79　6.4.13图示

6.4.14 避难走道的设置应符合下列规定：

1 避难走道防火隔墙的耐火极限不应低于3.00h，楼板的耐火极限不应低于1.50h（图6-80）。

2 避难走道直通地面的出口不应少于2个，并应设置在不同方向（图6-80）；当避难走道仅与一个防火分区相通且该防火分区至少有1个直通室外的安全出口时，可设置1个直通地面的出口。任一防火分区通向避难走道的门至该避难走道最近直通地面的出口的距离不应大于60m（图6-81）。

3 避难走道的净宽度不应小于任一防火分区通向该避难走道的设计疏散总净宽度。

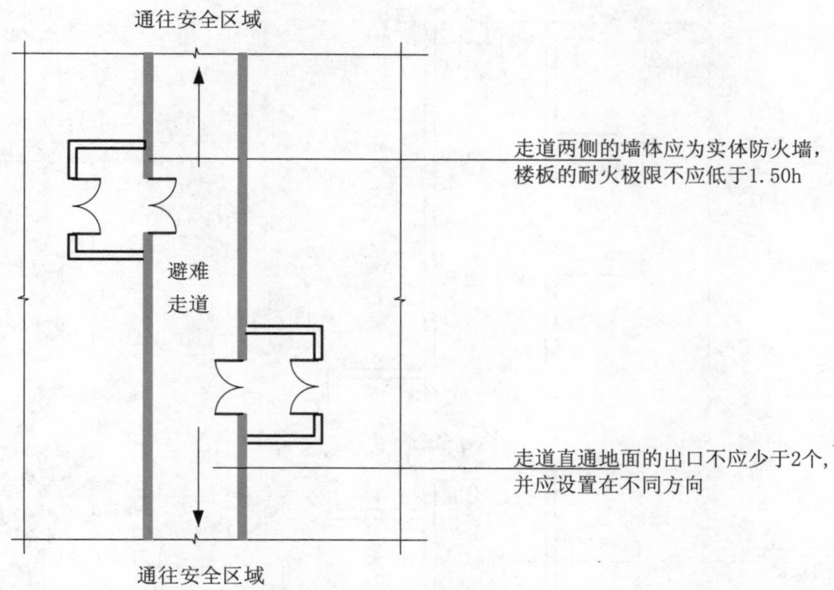
通往安全区域
走道两侧的墙体应为实体防火墙，
楼板的耐火极限不应低于1.50h
避难
走道
走道直通地面的出口不应少于2个，
并应设置在不同方向
通往安全区域

图6-80　6.4.14图示（1）

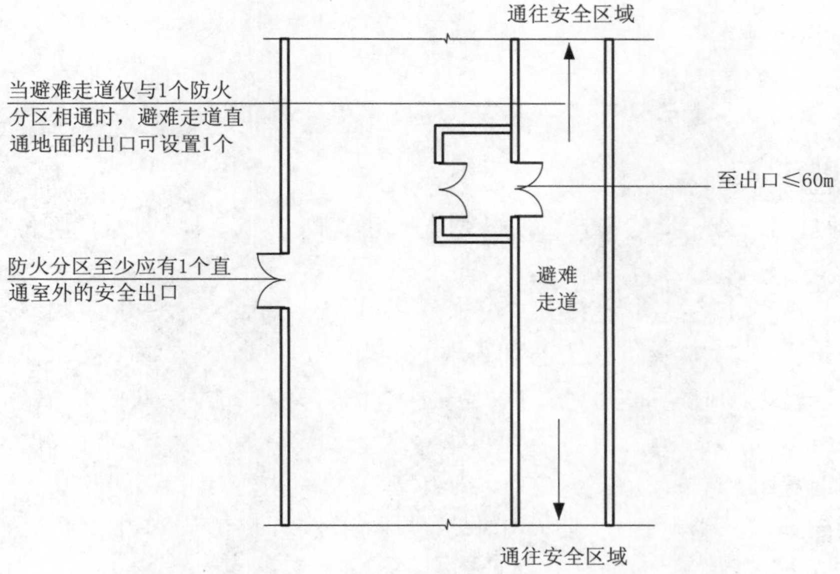
通往安全区域
当避难走道仅与1个防火
分区相通时，避难走道直
通地面的出口可设置1个
至出口≤60m
防火分区至少应有1个直
通室外的安全出口
避难
走道
通往安全区域

图6-81　6.4.14图示（2）

4　避难走道内部装修材料的燃烧性能应为A级（图6-82）。

5　防火分区至避难走道入口处应设置防烟前室，前室的使用面积不应小于$6.0m^2$，开向前室的门应采用甲级防火门，前室开向避难走道的门应采用乙级防火门（图6-82）。

6　避难走道内应设置消火栓、消防应急照明、应急广播和消防专线电话（图6-82）。

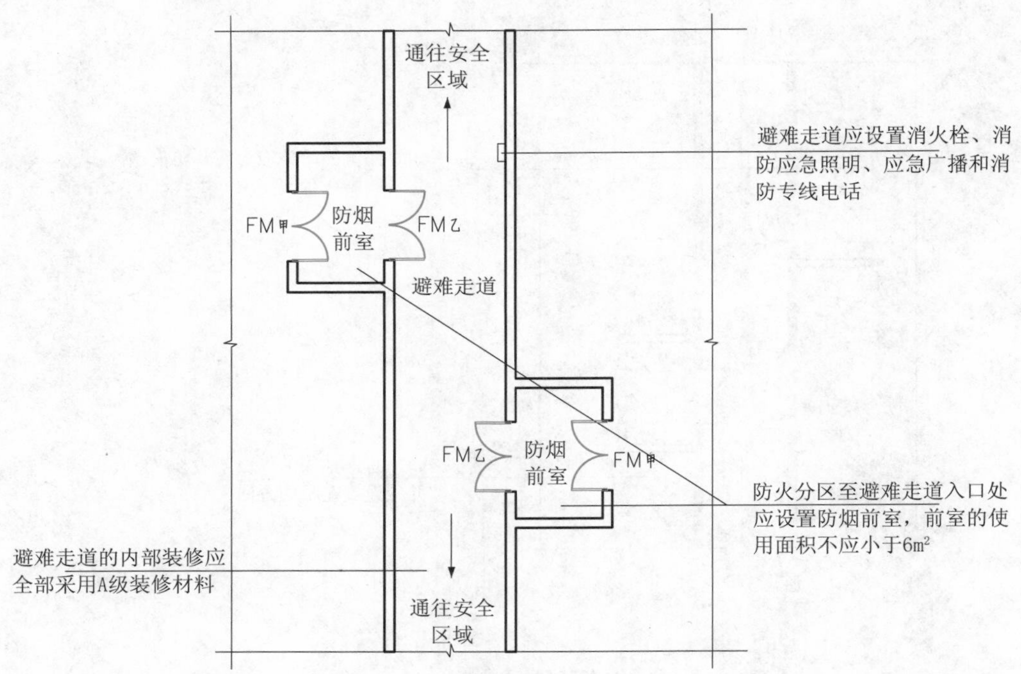
通往安全区域
避难走道应设置消火栓、消防应急照明、应急广播和消防专线电话
FM甲
防烟前室
FM乙
避难走道
FM乙
防烟前室
FM甲
防火分区至避难走道入口处应设置防烟前室，前室的使用面积不应小于6m²
避难走道的内部装修应全部采用A级装修材料
通往安全区域

图6-82　6.4.14图示（3）

6.5　防火门、窗和防火卷帘

6.5.1　防火门的设置应符合下列规定：

1　设置在建筑内经常有人通行处的防火门宜采用常开防火门。常开防火门应能在火灾时自行关闭，并应具有信号反馈的功能。

2　除允许设置常开防火门的位置外，其他位置的防火门均应采用常闭防火门。常闭防火门应在其明显位置设置“保持防火门关闭”等提示标识。

3　除管井检修门和住宅的户门外，防火门应具有自行关闭功能。双扇防火门应具有按顺序自行关闭的功能。

4　除本规范第6.4.11条第4款的规定外，防火门应能在其内外两侧手动开启。

5　设置在建筑变形缝附近时，防火门应设置在楼层较多的一侧，并应保证防火门开启时门扇不跨越变形缝。

6　防火门关闭后应具有防烟性能。

7　甲、乙、丙级防火门应符合现行国家标准《防火门》GB 12955的规定（图6–83）。

6.5.2　设置在防火墙、防火隔墙上的防火窗，应采用不可开启的窗扇或具有火灾时能自行关闭的功能。

防火窗应符合现行国家标准《防火窗》GB 16809的有关规定。

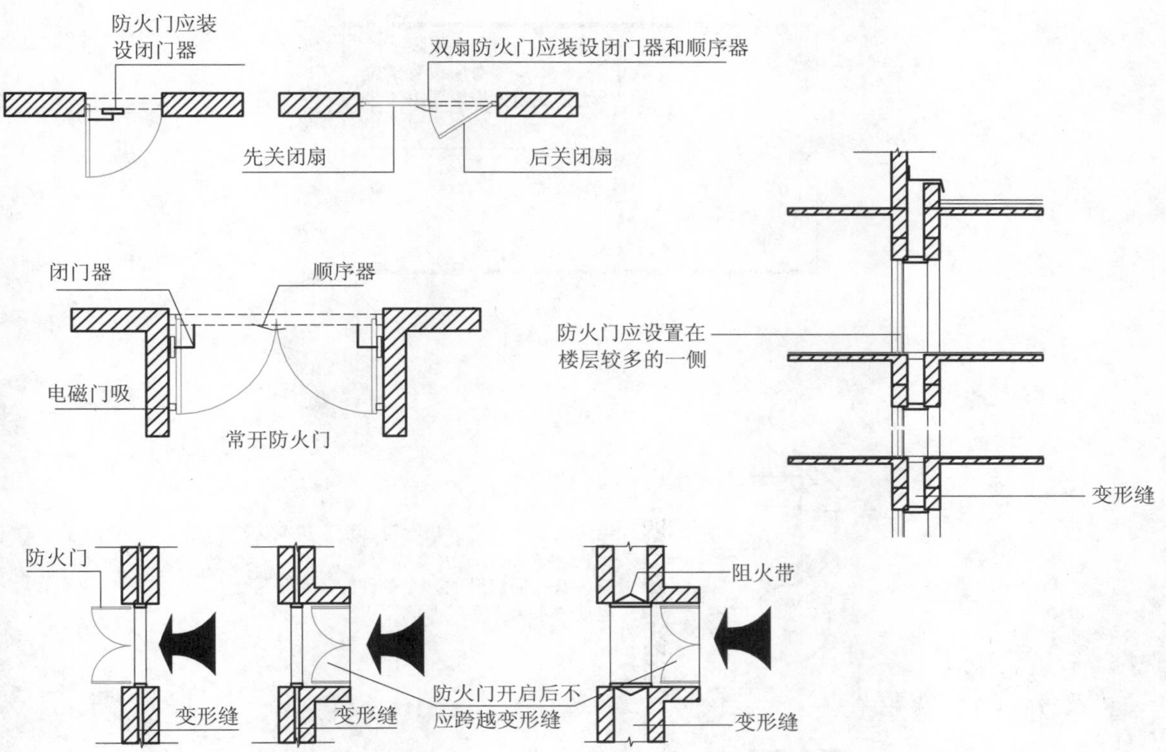
防火门应装
设闭门器
双扇防火门应装设闭门器和顺序器
先关闭扇
后关闭扇
闭门器
顺序器
电磁门吸
常开防火门
防火门应设置在
楼层较多的一侧
变形缝
防火门
阻火带
变形缝
变形缝
防火门开启后不
应跨越变形缝
变形缝

图6-83 6.5.1图示

注：门上应设闭门器（或自动闭门器）、顺序器和火灾时能使闭门器工作的释放器和信号反馈装置，由消防控制中心控制，做到发生火灾时，门能自动关闭。

6.5.3 防火分隔部位设置防火卷帘时，应符合下列规定：

1 除中庭外，当防火分隔部位的宽度不大于30m时，防火卷帘的宽度不应大于10m；当防火分隔部位的宽度大于30m时，防火卷帘的宽度不应大于该部位宽度的1/3，且不应大于20m。

2 防火卷帘应具有火灾时靠自重自动关闭功能。

3 除本规范另有规定外，防火卷帘的耐火极限不应低于本规范对所设置部位墙体的耐火极限要求（图6–84）。

当防火卷帘的耐火极限符合现行国家标准《门和卷帘的耐火试验方法》GB/T7633有关耐火完整性和耐火隔热性的判定条件时，可不设置自动喷水灭火系统保护（图6–85）。

当防火卷帘的耐火极限仅符合现行国家标准《门和卷帘的耐火试验方法》GB/T7633有关耐火完整性的判定条件时，应设置自动喷水灭火系统保护。自动喷水灭火系统的设计应符合现行国家标准《自动喷水灭火系统设计规范》GB 50084的规定，但火灾延续时间不应小于该防火卷帘的耐火极限（图6–86）。

4 防火卷帘应具有防烟性能，与楼板、梁、墙、柱之间的空隙应采用防火封堵材料封堵（图6–87）。

5 需在火灾时自动降落的防火卷帘，应具有信号反馈的功能。

6 其他要求，应符合现行国家标准《防火卷帘》GB 14102的规定。

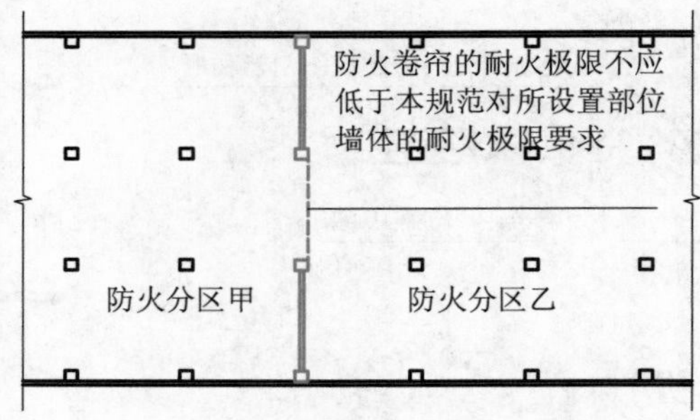
防火卷帘的耐火极限不应
低于本规范对所设置部位
墙体的耐火极限要求
防火分区甲
防火分区乙

图6-84　6.5.3图示（1）

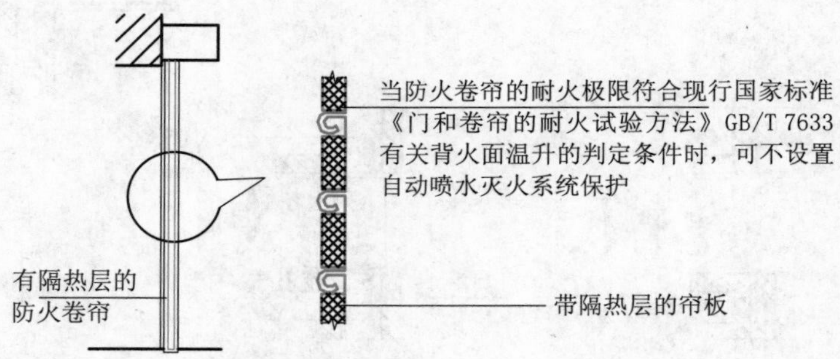
当防火卷帘的耐火极限符合现行国家标准
《门和卷帘的耐火试验方法》GB/T 7633
有关背火面温升的判定条件时，可不设置
自动喷水灭火系统保护
有隔热层的
防火卷帘
带隔热层的帘板

图6-85　6.5.3图示（2）

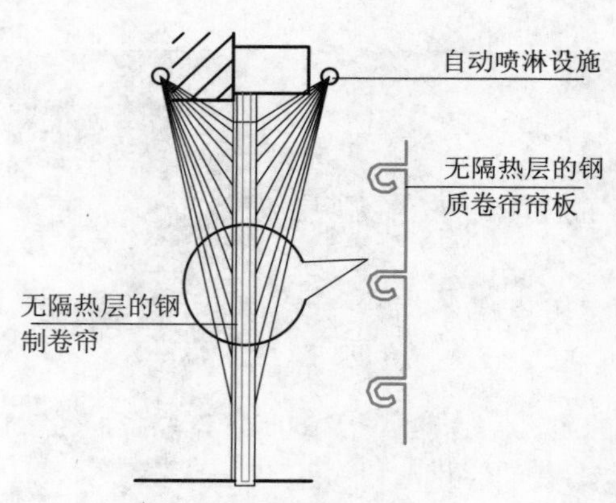
自动喷淋设施
无隔热层的钢
质卷帘帘板
无隔热层的钢
制卷帘

图6-86　6.5.3图示（3）

注：自动喷水灭火系统的设计应符合现行国家标准《自动喷水灭火系统设计规范》GB 50084的有关规定，但其火灾延续时间不应小于3.0h。

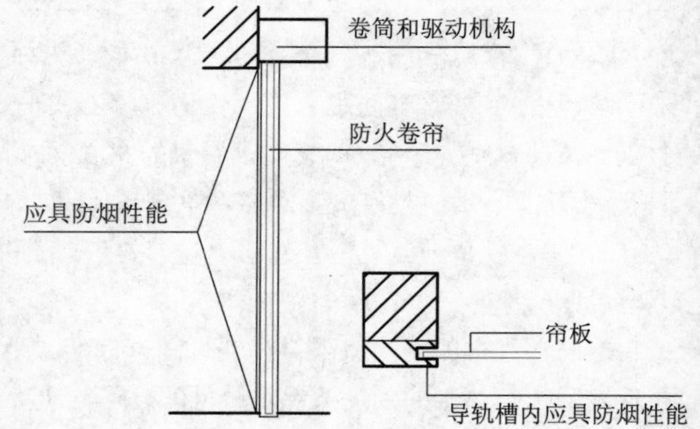
卷筒和驱动机构
防火卷帘
应具防烟性能
帘板
导轨槽内应具防烟性能

图6-87　6.5.3图示（4）

注：防火卷帘应具有防烟性能，与楼板、梁和墙、柱之间的空隙应采用防火封堵材料封堵。

6.6 天桥、栈桥和管沟

6.6.1 天桥、跨越房屋的栈桥以及供输送可燃材料、可燃气体和甲、乙、丙类液体的栈桥，均应采用不燃材料（图6-88）。

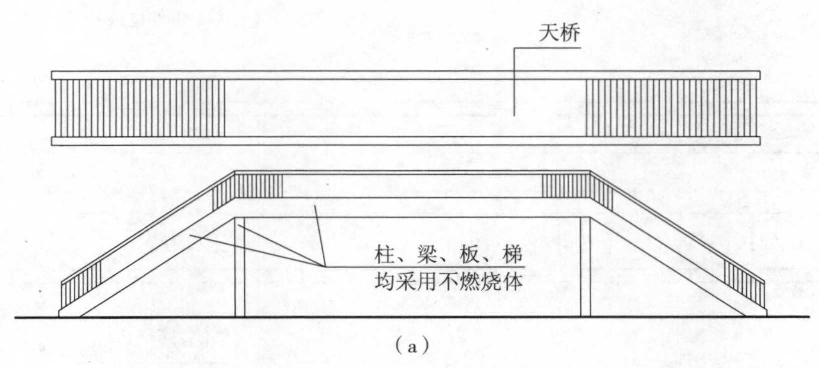
天桥
柱、梁、板、梯
均采用不燃烧体

（a）

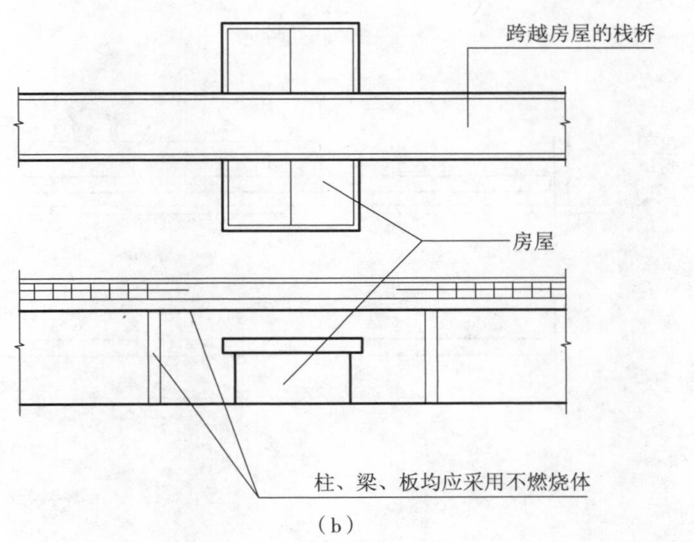
跨越房屋的栈桥
房屋
柱、梁、板均应采用不燃烧体

（b）

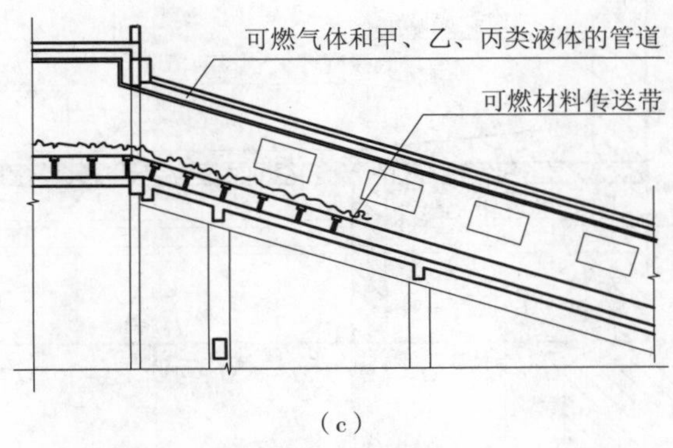
可燃气体和甲、乙、丙类液体的管道
可燃材料传送带

（c）

图6-88 6.6.1图示

注：柱、梁、板侧墙均应采用不燃烧体。

6.6.2　输送有火灾、爆炸危险物质的栈桥不应兼作疏散通道（图6-89）。

6.6.3　封闭天桥、栈桥与建筑物连接处的门洞以及敷设甲、乙、丙类液体管道的封闭管沟（廊），均宜采取防止火灾蔓延的措施（图6-90、图6-91）。

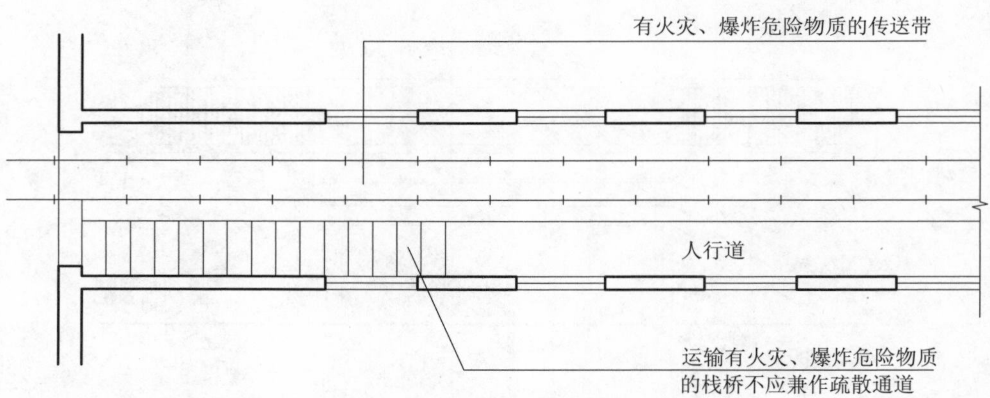
有火灾、爆炸危险物质的传送带
人行道
运输有火灾、爆炸危险物质
的栈桥不应兼作疏散通道

图6-89　6.6.2图示

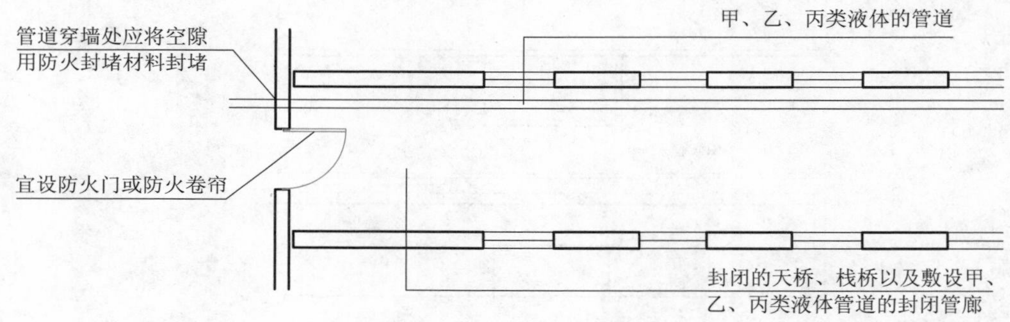
甲、乙、丙类液体的管道
管道穿墙处应将空隙
用防火封堵材料封堵
宜设防火门或防火卷帘
封闭的天桥、栈桥以及敷设甲、
乙、丙类液体管道的封闭管廊

图6-90　6.6.3图示（1）

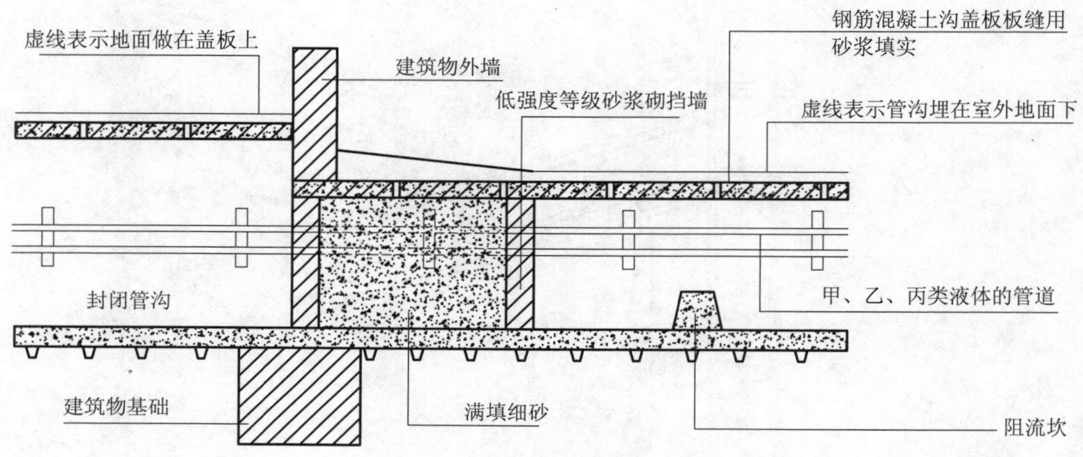
虚线表示地面做在盖板上
建筑物外墙
钢筋混凝土沟盖板板缝用
砂浆填实
低强度等级砂浆砌挡墙
虚线表示管沟埋在室外地面下
甲、乙、丙类液体的管道
封闭管沟
建筑物基础
满填细砂
阻流坎

图6-91　6.6.3图示（2）

6.6.4 连接两座建筑物的天桥、连廊，应采取防止火灾在两座建筑间蔓延的措施。当仅供通行的天桥、连廊采用不燃材料，且建筑物通向天桥、连廊的出口符合安全出口的要求时，该出口可作为安全出口（图6-92）。

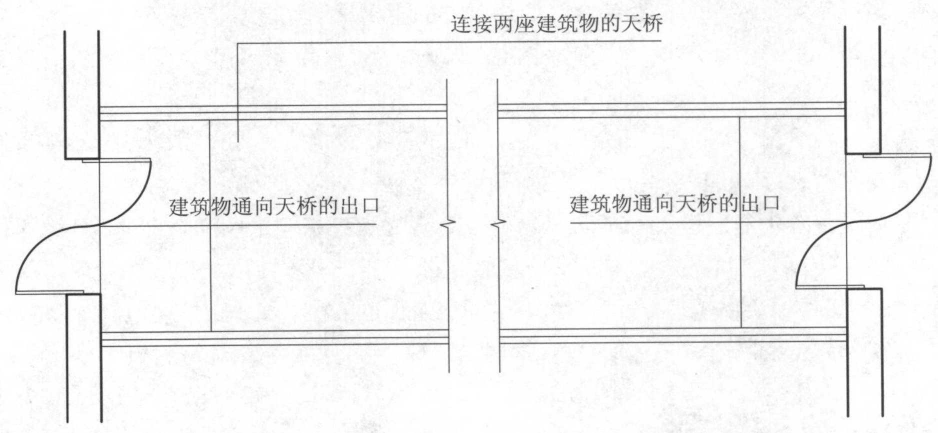
连接两座建筑物的天桥
建筑物通向天桥的出口
建筑物通向天桥的出口

图6-92 6.6.4图示

6.7 建筑保温和外墙装饰

6.7.1 建筑的内、外保温系统，宜采用燃烧性能为A级的保温材料，不宜采用B_2级保温材料，严禁采用B_3级保温材料；设置保温系统的基层墙体或屋面板的耐火极限应符合本规范的有关规定。

6.7.2 建筑外墙采用内保温系统时，保温系统应符合下列规定：

1 对于人员密集场所，用火、燃油、燃气等具有火灾危险性的场所以及各类建筑内的疏散楼梯间、避难走道、避难间、避难层等场所或部位，应采用燃烧性能为A级的保温材料。

2 对于其他场所，应采用低烟、低毒且燃烧性能不低于B_1级的保温材料。

3 保温系统应采用不燃材料做防护层。采用燃烧性能为B_1级的保温材料时，防护层的厚度不应小于10mm。

6.7.3 建筑外墙采用保温材料与两侧墙体构成无空腔复合保温结构体时，该结构体的耐火极限应符合本规范的有关规定；当保温材料的燃烧性能为B_1、B_2级时，保温材料两侧的墙体应采用不燃材料且厚度均不应小于50mm。

6.7.4 设置人员密集场所的建筑，其外墙外保温材料的燃烧性能应为A级。

6.7.5 与基层墙体、装饰层之间无空腔的建筑外墙外保温系统，其保温材料应符合下列规定：

1 住宅建筑：

1）建筑高度大于100m时，保温材料的燃烧性能应为A级；

2）建筑高度大于27m，但不大于100m时，保温材料的燃烧性能不应低于B_1级；

3）建筑高度不大于27m时，保温材料的燃烧性能不应低于B_2级。

2 除住宅建筑和设置人员密集场所的建筑外，其他建筑：

1）建筑高度大于50m时，保温材料的燃烧性能应为A级；

2）建筑高度大于24m，但不大于50m时，保温材料的燃烧性能不应低于B_1级；

3）建筑高度不大于24m时，保温材料的燃烧性能不应低于B_2级。

6.7.6 除设置人员密集场所的建筑外，与基层墙体、装饰层之间有空腔的建筑外墙外保温系统，其保温材料应符合下列规定：

1 建筑高度大于24m时，保温材料的燃烧性能应为A级；

2 建筑高度不大于24m时，保温材料的燃烧性能不应低于B_1级。

6.7.7 除本规范第6.7.3条规定的情况外，当建筑的外墙外保温系统按本节规定采用燃烧性能为B_1、B_2级的保温材料时，应符合下列规定：

1 除采用B_1级保温材料且建筑高度不大于24m的公共建筑或采用B_1级保温材料且建筑高度不大于27m的住宅建筑外，建筑外墙上门、窗的耐火完整性不应低于0.50h。

2 应在保温系统中每层设置水平防火隔离带。防火隔离带应采用燃烧性能为A级的材料，防火隔离带的高度不应小于300mm。

6.7.8 建筑的外墙外保温系统应采用不燃材料在其表面设置防护层，防护层应将保温材料完全包覆。除本规范第6.7.3条规定的情况外，当按本节规定采用B_1、B_2级保温材料时，防护层厚度首层不应小于15mm，其他层不应小于5mm。

6.7.9 建筑外墙外保温系统与基层墙体、装饰层之间的空腔，应在每层楼板处采用防火封堵材料封堵。

6.7.10 建筑的屋面外保温系统，当屋面板的耐火极限不低于1.00h时，保温材料的燃烧性能不应低于B_2级；当屋面板的耐火极限低于1.00h时，不应低于B_1级。采用B_1、B_2级保温材料的外保温系统应采用不燃材料作防护层，防护层的厚度不应小于10mm。

当建筑的屋面和外墙外保温系统均采用B_1、B_2级保温材料时，屋面与外墙之间应采用宽度不小于500mm的不燃材料设置防火隔离带进行分隔。

6.7.11 电气线路不应穿越或敷设在燃烧性能为B_1或B_2级的保温材料中；确需穿越或敷设时，应采取穿金属管并在金属管周围采用不燃隔热材料进行防火隔离等防火保护措施。设置开关、插座等电器配件的部位周围应采取不燃隔热材料进行防火隔离等防火保护措施。

6.7.12 建筑外墙的装饰层应采用燃烧性能为A 级的材料，但建筑高度不大于50m时，可采用B_1级材料。

7 灭火救援设施

7.1 消防车道

7.1.1 街区内的道路应考虑消防车的通行，道路中心线间的距离不宜大于160m（图7-1）。

当建筑物沿街道部分的长度大于150m或总长度大于220m时，应设置穿过建筑物的消防车道（图7-2）。确有困难时，应设置环形消防车道（图7-3）。

7.1.2 高层民用建筑，超过3000个座位的体育馆，超过2000个座位的会堂，占地面积大于3000m² 的商店建筑、展览建筑等单、多层公共建筑应设置环形消防车道（图7-4），确有困难时，可沿建筑的两个长边设置消防车道；对于高层住宅建筑和山坡地或河道边临空建造的高层民用建筑，可沿建筑的一个长边设置消防车道，但该长边所在建筑立面应为消防车登高操作面（图7-5）。

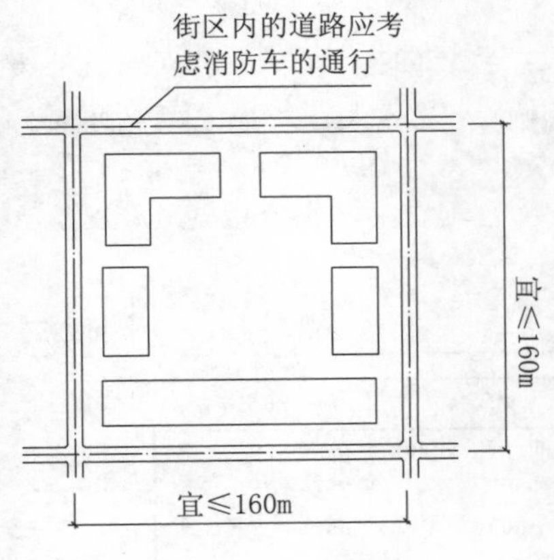

街区内的道路应考
虑消防车的通行
宜≤160m
宜≤160m

图7-1 7.1.1图示（1）

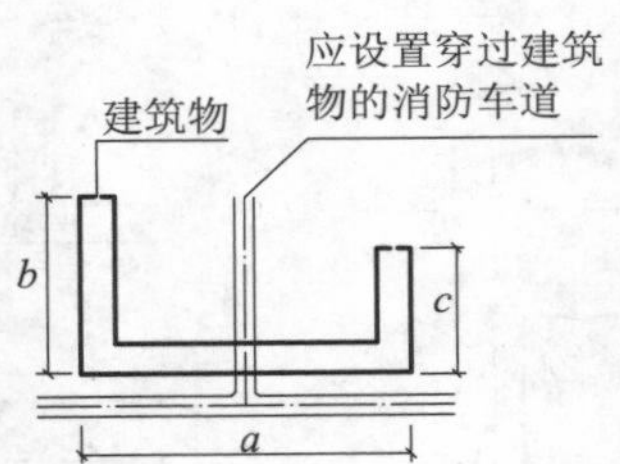

应设置穿过建筑
物的消防车道
建筑物
b
c
a

图7-2 7.1.1图示（2）

注：1、a>150m（长方形建筑物）；
2、$a+b$>220m（L形建筑物）；
3、$a+b+c$>220m（U形建筑物）。

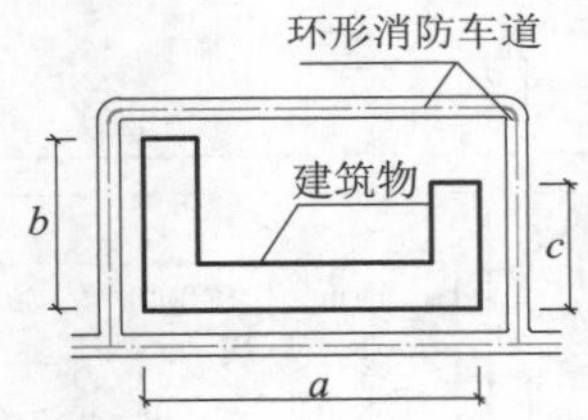

环形消防车道
建筑物
b
c
a

图7-3 7.1.1图示（3）

注：当满足图7-2中设置穿过建筑物的消防车道确有困难时，应设置环形消防车道。

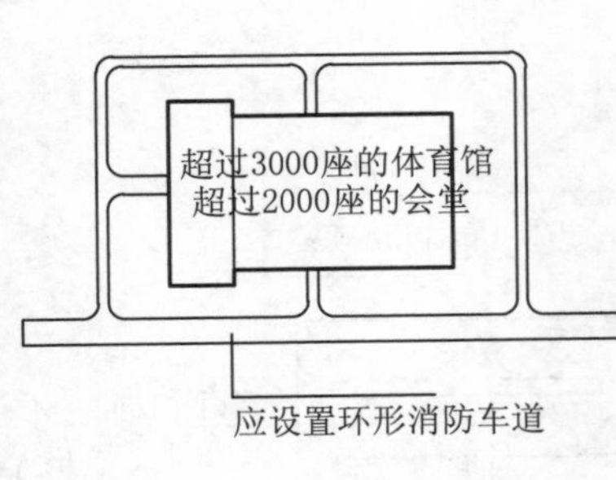

超过3000座的体育馆
超过2000座的会堂
应设置环形消防车道

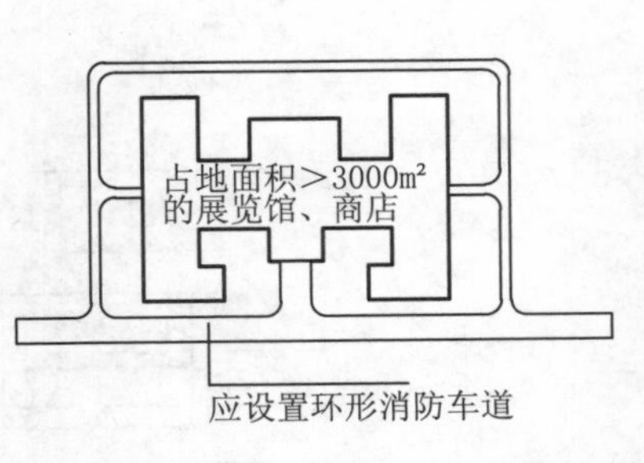

占地面积＞3000m²
的展览馆、商店
应设置环形消防车道

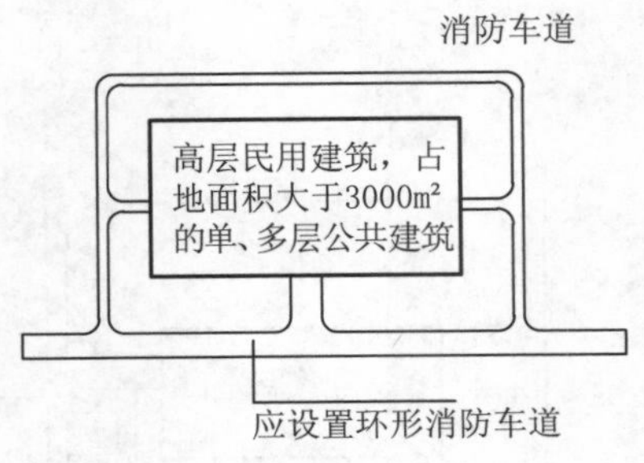

消防车道
高层民用建筑，占
地面积大于3000m²
的单、多层公共建筑
应设置环形消防车道

图7-4 7.1.2图示（1）

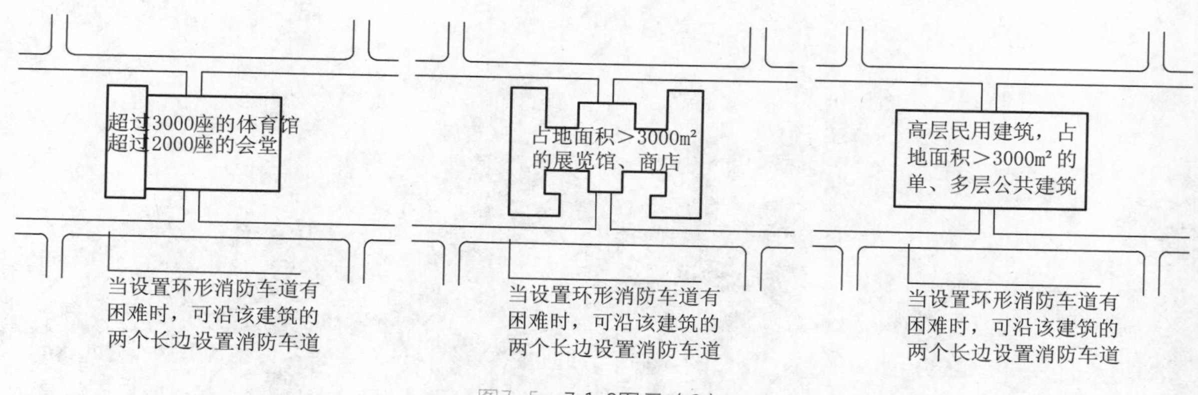
超过3000座的体育馆
超过2000座的会堂
当设置环形消防车道有困难时，可沿该建筑的两个长边设置消防车道
占地面积＞3000m²的展览馆、商店
当设置环形消防车道有困难时，可沿该建筑的两个长边设置消防车道
高层民用建筑，占地面积＞3000m²的单、多层公共建筑
当设置环形消防车道有困难时，可沿该建筑的两个长边设置消防车道

图7-5 7.1.2图示（2）

7.1.3 工厂、仓库区内应设置消防车道。

高层厂房，占地面积大于3000m²的甲、乙、丙类厂房和占地面积大于1500m²的乙、丙类仓库，应设置环形消防车道，确有困难时，应沿建筑物的两个长边设置消防车道（图7-6）。

7.1.4 有封闭内院或天井的建筑物，当内院或天井的短边长度大于24m时，宜设置进入内院或天井的消防车道（图7-7）；当该建筑物沿街时，应设置连通街道和内院的人行通道（可利用楼梯间），其间距不宜大于80m（图7-8）。

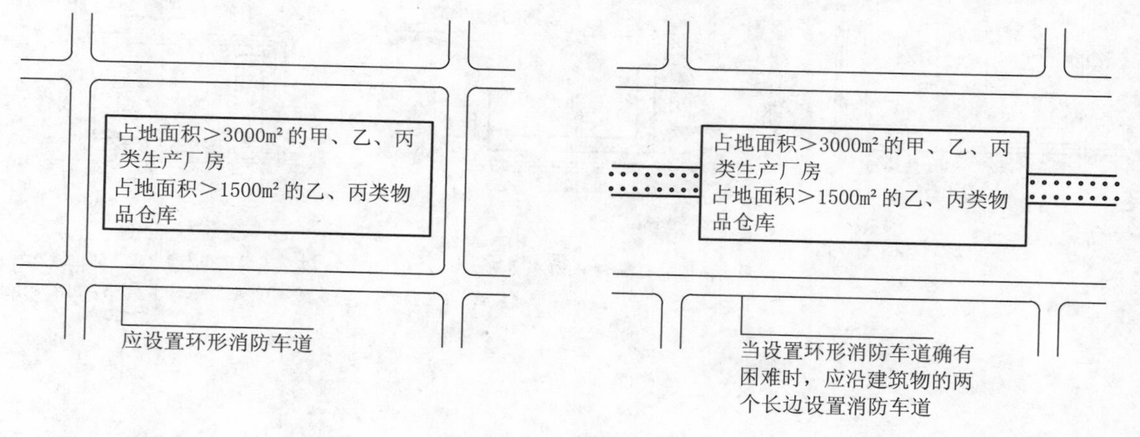
占地面积＞3000m²的甲、乙、丙类生产厂房
占地面积＞1500m²的乙、丙类物品仓库
应设置环形消防车道
占地面积＞3000m²的甲、乙、丙类生产厂房
占地面积＞1500m²的乙、丙类物品仓库
当设置环形消防车道确有困难时，应沿建筑物的两个长边设置消防车道

图7-6 7.1.3图示

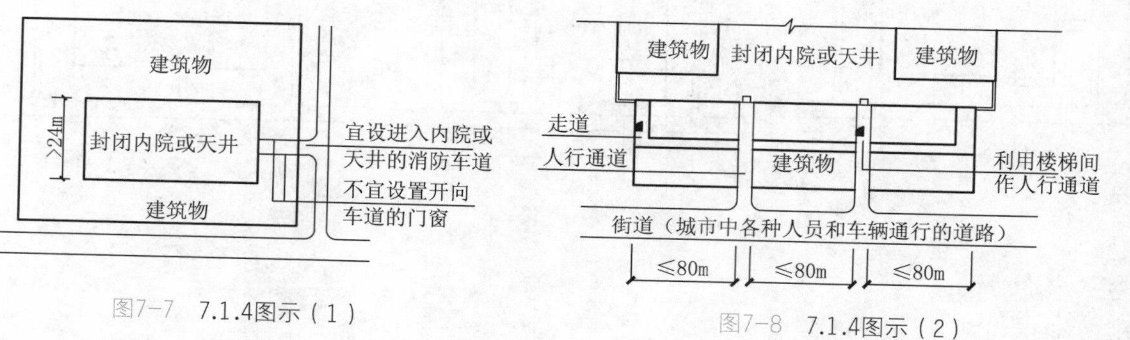
建筑物
≥24m
封闭内院或天井
建筑物
宜设进入内院或天井的消防车道
不宜设置开向车道的门窗
建筑物
封闭内院或天井
建筑物
走道
人行通道
建筑物
利用楼梯间作人行通道
街道（城市中各种人员和车辆通行的道路）
≤80m
≤80m
≤80m

图7-7 7.1.4图示（1）

图7-8 7.1.4图示（2）

7.1.5 在穿过建筑物或进入建筑物内院的消防车道两侧，不应设置影响消防车通行或人员安全疏散的设施（图示7–9）。

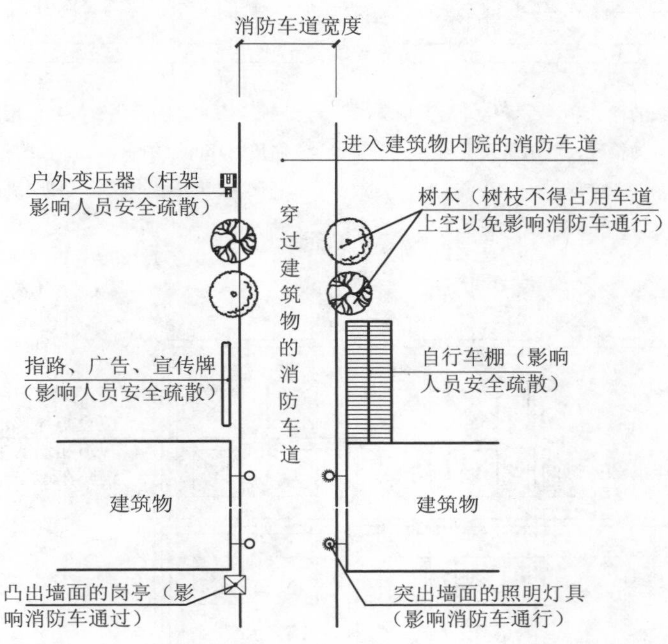
消防车道宽度
进入建筑物内院的消防车道
户外变压器（杆架
影响人员安全疏散）
穿过建筑物的消防车道
树木（树枝不得占用车道
上空以免影响消防车通行）
指路、广告、宣传牌
（影响人员安全疏散）
自行车棚（影响
人员安全疏散）
建筑物
建筑物
凸出墙面的岗亭（影
响消防车通过）
突出墙面的照明灯具
（影响消防车通行）

图7–9 7.1.5图示

注：图示中为影响消防车道通行或影响人员安全疏散的设施举例。

7.1.6 可燃材料露天堆场区，液化石油气储罐区，甲、乙、丙类液体储罐区和可燃气体储罐区，应设置消防车道。消防车道的设置应符合下列规定（图7–10）：

1 储量大于表7.1.6规定的堆场、储罐区，宜设置环形消防车道。

2 占地面积大于30000m²的可燃材料堆场，应设置与环形消防车道相通的中间消防车道，消防车道的间距不宜大于150m（图7–11）。液化石油气储罐区，甲、乙、丙类液体储罐区和可燃气体储罐区内的环形消防车道之间宜设置连通的消防车道（图7–12）。

3 消防车道的边缘距离可燃材料堆垛不应小于5m（图7–11）。

堆场或储罐区的储量　　表7.1.6

名称	棉、麻、毛、化纤（t）	秸秆、芦苇（t）	木材（m³）	甲、乙、丙类液体储罐（m³）	液化石油气储罐（m³）	可燃气体储罐（m³）
储量	1000	5000	5000	1500	500	30000

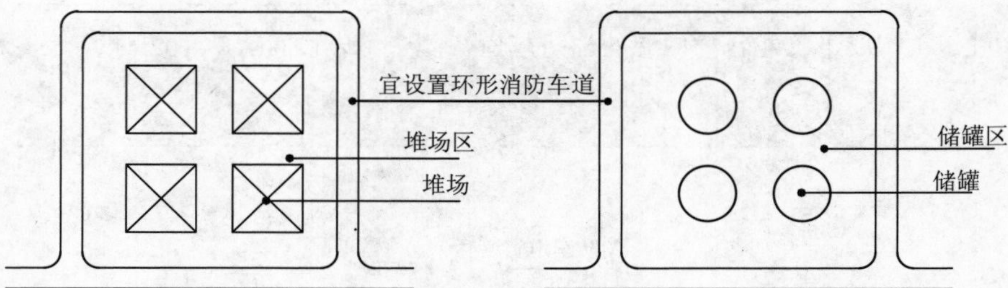
宜设置环形消防车道
堆场区
堆场
储罐区
储罐

储量＞1000t的棉、麻、毛、化纤露天堆场区
储量＞5000t的秸秆、芦苇露天堆场区
储量＞5000m³的木材露天堆场区

储量＞500m³的液化石油气储罐区
储量＞1500m³的甲、乙、丙类液体储罐区
储量＞30000m³的可燃气体储罐区

图7-10 7.1.6图示（1）

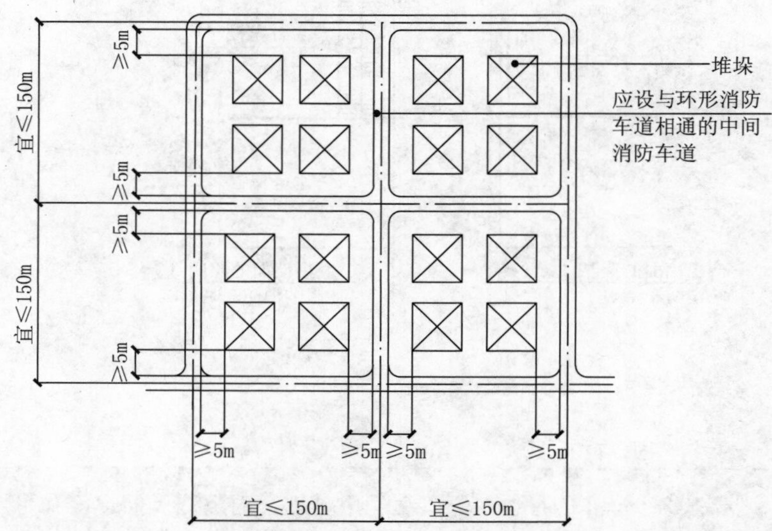
堆垛
应设与环形消防
车道相通的中间
消防车道
≥5m
≥5m
≥5m
≥5m
宜≤150m
宜≤150m
≥5m
≥5m ≥5m
≥5m
宜≤150m
宜≤150m

占地面积＞30000m²的可燃材料堆场

图7-11 7.1.6图示（2）

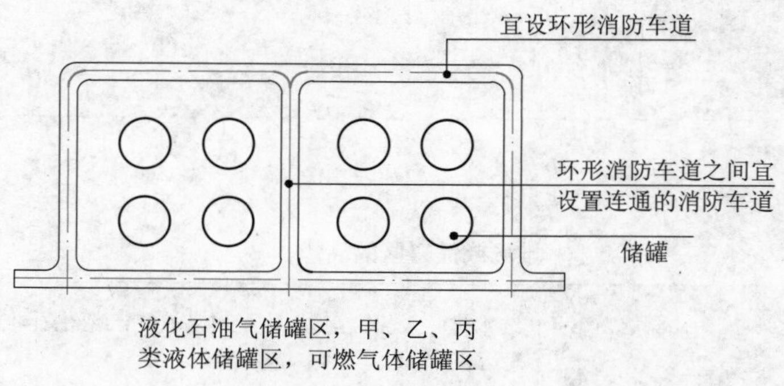
宜设环形消防车道
环形消防车道之间宜
设置连通的消防车道
储罐

液化石油气储罐区，甲、乙、丙
类液体储罐区，可燃气体储罐区

图7-12 7.1.6图示（3）

7.1.7　供消防车取水的天然水源和消防水池应设置消防车道。消防车道的边缘距离取水点不宜大于2m（图7-13）。

7.1.8　消防车道应符合下列要求：

1　车道的净宽度和净空高度均不应小于4.0m（图7-14）；

2　转弯半径应满足消防车转弯的要求；

3　消防车道与建筑之间不应设置妨碍消防车操作的树木、架空管线等障碍物（图7-15）；

4　消防车道靠建筑外墙一侧的边缘距离建筑外墙不宜小于5m（图7-16）；

5　消防车道的坡度不宜大于8%。

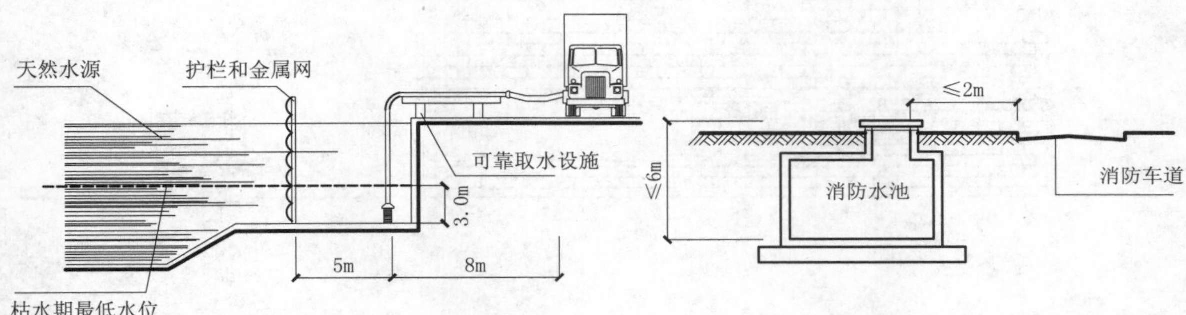
天然水源
护栏和金属网
可靠取水设施
3.0m
5m
8m
枯水期最低水位
≤2m
≤6m
消防水池
消防车道

图7-13　7.1.7图示

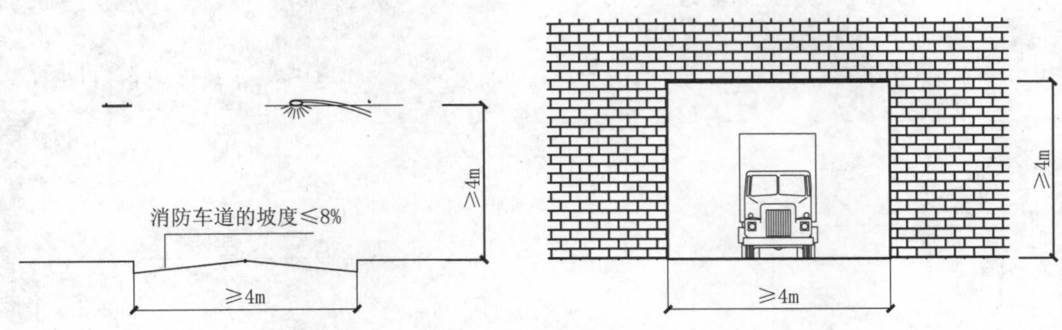
≥4m
消防车道的坡度≤8%
≥4m
≥4m
≥4m

图7-14　7.1.8图示（1）

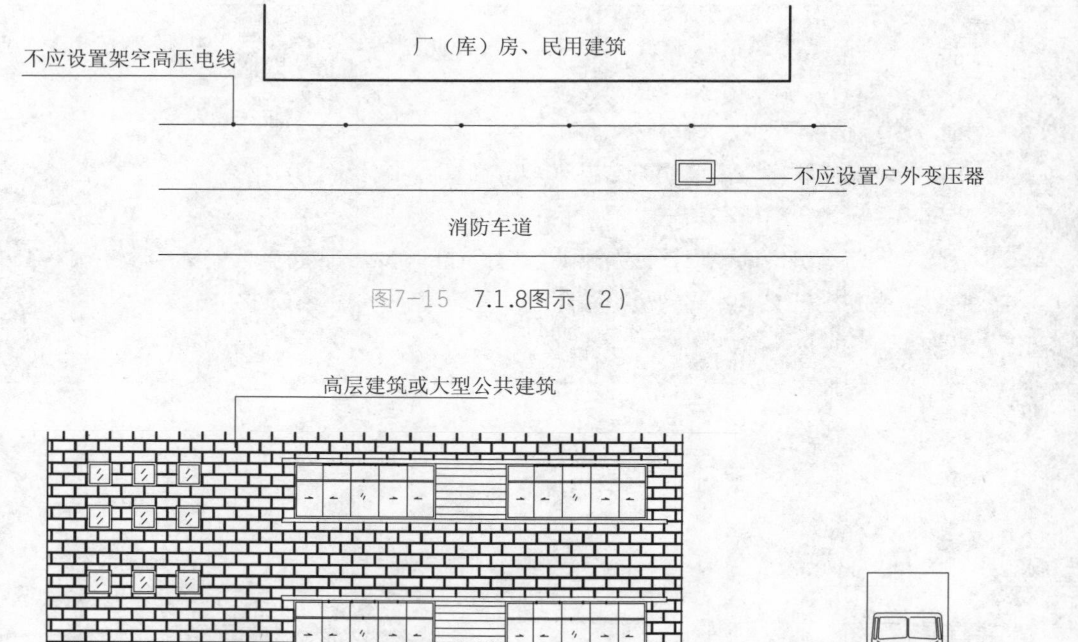

厂（库）房、民用建筑
不应设置架空高压电线
不应设置户外变压器
消防车道

图7-15　7.1.8图示（2）

高层建筑或大型公共建筑
15m≥间距>5m

图7-16　7.1.8图示（3）

7.1.9　环形消防车道至少应有两处与其他车道连通。尽头式消防车道应设置回车道或回车场，回车场的面积不应小于12m×12m；对于高层建筑，不宜小于15m×15m；供重型消防车使用时，不宜小于18m×18m（图7-17）。

消防车道的路面、救援操作场地、消防车道和救援操作场地下面的管道和暗沟等，应能承受重型消防车的压力（图7-18）。

消防车道可利用城乡、厂区道路等，但该道路应满足消防车通行、转弯和停靠的要求（图7-19）。

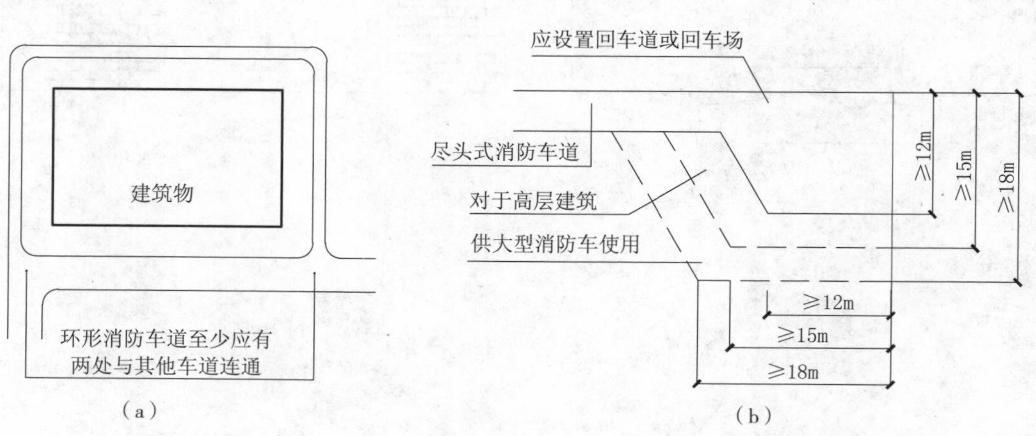

建筑物
环形消防车道至少应有
两处与其他车道连通
（a）
应设置回车道或回车场
尽头式消防车道
对于高层建筑
供大型消防车使用
≥12m
≥15m
≥18m
≥12m
≥15m
≥18m
（b）

图7-17　7.1.9图示（1）

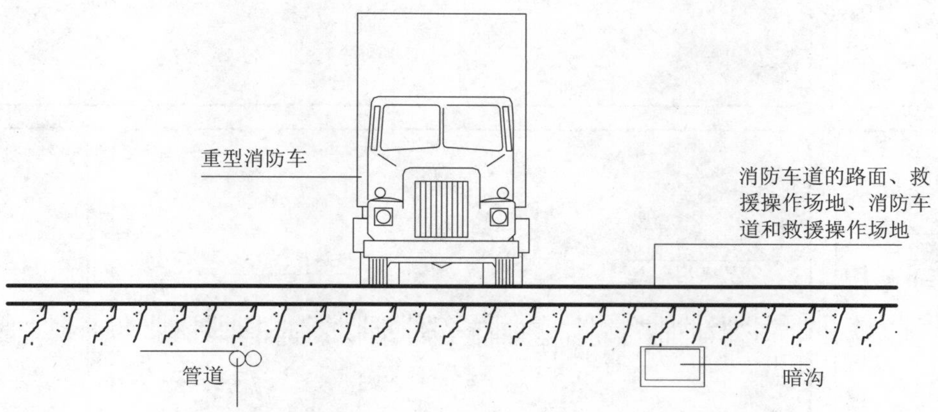
重型消防车
消防车道的路面、救援操作场地、消防车道和救援操作场地
管道
暗沟

图7-18　7.1.9图示（2）

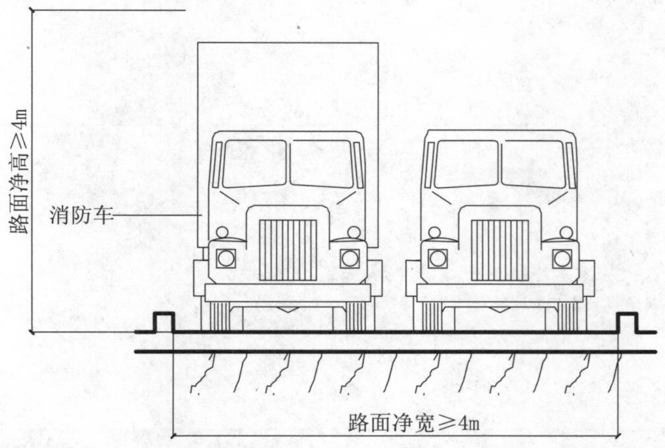
路面净高≥4m
消防车
路面净宽≥4m

图7-19　7.1.9图示（3）

注：利用交通道路作消防车道时：

1. 应满足通行消防车的道路净宽和净空高度均≥4m的要求；
2. 应满足消防车停靠时，其他车辆与消防车错车的路宽要求。

7.1.10　消防车道不宜与铁路正线平交，确需平交时，应设置备用车道，且两车道的间距不应小于一列火车的长度（图7-20、图7-21）。

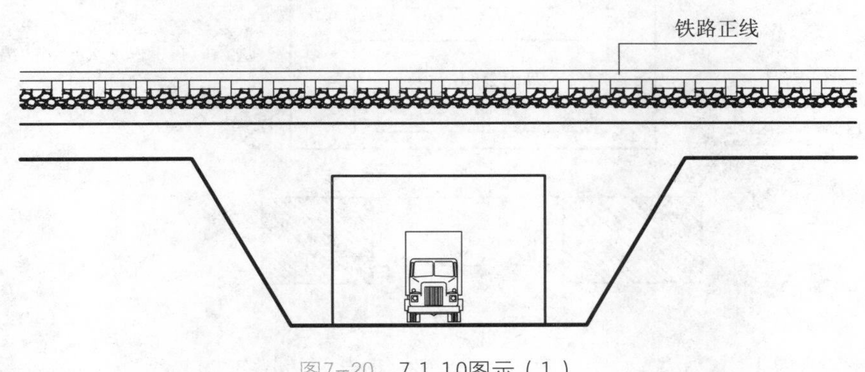
铁路正线

图7-20　7.1.10图示（1）

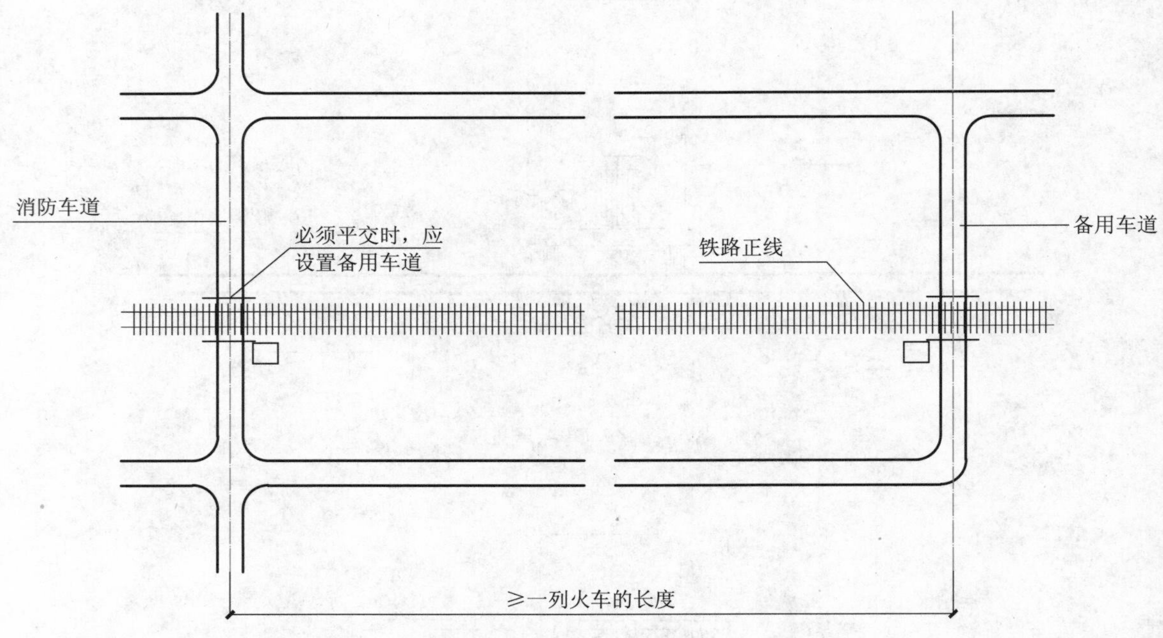
消防车道
必须平交时，应
设置备用车道
铁路正线
备用车道
≥一列火车的长度

图7-21 7.1.10图示（2）

注：一列火车的长度，可参考下列数据：

1. 一节火车车厢的长度约为27～28m客车约为18节，货车可达40节；
2. 大秦线等主要干线的车站到发线长度约1000m；
3. 一般车站到发线长度，客车约≥850m，山区到发线长度约650m。

7.2 救援场地和入口

7.2.1 高层建筑应至少沿一个长边或周边长度的1/4且不小于一个长边长度的底边连续布置消防车登高操作场地，该范围内的裙房进深不应大于4m。

建筑高度不大于50m的建筑，连续布置消防车登高操作场地确有困难时，可间隔布置，但间隔距离不宜大于30m，且消防车登高操作场地的总长度仍应符合上述规定（图7-22）。

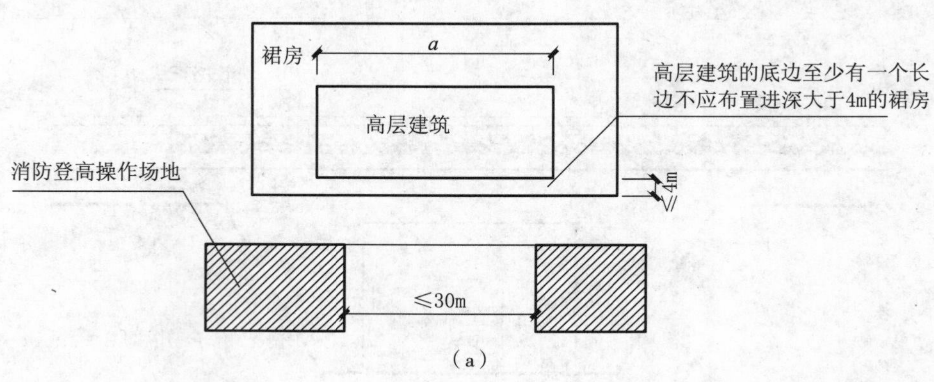
裙房
a
高层建筑
高层建筑的底边至少有一个长
边不应布置进深大于4m的裙房
消防登高操作场地
≤4m
≤30m

（a）

图7-22 7.2.1图示

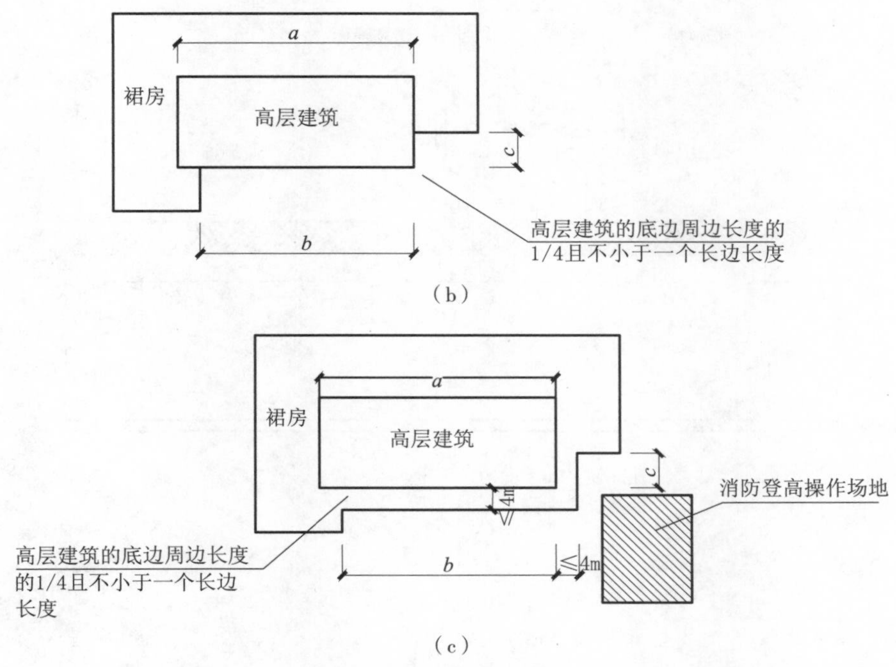
a
裙房
高层建筑
c
b
高层建筑的底边周边长度的
1/4且不小于一个长边长度
（b）
a
裙房
高层建筑
c
≤4m
消防登高操作场地
高层建筑的底边周边长度
的1/4且不小于一个长边
长度
b
≤4m
（c）

图7-22　7.2.1图示续

注：*a*：高层建筑的底边的一个长边，

b+*c*：周边长度的1/4，且*b*+*c*≥*a*。

7.2.2　消防车登高操作场地应符合下列规定：

1　场地与厂房、仓库、民用建筑之间不应设置妨碍消防车操作的树木、架空管线等障碍物和车库出入口。

2　场地的长度和宽度分别不应小于15m和10m。对于建筑高度大于50m的建筑，场地的长度和宽度分别不应小于20m和10m（图7-23）。

3　场地及其下面的建筑结构、管道和暗沟等，应能承受重型消防车的压力（图7-24、图7-25）。

4　场地应与消防车道连通，场地靠建筑外墙一侧的边缘距离建筑外墙不宜小于5m，且不应大于10m，场地的坡度不宜大于3%（图7-23）。

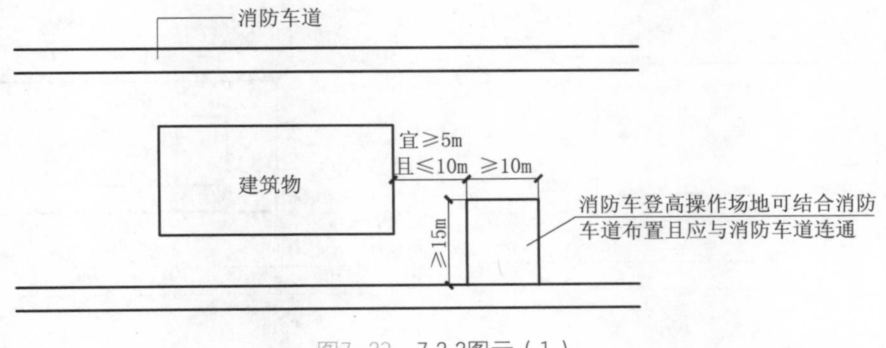
消防车道
建筑物
宜≥5m
且≤10m
≥10m
≥15m
消防车登高操作场地可结合消防
车道布置且应与消防车道连通

图7-23　7.2.2图示（1）

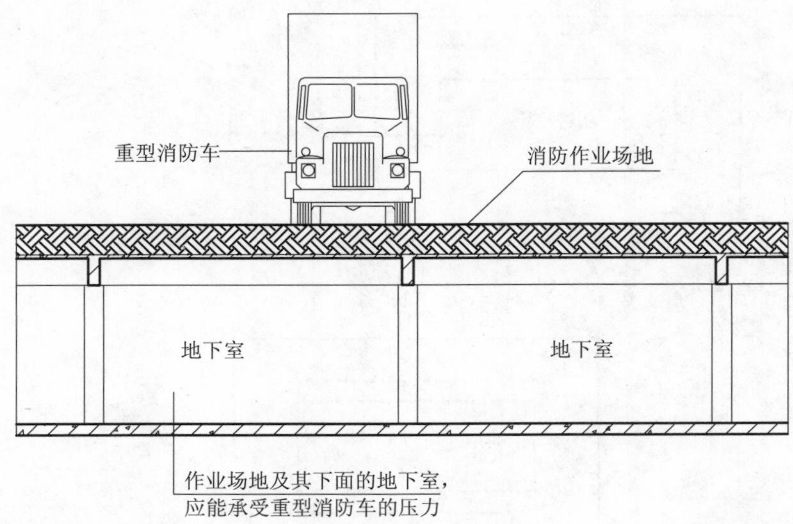
重型消防车
消防作业场地
地下室
地下室
作业场地及其下面的地下室，
应能承受重型消防车的压力

图7-24　7.2.2图示（2）

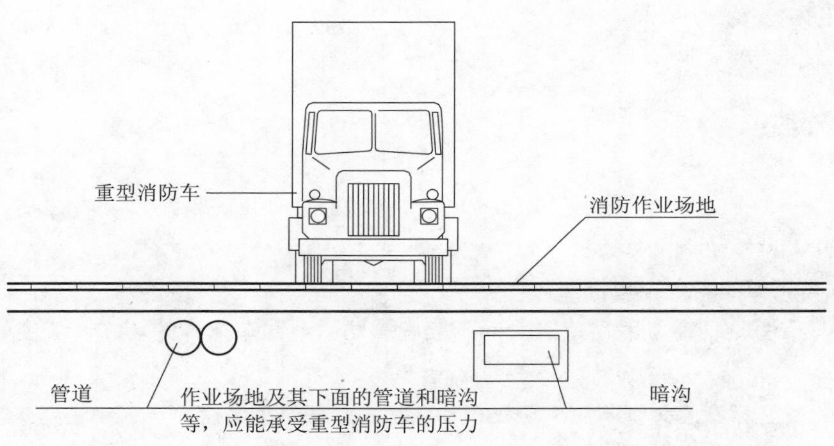
重型消防车
消防作业场地
管道
作业场地及其下面的管道和暗沟
等，应能承受重型消防车的压力
暗沟

图7-25　7.2.2图示（3）

7.2.3　建筑物与消防车登高操作场地相对应的范围内，应设置直通室外的楼梯或直通楼梯间的入口（图7-26）。

7.2.4　厂房、仓库、公共建筑的外墙应在每层的适当位置设置可供消防救援人员进入的窗口。

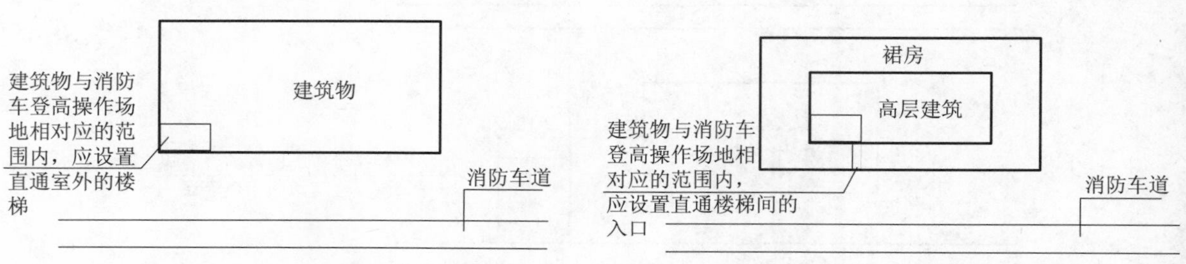
建筑物与消防
车登高操作场
地相对应的范
围内，应设置
直通室外的楼
梯
建筑物
消防车道
裙房
高层建筑
建筑物与消防车
登高操作场地相
对应的范围内，
应设置直通楼梯间的
入口
消防车道

图7-26　7.2.3图示

7.2.5 供消防人员进入的窗口的净高度和净宽度均不应小于1.0m，下沿距室内地面不宜大于1.2m，间距不宜大于20m且每个防火分区不应少于2个，设置位置应与消防车登高操作场地相对应。窗口的玻璃应易于破碎，并应设置可在室外易于识别的明显标志（图7-27）。

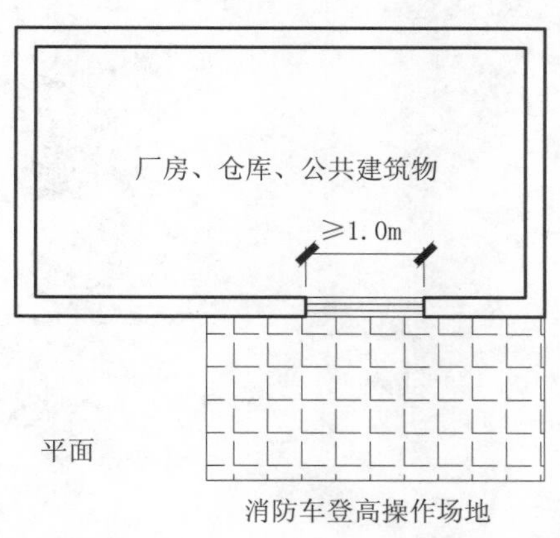
厂房、仓库、公共建筑物
≥1.0m
平面
消防车登高操作场地

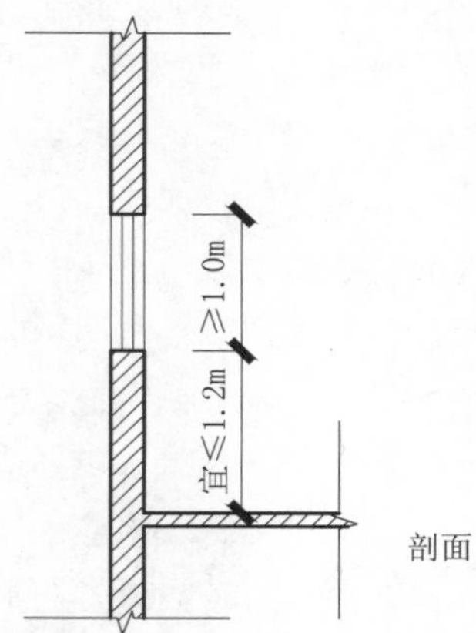
≥1.0m
宜≤1.2m
剖面

图7-27 7.2.5图示

7.3 消防电梯

7.3.1 下列建筑应设置消防电梯：

1 建筑高度大于33m的住宅建筑；

2 一类高层公共建筑和建筑高度大于32m的二类高层公共建筑；

3 设置消防电梯的建筑的地下或半地下室，埋深大于10m且总建筑面积大于3000m^{2}的其他地下或半地下建筑（室）。

7.3.2 消防电梯应分别设置在不同防火分区内，且每个防火分区不应少于1台。

7.3.3 建筑高度大于32m且设置电梯的高层厂房（仓库），每个防火分区内宜设置1台消防电梯，但符合下列条件的建筑可不设置消防电梯：

1 建筑高度大于32m且设置电梯，任一层工作平台上的人数不超过2人的高层塔架（图7-28）；

2 局部建筑高度大于32m，且局部高出部分的每层建筑面积不大于50m^{2}的丁、戊类厂房（图7-29）。

7.3.4 符合消防电梯要求的客梯或货梯可兼作消防电梯。

7.3.5 除设置在仓库连廊、冷库穿堂或谷物筒仓工作塔内的消防电梯外，消防电梯应设置前室，并应符合下列规定：

1 前室宜靠外墙设置，并应在首层直通室外或经过长度不大于30m的通道通向室外；

2 前室的使用面积不应小于6.0m^2；与防烟楼梯间合用的前室，应符合本规范第5.5.28条和第6.4.3条的规定；

3　除前室的出入口、前室内设置的正压送风口和本规范第5.5.27条规定的户门外，前室内不应开设其他门、窗、洞口；

4　前室或合用前室的门应采用乙级防火门，不应设置卷帘。

7.3.6　消防电梯井、机房与相邻电梯井、机房之间应设置耐火极限不低于2.00h的防火隔墙，隔墙上的门应采用甲级防火门（图7-30）。

7.3.7　消防电梯的井底应设置排水设施，排水井的容量不应小于2m³，排水泵的排水量不应小于10L/s。消防电梯间前室的门口宜设置挡水设施（图7-31）。

7.3.8　消防电梯应符合下列规定：

1　应能每层停靠；

2　电梯的载重量不应小于800kg；

3　电梯从首层至顶层的运行时间不宜大于60s；

4　电梯的动力与控制电缆、电线、控制面板应采取防水措施；

5　在首层的消防电梯入口处应设置供消防队员专用的操作按钮；

6　电梯轿厢的内部装修应采用不燃材料；

7　电梯轿厢内部应设置专用消防对讲电话。

7.4　直升机停机坪

7.4.1　建筑高度大于100m且标准层建筑面积大于2000m²的公共建筑，宜在屋顶设置直升机停机坪或供直升机救助的设施。

7.4.2　直升机停机坪应符合下列规定：

1　设置在屋顶平台上时，距离设备机房、电梯机房、水箱间、共用天线等突出物不应小于5m；

2　建筑通向停机坪的出口不应少于2个，每个出口宽度不宜小于0.90m；

3　四周应设置航空障碍灯，并应设置应急照明；

4　在停机坪的适当位置应设置消火栓；

5　其他要求应符合国家现行航空管理有关标准的规定。

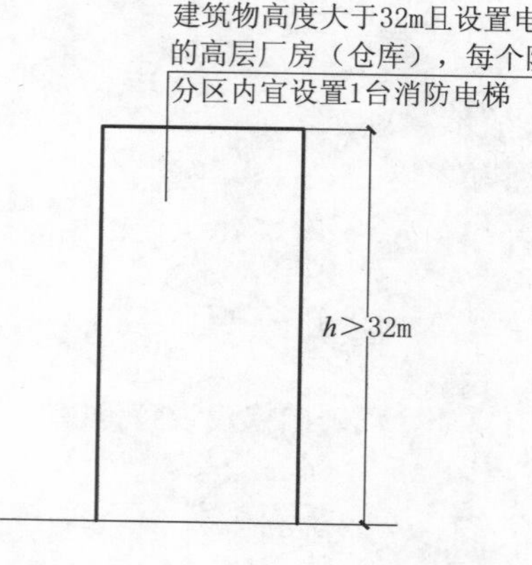
建筑物高度大于32m且设置电梯的高层厂房（仓库），每个防火分区内宜设置1台消防电梯
h>32m

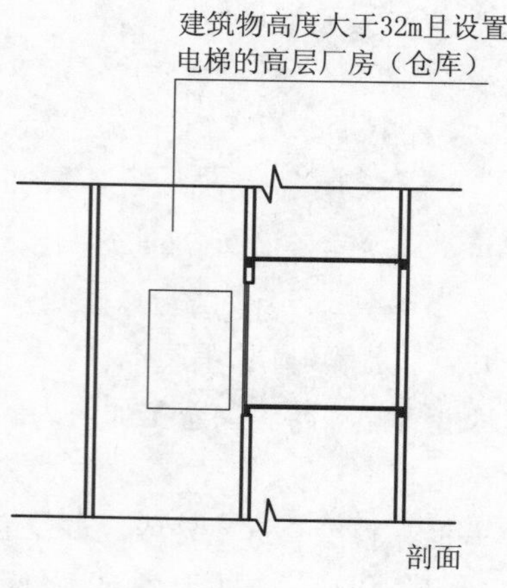
建筑物高度大于32m且设置电梯的高层厂房（仓库）
剖面

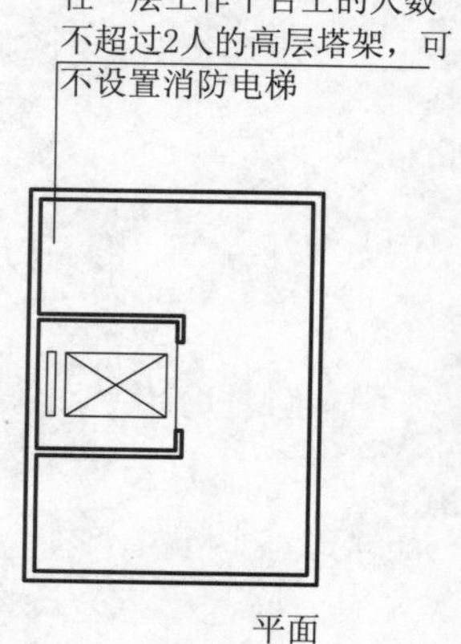
任一层工作平台上的人数不超过2人的高层塔架，可不设置消防电梯
平面

图7-28　7.3.3图示（1）

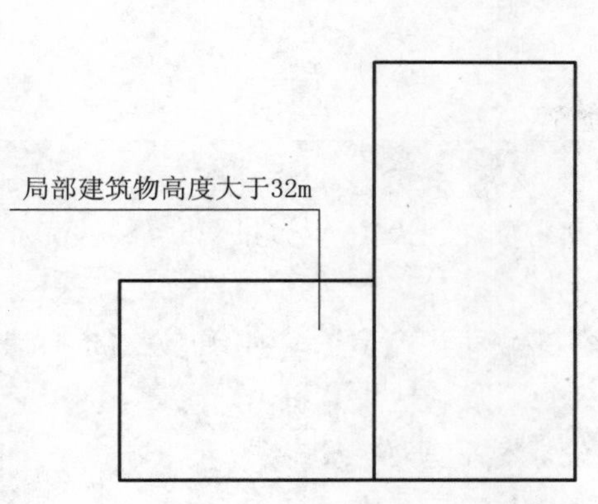
局部建筑物高度大于32m

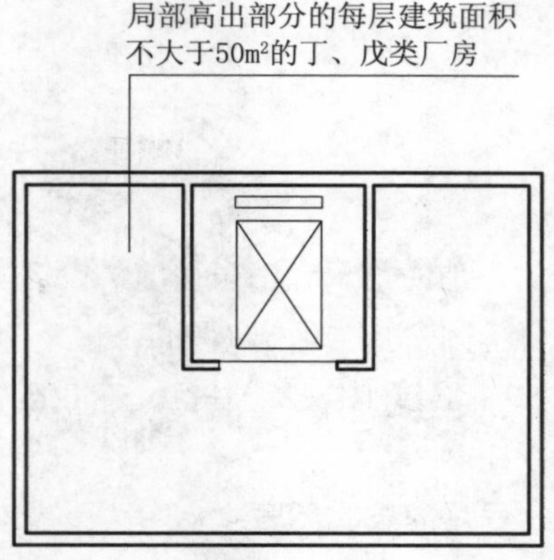
局部高出部分的每层建筑面积
不大于50m²的丁、戊类厂房

图7-29 7.3.3图示（2）

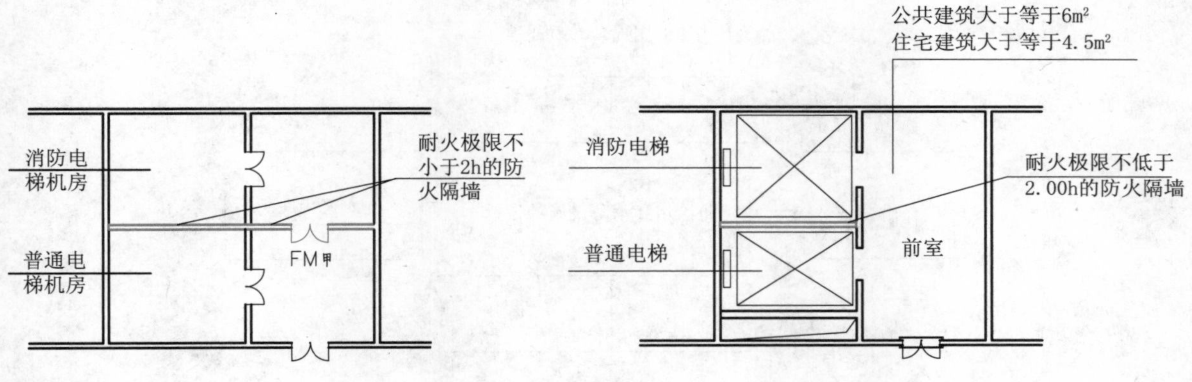
消防电
梯机房
普通电
梯机房
FM甲
耐火极限不
小于2h的防
火隔墙
公共建筑大于等于6m²
住宅建筑大于等于4.5m²
消防电梯
普通电梯
耐火极限不低于
2.00h的防火隔墙
前室

图7-30 7.3.6图示

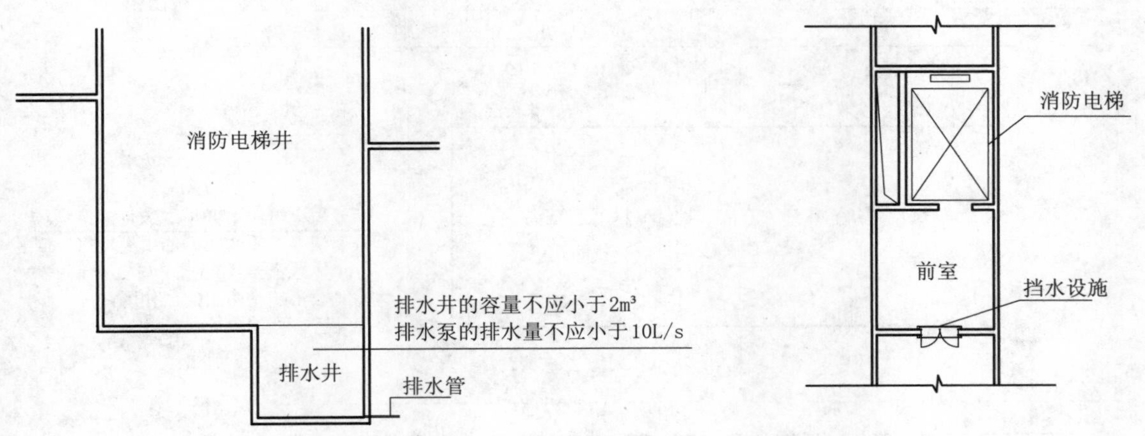
消防电梯井
排水井的容量不应小于2m³
排水泵的排水量不应小于10L/s
排水井
排水管
消防电梯
前室
挡水设施

图7-31 7.3.7图示

8 消防设施的设置

8.1 一般规定

8.1.1 消防给水和消防设施的设置应根据建筑的用途及其重要性、火灾危险性、火灾特性和环境条件等因素综合确定（图8-1）。

8.1.2 城镇（包括居住区、商业区、开发区、工业区等）应沿可通行消防车的街道设置市政消火栓系统。

民用建筑、厂房、仓库、储罐（区）和堆场周围应设置室外消火栓系统。

用于消防救援和消防车停靠的屋面上，应设置室外消火栓系统。

注：耐火等级不低于二级且建筑体积不大于3000m^{3}的戊类厂房，居住区人数不超过500人且建筑层数不超过两层的居住区，可不设置室外消火栓系统（图8-2）。

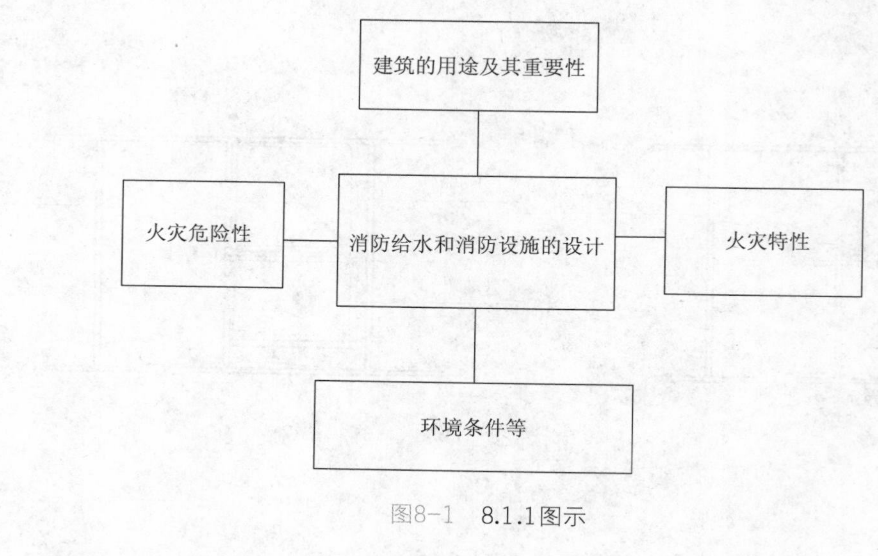
建筑的用途及其重要性
火灾危险性
消防给水和消防设施的设计
火灾特性
环境条件等

图8-1 8.1.1图示

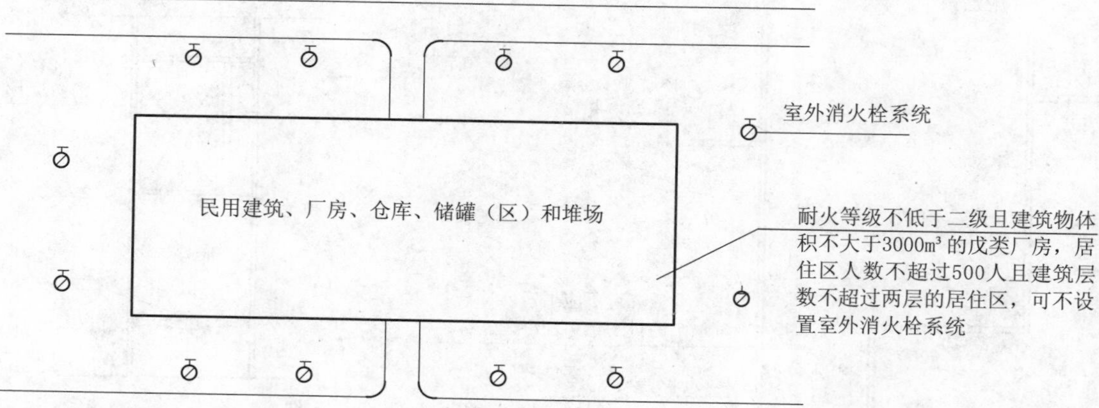
室外消火栓系统
民用建筑、厂房、仓库、储罐（区）和堆场
耐火等级不低于二级且建筑物体积不大于3000m³的戊类厂房，居住区人数不超过500人且建筑层数不超过两层的居住区，可不设置室外消火栓系统

图8-2 8.1.2图示

8.1.3 自动喷水灭火系统、水喷雾灭火系统、泡沫灭火系统和固定消防炮灭火系统等系统以及下列建筑的室内消火栓给水系统应设置消防水泵接合器：

1 超过5层的公共建筑（图8-3）；

2 超过4层的厂房或仓库（图8-4）；

3 其他高层建筑（图8-5）；

4 超过2层或建筑面积大于10000m²的地下建筑（室）（图8-6）。

8.1.4 甲、乙、丙类液体储罐（区）内的储罐应设置移动水枪或固定水冷却设施。高度大于15m或单罐容积大于2000m³的甲、乙、丙类液体地上储罐，宜采用固定水冷却设施。

8.1.5 总容积大于50m³或单罐容积大于20m³的液化石油气储罐（区）应设置固定水冷却设施，埋地的液化石油气储罐可不设置固定喷水冷却装置。总容积不大于50m³或单罐容积不大于20m³的液化石油气储罐（区），应设置移动式水枪。

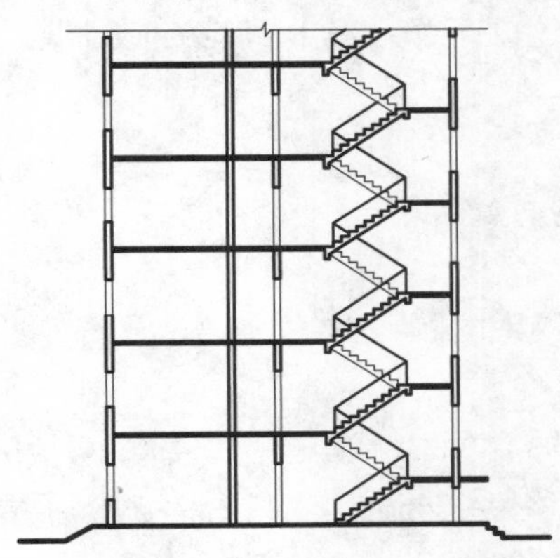

超过5层的公共建筑

图8-3 8.1.3图示（1）

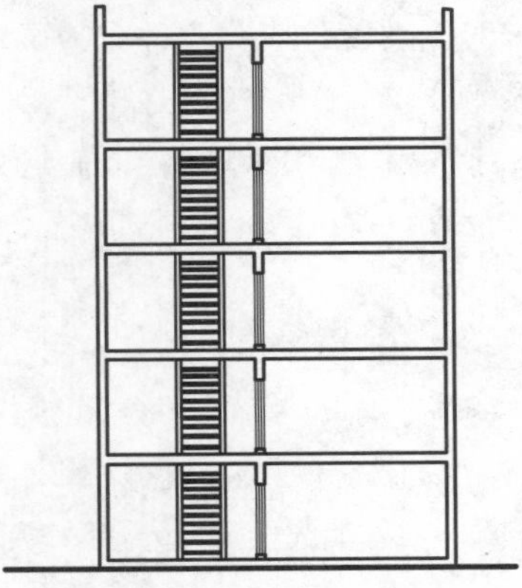

超过4层的厂房或仓库

图8-4 8.1.3图示（2）

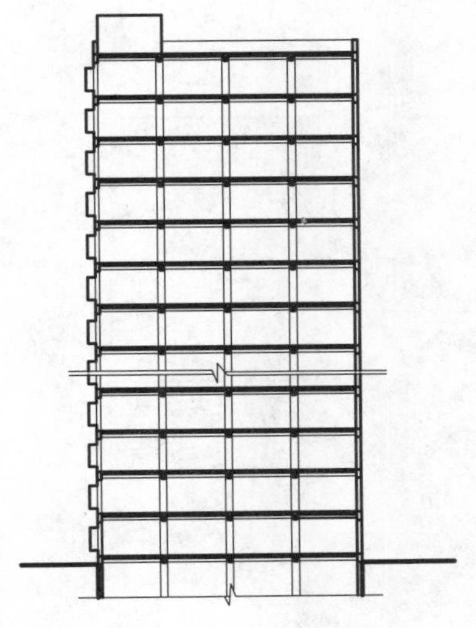

其他高层建筑

图8-5 8.1.3图示（3）

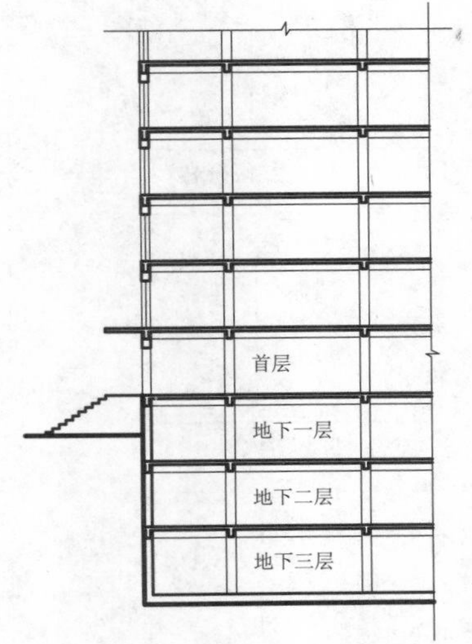
首层
地下一层
地下二层
地下三层

地下室超过2层或建筑面积大于10000m²的地下建筑

图8-6 8.1.3图示（4）

8.1.6 消防水泵房的设置应符合下列规定：

1 单独建造的消防水泵房，其耐火等级不应低于二级；

2 附设在建筑内的消防水泵房，不应设置在地下三层及以下或室内地面与室外出入口地坪高差大于10m的地下楼层；

3 疏散门应直通室外或安全出口。

8.1.7 设置火灾自动报警系统和需要联动控制的消防设备的建筑（群）应设置消防控制室。消防控制室的设置应符合下列规定：

1 单独建造的消防控制室，其耐火等级不应低于二级；

2 附设在建筑内的消防控制室，宜设置在建筑内首层或地下一层，并宜布置在靠外墙部位；

3 不应设置在电磁场干扰较强及其他可能影响消防控制设备正常工作的房间附近；

4 疏散门应直通室外或安全出口；

5 消防控制室内的设备构成及其对建筑消防设施的控制与显示功能以及向远程监控系统传输相关信息的功能，应符合现行国家标准《火灾自动报警系统设计规范》GB 50116和《消防控制室通用技术要求》GB 25506的规定。

8.1.8 消防水泵房和消防控制室应采取防水淹的技术措施。

8.1.9 设置在建筑内的防排烟风机应设置在不同的专用机房内，有关防火分隔措施应符合本规范第6.2.7条的规定。

8.1.10 高层住宅建筑的公共部位和公共建筑内应设置灭火器，其他住宅建筑的公共部位宜设置灭火器。

厂房、仓库、储罐（区）和堆场，应设置灭火器。

8.1.11 建筑外墙设置有玻璃幕墙或采用火灾时可能脱落的墙体装饰材料或构造时，供灭火救援用的水泵接合器、室外消火栓等室外消防设施，应设置在距离建筑外墙相对安全的位置或采取安全防护措施。

8.1.12 设置在建筑室内外、供人员操作或使用的消防设施，均应设置区别于环境的明显标志（图8–7）。

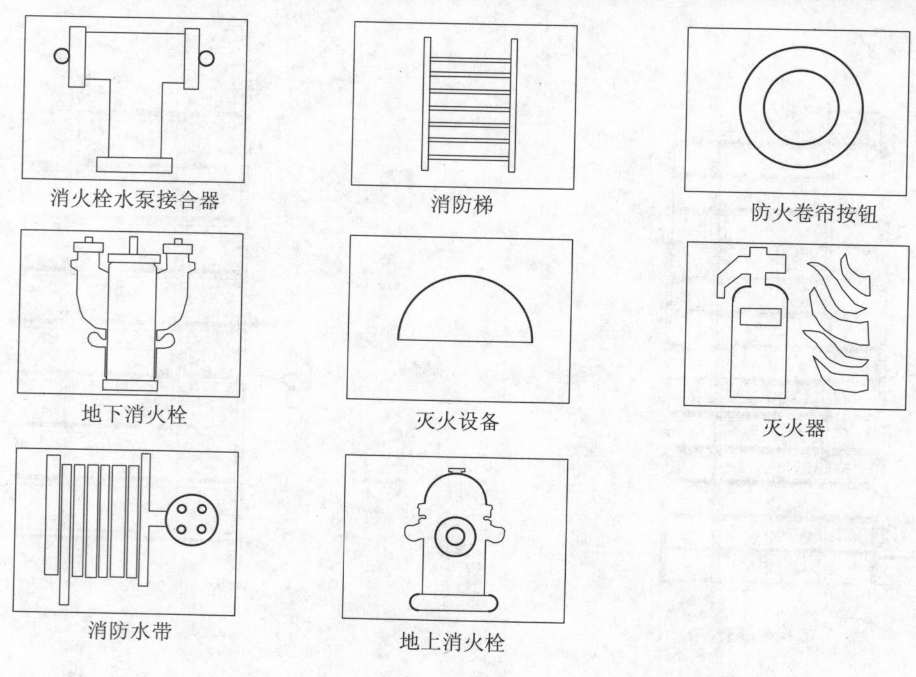
消火栓水泵接合器
消防梯
防火卷帘按钮
地下消火栓
灭火设备
灭火器
消防水带
地上消火栓

图8–7 8.1.12图示

8.2 室内消火栓系统

8.2.1 下列建筑或场所应设置室内消火栓系统：

1 建筑占地面积大于300m²的厂房和仓库；

2 高层公共建筑和建筑高度大于21m的住宅建筑；

注：建筑高度不大于27m的住宅建筑，设置室内消火栓系统确有困难时，可只设置干式消防竖管和不带消火栓箱的DN65的室内消火栓。

3 体积大于5000m³的车站、码头、机场的候车（船、机）建筑、展览建筑、商店建筑、旅馆建筑、医疗建筑和图书馆建筑等单、多层建筑；

4 特等、甲等剧场，超过800个座位的其他等级的剧场和电影院等以及超过1200个座位的礼堂、体育馆等单、多层建筑；

5 建筑高度大于15m或体积大于10000m³的办公建筑、教学建筑和其他单、多层民用建筑。

8.2.2 本规范第8.2.1条未规定的建筑或场所和符合本规范第8.2.1条规定的下列建筑或场所，可不设置室内消火栓系统，但宜设置消防软管卷盘或轻便消防水龙：

1 耐火等级为一、二级且可燃物较少的单、多层丁、戊类厂房（仓库）。

2 耐火等级为三、四级且建筑体积不大于3000m³的丁类厂房；耐火等级为三、四级且建筑体积不大于5000m³的戊类厂房（仓库）。

3 粮食仓库、金库、远离城镇且无人值班的独立建筑。

4 存有与水接触能引起燃烧爆炸的物品的建筑。

5 室内无生产、生活给水管道，室外消防用水取自储水池且建筑体积不大于5000m³的其他建筑。

8.2.3 国家级文物保护单位的重点砖木或木结构的古建筑，宜设置室内消火栓系统。

8.2.4 人员密集的公共建筑、建筑高度大于100m的建筑和建筑面积大于200m²的商业服务网点内应设置消防软管卷盘或轻便消防水龙。高层住宅建筑的户内宜配置轻便消防水龙。

8.3 自动灭火系统

8.3.1 除本规范另有规定和不宜用水保护或灭火的场所外，下列厂房或生产部位应设置自动灭火系统，并宜采用自动喷水灭火系统：

1 不小于50000纱锭的棉纺厂的开包、清花车间，不小于5000锭的麻纺厂的分级、梳麻车间，火柴厂的烤梗、筛选部位；

2 占地面积大于1500m²或总建筑面积大于3000m²的单、多层制鞋、制衣、玩具及电子等类似生产的厂房；

3 占地面积大于1500m²的木器厂房；

4 泡沫塑料厂的预发、成型、切片、压花部位；

5 高层乙、丙类厂房；

6 建筑面积大于500m²的地下或半地下丙类厂房。

8.3.2 除本规范另有规定和不宜用水保护或灭火的仓库外，下列仓库应设置自动灭火系统，并宜采用自动喷水灭火系统：

1 每座占地面积大于1000m²的棉、毛、丝、麻、化纤、毛皮及其制品的仓库；

注：单层占地面积不大于2000m²的棉花库房，可不设置自动喷水灭火系统（图8-8）。

2　每座占地面积大于600m²的火柴仓库（图8-9）；

3　邮政建筑内建筑面积大于500m²的空邮袋库（图8-10）；

4　可燃、难燃物品的高架仓库和高层仓库（图8-11）；

5　设计温度高于0℃的高架冷库，设计温度高于0℃且每个防火分区建筑面积大于1500m²的非高架冷库（图8-12）；

6　总建筑面积大于500m²的可燃物品地下仓库（图8-13）；

7　每座占地面积大于1500m²或总建筑面积大于3000m²的其他单层或多层丙类物品仓库（图8-14）。

8.3.3　除本规范另有规定和不宜用水保护或灭火的场所外，下列高层民用建筑或场所应设置自动灭火系统，并宜采用自动喷水灭火系统：

1　一类高层公共建筑（除游泳池、溜冰场外）及其地下、半地下室；

2　二类高层公共建筑及其地下、半地下室的公共活动用房、走道、办公室和旅馆的客房、可燃物品库房、自动扶梯底部；

3　高层民用建筑内的歌舞娱乐放映游艺场所；

4　建筑高度大于100m的住宅建筑。

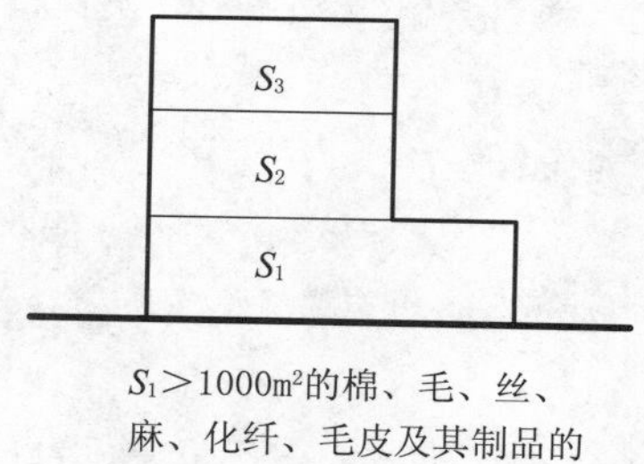
S_3
S_2
S_1

S_1>1000m²的棉、毛、丝、麻、化纤、毛皮及其制品的仓库

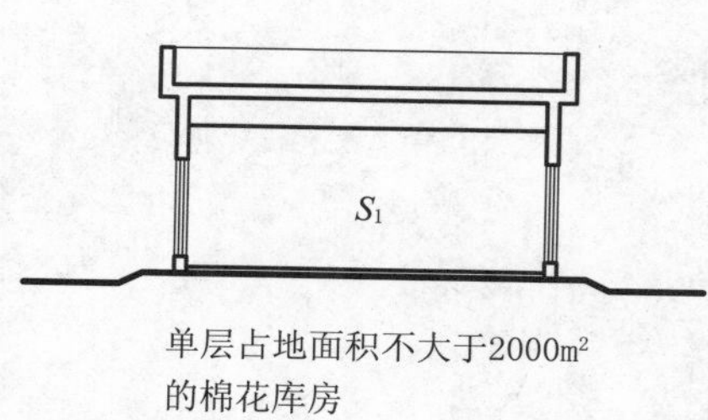
S_1

单层占地面积不大于2000m²的棉花库房

图8-8　8.3.2图示（1）

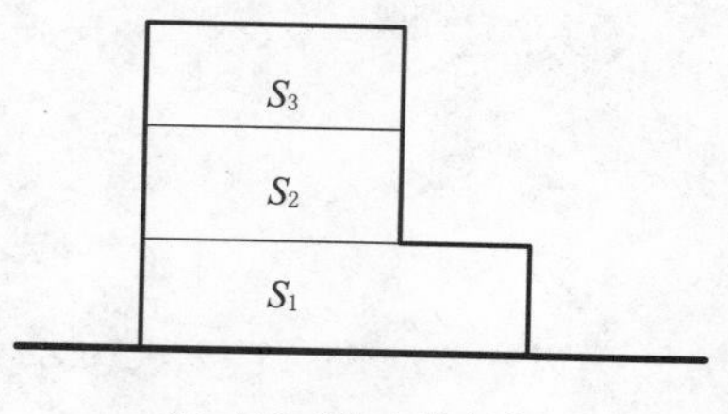
S_3
S_2
S_1

S_1>600m²的火柴仓库

图8-9　8.3.2图示（2）

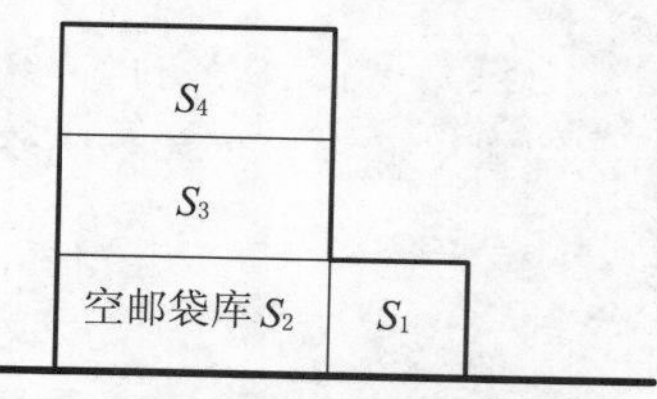
S_4
S_3
空邮袋库 S_2
S_1

邮政建筑内建筑面积大于500m²（S_2>500m²）的空邮袋库

图8-10　8.3.2图示（3）

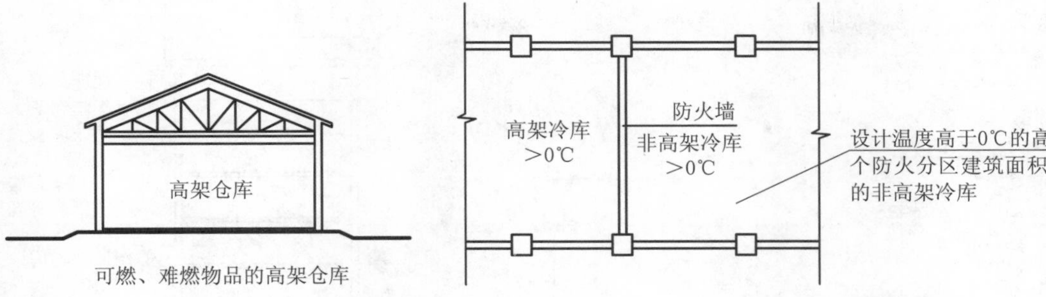
高架仓库
可燃、难燃物品的高架仓库
高架冷库
＞0℃
防火墙
非高架冷库
＞0℃
设计温度高于0℃的高架冷库或每个防火分区建筑面积大于1500m²的非高架冷库

图8-11 8.3.2图示（4）

图8-12 8.3.2图示（5）

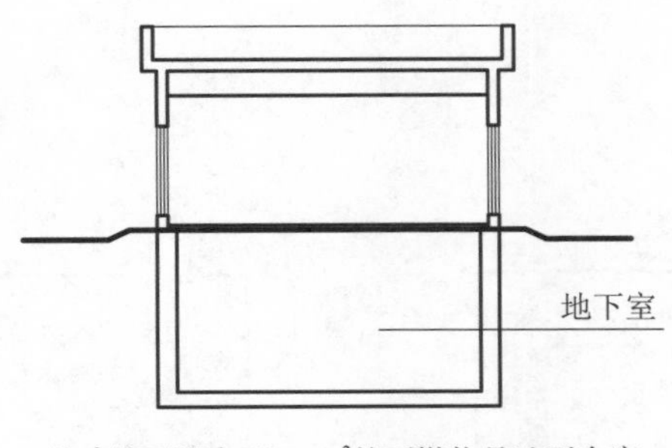
地下室

总建筑面积大于500m²的可燃物品地下仓库

图8-13 8.3.2图示（6）

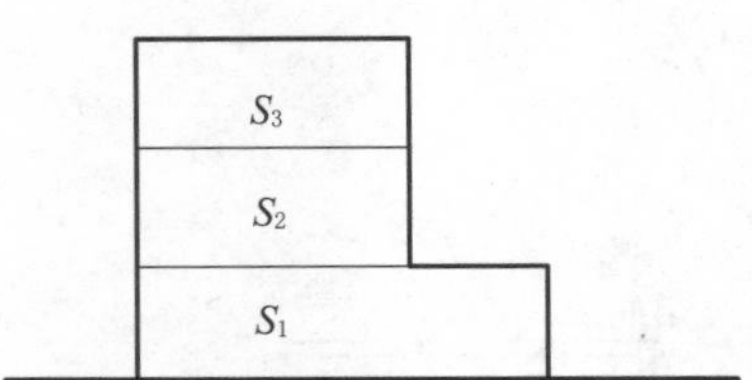
S_3
S_2
S_1

S_1＞1500m²或$S_1+S_2+S_3$＞3000m²的其他单层或多层丙类物品仓库

图8-14 8.3.2图示（7）

8.3.4 除本规范另有规定和不宜用水保护或灭火的场所外，下列单、多层民用建筑或场所应设置自动灭火系统，并宜采用自动喷水灭火系统：

1 特等、甲等剧场，超过1500个座位的其他等级的剧场，超过2000个座位的会堂或礼堂，超过3000个座位的体育馆，超过5000人的体育场的室内人员休息室与器材间等；

2 任一层建筑面积大于1500m²或总建筑面积大于3000m²的展览、商店、餐饮和旅馆建筑以及医院中同样建筑规模的病房楼、门诊楼和手术部（图8-17）；

3 设置送回风道（管）的集中空气调节系统且总建筑面积大于3000m²的办公建筑等；

4 藏书量超过50万册的图书馆（图8-15）；

5 大、中型幼儿园，总建筑面积大于500m²的老年人建筑（图8-16、图8-17）；

6 总建筑面积大于500m²的地下或半地下商店；

7 设置在地下或半地下或地上四层及以上楼层的歌舞娱乐放映游艺场所（除游泳场所外），设置在首层、二层和三层且任一层建筑面积大于300m²的地上歌舞娱乐放映游艺场所（除游泳场所外）（图8-18）。

8.3.5 根据本规范要求难以设置自动喷水灭火系统的展览厅、观众厅等人员密集的场所和丙类生产车间、库房等高大空间场所，应设置其他自动灭火系统，并宜采用固定消防炮等灭火系统（图8-19）。

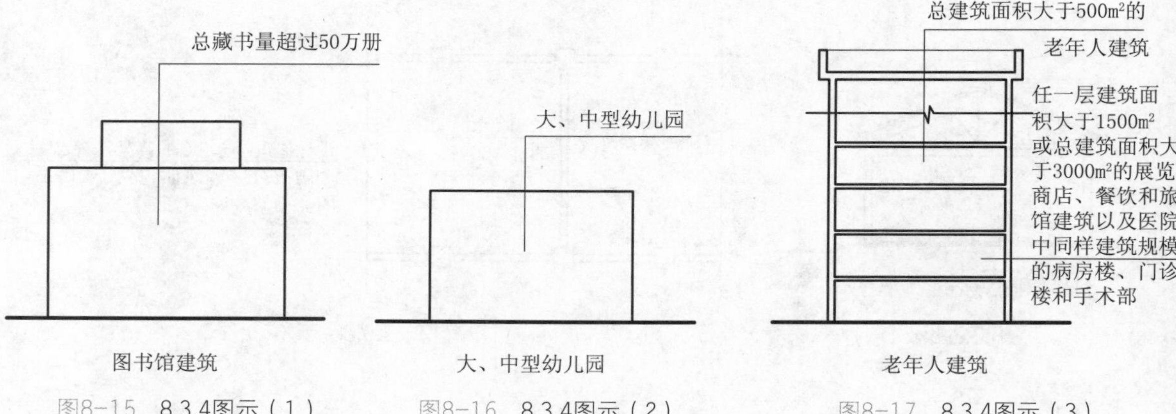
总藏书量超过50万册
图书馆建筑
大、中型幼儿园
大、中型幼儿园
总建筑面积大于500m²的
老年人建筑
任一层建筑面积大于1500m²或总建筑面积大于3000m²的展览、商店、餐饮和旅馆建筑以及医院中同样建筑规模的病房楼、门诊楼和手术部
老年人建筑

图8-15　8.3.4图示（1）

图8-16　8.3.4图示（2）

图8-17　8.3.4图示（3）

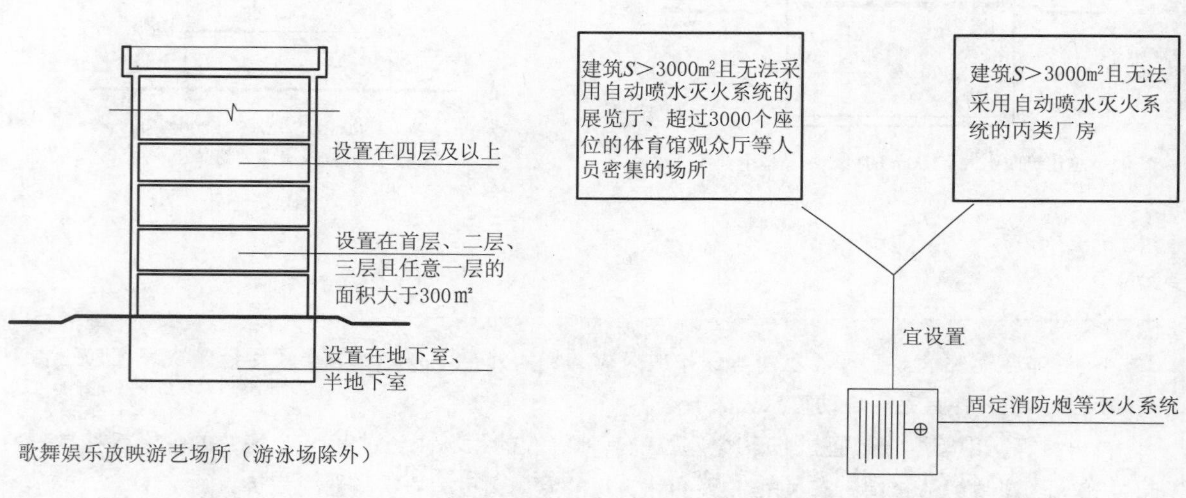
设置在四层及以上
设置在首层、二层、三层且任意一层的面积大于300㎡
设置在地下室、半地下室
歌舞娱乐放映游艺场所（游泳场除外）
建筑S＞3000m²且无法采用自动喷水灭火系统的展览厅、超过3000个座位的体育馆观众厅等人员密集的场所
建筑S＞3000m²且无法采用自动喷水灭火系统的丙类厂房
宜设置
固定消防炮等灭火系统

图8-18　8.3.4图示（4）

图8-19　8.3.5图示

8.3.6　下列部位宜设置水幕系统：

1　特等、甲等剧场、超过1500个座位的其他等级的剧场、超过2000个座位的会堂或礼堂和高层民用建筑内超过800个座位的剧场或礼堂的舞台口及上述场所内与舞台相连的侧台、后台的洞口（图8-20、图8-21）；

2　应设置防火墙等防火分隔物而无法设置的局部开口部位（图8-22）；

3　需要防护冷却的防火卷帘或防火幕的上部（图8-23）。

注：舞台口也可采用防火幕进行分隔，侧台、后台的较小洞口宜设置乙级防火门、窗。

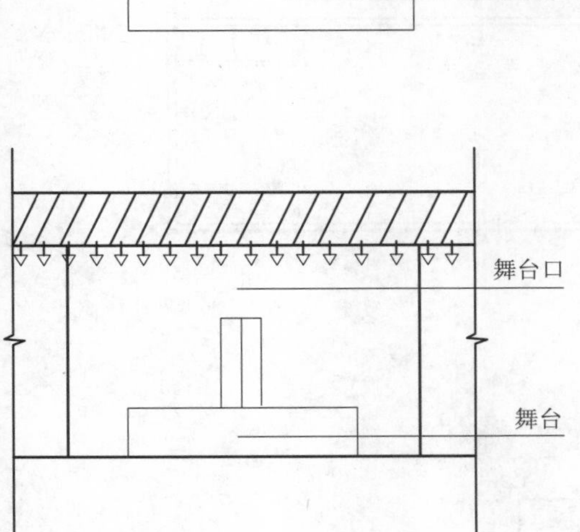
舞台
舞台口
舞台

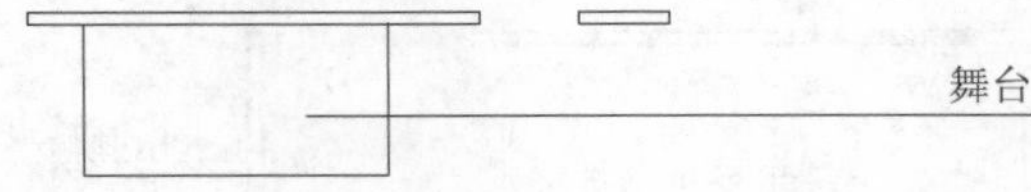
舞台

图8-20 8.3.6图示（1）

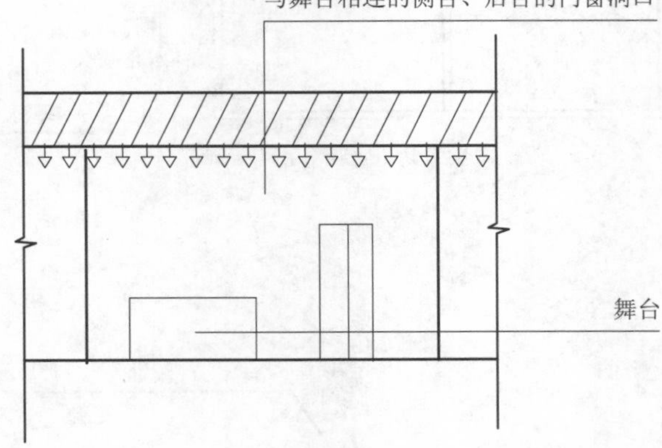
与舞台相连的侧台、后台的门窗洞口
舞台

图8-21 8.3.6图示（2）

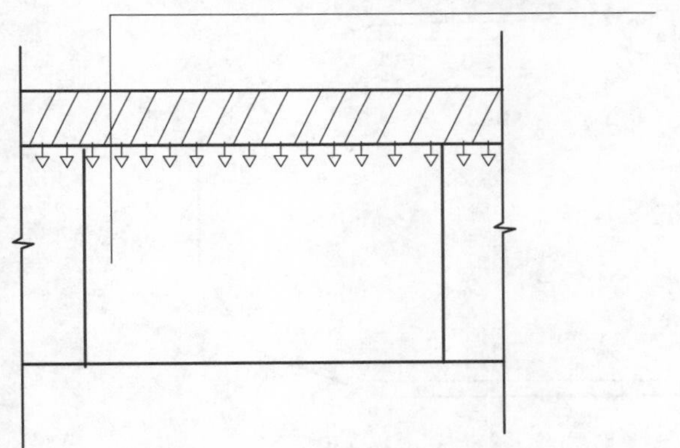
应设防火墙等防火分隔物而无法设置的局部开口部位

图8-22 8.3.6图示（3）

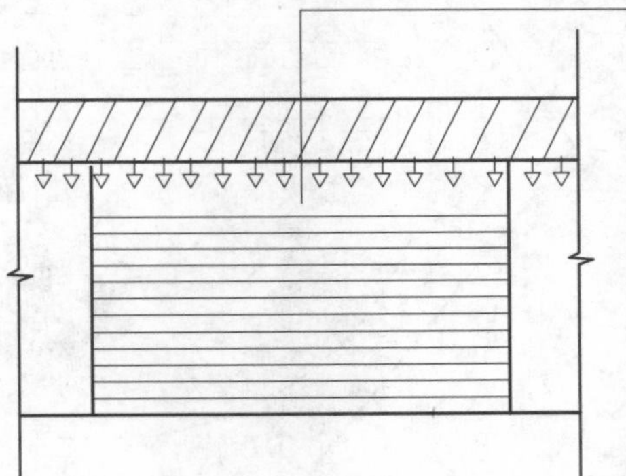
需要保护冷却的防火卷帘或防火幕

图8-23 8.3.6图示（4）

8.3.7 下列建筑或部位应设置雨淋自动喷水灭火系统：

1 火柴厂的氯酸钾压碾厂房，建筑面积大于100m^{2}且生产或使用硝化棉、喷漆棉、火胶棉、赛璐珞胶片、硝化纤维的厂房；

2 乒乓球厂的轧坯、切片、磨球、分球检验部位；

3 建筑面积大于60m^{2}或储存量大于2t的硝化棉、喷漆棉、火胶棉、赛璐珞胶片、硝化纤维的仓库；

4 日装瓶数量大于3000瓶的液化石油气储配站的灌瓶间、实瓶库；

5 特等、甲等剧场、超过1500个座位的其他等级剧场和超过2000个座位的会堂或礼堂的舞台葡萄架下部；

6 建筑面积不小于400m^{2}的演播室，建筑面积不小于500m^{2}的电影摄影棚（图8-24）。

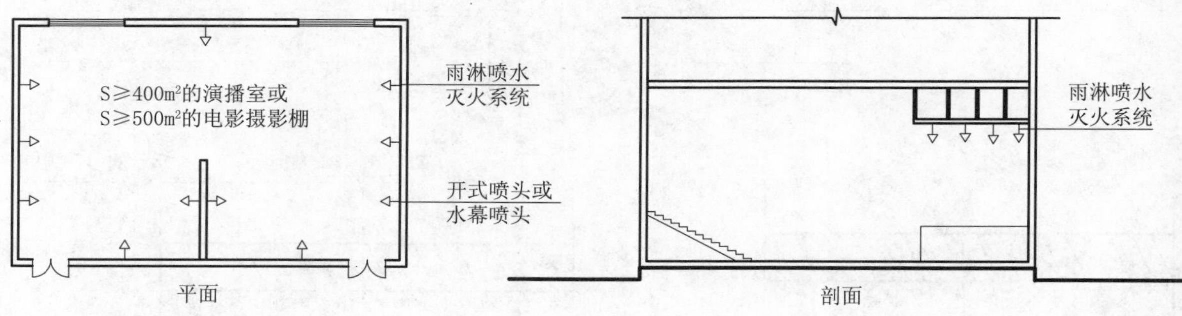
S≥400m²的演播室或
S≥500m²的电影摄影棚
雨淋喷水
灭火系统
开式喷头或
水幕喷头
平面
雨淋喷水
灭火系统
剖面

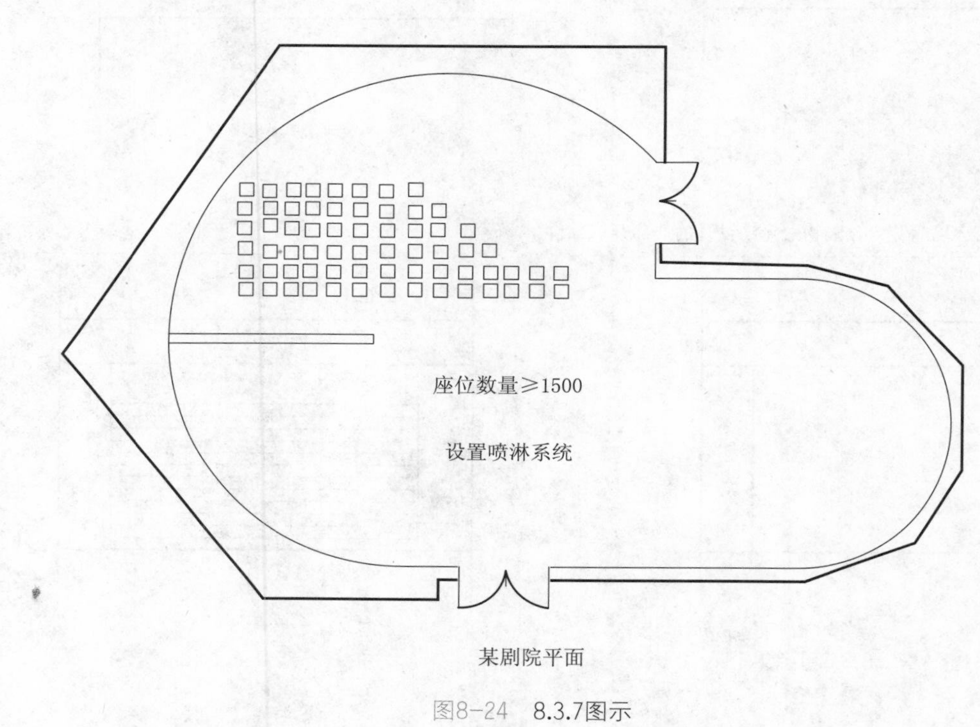
座位数量≥1500
设置喷淋系统
某剧院平面

图8-24　8.3.7图示

8.3.8　下列场所应设置自动灭火系统，并宜采用水喷雾灭火系统：

1　单台容量在40MV·A及以上的厂矿企业油浸变压器，单台容量在90MV·A及以上的电厂油浸变压器，单台容量在125MV·A及以上的独立变电站油浸变压器；

2　飞机发动机试验台的试车部位；

3　充可燃油并设置在高层民用建筑内的高压电容器和多油开关室。

注：设置在室内的油浸变压器、充可燃油的高压电容器和多油开关室，可采用细水雾灭火系统。

8.3.9　下列场所应设置自动灭火系统，并宜采用气体灭火系统：

1　国家、省级或人口超过100万的城市广播电视发射塔内的微波机房、分米波机房、米波机房、变配电室和不间断电源（UPS）室（图8-25）；

2　国际电信局、大区中心、省中心和一万路以上的地区中心内的长途程控交换机房、控制室和信令转接点室（图8-26）；

3　两万线以上的市话汇接局和六万门以上的市话端局内的程控交换机房、控制室和信令转接点室（图8-27）；

4　中央及省级公安、防灾和网局级及以上的电力等调度指挥中心内的通信机房和控制室（图8-28）；

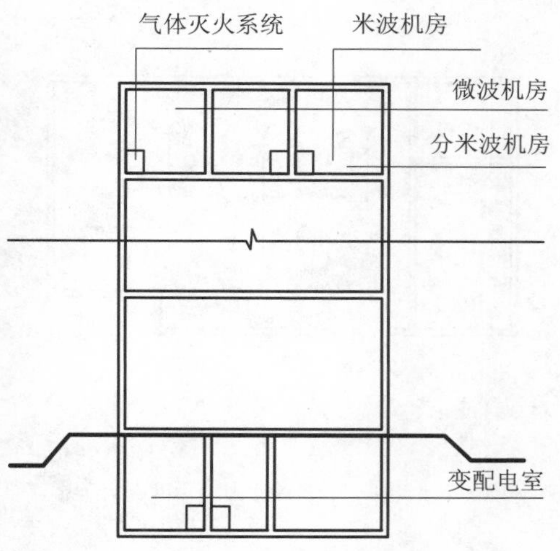
气体灭火系统
米波机房
微波机房
分米波机房
变配电室

图8-25　8.3.9图示（1）

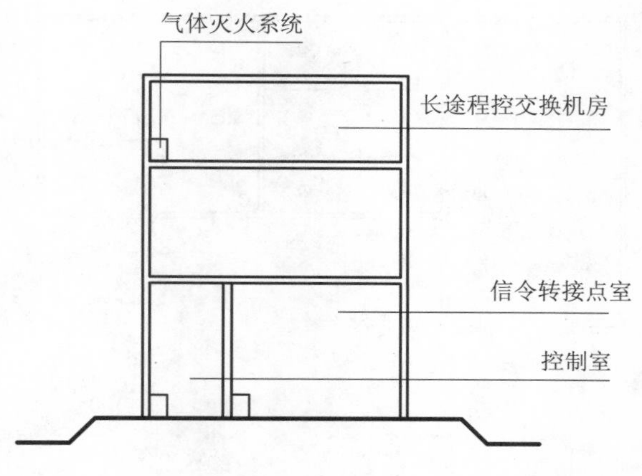
气体灭火系统
长途程控交换机房
信令转接点室
控制室

图8-26　8.3.9图示（2）

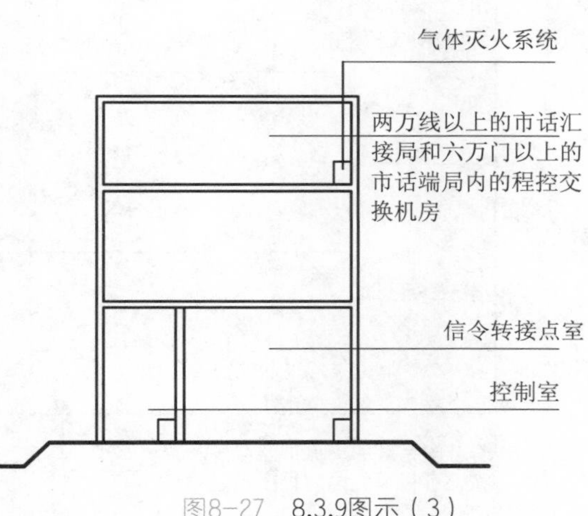
气体灭火系统
两万线以上的市话汇接局和六万门以上的市话端局内的程控交换机房
信令转接点室
控制室

图8-27　8.3.9图示（3）

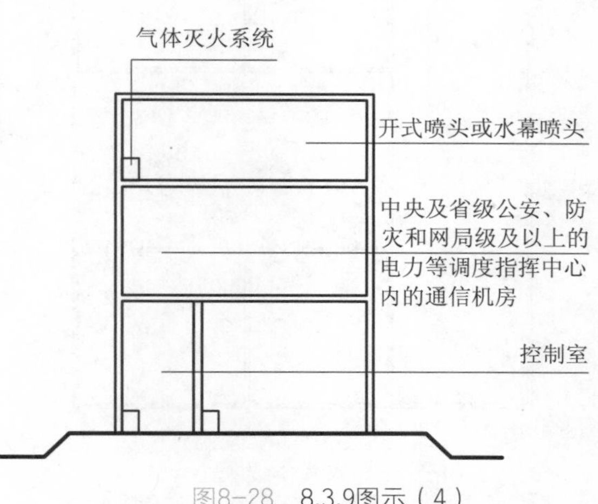
气体灭火系统
开式喷头或水幕喷头
中央及省级公安、防灾和网局级及以上的电力等调度指挥中心内的通信机房
控制室

图8-28　8.3.9图示（4）

5 A、B级电子信息系统机房内的主机房和基本工作间的已记录磁（纸）介质库（图8-29）；

6 中央和省级广播电视中心内建筑面积不小于120m²的音像制品库房（图8-30）；

7 国家、省级或藏书量超过100万册的图书馆内的特藏库；中央和省级档案馆内的珍藏库和非纸质档案库；大、中型博物馆内的珍品库房；一级纸绢质文物的陈列室（图8-31）；

8 其他特殊重要设备室。

注：1 本条第1、4、5、8款规定的部位，可采用细水雾灭火系统。

2 当有备用主机和备用已记录磁（纸）介质，且设置在不同建筑内或同一建筑内的不同防火分区内时，本条第5款规定的部位可采用预作用自动喷水灭火系统。

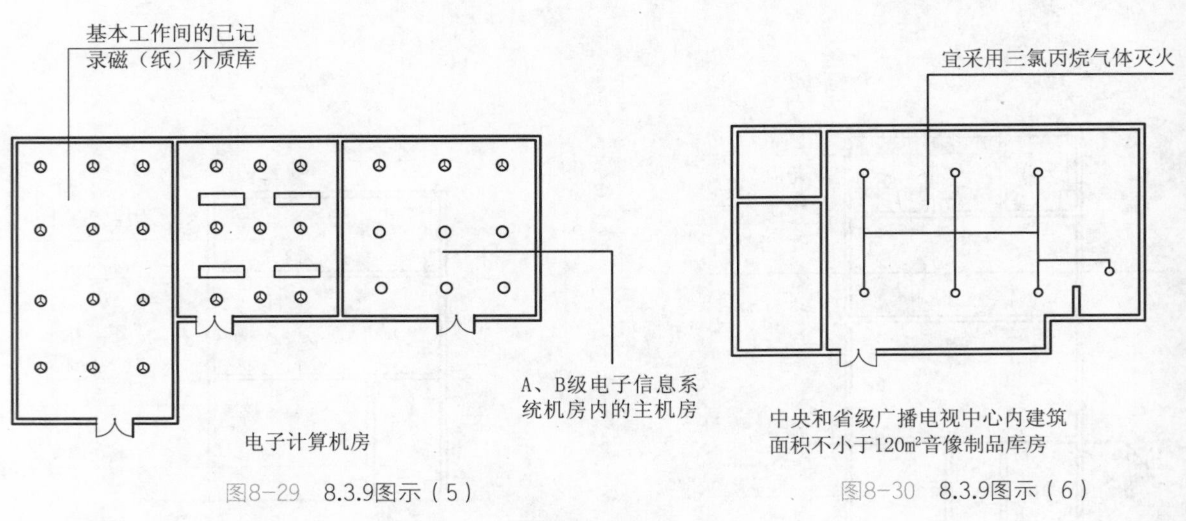
基本工作间的已记
录磁（纸）介质库
A、B级电子信息系
统机房内的主机房
电子计算机房
宜采用三氯丙烷气体灭火
中央和省级广播电视中心内建筑
面积不小于120m²音像制品库房

图8-29 8.3.9图示（5）

图8-30 8.3.9图示（6）

防火分区一
防火分区二
防火分区三
防火分区四
防火分区五
防火分区六

组合分配系统的灭火剂储存量，
应按储存量最大的防护区确定

国家、省级或藏书量超过100万
册的图书馆内的特藏库

图8-31 8.3.9图示（7）

8.3.10 甲、乙、丙类液体储罐的灭火系统设置应符合下列规定：

1 单罐容量大于1000m³的固定顶罐应设置固定式泡沫灭火系统（图8-32）；

2 罐壁高度小于7m或容量不大于200m³的储罐可采用移动式泡沫灭火系统（图8-33）；

3 其他储罐宜采用半固定式泡沫灭火系统（图8-34）；

4 石油库、石油化工、石油天然气工程中的甲、乙、丙类液体储罐的灭火系统设置，应符合现行国家标准《石油库设计规范》GB 50074等标准的规定。

8.3.11 餐厅建筑面积大于1000m²的餐馆或食堂，其烹饪操作间的排油烟罩及烹饪部位应设置自动灭火装置，并应在燃气或燃油管道上设置与自动灭火装置联动的自动切断装置。

食品工业加工场所内有明火作业或高温食用油的食品加工部位宜设置自动灭火装置（图8-35）。

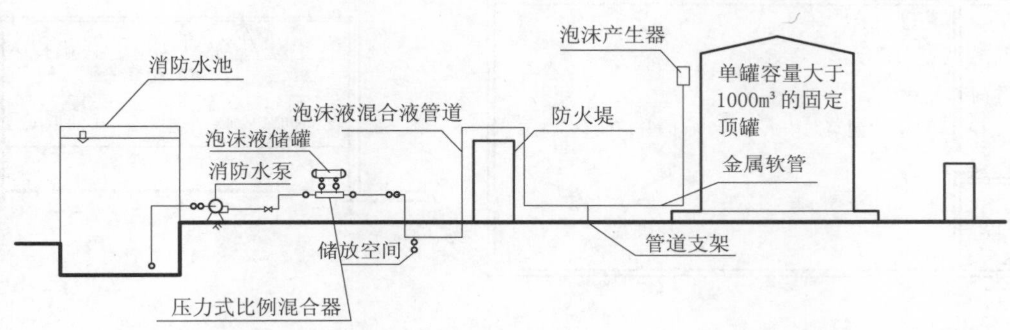
泡沫产生器
消防水池
单罐容量大于
1000m³ 的固定
顶罐
泡沫液混合液管道
防火堤
泡沫液储罐
金属软管
消防水泵
储放空间
管道支架
压力式比例混合器

固定式泡沫灭火系统

图8-32 8.3.10图示（1）

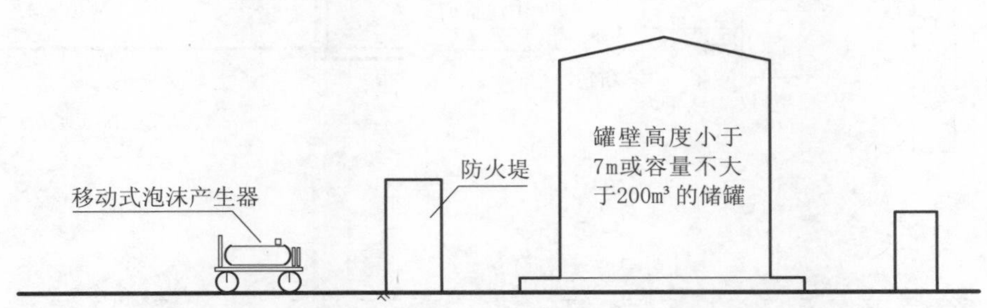
罐壁高度小于
7m或容量不大
于200m³ 的储罐
防火堤
移动式泡沫产生器

移动式泡沫灭火系统

图8-33 8.3.10图示（2）

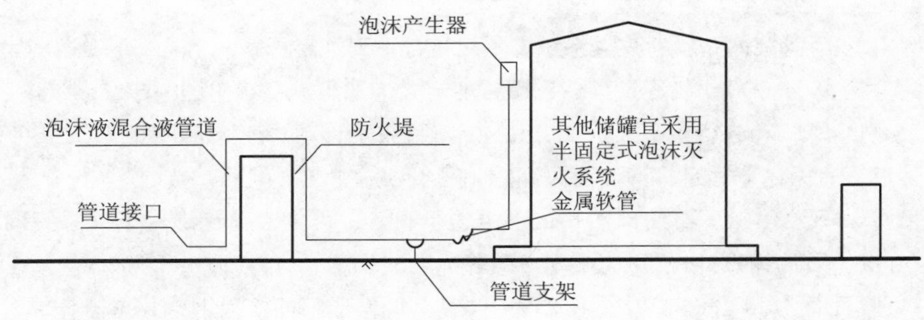
泡沫产生器
泡沫液混合液管道
防火堤
其他储罐宜采用
半固定式泡沫灭
火系统
金属软管
管道接口
管道支架

半固定式泡沫灭火系统

图8-34　8.3.10图示（3）

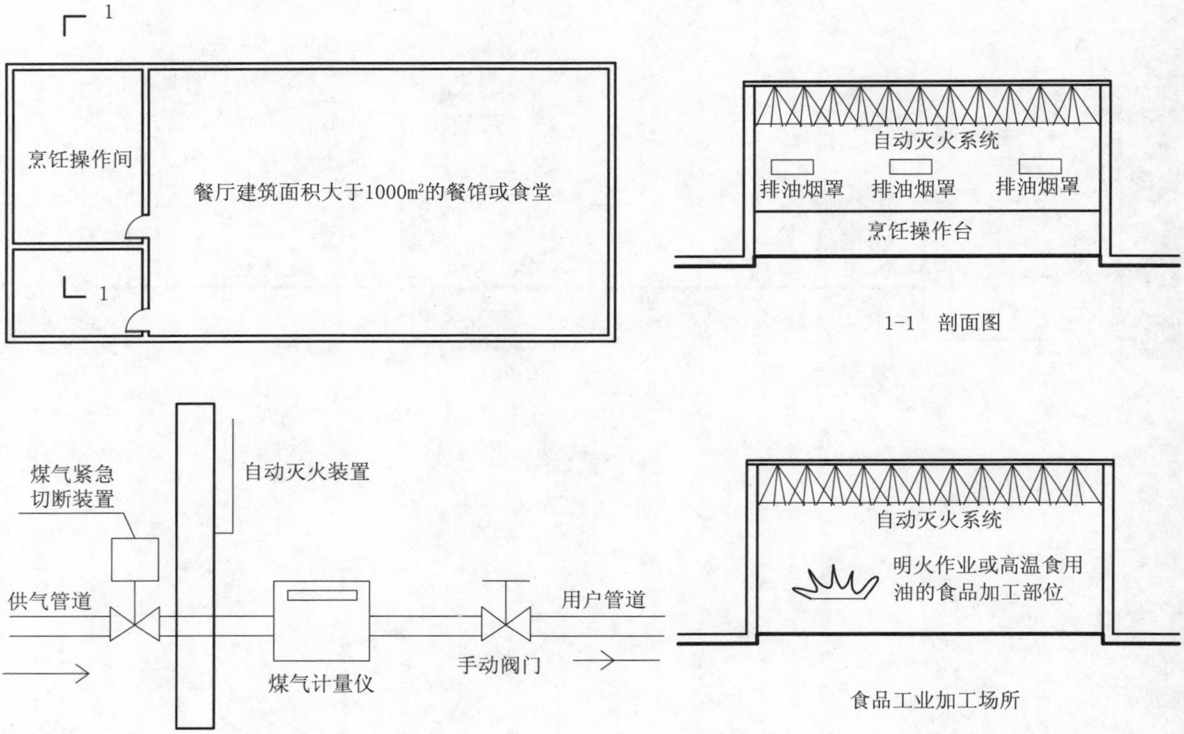

1
烹饪操作间
餐厅建筑面积大于1000m²的餐馆或食堂
1

自动灭火系统
排油烟罩　排油烟罩　排油烟罩
烹饪操作台

1-1　剖面图

煤气紧急
切断装置
自动灭火装置
供气管道
煤气计量仪
手动阀门
用户管道

自动灭火系统
明火作业或高温食用
油的食品加工部位

食品工业加工场所

图8-35　8.3.11图示

8.4　火灾自动报警系统

8.4.1　下列建筑或场所应设置火灾自动报警系统：

1　任一层建筑面积大于1500m²或总建筑面积大于3000m²的制鞋、制衣、玩具、电子等类似用途的厂房（图8-36）；

2　每座占地面积大于1000m²的棉、毛、丝、麻、化纤及其制品的仓库，占地面积大于500m²或总建筑面积大于1000m²的卷烟仓库（图8-37）；

3　任一层建筑面积大于1500m²或总建筑面积大于3000m²的商店、展览、财贸金融、客运和货运等类似用途的建筑，总建筑面积大于500m²的地下或半地下商店（图8-38）；

4 图书或文物的珍藏库，每座藏书超过50万册的图书馆，重要的档案馆（图8-39）；

5 地市级及以上广播电视建筑、邮政建筑、电信建筑，城市或区域性电力、交通和防灾等指挥调度建筑（图8-40）；

6 特等、甲等剧场，座位数超过1500个的其他等级的剧场或电影院，座位数超过2000个的会堂或礼堂，座位数超过3000个的体育馆（图8-41）；

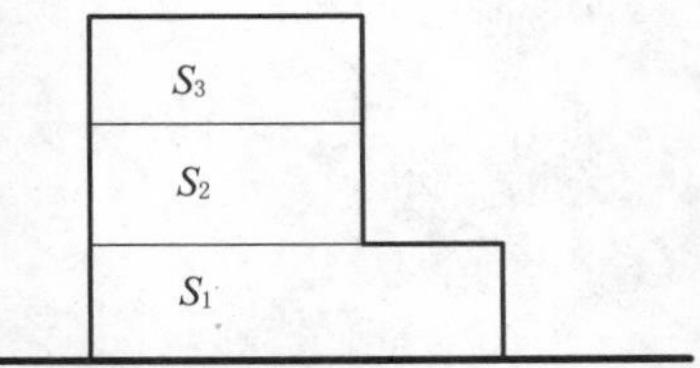
S_3
S_2
S_1

任一层建筑面积大于1500m²或$S_1+S_2+S_3>$3000m²的制鞋、制衣、玩具、电子等厂房

图8-36 8.4.1图示（1）

S_3 S_2 S_1

$S_1>1000$m²的棉、毛、丝、麻、化纤及其制品的仓库

（a）

S_3 S_2 S_1

$S_1>500$m²或$S_1+S_2+S_3>1000$m²的卷烟仓库

（b）

图8-37 8.4.1图示（2）

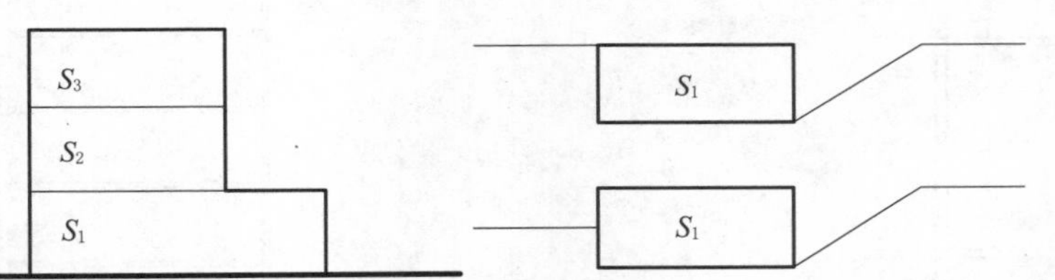
S_3
S_2
S_1
S_1
S_1

任一层建筑面积>1500m²或$S_1+S_2+S_3>3000$m²的商店、展览、财贸金融、客运和货运等类似用途建筑

（a）

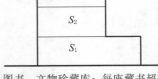

$S_1>500$m²的地下或半地下商店

（b）

图8-38 8.4.1图示（3）

S_3 S_2 S_1

图书、文物珍藏库；每座藏书超过50万册的图书馆，重要的档案馆

图8-39 8.4.1图示（4）

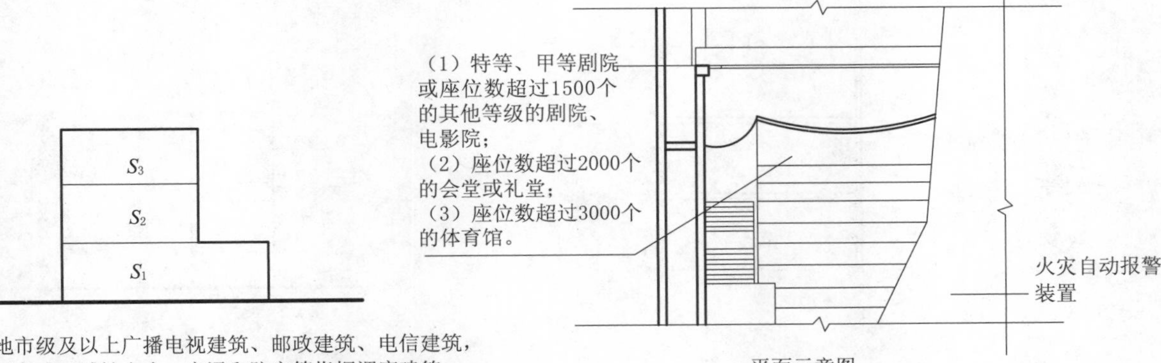
S_3
S_2
S_1
（1）特等、甲等剧院或座位数超过1500个的其他等级的剧院、电影院；
（2）座位数超过2000个的会堂或礼堂；
（3）座位数超过3000个的体育馆。
火灾自动报警装置
平面示意图

地市级及以上广播电视建筑、邮政建筑、电信建筑，城市或区域性电力、交通和防灾等指挥调度建筑

图8-40 8.4.1图示（5）

图8-41 8.4.1图示（6）

7　大、中型幼儿园的儿童用房等场所，老年人建筑，任一层建筑面积大于1500m²或总建筑面积大于3000m²的疗养院的病房楼、旅馆建筑和其他儿童活动场所，不少于200床位的医院门诊楼、病房楼和手术部等（图8-42）；

8　歌舞娱乐放映游艺场所（图8-43）；

9　净高大于2.6m且可燃物较多的技术夹层，净高大于0.8m且有可燃物的闷顶或吊顶内（图8-44）；

10　电子信息系统的主机房及其控制室、记录介质库，特殊贵重或火灾危险性大的机器、仪表、仪器设备室、贵重物品库房；

11　二类高层公共建筑内建筑面积大于50m²的可燃物品库房和建筑面积大于500m²的营业厅（图8-44）；

12　其他一类高层公共建筑（图8-45）；

13　设置机械排烟、防烟系统，雨淋或预作用自动喷水灭火系统，固定消防水炮灭火系统、气体灭火系统等需与火灾自动报警系统联锁动作的场所或部位。

8.4.2　建筑高度大于100m的住宅建筑，应设置火灾自动报警系统。

建筑高度大于54m但不大于100m的住宅建筑，其公共部位应设置火灾自动报警系统，套内宜设置火灾探测器（图8-46）。

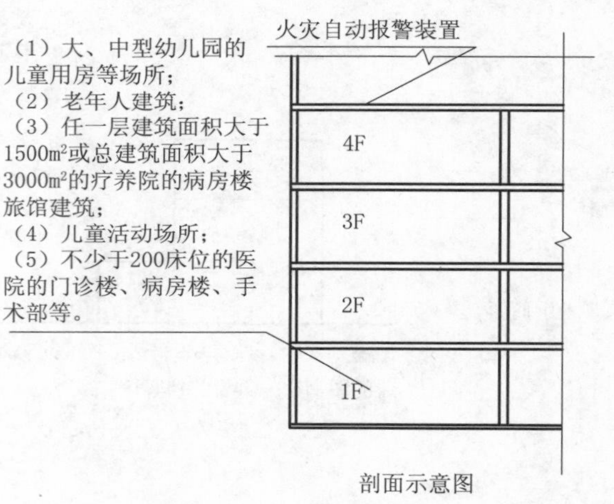
火灾自动报警装置
（1）大、中型幼儿园的儿童用房等场所；
（2）老年人建筑；
（3）任一层建筑面积大于1500m²或总建筑面积大于3000m²的疗养院的病房楼旅馆建筑；
（4）儿童活动场所；
（5）不少于200床位的医院的门诊楼、病房楼、手术部等。
4F
3F
2F
1F
剖面示意图

图8-42　8.4.1图示（7）

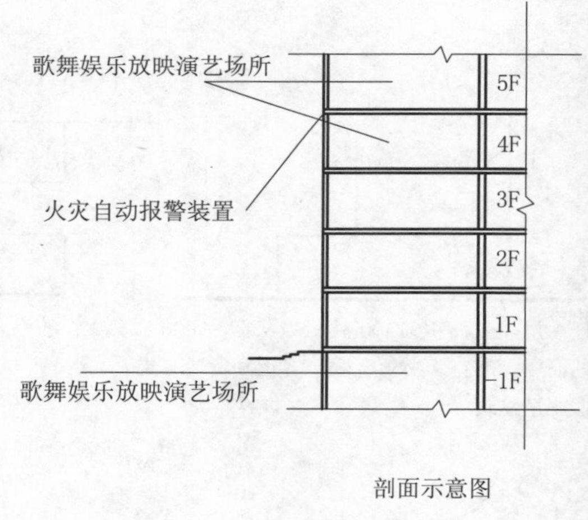
歌舞娱乐放映演艺场所
火灾自动报警装置
歌舞娱乐放映演艺场所
5F
4F
3F
2F
1F
-1F
剖面示意图

图8-43　8.4.1图示（8）

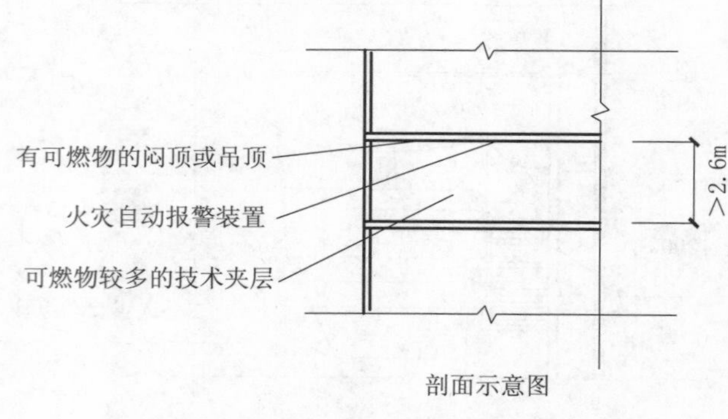
有可燃物的闷顶或吊顶
火灾自动报警装置
可燃物较多的技术夹层
>2.6m
剖面示意图

图8-44　8.4.1图示（9）

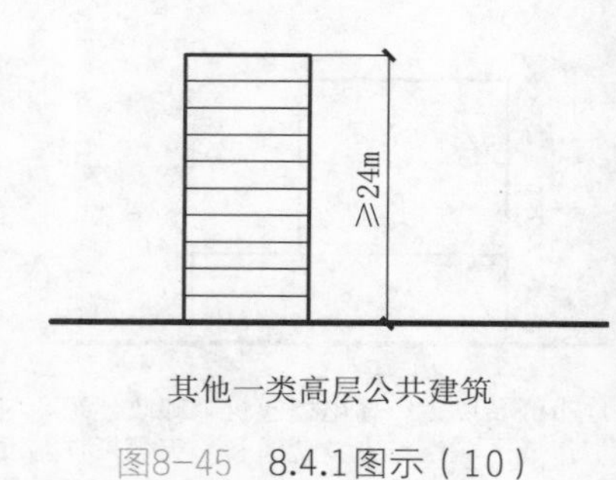
≥24m
其他一类高层公共建筑

图8-45　8.4.1图示（10）

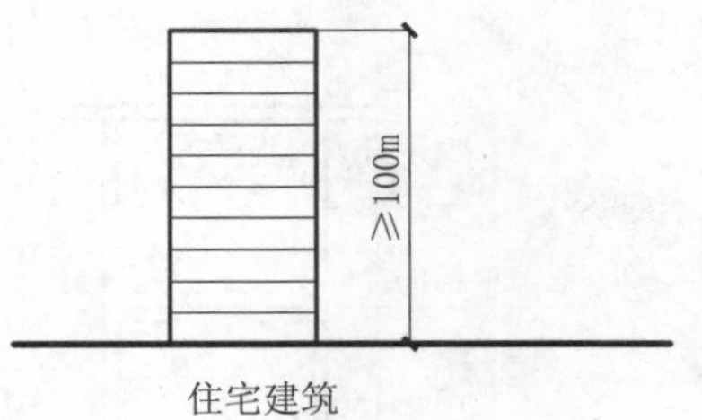
≥100m
住宅建筑
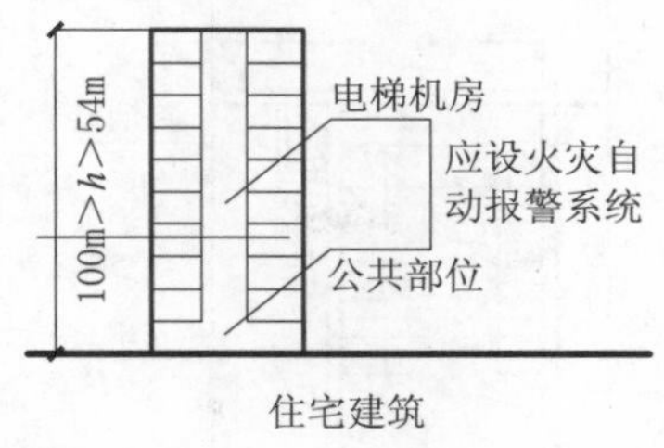
100m＞h＞54m
电梯机房
应设火灾自动报警系统
公共部位
住宅建筑

图8-46　8.4.2图示

建筑高度不大于54m的高层住宅建筑，其公共部位宜设置火灾自动报警系统。当设置需联动控制的消防设施时，公共部位应设置火灾自动报警系统。

高层住宅建筑的公共部位应设置具有语音功能的火灾声警报装置或应急广播。

8.4.3　建筑内可能散发可燃气体、可燃蒸气的场所应设置可燃气体报警装置（图8-47）。

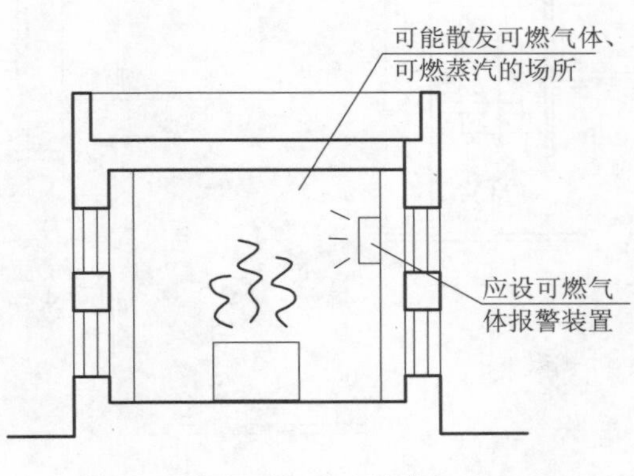
可能散发可燃气体、
可燃蒸汽的场所
应设可燃气
体报警装置

图8-47　8.4.3图示

8.5　防烟和排烟设施

8.5.1　建筑的下列场所或部位应设置防烟设施：

1　防烟楼梯间及其前室（图8-48）；

2　消防电梯间前室或合用前室（图8-49、图8-50）；

3　避难走道的前室、避难层（间）。

建筑高度不大于50m的公共建筑、厂房、仓库和建筑高度不大于100m的住宅建筑，当其防烟楼梯间的前室或合用前室符合下列条件之一时，楼梯间可不设置防烟系统：

1　前室或合用前室采用敞开的阳台、凹廊（图8-51）；

2　前室或合用前室具有不同朝向的可开启外窗，且可开启外窗的面积满足自然排烟口的面积要求（图8-52）。

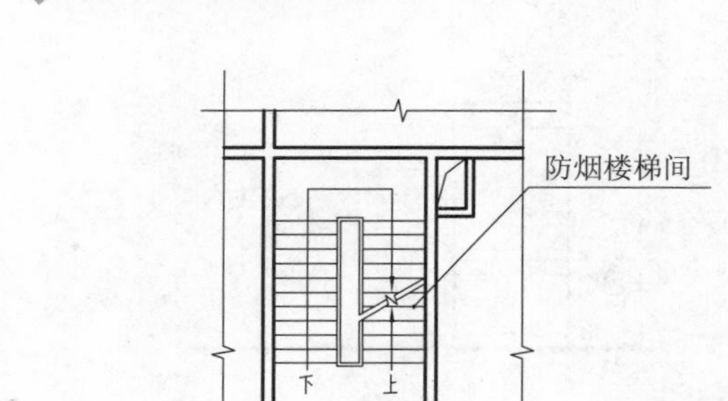
防烟楼梯间
下
上
FM乙
前室
FM乙

图8-48　8.5.1图示（1）

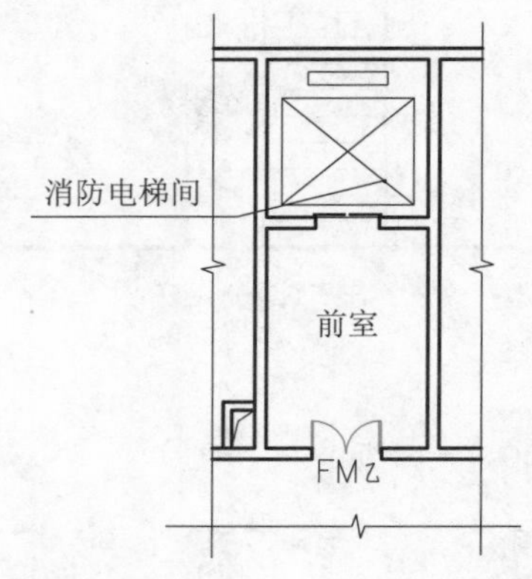
消防电梯间
前室
FM乙

图8-49　8.5.1图示（2）

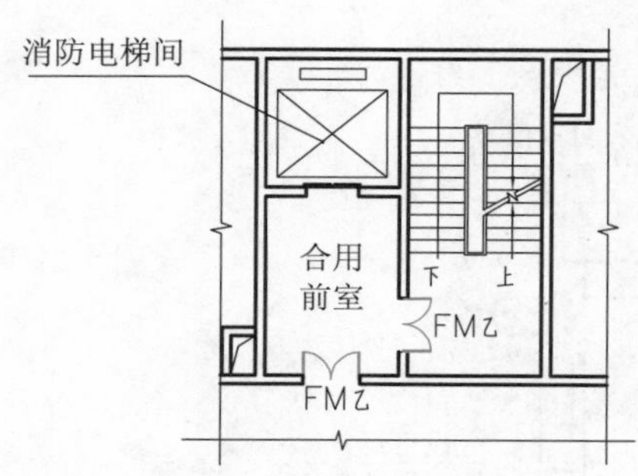
消防电梯间
合用
前室
下
上
FM乙
FM乙

图8-50　8.5.1图示（3）

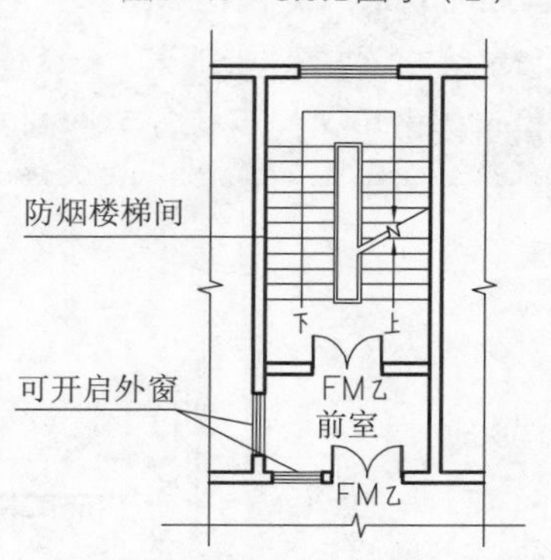
防烟楼梯间
下
上
可开启外窗
FM乙
前室
FM乙

不同朝向的可开启外窗，且可开启外窗的面积满足自然排烟口的面积要求，可不设置防烟设施

图8-51　8.5.1图示（4）

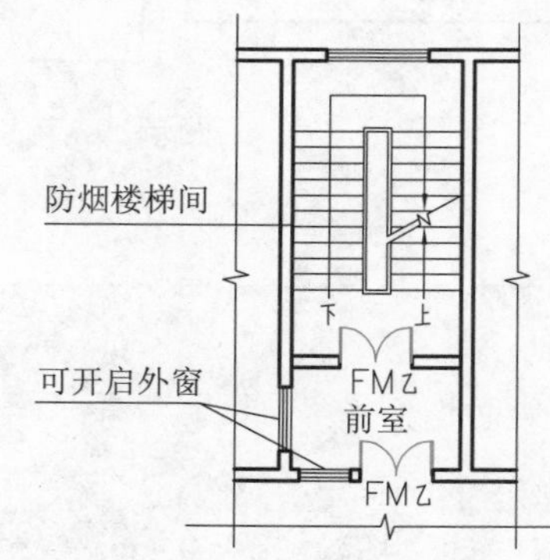
防烟楼梯间
下
上
可开启外窗
FM乙
前室
FM乙

图8-52　8.5.1图示（5）

8.5.2　厂房或仓库的下列场所或部位应设置排烟设施：

1　人员或可燃物较多的丙类生产场所，丙类厂房内建筑面积大于300m²且经常有人停留或可燃物较多的地上房间（图8-53）；

2　建筑面积大于5000m²的丁类生产车间（图8-54）；

3　占地面积大于1000m²的丙类仓库（图8-54）；

4 高度大于32m的高层厂房（仓库）内长度大于20m的疏散走道，其他厂房（仓库）内长度大于40m的疏散走道（图8-55）。

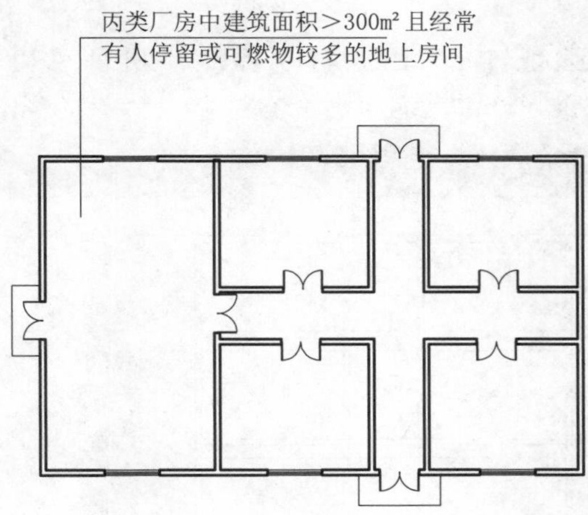
丙类厂房中建筑面积＞300m² 且经常
有人停留或可燃物较多的地上房间

图8-53 8.5.2图示（1）

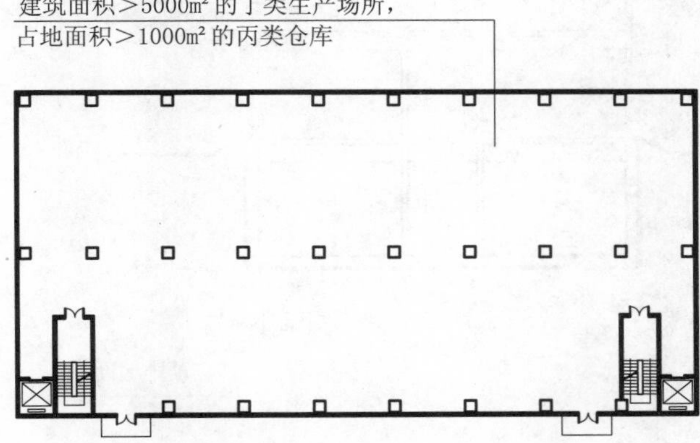
建筑面积＞5000m² 的丁类生产场所，
占地面积＞1000m² 的丙类仓库

图8-54 8.5.2图示（2）

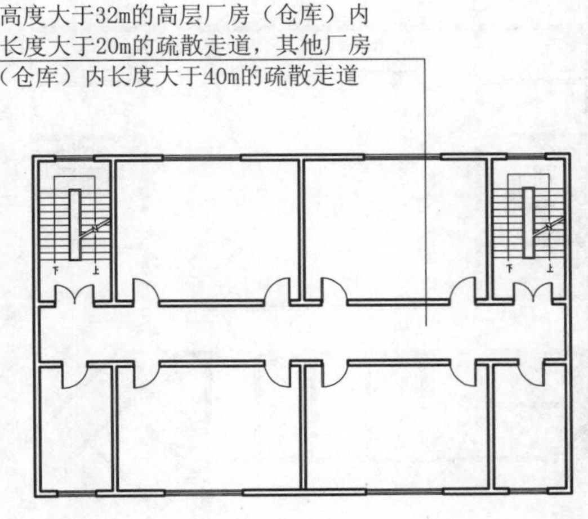
高度大于32m的高层厂房（仓库）内
长度大于20m的疏散走道，其他厂房
（仓库）内长度大于40m的疏散走道

图8-55 8.5.2图示（3）

8.5.3 民用建筑的下列场所或部位应设置排烟设施：

1 设置在一、二、三层且房间建筑面积大于100m²的歌舞娱乐放映游艺场所（图8-56），设置在四层及以上楼层、地下或半地下的歌舞娱乐放映游艺场所；

2 中庭（图8-57）；

3 公共建筑内建筑面积大于100m²且经常有人停留的地上房间（图8-58）；

4 公共建筑内建筑面积大于300m²且可燃物较多的地上房间（图8-59）；

5 建筑内长度大于20m的疏散走道（图8-60）。

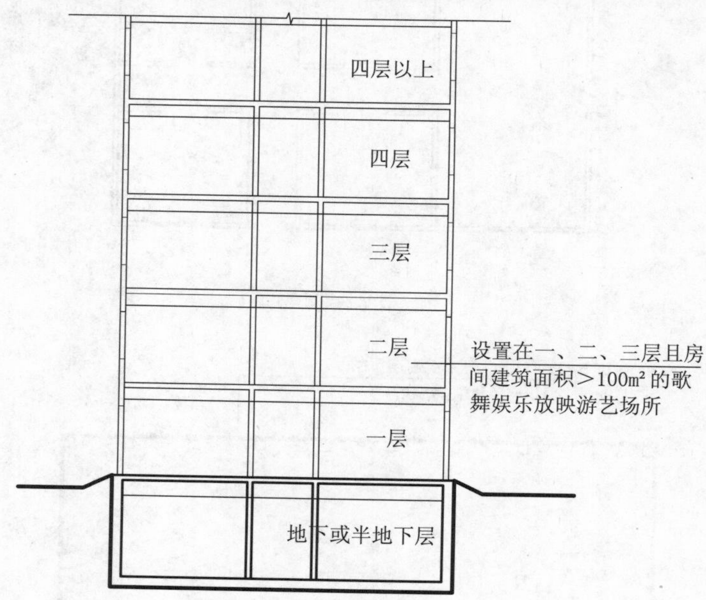
四层以上
四层
三层
二层
设置在一、二、三层且房间建筑面积＞100m²的歌舞娱乐放映游艺场所
一层
地下或半地下层

图8-56 8.5.3图示（1）

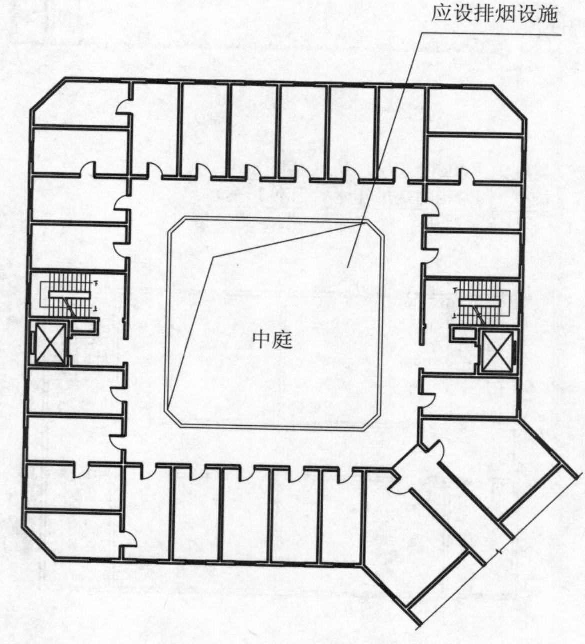
应设排烟设施
中庭

图8-57 8.5.3图示（2）

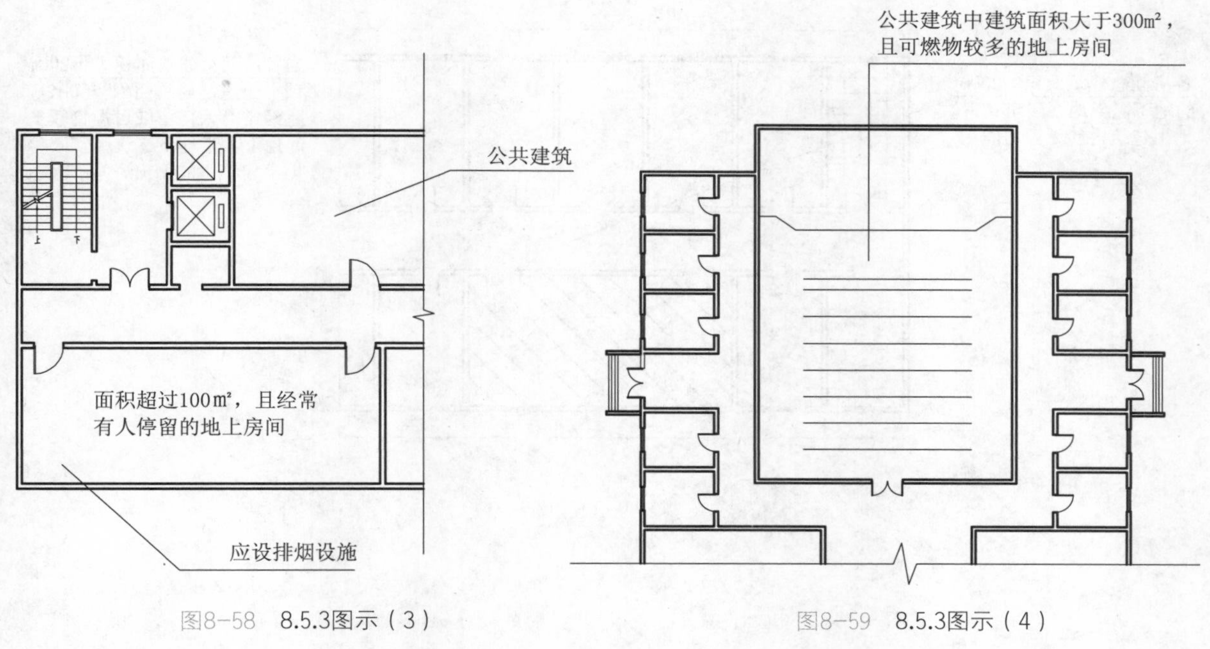
公共建筑中建筑面积大于300㎡，
且可燃物较多的地上房间
公共建筑
面积超过100㎡，且经常
有人停留的地上房间
应设排烟设施

图8-58 8.5.3图示（3） 图8-59 8.5.3图示（4）

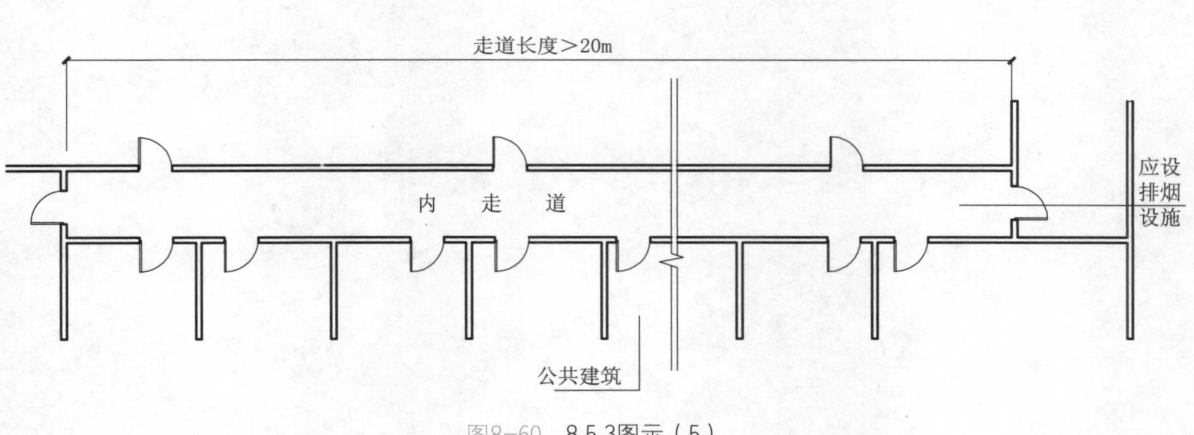
走道长度＞20m
内 走 道
应设
排烟
设施
公共建筑

图8-60 8.5.3图示（5）

8.5.4 地下或半地下建筑（室）、地上建筑内的无窗房间，当总建筑面积大于200m²或一个房间建筑面积大于50m²，且经常有人停留或可燃物较多时，应设置排烟设施（图8-61）。

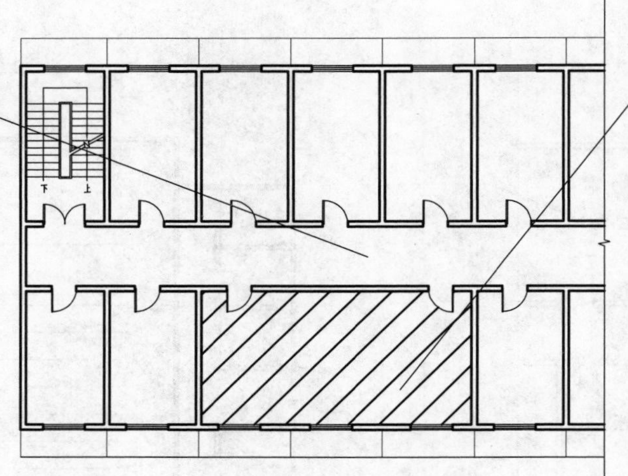
各房间总建筑面积＞200㎡
的地下、半地下建筑（室）、
地上建筑内的无窗房间
下
上
当各房间总建筑面积大于200㎡
或一个房间建筑面积＞50㎡，
且经常有人停留或可燃物较多
的地下、半地下建筑（室）、
地上建筑内的无窗房间

图8-61　8.5.4图示

9 供暖、通风和空气调节

9.1 一般规定

9.1.1 供暖、通风和空气调节系统应采取防火措施（图9-1）。

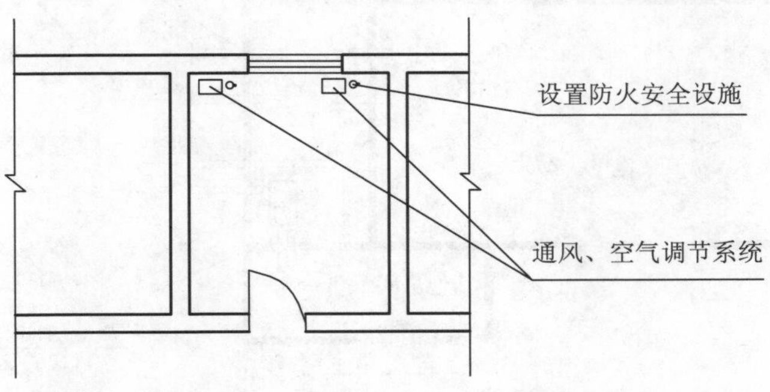
设置防火安全设施
通风、空气调节系统

图9-1 9.1.1图示

9.1.2 甲、乙类厂房内的空气不应循环使用（图9-2）。

丙类厂房内含有燃烧或爆炸危险粉尘、纤维的空气，在循环使用前应经净化处理，并应使空气中的含尘浓度低于其爆炸下限的25%（图9-3）。

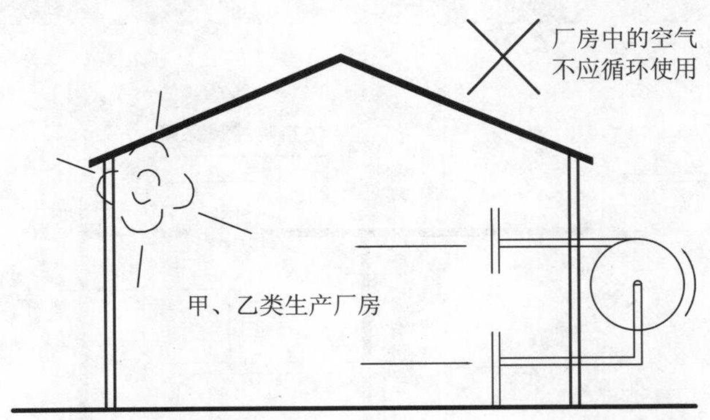
厂房中的空气
不应循环使用
甲、乙类生产厂房

图9-2 9.1.2图示（1）

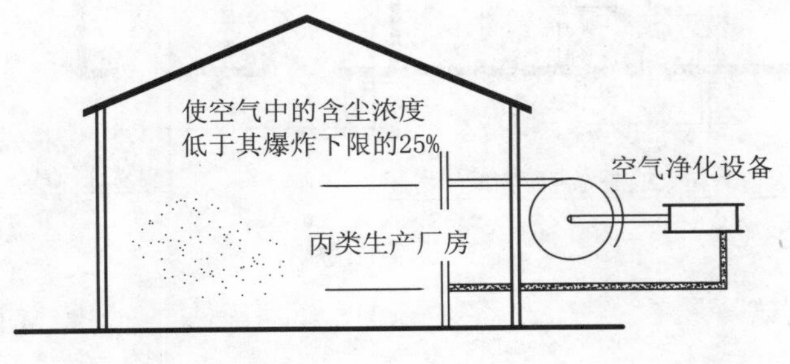
使空气中的含尘浓度
低于其爆炸下限的25%
空气净化设备
丙类生产厂房

图9-3 9.1.2图示（2）

9.1.3 为甲、乙类厂房服务的送风设备与排风设备应分别布置在不同通风机房内，且排风设备不应和其他房间的送、排风设备布置在同一通风机房内（图9-4）。

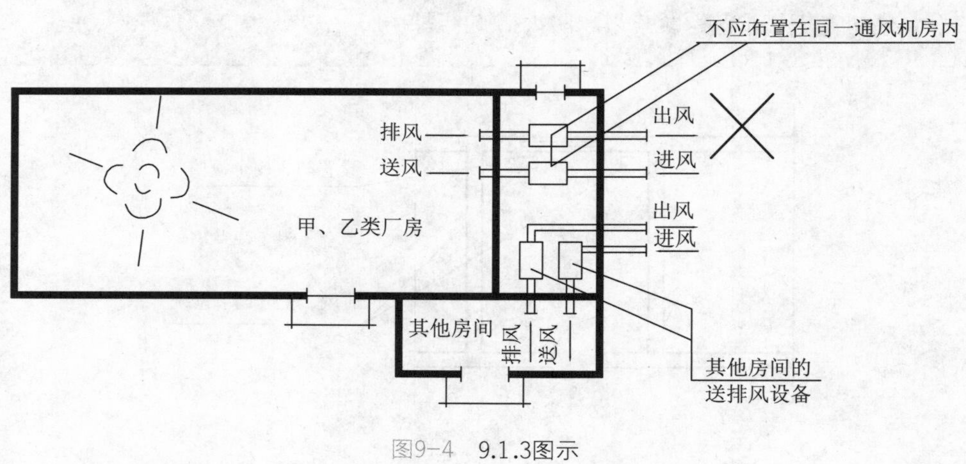
不应布置在同一通风机房内
排风
送风
出风
进风
出风
进风
甲、乙类厂房
其他房间
排风
送风
其他房间的
送排风设备

图9-4 9.1.3图示

9.1.4 民用建筑内空气中含有容易起火或爆炸危险物质的房间，应设置自然通风或独立的机械通风设施，且其空气不应循环使用（图9-5）。

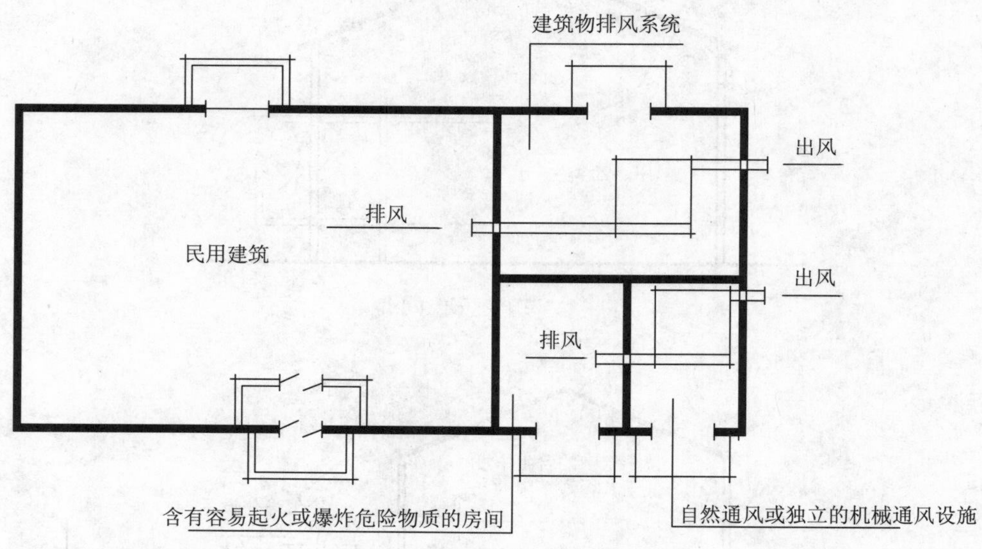
建筑物排风系统
出风
排风
民用建筑
出风
排风
含有容易起火或爆炸危险物质的房间
自然通风或独立的机械通风设施

图9-5 9.1.4图示

9.1.5 当空气中含有比空气轻的可燃气体时，水平排风管全长应顺气流方向向上坡度敷设。

9.1.6 可燃气体管道和甲、乙、丙类液体管道不应穿过通风机房和通风管道，且不应紧贴通风管道的外壁敷设（图9-6）。

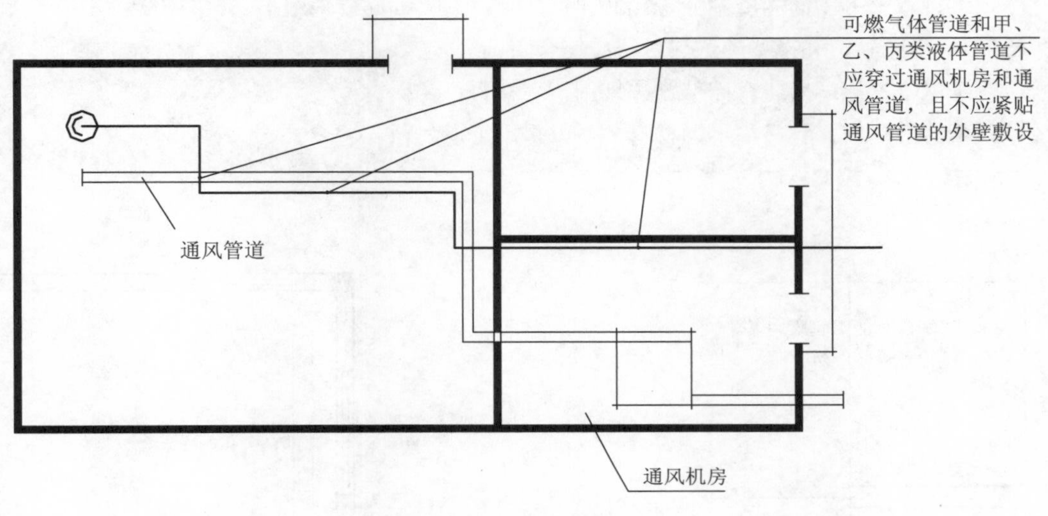
可燃气体管道和甲、乙、丙类液体管道不应穿过通风机房和通风管道，且不应紧贴通风管道的外壁敷设
通风管道
通风机房

图9-6 9.1.6图示

9.2 供暖

9.2.1 在散发可燃粉尘、纤维的厂房内，散热器表面平均温度不应超过82.5℃。输煤廊的散热器表面平均温度不应超过130℃。

9.2.2 甲、乙类厂房（仓库）内严禁采用明火和电热散热器供暖（图9-7）。

9.2.3 下列厂房应采用不循环使用的热风供暖：

1 生产过程中散发的可燃气体、蒸气、粉尘或纤维与供暖管道、散热器表面接触能引起燃烧的厂房；

2 生产过程中散发的粉尘受到水、水蒸气的作用能引起自燃、爆炸或产生爆炸性气体的厂房。

甲、乙类厂房或甲、乙类仓库

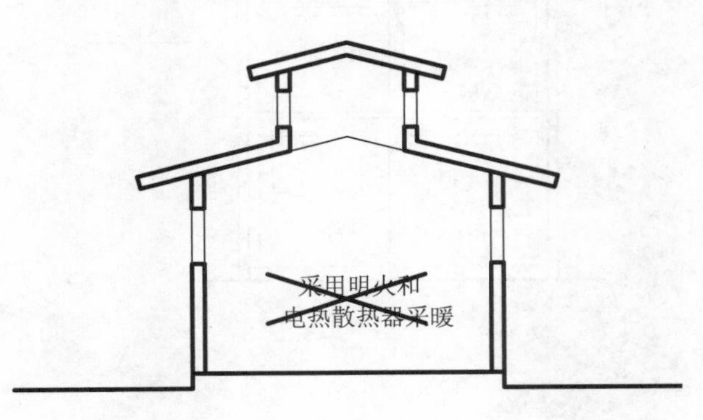
采用明火和
电热散热器采暖

图9-7 9.2.2图示

9.2.4　供暖管道不应穿过存在与供暖管道接触能引起燃烧或爆炸的气体、蒸气或粉尘的房间，确需穿过时，应采用不燃材料隔热（图9-8）。

9.2.5　供暖管道与可燃物之间应保持一定距离，并应符合下列规定：

1　当供暖管道的表面温度大于100℃时，不应小于100mm或采用不燃材料隔热；

2　当供暖管道的表面温度不大于100℃时，不应小于50mm或采用不燃材料隔热（图9-9）。

9.2.6　建筑内供暖管道和设备的绝热材料应符合下列规定：

1　对于甲、乙类厂房（仓库），应采用不燃材料；

2　对于其他建筑，宜采用不燃材料，不得采用可燃材料。

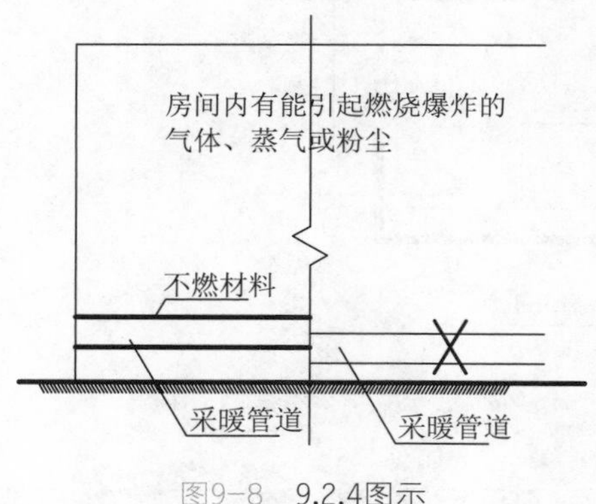
房间内有能引起燃烧爆炸的
气体、蒸气或粉尘
不燃材料
采暖管道
采暖管道

图9-8　9.2.4图示

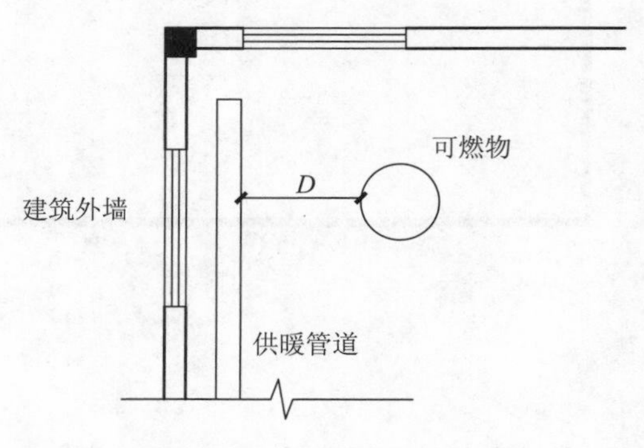
可燃物
D
建筑外墙
供暖管道

图9-9　9.2.5图示

9.3　通风和空气调节

9.3.1　通风和空气调节系统，横向宜按防火分区设置，竖向不宜超过5层。当管道设置防止回流设施或防火阀时，管道布置可不受此限制。竖向风管应设置在管井内。

9.3.2　厂房内有爆炸危险场所的排风管道，严禁穿过防火墙和有爆炸危险的房间隔墙（图9-10）。

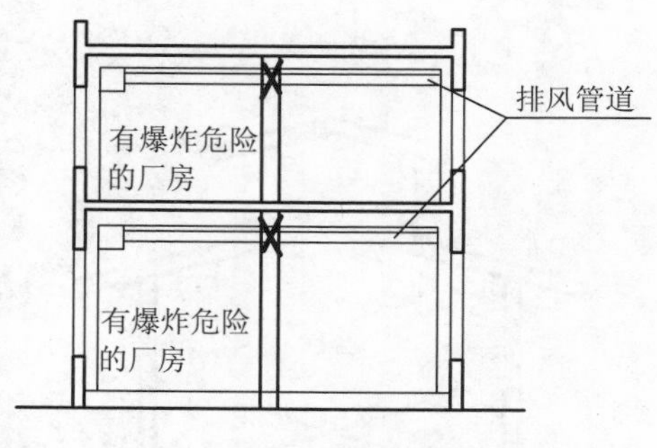
排风管道
有爆炸危险
的厂房
有爆炸危险
的厂房

图9-10　9.3.2图示

9.3.3 甲、乙、丙类厂房内的送、排风管道宜分层设置。当水平或竖向送风管在进入生产车间处设置防火阀时，各层的水平或竖向送风管可合用一个送风系统。

9.3.4 空气中含有易燃、易爆危险物质的房间，其送、排风系统应采用防爆型的通风设备。当送风机布置在单独分隔的通风机房内且送风干管上设置防止回流设施时，可采用普通型的通风设备。

9.3.5 含有燃烧和爆炸危险粉尘的空气，在进入排风机前应采用不产生火花的除尘器进行处理。对于遇水可能形成爆炸的粉尘，严禁采用湿式除尘器。

9.3.6 处理有爆炸危险粉尘的除尘器、排风机的设置应与其他普通型的风机、除尘器分开设置，并宜按单一粉尘分组布置。

9.3.7 净化有爆炸危险粉尘的干式除尘器和过滤器宜布置在厂房外的独立建筑内，建筑外墙与所属厂房的防火间距不应小于10m（图9-11）。

具备连续清灰功能，或具有定期清灰功能且风量不大于15000m^3/h、集尘斗的储尘量小于60kg的干式除尘器和过滤器，可布置在厂房内的单独房间内，但应采用耐火极限不低于3.00h的防火隔墙和1.50h的楼板与其他部位分隔（图9-12）。

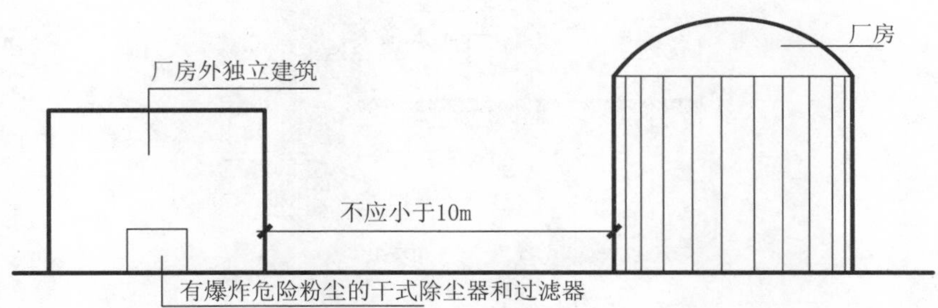
厂房
厂房外独立建筑
不应小于10m
有爆炸危险粉尘的干式除尘器和过滤器

图9-11 9.3.7图示（1）

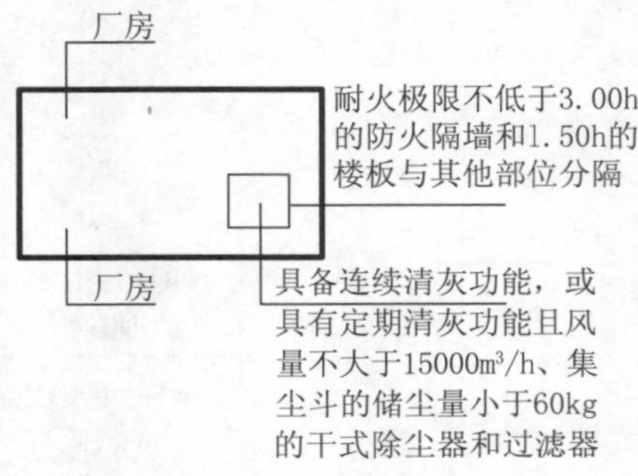
厂房
耐火极限不低于3.00h
的防火隔墙和1.50h的
楼板与其他部位分隔
厂房
具备连续清灰功能，或
具有定期清灰功能且风
量不大于15000m³/h、集
尘斗的储尘量小于60kg
的干式除尘器和过滤器

图9-12 9.3.7图示（2）

9.3.8 净化或输送有爆炸危险粉尘和碎屑的除尘器、过滤器或管道，均应设置泄压装置。

净化有爆炸危险粉尘的干式除尘器和过滤器应布置在系统的负压段上。

9.3.9 排除有燃烧或爆炸危险气体、蒸气和粉尘的排风系统，应符合下列规定：

1 排风系统应设置导除静电的接地装置；

2 排风设备不应布置在地下或半地下建筑（室）内；

3 排风管应采用金属管道，并应直接通向室外安全地点，不应暗设（图9-13）。

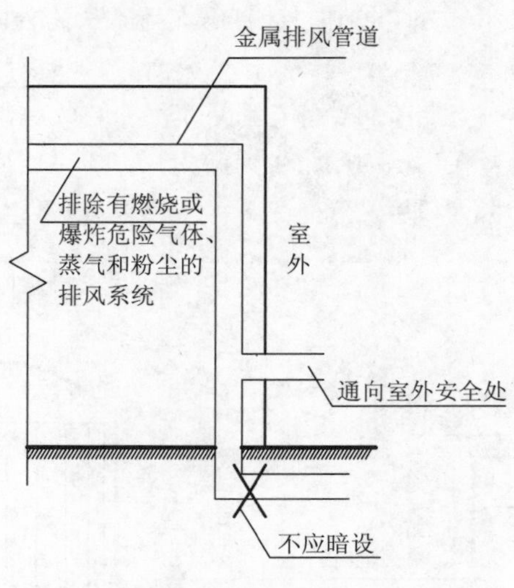
金属排风管道
排除有燃烧或爆炸危险气体、蒸气和粉尘的排风系统
室外
通向室外安全处
不应暗设

图9-13 9.3.9图示

9.3.10 排除和输送温度超过80℃的空气或其他气体以及易燃碎屑的管道，与可燃或难燃物体之间的间隙不应小于150mm，或采用厚度不小于50mm的不燃材料隔热；当管道上下布置时，表面温度较高者应布置在上面（图9-14、图9-15）。

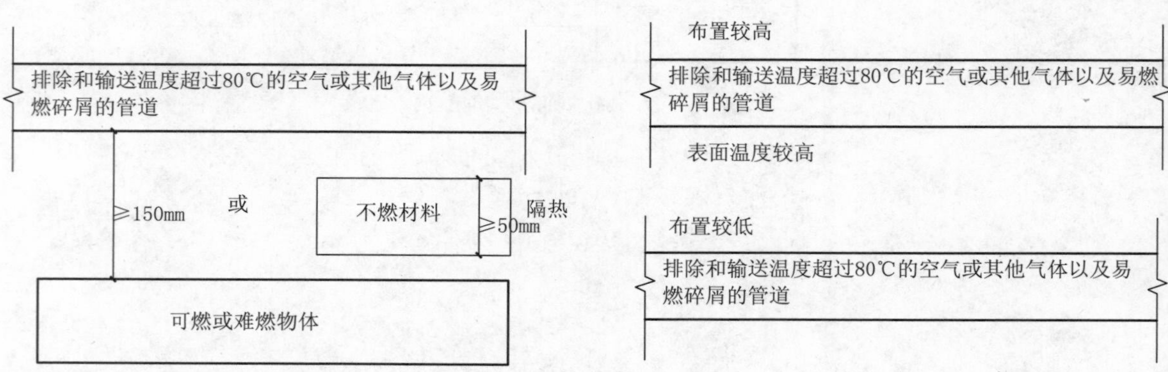
排除和输送温度超过80℃的空气或其他气体以及易燃碎屑的管道
≥150mm
或
不燃材料
≥50mm
隔热
可燃或难燃物体
布置较高
排除和输送温度超过80℃的空气或其他气体以及易燃碎屑的管道
表面温度较高
布置较低
排除和输送温度超过80℃的空气或其他气体以及易燃碎屑的管道

图9-14 9.3.10图示（1）

图9-15 9.3.10图示（2）

9.3.11 通风、空气调节系统的风管在下列部位应设置公称动作温度为70℃的防火阀：

1 穿越防火分区处；

2 穿越通风、空气调节机房的房间隔墙和楼板处；

3 穿越重要或火灾危险性大的场所的房间隔墙和楼板处；

4 穿越防火分隔处的变形缝两侧；

5 竖向风管与每层水平风管交接处的水平管段上。

注：当建筑内每个防火分区的通风、空气调节系统均独立设置时，水平风管与竖向总管的交接处可不设置防火阀。

9.3.12 公共建筑的浴室、卫生间和厨房的竖向排风管，应采取防止回流措施并宜在支管上设置公称动作温度为70℃的防火阀。

公共建筑内厨房的排油烟管道宜按防火分区设置，且在与竖向排风管连接的支管处应设置公称动作温度为150℃的防火阀。

9.3.13 防火阀的设置应符合下列规定（图9-16）：

1 防火阀宜靠近防火分隔处设置；

2 防火阀暗装时，应在安装部位设置方便维护的检修口；

3 在防火阀两侧各2.0m范围内的风管及其绝热材料应采用不燃材料；

4 防火阀应符合现行国家标准《建筑通风和排烟系统用防火阀门》GB 15930的规定。

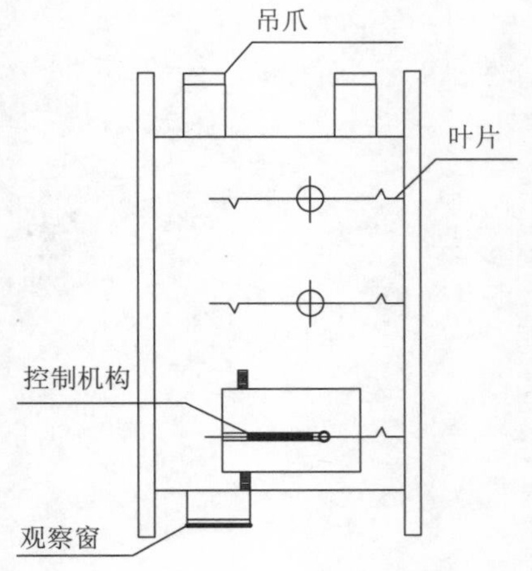
吊爪
叶片
控制机构
观察窗

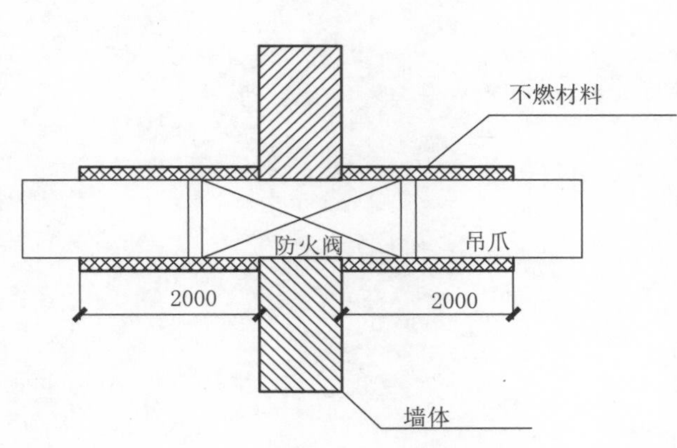
不燃材料
防火阀
吊爪
2000
2000
墙体

图9-16 9.3.13图示

9.3.14 除下列情况外，通风、空气调节系统的风管应采用不燃材料：

1 接触腐蚀性介质的风管和柔性接头可采用难燃材料；

2 体育馆、展览馆、候机（车、船）建筑（厅）等大空间建筑，单、多层办公建筑和丙、丁、戊类厂房内通风、空气调节系统的风管，当不跨越防火分区且在穿越房间隔墙处设置防火阀时，可采用难燃材料。

9.3.15 设备和风管的绝热材料、用于加湿器的加湿材料、消声材料及其粘结剂，宜采用不燃材料，确有困难时，可采用难燃材料。

风管内设置电加热器时，电加热器的开关应与风机的启停联锁控制。电加热器前后各0.8m范围内的风管和穿过有高温、火源等容易起火房间的风管，均应采用不燃材料。

9.3.16 燃油或燃气锅炉房应设置自然通风或机械通风设施。燃气锅炉房应选用防爆型的事故排风机。当采取机械通风时，机械通风设施应设置导除静电的接地装置，通风量应符合下列规定：

1 燃油锅炉房的正常通风量应按换气次数不少于3次/h确定，事故排风量应按换气次数不少于6次/h确定；

2 燃气锅炉房的正常通风量应按换气次数不少于6次/h确定，事故排风量应按换气次数不少于12次/h确定。

10 电气

10.1 消防电源及其配电

10.1.1 下列建筑物的消防用电应按一级负荷供电：

1 建筑高度大于50m的乙、丙类厂房和丙类仓库（图10-1）；

2 一类高层民用建筑。

下列建筑物的消防用电应按一级负荷供电：

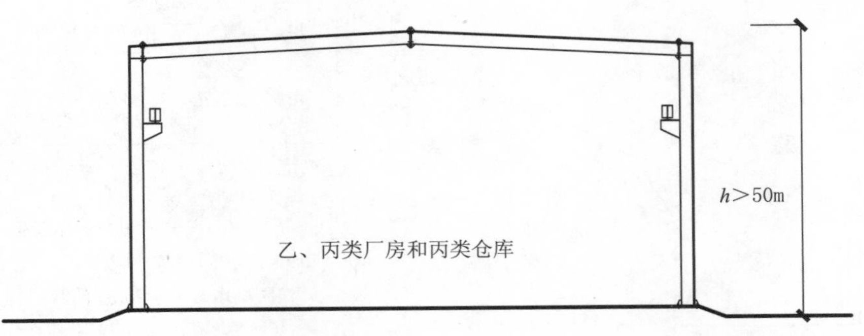

$h>50$m
乙、丙类厂房和丙类仓库

图10-1 10.1.1图示

10.1.2 下列建筑物、储罐（区）和堆场的消防用电应按二级负荷供电：

1 室外消防用水量大于30L/s的厂房（仓库）（图10-2）；

2 室外消防用水量大于35L/s的可燃材料堆场、可燃气体储罐（区）和甲、乙类液体储罐（区）（图10-3）；

3 粮食仓库及粮食筒仓；

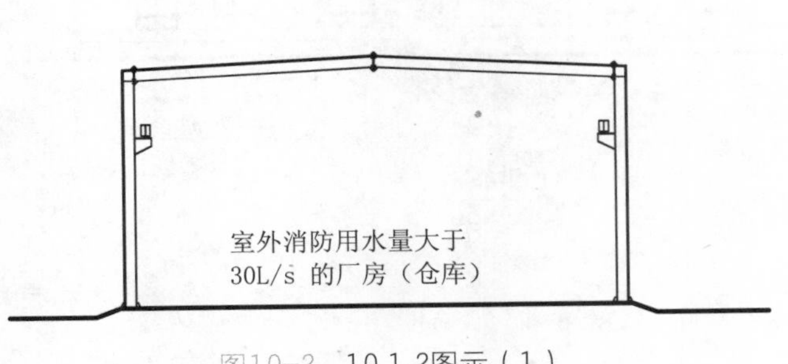

室外消防用水量大于
30L/s 的厂房（仓库）

图10-2 10.1.2图示（1）

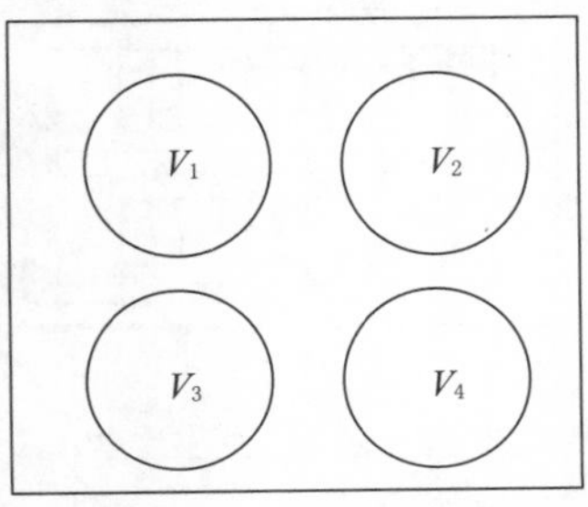

V_1
V_2
V_3
V_4

室外消防用水量大于35L/s 的可燃材料堆场、可燃气体储罐（区）和甲、乙类液体储罐（区）

图10-3 10.1.2图示（2）

4　二类高层民用建筑；

5　座位数超过1500个的电影院、剧场，座位数超过3000个的体育馆，任一层建筑面积大于3000m²的商店和展览建筑，省（市）级及以上的广播电视、电信和财贸金融建筑，室外消防用水量大于25L/s的其他公共建筑（图10-4、图10-5）。

10.1.3　除本规范第10.1.1和第10.1.2条外的建筑物、储罐（区）和堆场等的消防用电，可按三级负荷供电。

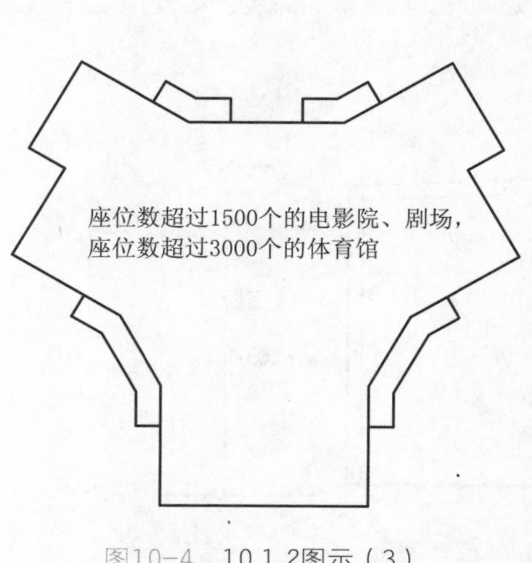
座位数超过1500个的电影院、剧场，
座位数超过3000个的体育馆

图10-4　10.1.2图示（3）

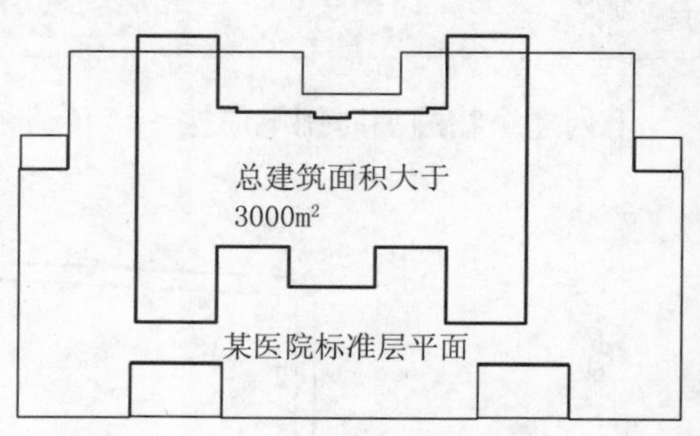
总建筑面积大于
3000m²
某医院标准层平面

任一层建筑面积大于3000m²的商店、展览建筑、省（市）级及以上的广播电视、电信和财贸金融建筑、室外消防用水量大于25L/s的其他公共建筑

图10-5　10.1.2图示（4）

10.1.4　消防用电按一、二级负荷供电的建筑，当采用自备发电设备作备用电源时，自备发电设备应设置自动和手动启动装置。当采用自动启动方式时，应能保证在30s内供电（图10-6）。

不同级别负荷的供电电源应符合现行国家标准《供配电系统设计规范》GB 50052的有关规定。

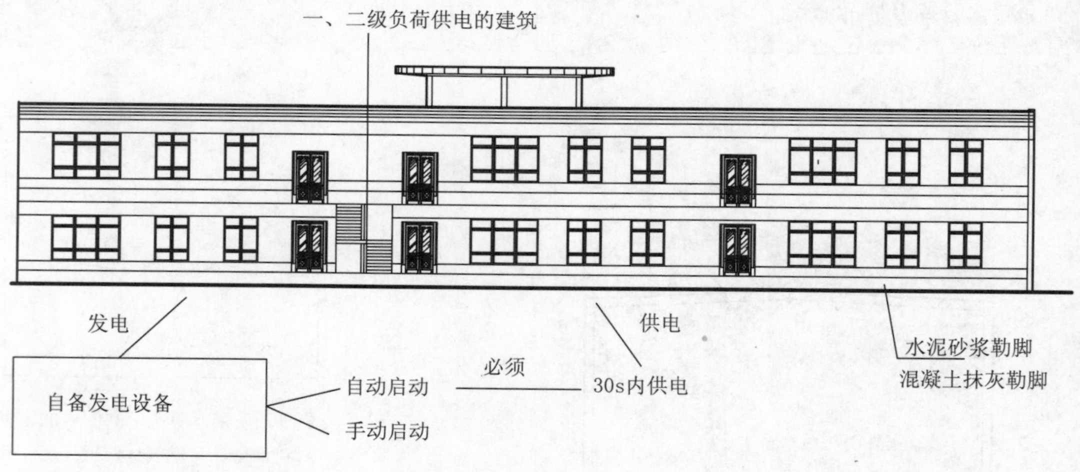
一、二级负荷供电的建筑
发电
供电
水泥砂浆勒脚
混凝土抹灰勒脚
必须
自备发电设备
自动启动
30s内供电
手动启动

图10-6　10.1.4图示

10.1.5 建筑内消防应急照明和灯光疏散指示标志的备用电源的连续供电时间应符合下列规定：

1 建筑高度大于100m的民用建筑，不应小于1.5h；

2 医疗建筑、老年人建筑、总建筑面积大于100000m^{2}的公共建筑和总建筑面积大于20000m^{2}的地下、半地下建筑，不应少于1.0h；

3 其他建筑，不应少于0.5h（图10-7）。

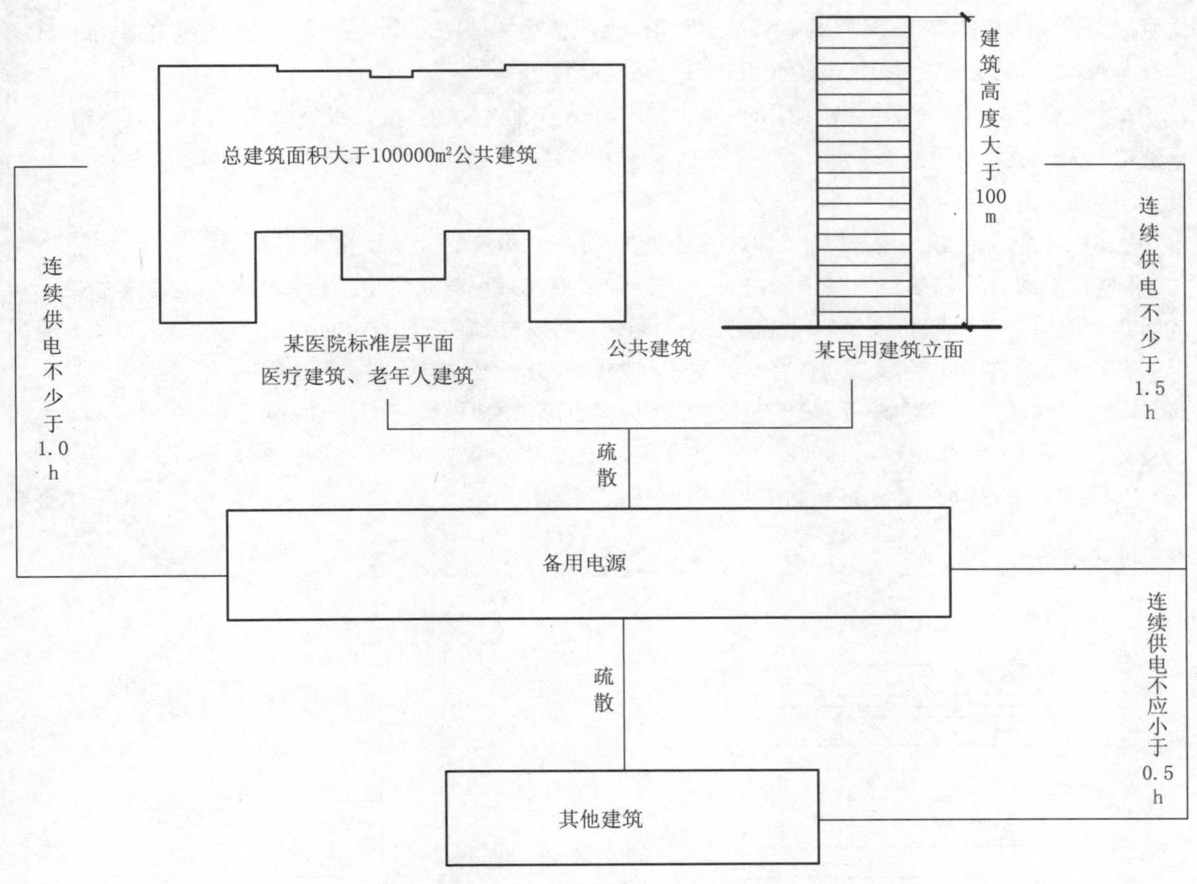
总建筑面积大于100000m²公共建筑
建筑高度大于100m
某医院标准层平面
医疗建筑、老年人建筑
公共建筑
某民用建筑立面
连续供电不少于1.0h
连续供电不少于1.5h
疏散
备用电源
疏散
连续供电不应小于0.5h
其他建筑

图10-7 10.1.5图示

10.1.6 消防用电设备应采用专用的供电回路，当建筑内的生产、生活用电被切断时，应仍能保证消防用电。

备用消防电源的供电时间和容量，应满足该建筑火灾延续时间内各消防用电设备的要求（图10-8）。

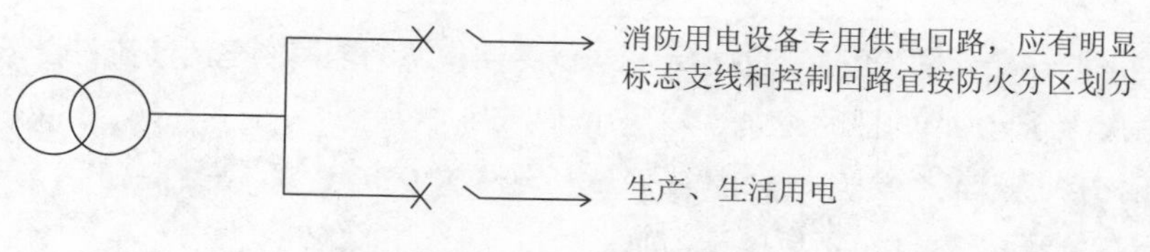
消防用电设备专用供电回路，应有明显标志支线和控制回路宜按防火分区划分
生产、生活用电

图10-8 10.1.6图示

10.1.7 消防配电干线宜按防火分区划分，消防配电支线不宜穿越防火分区。

10.1.8 消防控制室、消防水泵房、防烟和排烟风机房的消防用电设备及消防电梯等的供电，应在其配电线路的最末一级配电箱处设置自动切换装置。

10.1.9 按一、二级负荷供电的消防设备，其配电箱应独立设置；按三级负荷供电的消防设备，其配电箱宜独立设置。

消防配电设备应设置明显标志。

10.1.10 消防配电线路应满足火灾时连续供电的需要，其敷设应符合下列规定：

1 明敷时（包括敷设在吊顶内），应穿金属管或采用封闭式金属槽盒保护，金属导管或封闭式金属槽盒应采取防火保护措施；当采用阻燃或耐火电缆并敷设在电缆井、沟内时，可不穿金属导管或采用封闭式金属槽盒保护；当采用矿物绝缘类不燃性电缆时，可直接明敷（图10-9）。

2 暗敷时，应穿管并应敷设在不燃性结构内且保护层厚度不应小于30mm。

3 消防配电线路宜与其他配电线路分开敷设在不同的电缆井、沟内；确有困难需敷设在同一电缆井、沟内时，应分别布置在电缆井、沟的两侧，且消防配电线路应采用矿物绝缘类不燃性电缆。

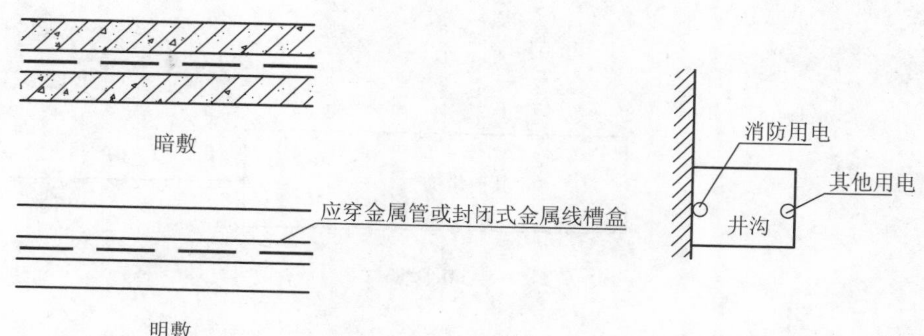
暗敷
应穿金属管或封闭式金属线槽盒
明敷
消防用电
其他用电
井沟

图10-9 10.1.10图示

10.2 电力线路及电器装置

10.2.1 架空电力线与甲、乙类厂房（仓库），可燃材料堆垛，甲、乙、丙类液体储罐，液化石油气储罐，可燃、助燃气体储罐的最近水平距离应符合表10.2.1的规定（图10-10、图10-11）。

35kV及以上架空电力线与单罐容积大于200m^{3}或总容积大于1000m^{3}液化石油气储罐（区）的最近水平距离不应小于40m（图10-12）。

架空电力线与甲、乙类厂房（仓库）、可燃材料堆垛等的最近水平距离（m） 表10.2.1

名称	架空电力线
甲、乙类厂房（仓库），可燃材料堆垛，甲、乙类液体储罐，液化石油气储罐，可燃、助燃气体储罐	电杆（塔）高度的1.5倍
直埋地下的甲、乙类液体储罐和可燃气体储罐	电杆（塔）高度的0.75倍
丙类液体储罐	电杆（塔）高度的1.2倍
直埋地下的丙类液体储罐	电杆（塔）高度的0.6倍

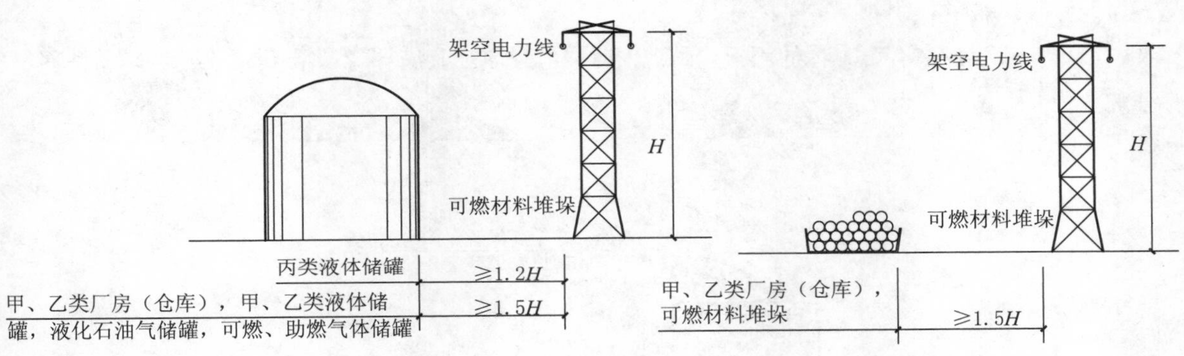
架空电力线
H
可燃材料堆垛
丙类液体储罐
≥1.2H
甲、乙类厂房（仓库），甲、乙类液体储罐，液化石油气储罐，可燃、助燃气体储罐
≥1.5H
架空电力线
H
可燃材料堆垛
甲、乙类厂房（仓库），可燃材料堆垛
≥1.5H

图10-10 10.2.1图示（1）

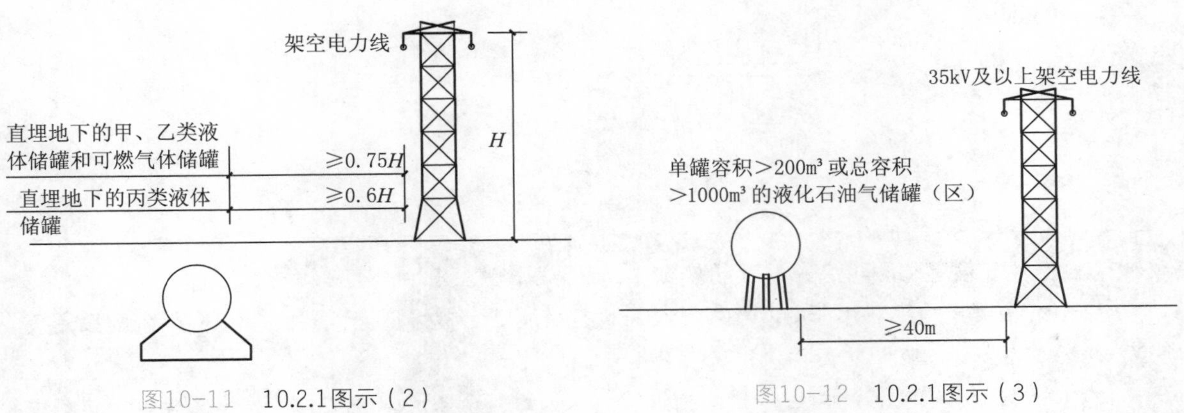
架空电力线
H
直埋地下的甲、乙类液体储罐和可燃气体储罐
≥0.75H
直埋地下的丙类液体储罐
≥0.6H
35kV及以上架空电力线
单罐容积>200m³或总容积>1000m³的液化石油气储罐（区）
≥40m

图10-11 10.2.1图示（2）

图10-12 10.2.1图示（3）

10.2.2 电力电缆不应和输送甲、乙、丙类液体管道、可燃气体管道、热力管道敷设在同一管沟内（图10-13）。

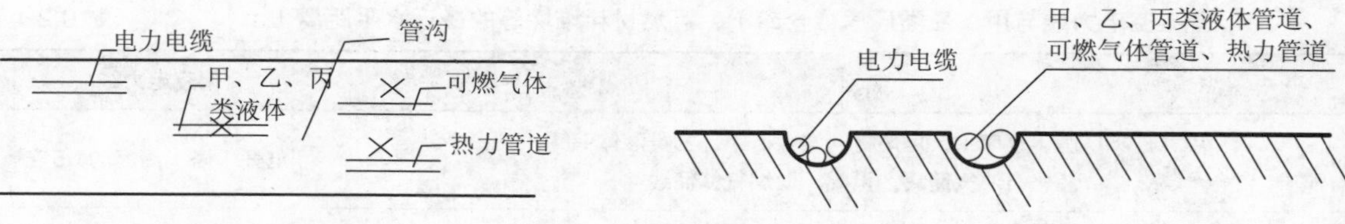
电力电缆
管沟
甲、乙、丙
类液体
可燃气体
热力管道
甲、乙、丙类液体管道、
可燃气体管道、热力管道
电力电缆

图10-13 10.2.2图示

10.2.3 配电线路不得穿越通风管道内腔或直接敷设在通风管道外壁上，穿金属导管保护的配电线路可紧贴通风管道外壁敷设（图10-14）。

配电线路敷设在有可燃物的闷顶、吊顶内时，应采取穿金属导管、采用封闭式金属槽盒等防火保护措施。

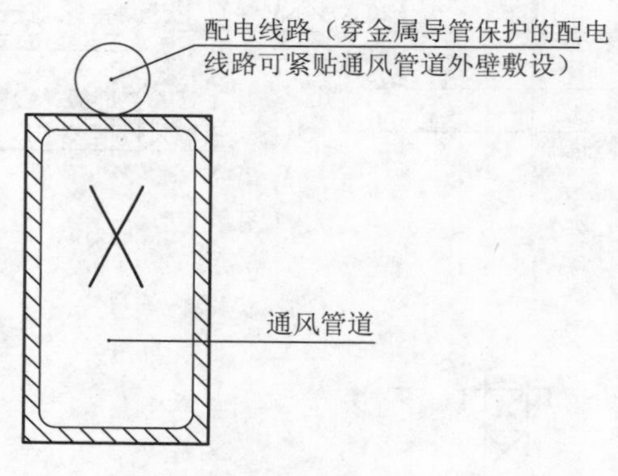
配电线路（穿金属导管保护的配电
线路可紧贴通风管道外壁敷设）
通风管道

图10-14 10.2.3图示

10.2.4 开关、插座和照明灯具靠近可燃物时，应采取隔热、散热等防火保护措施。

卤钨灯和额定功率不小于100W的白炽灯泡的吸顶灯、槽灯、嵌入式灯，其引入线应采用瓷管、矿棉等不燃材料作隔热保护。

额定功率不小于60W的白炽灯、卤钨灯、高压钠灯、金属卤化物灯、荧光高压汞灯（包括电感镇流器）等，不应直接安装在可燃物体上或采取其他防火措施。

10.2.5 可燃材料仓库内宜使用低温照明灯具，并应对灯具的发热部件采取隔热等防火措施，不应使用卤钨灯等高温照明灯具。

配电箱及开关应设置在仓库外（图10-15）。

10.2.6 爆炸危险环境电力装置的设计应符合现行国家标准《爆炸危险环境电力装置设计规范》GB 50058的规定。

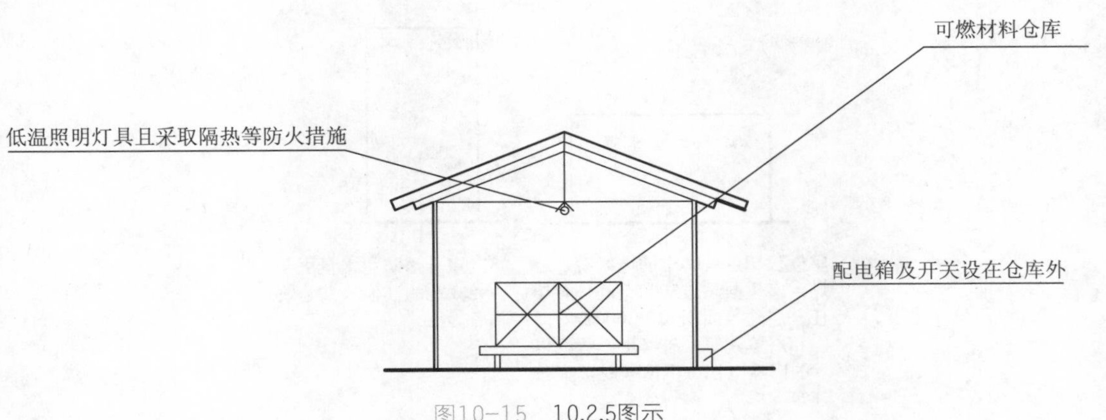
可燃材料仓库
低温照明灯具且采取隔热等防火措施
配电箱及开关设在仓库外

图10-15 10.2.5图示

10.2.7 下列建筑或场所的非消防用电负荷宜设置电气火灾监控系统：

1 建筑高度大于50m的乙、丙类厂房和丙类仓库，室外消防用水量大于30L/s的厂房（仓库）（图10-16）；

2 一类高层民用建筑（图10-17）；

3 座位数超过1500个的电影院、剧场，座位数超过3000个的体育馆，任一层建筑面积大于3000m²的商店和展览建筑，省（市）级及以上的广播电视、电信和财贸金融建筑，室外消防用水量大于25L/s的其他公共建筑（图10-18）；

4 国家级文物保护单位的重点砖木或木结构的古建筑（图10-19）。

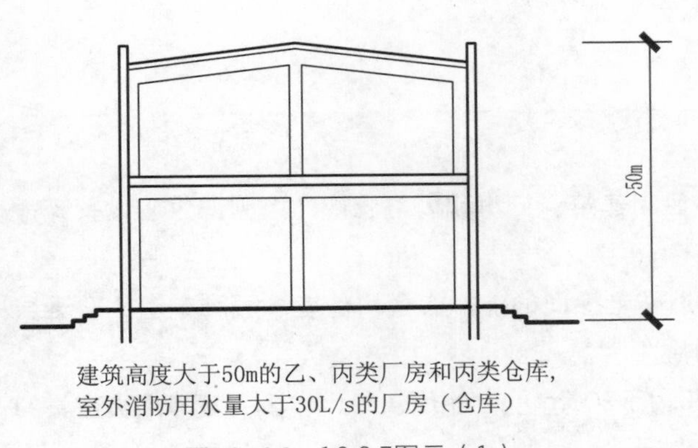
>50m
建筑高度大于50m的乙、丙类厂房和丙类仓库，
室外消防用水量大于30L/s的厂房（仓库）

图10-16 10.2.7图示（1）

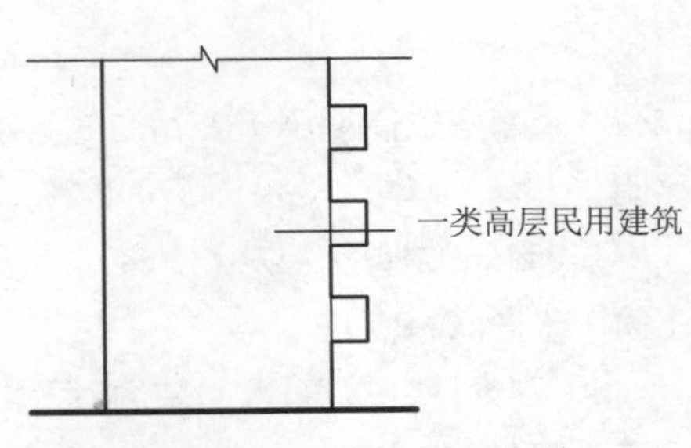
一类高层民用建筑

图10-17 10.2.7图示（2）

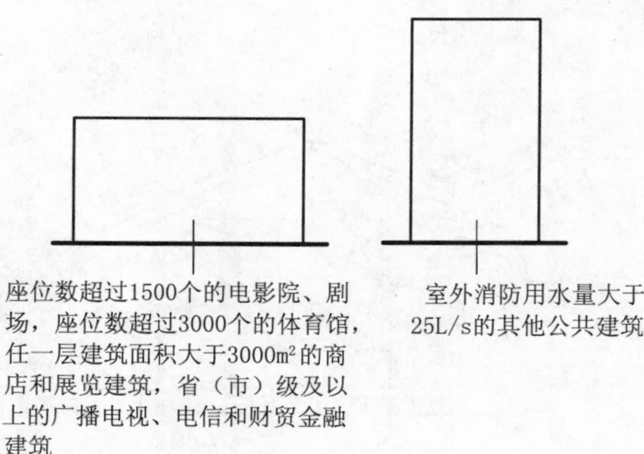
座位数超过1500个的电影院、剧场，座位数超过3000个的体育馆，任一层建筑面积大于3000m²的商店和展览建筑，省（市）级及以上的广播电视、电信和财贸金融建筑
室外消防用水量大于25L/s的其他公共建筑

图10-18　10.2.7图示（3）

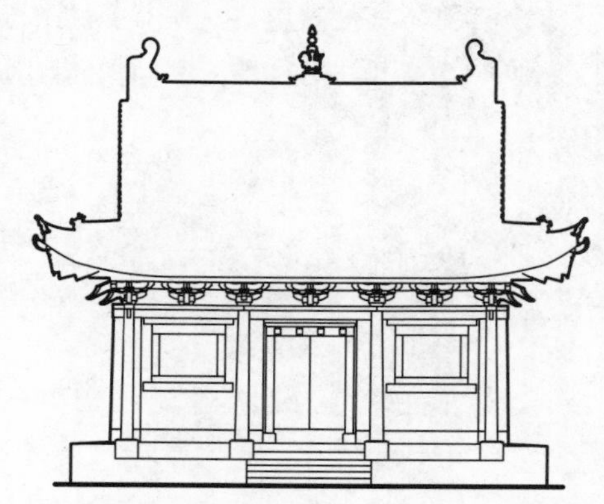

国家级文物保护单位的重点砖木或木结构的古建筑

图10-19　10.2.7图示（4）

10.3　消防应急照明和疏散指示标志

10.3.1　除建筑高度小于27m的住宅建筑外，民用建筑、厂房和丙类仓库的下列部位应设置疏散照明：

1　封闭楼梯间、防烟楼梯间及其前室、消防电梯间的前室或合用前室、避难走道、避难层（间）（图10-20）；

2　观众厅、展览厅、多功能厅和建筑面积大于200m²的营业厅、餐厅、演播室等人员密集的场所（图10-21）；

3　建筑面积大于100m²的地下或半地下公共活动场所（图10-22）；

4　公共建筑内的疏散走道（图10-23）；

5　人员密集的厂房内的生产场所及疏散走道。

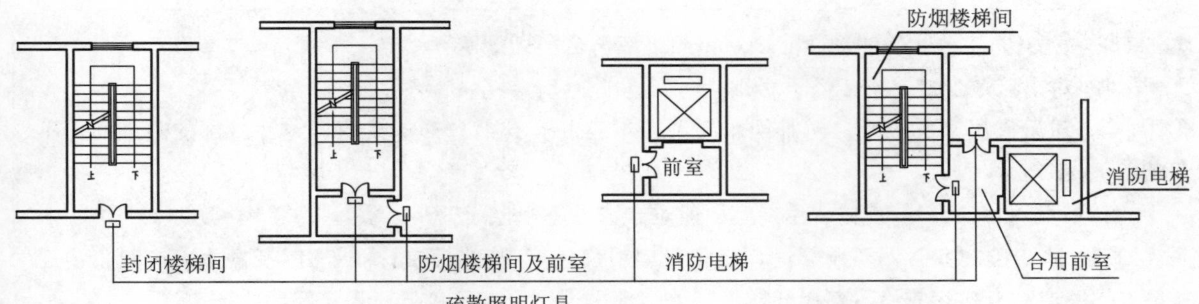
防烟楼梯间
前室
消防电梯
合用前室
封闭楼梯间
防烟楼梯间及前室
消防电梯
疏散照明灯具

图10-20　10.3.1图示（1）

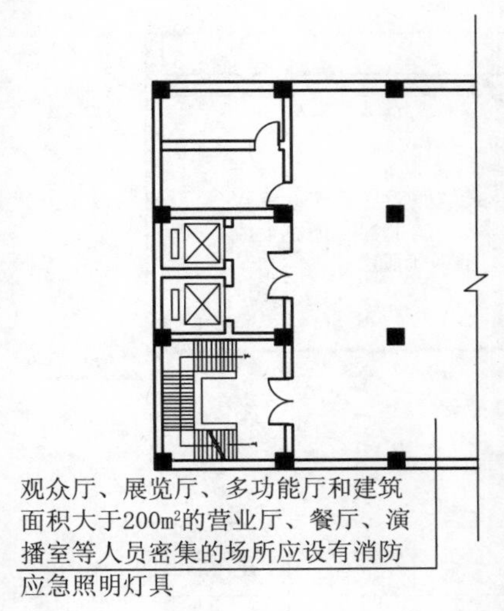
观众厅、展览厅、多功能厅和建筑面积大于200m²的营业厅、餐厅、演播室等人员密集的场所应设有消防应急照明灯具

图10-21　10.3.1图示（2）

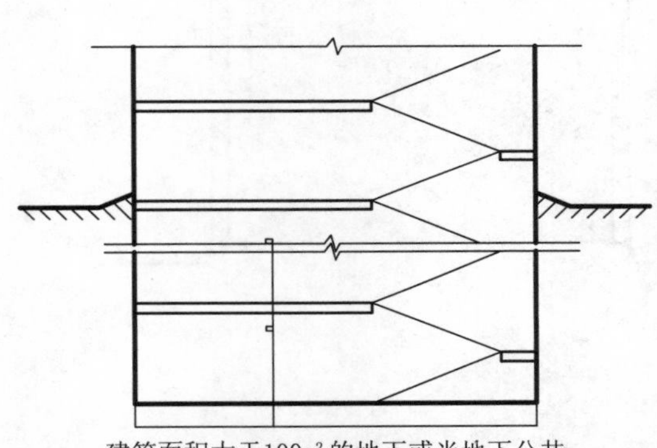
建筑面积大于100m² 的地下或半地下公共活动场所应设有疏散照明灯具

图10-22　10.3.1图示（3）

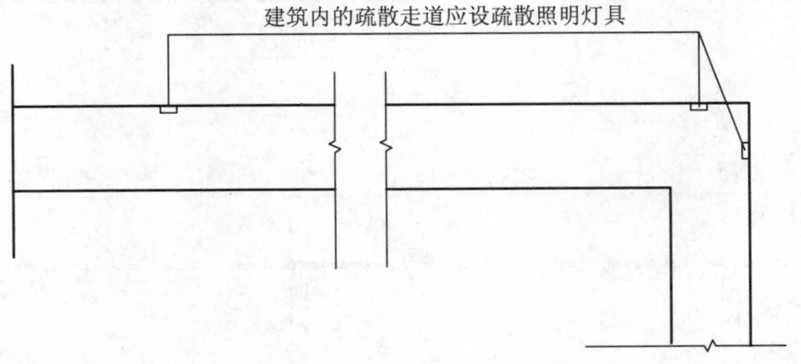
建筑内的疏散走道应设疏散照明灯具

图10-23　10.3.1图示（4）

10.3.2　建筑内疏散照明的地面最低水平照度应符合下列规定：

1　对于疏散走道，不应低于1.0lx。

2　对于人员密集场所、避难层（间），不应低于3.0lx；对于病房楼或手术部的避难间，不应低于10.0lx。

3　对于楼梯间、前室或合用前室、避难走道，不应低于5.0lx。

10.3.3　消防控制室、消防水泵房、自备发电机房、配电室、防排烟机房以及发生火灾时仍需正常工作的消防设备房应设置备用照明，其作业面的最低照度不应低于正常照明的照度。

10.3.4　疏散照明灯具应设置在出口的顶部、墙面的上部或顶棚上；备用照明灯具应设置在墙面的上部或顶棚上（图10-24、图10-25）。

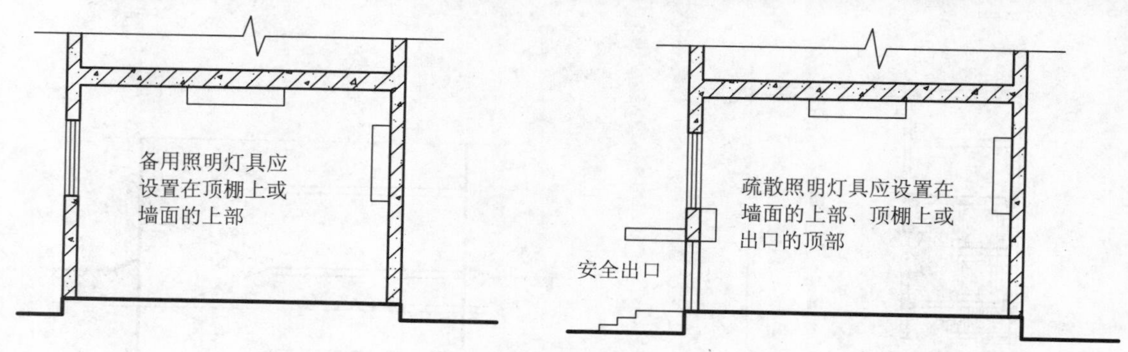
备用照明灯具应
设置在顶棚上或
墙面的上部
疏散照明灯具应设置在
墙面的上部、顶棚上或
出口的顶部
安全出口

图10-24　10.3.4图示（1）

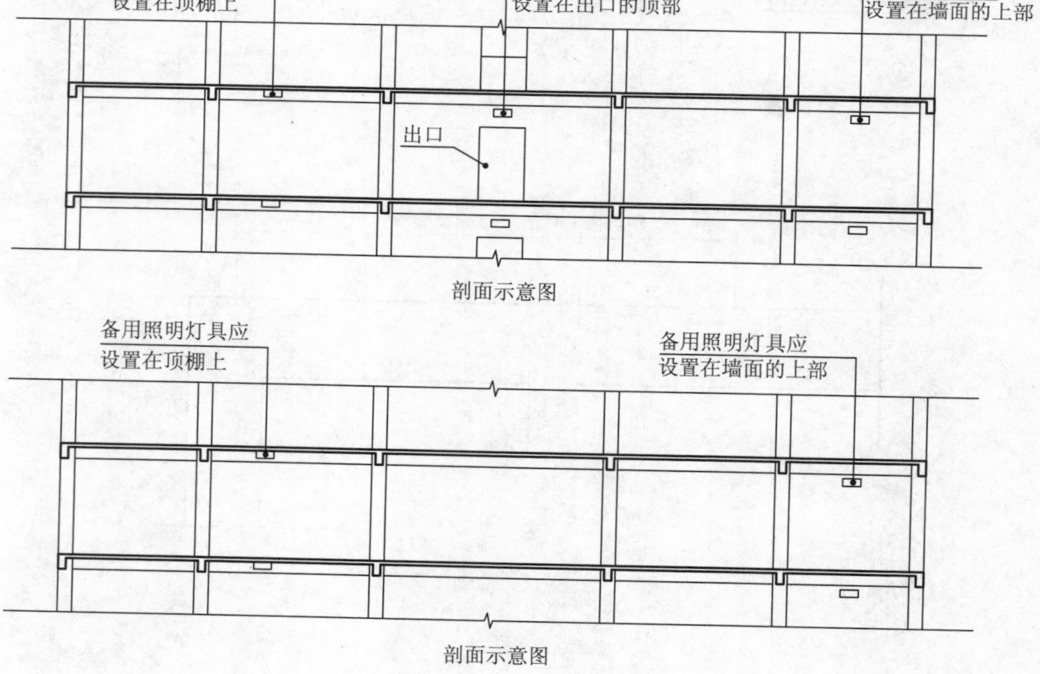
疏散照明灯具应
设置在顶棚上
疏散照明灯具应
设置在出口的顶部
疏散照明灯具应
设置在墙面的上部
出口
剖面示意图
备用照明灯具应
设置在顶棚上
备用照明灯具应
设置在墙面的上部
剖面示意图

图10-25　10.3.4图示（2）

10.3.5 公共建筑、建筑高度大于54m的住宅建筑、高层厂房（库房）和甲、乙、丙类单、多层厂房，应设置灯光疏散指示标志，并应符合下列规定：

1 应设置在安全出口和人员密集的场所的疏散门的正上方。

2 应设置在疏散走道及其转角处距地面高度1.0m以下的墙面或地面上。灯光疏散指示标志的间距不应大于20m；对于袋形走道，不应大于10m；在走道转角区，不应大于1.0m（图10-26）。

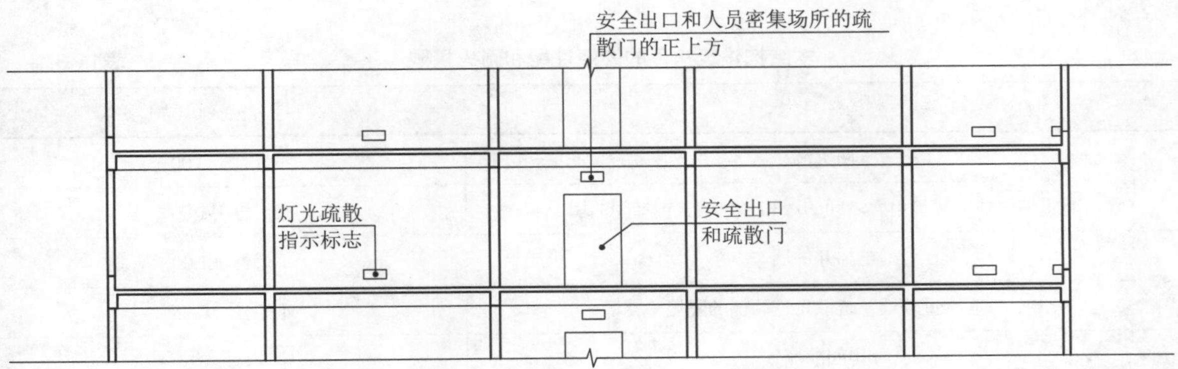
安全出口和人员密集场所的疏散门的正上方
灯光疏散指示标志
安全出口和疏散门

剖面示意图

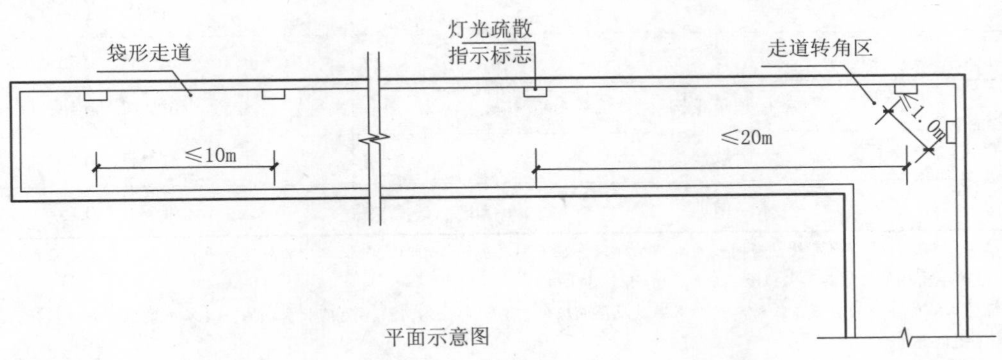
袋形走道
灯光疏散指示标志
走道转角区
≤10m
≤20m
≤1.0m

平面示意图

图10-26 10.3.5图示

10.3.6 下列建筑或场所应在疏散走道和主要疏散路径的地面上增设能保持视觉连续的灯光疏散指示标志或蓄光疏散指示标志：

1 总建筑面积大于8000m^{2}的展览建筑；

2 总建筑面积大于5000m^{2}的地上商店；

3 总建筑面积大于500m^{2}的地下或半地下商店；

4 歌舞娱乐放映游艺场所；

5 座位数超过1500个的电影院、剧场，座位数超过3000个的体育馆、会堂或礼堂；

6 车站、码头建筑和民用机场航站楼中建筑面积大于3000m^{2}的候车、候船厅和航站楼的公共区。

10.3.7 建筑内设置的消防疏散指示标志和消防应急照明灯具，除应符合本规范的规定外，还应符合现行国家标准《消防安全标志》GB 13495和《消防应急照明和疏散指示系统》GB 17945的规定。

11　木结构建筑

11.0.1　木结构建筑的防火设计可按本章的规定执行。建筑构件的燃烧性能和耐火极限应符合表11.0.1的规定（图11-1～图11-6）。

木结构建筑构件的燃烧性能和耐火极限　　表11.0.1

构件名称	燃烧性能和耐火极限（h）
防火墙	不燃性　3.00
承重墙，住宅建筑单元之间的墙和分户墙，楼梯间的墙	难燃性　1.00
电梯井的墙	不燃性　1.00
非承重外墙，疏散走道两侧的隔墙	难燃性　0.75
房间隔墙	难燃性　0.50
承重柱	可燃性　1.00
梁	可燃性　1.00
楼板	难燃性　0.75
屋顶承重构件	可燃性　0.50
疏散楼梯	难燃性　0.50
吊顶	难燃性　0.15

注：1　除本规范另有规定外，当同一座木结构建筑存在不同高度的屋顶时，较低部分的屋顶承重构件和屋面不应采用可燃性构件，采用难燃性屋顶承重构件时，其耐火极限不应低于0.75h（图11-4）。

2　轻型木结构建筑的屋顶，除防水层、保温层及屋面板外，其他部分均应视为屋顶承重构件，且不应采用可燃性构件，耐火极限不应低于0.50h（图11-5）。

3　当建筑的层数不超过2层、防火墙间的建筑面积小于600m²且防火墙间的建筑长度小于60m时，建筑构件的燃烧性能和耐火极限可按本规范有关四级耐火等级建筑的要求确定（图11-6）。

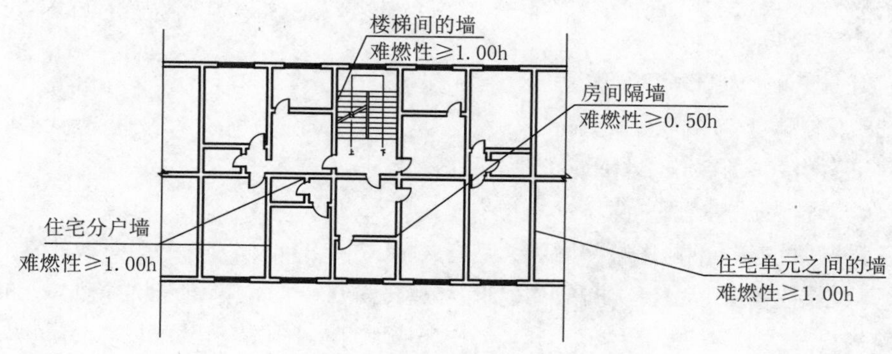
楼梯间的墙
难燃性≥1.00h
房间隔墙
难燃性≥0.50h
住宅分户墙
难燃性≥1.00h
住宅单元之间的墙
难燃性≥1.00h

图11-1　11.0.1图示（1）

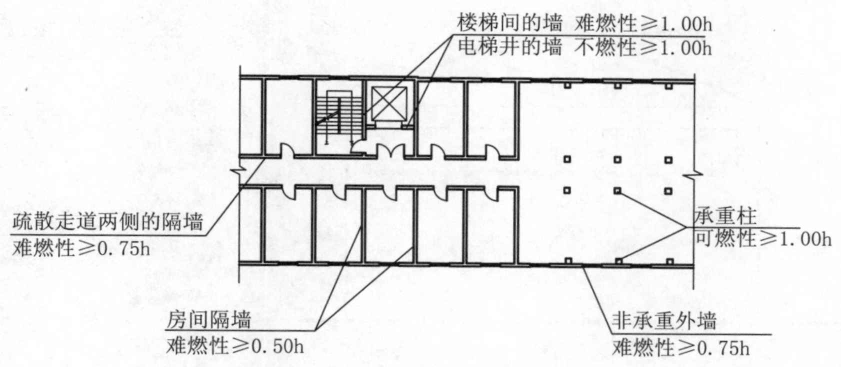
楼梯间的墙 难燃性≥1.00h
电梯井的墙 不燃性≥1.00h
疏散走道两侧的隔墙
难燃性≥0.75h
承重柱
可燃性≥1.00h
房间隔墙
难燃性≥0.50h
非承重外墙
难燃性≥0.75h

图11-2 11.0.1图示（2）

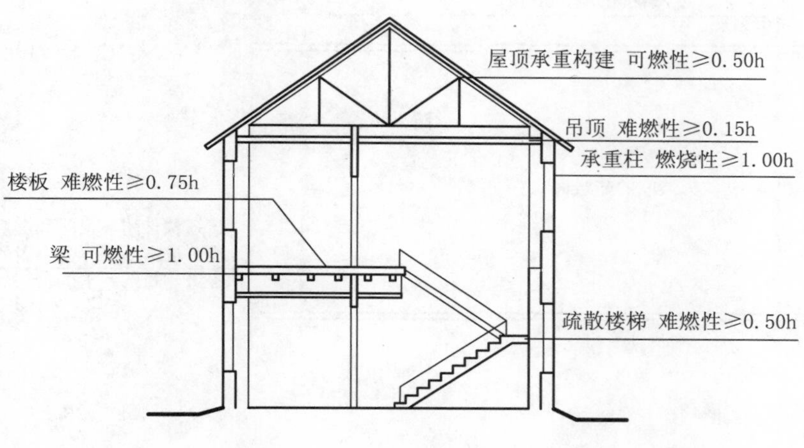
屋顶承重构建 可燃性≥0.50h
吊顶 难燃性≥0.15h
承重柱 燃烧性≥1.00h
楼板 难燃性≥0.75h
梁 可燃性≥1.00h
疏散楼梯 难燃性≥0.50h

图11-3 11.0.1图示（3）

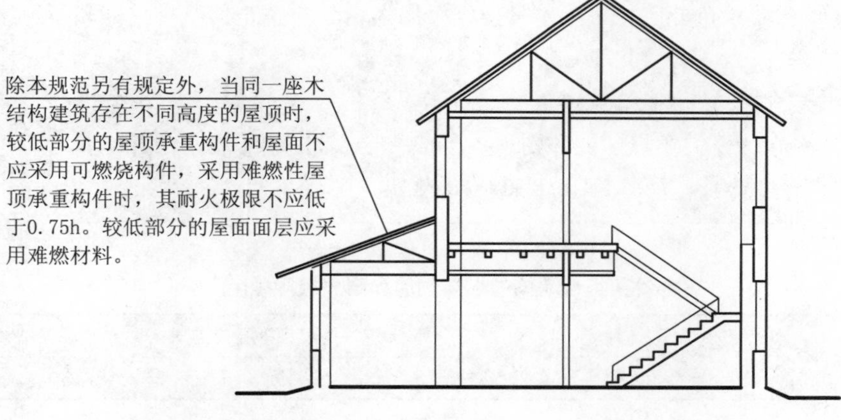
除本规范另有规定外，当同一座木
结构建筑存在不同高度的屋顶时，
较低部分的屋顶承重构件和屋面不
应采用可燃烧构件，采用难燃性屋
顶承重构件时，其耐火极限不应低
于0.75h。较低部分的屋面面层应采
用难燃材料。

图11-4 11.0.1图示（4）

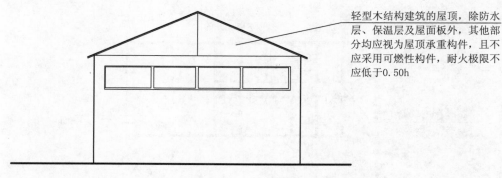

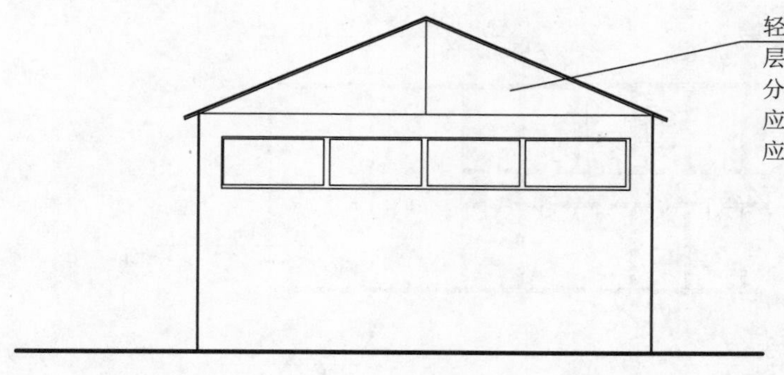
轻型木结构建筑的屋顶，除防水层、保温层及屋面板外，其他部分均应视为屋顶承重构件，且不应采用可燃性构件，耐火极限不应低于0.50h

图11-5 11.0.1图示（5）

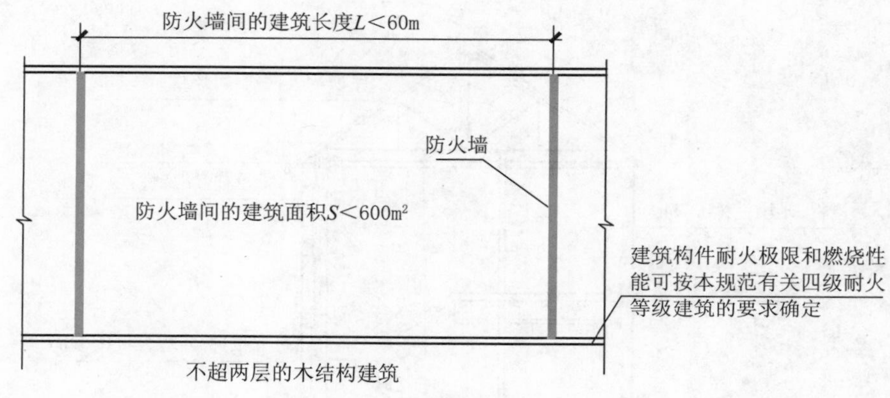
防火墙间的建筑长度L＜60m
防火墙
防火墙间的建筑面积S＜600m²
建筑构件耐火极限和燃烧性能可按本规范有关四级耐火等级建筑的要求确定
不超两层的木结构建筑

图11-6 11.0.1图示（6）

11.0.2 建筑采用木骨架组合墙体时，应符合下列规定：

1 建筑高度不大于18m的住宅建筑、建筑高度不大于24m的办公建筑和丁、戊类厂房（库房）的房间隔墙和非承重外墙可采用木骨架组合墙体，其他建筑的非承重外墙不得采用木骨架组合墙体（图11-7）；

2 墙体填充材料的燃烧性能应为A级；

3 木骨架组合墙体的燃烧性能和耐火极限应符合表11.0.2的规定，其他要求应符合现行国家标准《木骨架组合墙体技术规范》GB/T 50361的规定（图11-8）。

木骨架组合墙体的燃烧性能和耐火极限（h） 表11.0.2

构件名称	建筑物的耐火等级或类型				
	一级	二级	三级	木结构建筑	四级
非承重外墙	不允许	难燃性 1.25	难燃性 0.75	难燃性 0.75	无要求
房间隔墙	难燃性 1.00	难燃性 0.75	难燃性 0.50	难燃性 0.50	难燃性 0.25

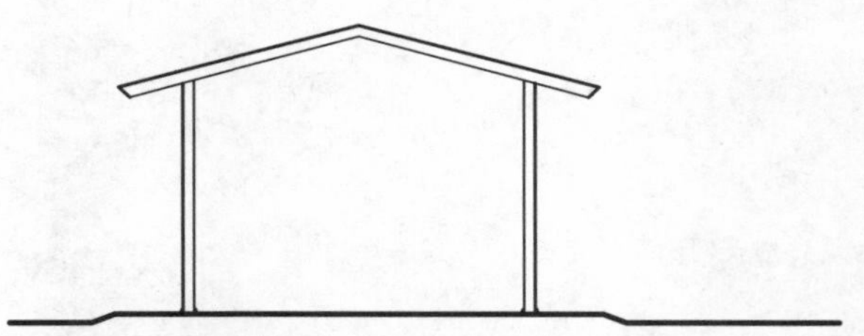

木骨架组合墙体可用于建筑高度小于等于18m的住宅建筑，建筑高度不大于24m的办公建筑和丁、戊类厂（库）房的房间隔墙和非承重外墙

图11-7 11.0.2图示（1）

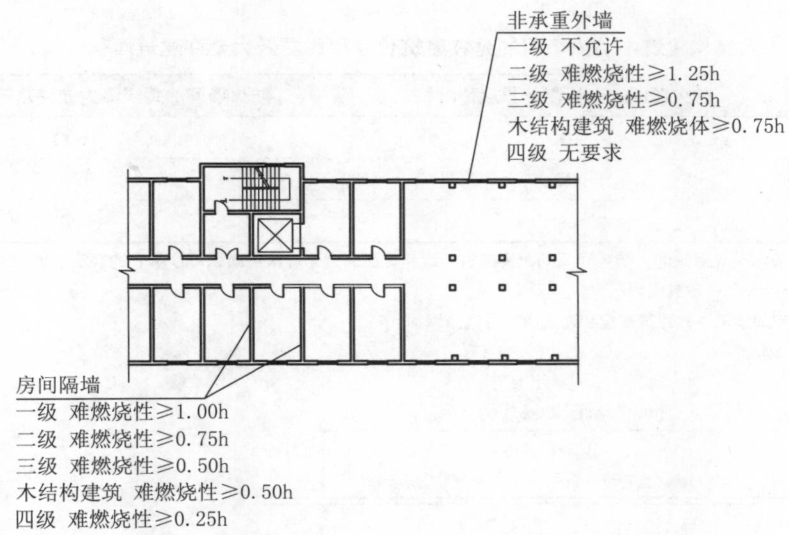
非承重外墙
一级 不允许
二级 难燃烧性≥1.25h
三级 难燃烧性≥0.75h
木结构建筑 难燃烧体≥0.75h
四级 无要求
房间隔墙
一级 难燃烧性≥1.00h
二级 难燃烧性≥0.75h
三级 难燃烧性≥0.50h
木结构建筑 难燃烧性≥0.50h
四级 难燃烧性≥0.25h

图11-8 11.0.2图示（2）

11.0.3 甲、乙、丙类厂房（库房）不应采用木结构建筑或木结构组合建筑。丁、戊类厂房（库房）和民用建筑，当采用木结构建筑或木结构组合建筑时，其允许层数和允许建筑高度应符合表11.0.3-1的规定（图11-9），木结构建筑中防火墙间的允许建筑长度和每层最大允许建筑面积应符合表11.0.3-2的规定（图11-10）。

木结构建筑或木结构组合建筑的允许层数和允许建筑高度 表 11.0.3-1

木结构建筑的形式	普通木结构建筑	轻型木结构建筑	胶合木结构建筑		木结构组合建筑
允许层数（层）	2	3	1	3	7
允许建筑高度（m）	10	10	不限	15	24

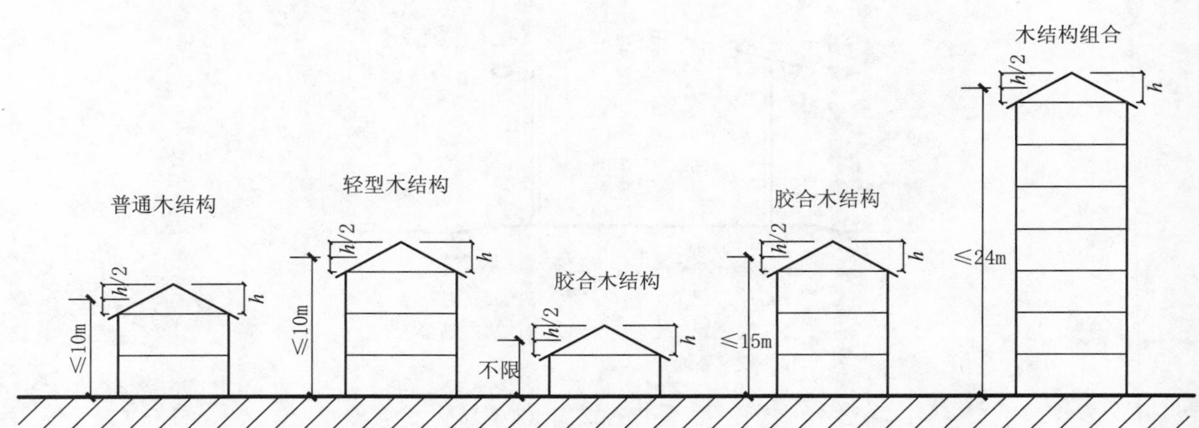
普通木结构
轻型木结构
胶合木结构
胶合木结构
木结构组合
h/2
h
≤10m
≤10m
不限
≤15m
≤24m

图11-9　11.0.3图示（1）

木结构建筑中防火墙间的允许建筑长度和每层最大允许建筑面积　表11.0.3-2

层数（层）	防火墙间的允许建筑长度（m）	防火墙间的每层最大允许建筑面积（m^2）
1	100	1800
2	80	900
3	60	600

注：1　当设置自动喷水灭火系统时，防火墙间的允许建筑长度和每层最大允许建筑面积可按本表的规定增加1.0倍，对于为丁、戊类地上厂房，防火墙间的每层最大允许建筑面积不限。

2　体育场馆等高大空间建筑，其建筑高度和建筑面积可适当增加。

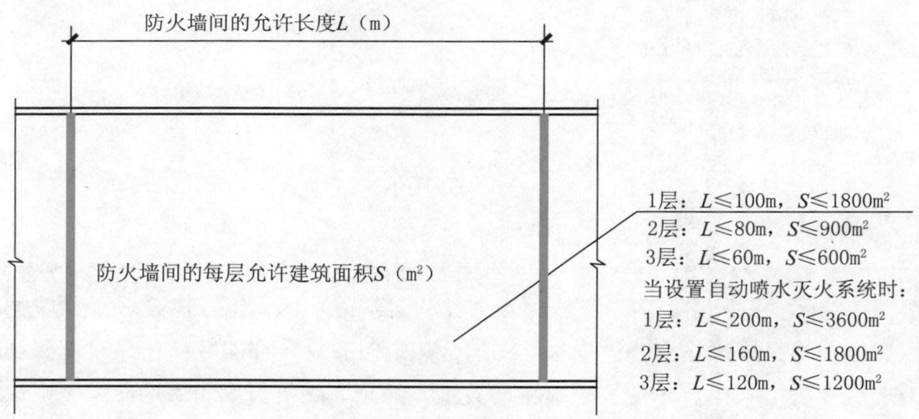
防火墙间的允许长度L（m）
防火墙间的每层允许建筑面积S（m²）
1层：L≤100m，S≤1800m²
2层：L≤80m，S≤900m²
3层：L≤60m，S≤600m²
当设置自动喷水灭火系统时：
1层：L≤200m，S≤3600m²
2层：L≤160m，S≤1800m²
3层：L≤120m，S≤1200m²

图11-10　11.0.3图示（2）

11.0.4　老年人建筑的住宿部分，托儿所、幼儿园的儿童用房和活动场所设置在木结构建筑内时，应布置在首层或二层（图11-11）。

商店、体育馆和丁、戊类厂房（库房）应采用单层木结构建筑（图11-12）。

11.0.5　除住宅建筑外，建筑内发电机间、配电间、锅炉间的设置及其防火要求，应符合本规范第5.4.12条～第5.4.15条和第6.2.3条～第6.2.6条的规定。

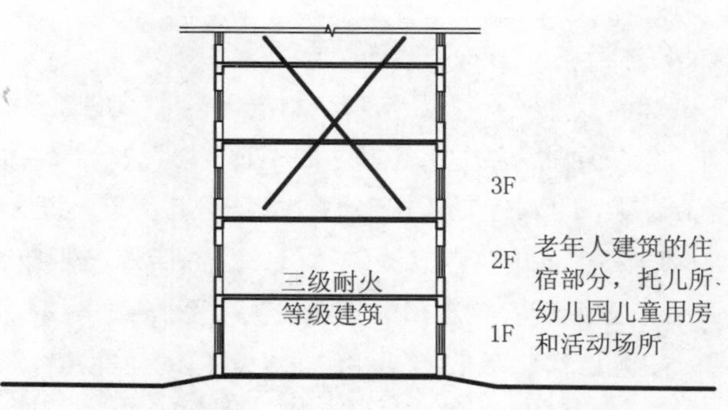
3F
2F
1F
三级耐火
等级建筑
老年人建筑的住
宿部分，托儿所
幼儿园儿童用房
和活动场所

图11-11 11.0.4图示（1）

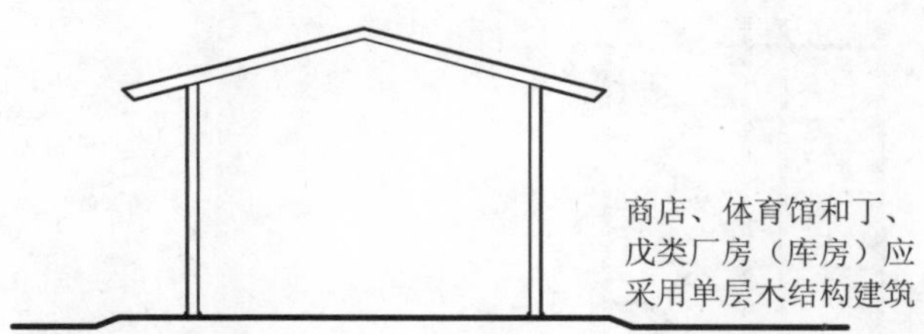
商店、体育馆和丁、
戊类厂房（库房）应
采用单层木结构建筑

图11-12 11.0.4图示（2）

11.0.6 设置在木结构住宅建筑内的机动车库、发电机间、配电间、锅炉间，应采用耐火极限不低于2.00h的防火隔墙和1.00h的不燃性楼板与其他部位分隔，不宜开设与室内相通的门、窗、洞口，确需开设时，可开设一樘不直通卧室的单扇乙级防火门。机动车库的建筑面积不宜大于60m^2（图11-13）。

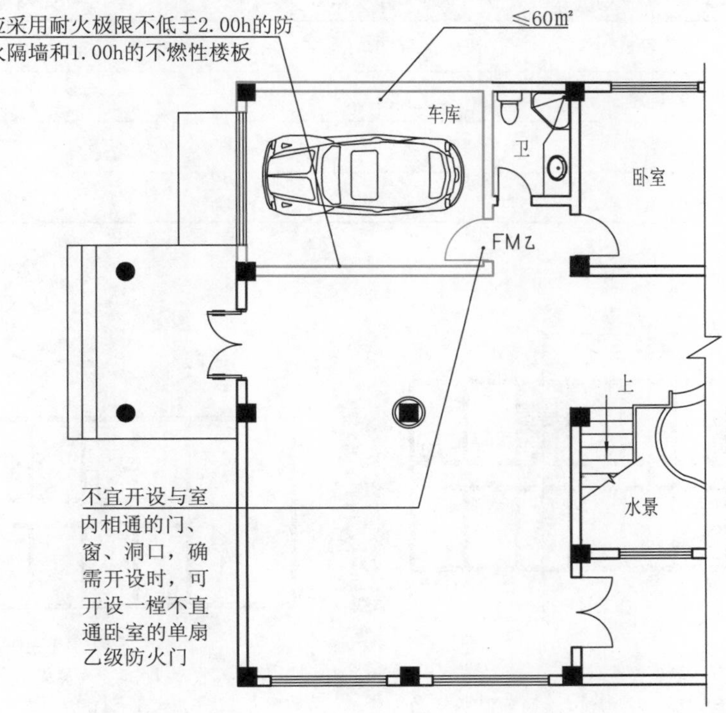
应采用耐火极限不低于2.00h的防
火隔墙和1.00h的不燃性楼板
≤60m²
车库
卫
卧室
FM乙
上
水景
不宜开设与室
内相通的门、
窗、洞口，确
需开设时，可
开设一樘不直
通卧室的单扇
乙级防火门

图11-13 11.0.6图示

11.0.7　民用木结构建筑的安全疏散设计应符合下列规定：

1　建筑的安全出口和房间疏散门的设置，应符合本规范第5.5节的规定。当木结构建筑的每层建筑面积小于200m²且第二层和第三层的人数之和不超过25人时，可设置1部疏散楼梯（图11-14）。

2　房间直通疏散走道的疏散门至最近安全出口的直线距离不应大于表11.0.7-1的规定（图11-15）。

3　房间内任一点到该房间直通疏散走道的疏散门的直线距离，不应大于表11.0.7-1 中有关袋形走道两侧或尽端的疏散门至最近安全出口的直线距离（图11-16）。

4　建筑内疏散走道、安全出口、疏散楼梯和房间疏散门的净宽度，应根据疏散人数按每100人的最小疏散净宽度不小于表11.0.7-2的规定计算确定（图11-17）。

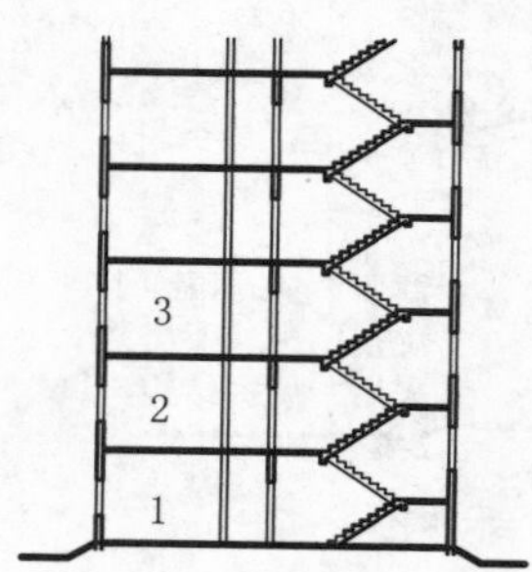
3
2
1

当木结构建筑的每层建筑面积小于200m²且第二层和第三层的人数之和不超过25人时可设置1部疏散楼梯

图11-14　11.0.7图示（1）

房间直通疏散走道的疏散门至最近安全出口的直线距离（m）　　表11.0.7-1

名称	位于两个安全出口之间的疏散门	位于袋形走道两侧或尽端的疏散门
托儿所、幼儿园、老年人建筑	15	10
歌舞娱乐放映游艺场所	15	6
医院和疗养院建筑、教学建筑	25	12
其他民用建筑	30	15

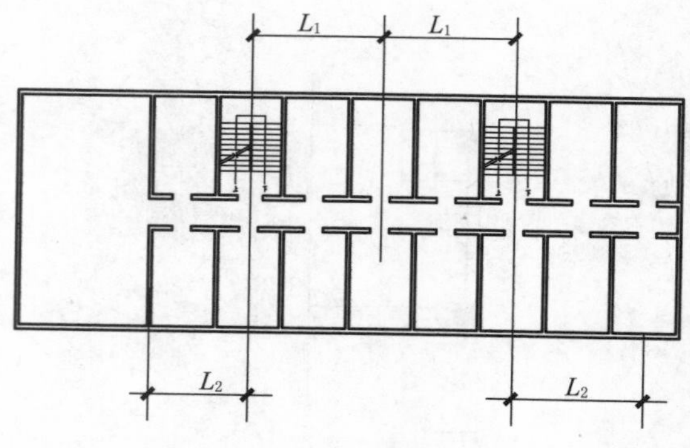
L_1
L_1
L_2
L_2

图11-15　11.0.7图示（2）

注：L_1为位于两个安全出口之间房间的安全疏散距离；L_2为位于袋形走道或尽端的安全疏散距离。

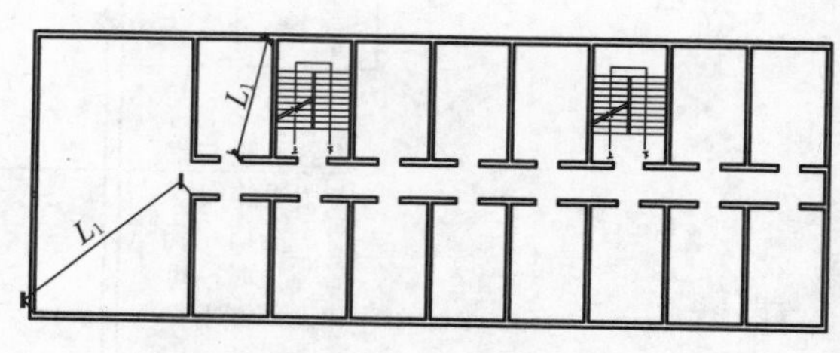
L_1
L_1

图11-16　11.0.7图示（3）

注：L_1为房间内任一点到该房间直通疏散走道的疏散门直线的距离。L_1不应大于表11.0.7-1中有关袋形走道两侧或尽端的疏散门至最近安全出口的直线距离。

疏散走道、安全出口、疏散楼梯和房间疏散门每100人的最小疏散净宽度（m/百人）　表11.0.7-2

层数	地上1~2层	地上3层
每100人的疏散净宽度	0.75	1.00

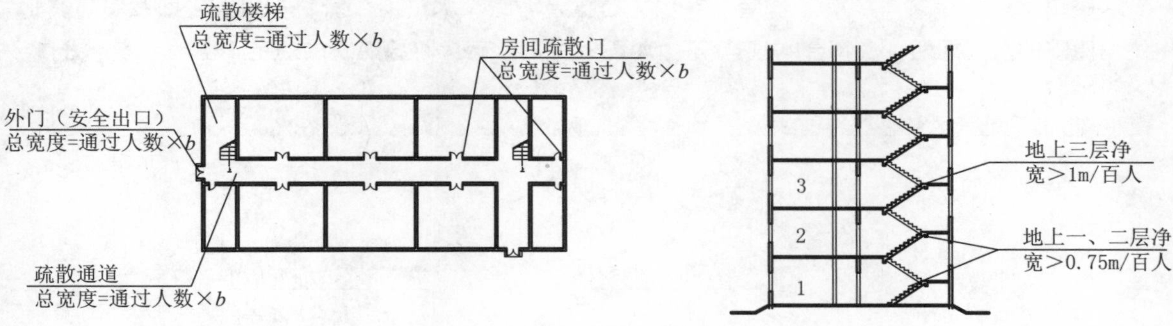
疏散楼梯
总宽度=通过人数×b
房间疏散门
总宽度=通过人数×b
外门（安全出口）
总宽度=通过人数×b
疏散通道
总宽度=通过人数×b
地上三层净
宽>1m/百人
地上一、二层净
宽>0.75m/百人
3
2
1

图11-17　11.0.7图示（4）

注：1. 为各疏散部位每百人净宽度的规定值。

2. 民用木构建筑疏散指标：

疏散走道、安全出口、疏散楼梯、房间疏散门总宽度：

（1）地上一、二层净宽b>0.75m/百人；

（2）地上三层净宽b>1m/百人。

11.0.8　丁、戊类木结构厂房内任意一点至最近安全出口的疏散距离分别不应大于50m和60m，其他安全疏散要求应符合本规范第3.7节的规定（图11-18）。

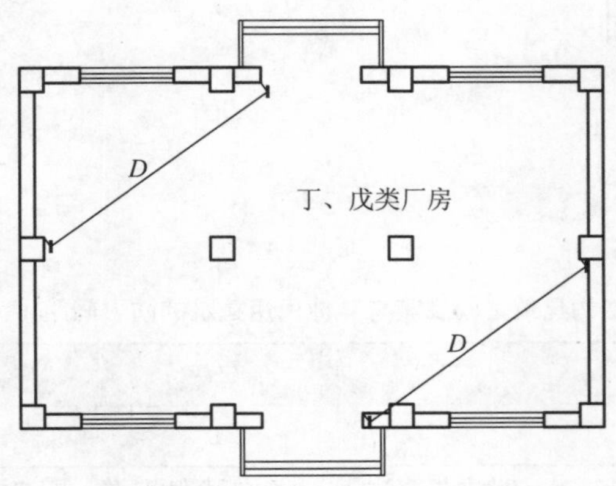
D
丁、戊类厂房
D

图11-18　11.0.8图示

注：D代表厂房内任意一点到最近安全出口的疏散距离。

其中，丁类厂房D≤50m；

戊类厂房D≤60m。

11.0.9 管道、电气线路敷设在墙体内或穿过楼板、墙体时，应采取防火保护措施，与墙体、楼板之间的缝隙应采用防火封堵材料填塞密实。

住宅建筑内厨房的明火或高温部位及排油烟管道等，应采用防火隔热措施（图11-19）。

11.0.10 民用木结构建筑之间及其与其他民用建筑的防火间距不应小于表11.0.10的规定。

民用木结构建筑与厂房（仓库）等建筑的防火间距、木结构厂房（仓库）之间及其与其他民用建筑的防火间距，应符合本规范第3、4 章有关四级耐火等级建筑的规定（图11-20～图11-23）。

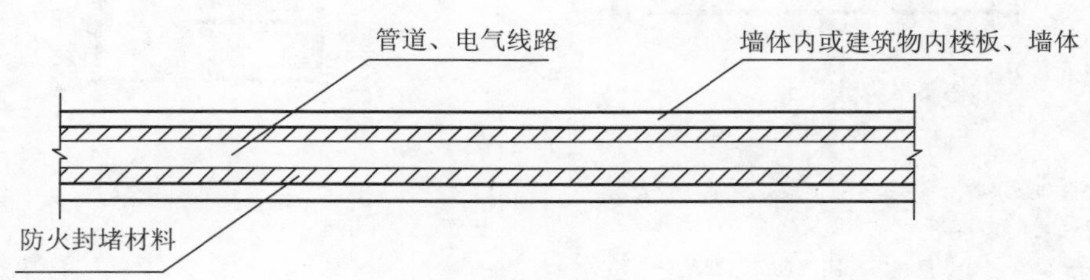
管道、电气线路
墙体内或建筑物内楼板、墙体
防火封堵材料

管道、电气线路敷设在墙体内时

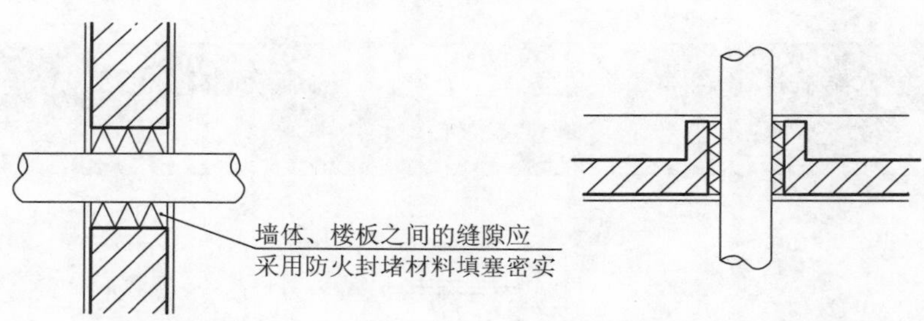
墙体、楼板之间的缝隙应
采用防火封堵材料填塞密实

图11-19 11.0.9图示

民用木结构建筑之间及其与其他民用建筑的防火间距（m） 表11.0.10

建筑耐火等级或类别	一、二级	三级	木结构建筑	四级
木结构建筑	8	9	10	11

注：1 两座木结构建筑之间或木结构建筑与其他民用建筑之间，外墙均无任何门、窗、洞口时，防火间距可为4m；外墙上的门、窗、洞口不正对且开口面积之和不大于外墙面积的10%时，防火间距可按本表的规定减少25%。

2 当相邻建筑外墙有一面为防火墙，或建筑物之间设置防火墙且墙体截断不燃性屋面或高出难燃性、可燃性屋面不低于0.5m时，防火间距不限。

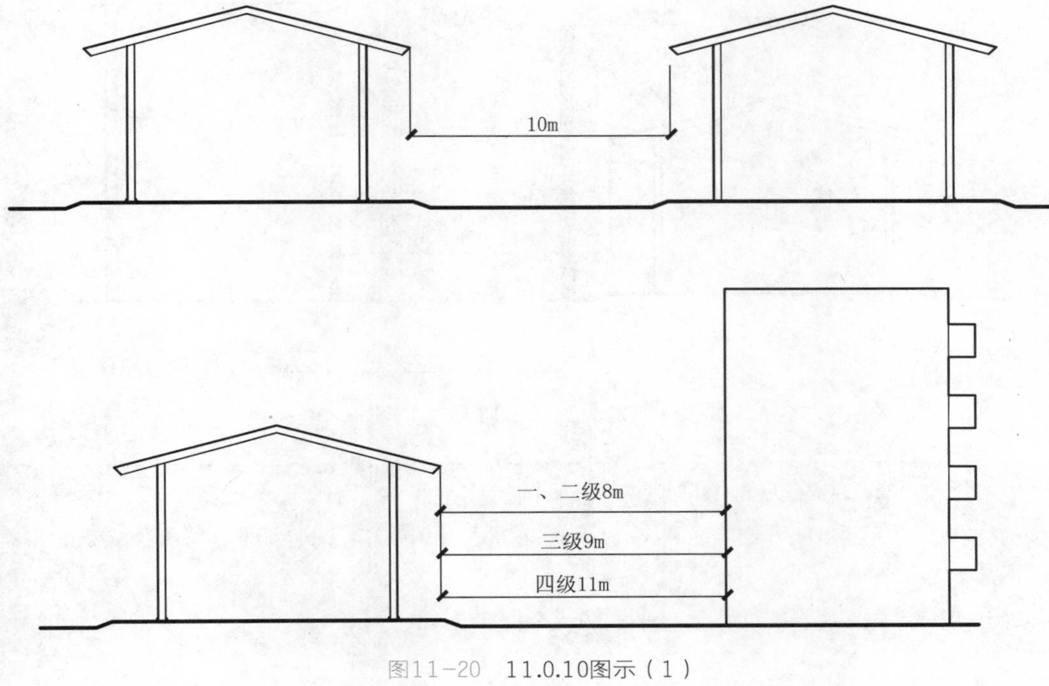
10m
一、二级8m
三级9m
四级11m

图11-20 11.0.10图示（1）

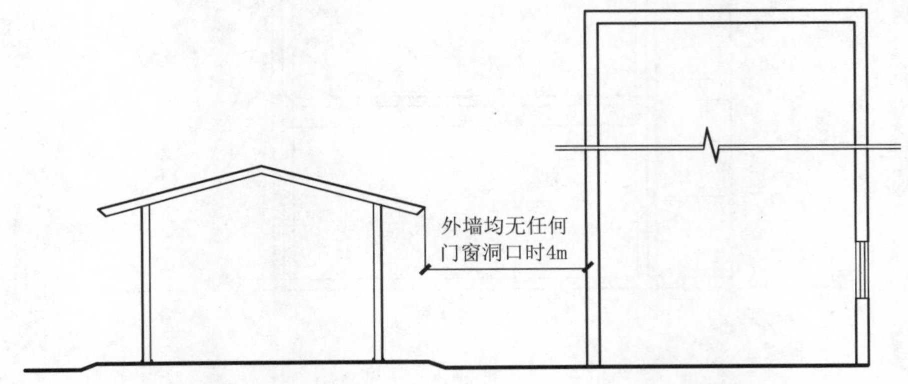
外墙均无任何
门窗洞口时4m

图11-21 11.0.10图示（2）

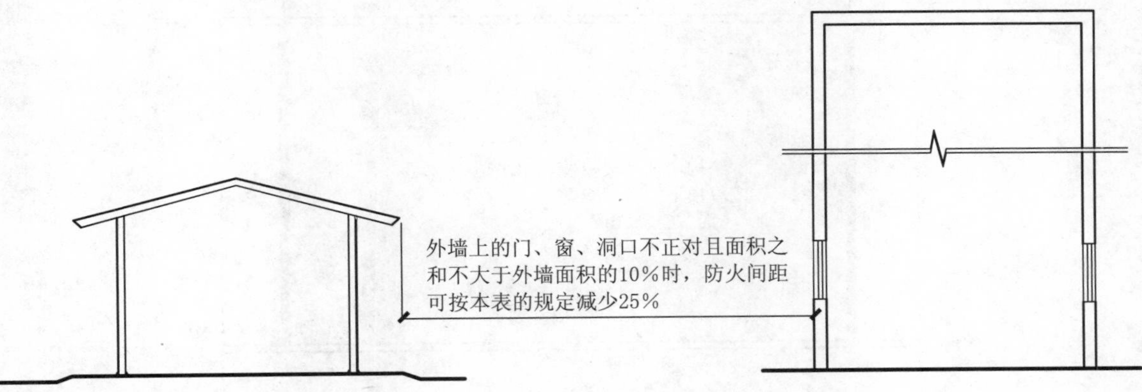
外墙上的门、窗、洞口不正对且面积之
和不大于外墙面积的10%时，防火间距
可按本表的规定减少25%

图11-22 11.0.10图示（3）

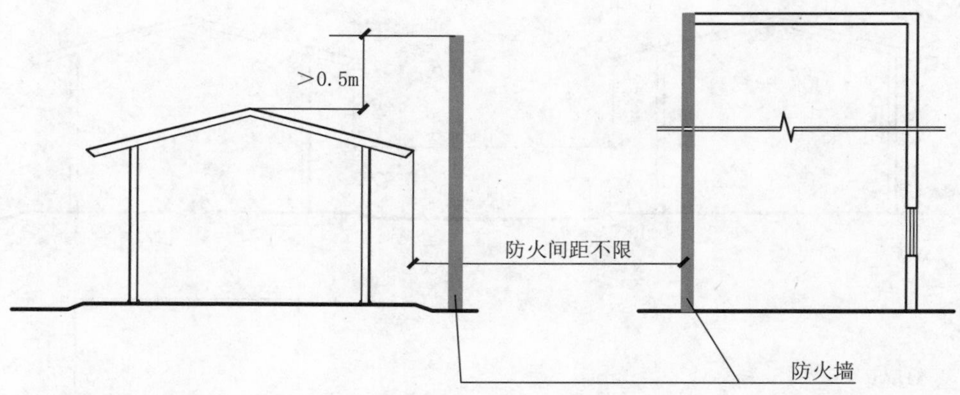
>0.5m
防火间距不限
防火墙

图11-23 11.0.10图示（4）

11.0.11 木结构墙体、楼板及封闭吊顶或屋顶下的密闭空间内应采取防火分隔措施，且水平分隔长度或宽度均不应大于20m，建筑面积不应大于300m²，墙体的竖向分隔高度不应大于3m。（图11-24、图11-25）

轻型木结构建筑的每层楼梯梁处应采取防火分隔措施。

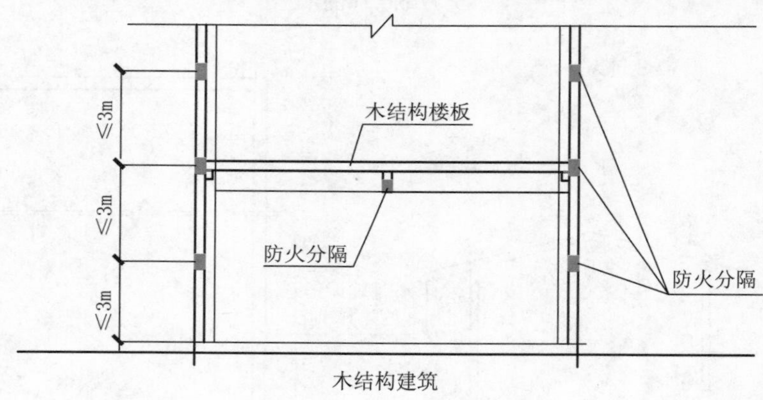
≤3m
≤3m
≤3m
木结构楼板
防火分隔
防火分隔
木结构建筑

图11-24 11.0.11图示（1）

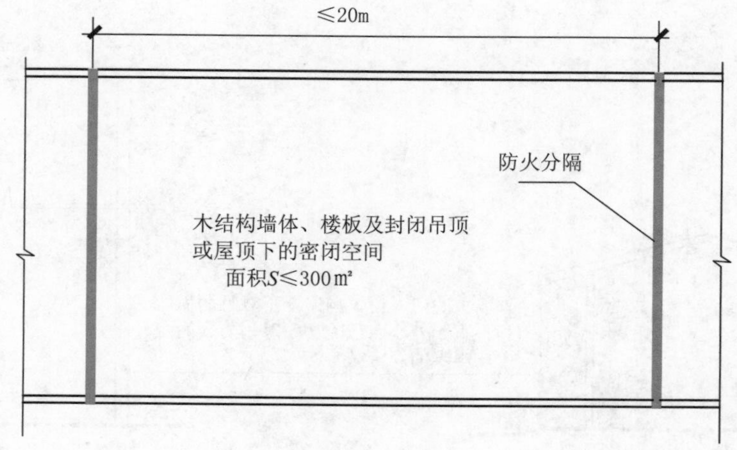
≤20m
防火分隔
木结构墙体、楼板及封闭吊顶
或屋顶下的密闭空间
面积S≤300㎡

图11-25 11.0.11图示（2）

11.0.12 木结构建筑与钢结构、钢筋混凝土结构或砌体结构等其他结构类型组合建造时，应符合下列规定：

1 竖向组合建造时，木结构部分的层数不应超过3层并应设置在建筑的上部，木结构部分与其他结构部分宜采用耐火极限不低于1.00h的不燃性楼板分隔（图11-26）。

水平组合建造时，木结构部分与其他结构部分宜采用防火墙分隔（图11-27）。

2 当木结构部分与其他结构部分之间按上款规定进行了防火分隔时，木结构部分和其他部分的防火设计，可分别执行本规范对木结构建筑和其他结构建筑的规定；其他情况，建筑的防火设计应执行本规范有关木结构建筑的规定。

3 室内消防给水应根据建筑的总高度、体积或层数和用途按本规范第8章和国家现行有关标准的规定确定，室外消防给水应按本规范有关四级耐火等级建筑的规定确定。

11.0.13 总建筑面积大于1500m²的木结构公共建筑应设置火灾自动报警系统，木结构住宅建筑内应设置火灾探测与报警装置。

11.0.14 木结构建筑的其他防火设计应执行本规范有关四级耐火等级建筑的规定，防火构造要求除应符合本规范的规定外，尚应符合现行国家标准《木结构设计规范》GB 50005等标准的规定。

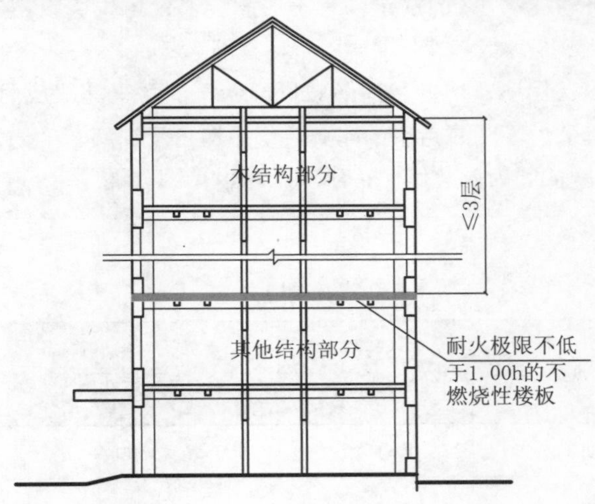
木结构部分
≤3层
其他结构部分
耐火极限不低
于1.00h的不
燃烧性楼板

图11-26 11.0.12图示（1）

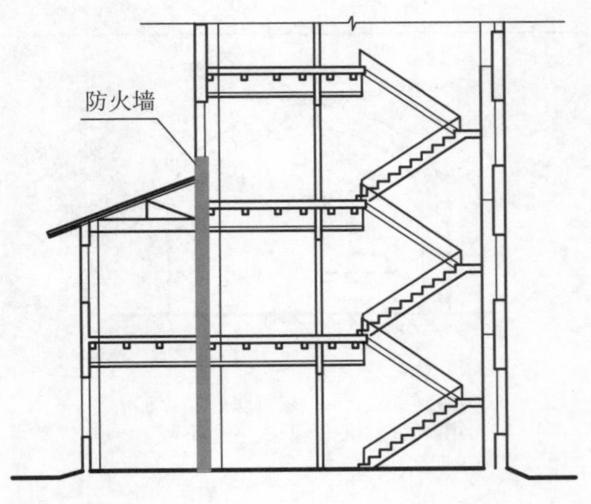
防火墙

图11-27 11.0.12图示（2）

12 城市交通隧道

12.1 一般规定

12.1.1 城市交通隧道（以下简称隧道）的防火设计应综合考虑隧道内的交通组成、隧道的用途、自然条件、长度等因素。

12.1.2 单孔和双孔隧道应按其封闭段长度和交通情况分为一、二、三、四类，并应符合表12.1.2的规定。

12.1.3 隧道承重结构体的耐火极限应符合下列规定：

1 一、二类隧道和通行机动车的三类隧道，其承重结构体耐火极限的测定应符合本规范附录C的规定；对于一、二类隧道，火灾升温曲线应采用本规范附录C第C.0.1条规定的RABT标准升温曲线，耐火极限分别不应低于2.00h和1.50h；对于通行机动车的三类隧道，火灾升温曲线应采用本规范附录C第C.0.1条规定的HC标准升温曲线，耐火极限不应低于2.00h。

2 其他类别隧道承重结构体耐火极限的测定应符合现行国家标准《建筑构件耐火试验方法 第1部分：通用要求》GB/T 9978.1的规定；对于三类隧道，耐火极限不应低于2.00h；对于四类隧道，耐火极限不限（图12-1）。

12.1.4 隧道内的地下设备用房、风井和消防救援出入口的耐火等级应为一级，地面的重要设备用房、运营管理中心及其他地面附属用房的耐火等级不应低于二级。

12.1.5 除嵌缝材料外，隧道的内部装修应采用不燃材料（图12-2）。

单孔和双孔隧道分类 **表12.1.2**

用途	一类	二类	三类	四类
	隧道封闭段长度L（m）			
可通行危险化学品等机动车	L>1500	500＜L≤1500	L≤500	—
仅限通行非危险化学品等机动车	L>3000	1500＜L≤3000	500＜L≤1500	L≤500
仅限人行或通行非机动车	—	—	L>1500	L≤1500

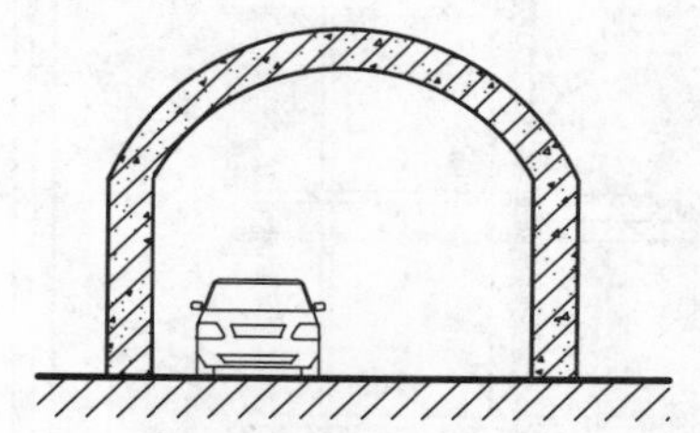

承重结构体耐火极限要求：
一类隧道≥2.00h；二类隧道≥1.50h；
三类隧道≥2.00h；四类隧道不限

图12-1 12.1.3图示

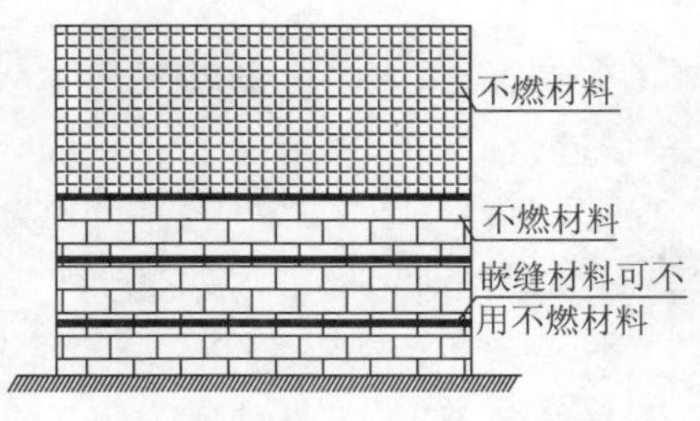
不燃材料
不燃材料
嵌缝材料可不
用不燃材料
隧道内部装修

图12-2 12.1.5图示

12.1.6 通行机动车的双孔隧道，其车行横通道或车行疏散通道的设置应按下列规定：

1 水底隧道宜设置车行横通道或车行疏散通道。车行横通道的间隔和隧道通向车行疏散通道入口的间隔宜为1000～1500m。

2 非水底隧道应设置车行横通道或车行疏散通道。车行横通道的间隔和隧道通向车行疏散通道入口的间隔不宜大于1000m。

3 车行横通道应沿垂直隧道长度方向布置，并应通向相邻隧道；车行疏散通道应沿隧道长度方向布置在双孔中间，并应直通隧道外。

4 车行横通道和车行疏散通道的净宽度不应小于4.0m，净高度不应小于4.5m。

5 隧道与车行横通道或车行疏散通道的连通处，应采取防火分隔措施（图12-3）。

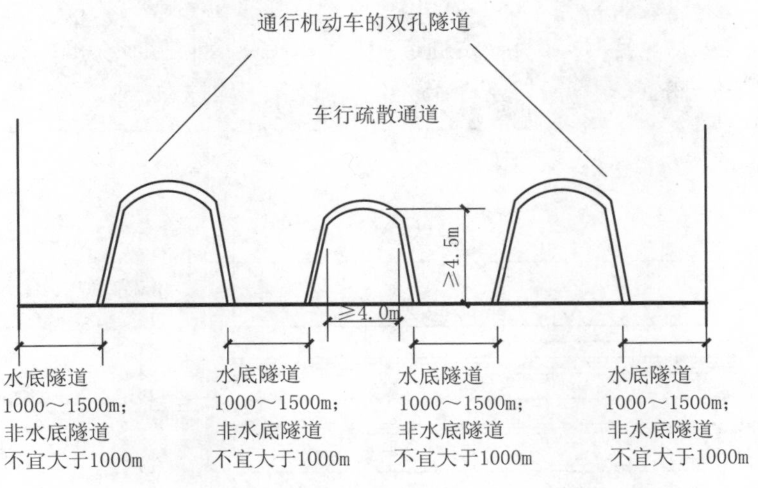
通行机动车的双孔隧道
车行疏散通道
≥4.5m
≥4.0m
水底隧道
1000～1500m;
非水底隧道
不宜大于1000m
水底隧道
1000～1500m;
非水底隧道
不宜大于1000m
水底隧道
1000～1500m;
非水底隧道
不宜大于1000m
水底隧道
1000～1500m;
非水底隧道
不宜大于1000m

图12-3 12.1.6图示

12.1.7 双孔隧道应设置人行横通道或人行疏散通道，并应符合下列规定：

1 人行横通道的间隔和隧道通向人行疏散通道入口的间隔，宜为250～300m；

2 人行疏散横通道应沿垂直双孔隧道长度方向布置，并应通向相邻隧道。人行疏散通道应沿隧道长度方向布置在双孔中间，并应直通隧道外。

3　人行横通道可利用车行横通道。

4　人行横通道或人行疏散通道的净宽度不应小于1.2m，净高度不应小于2.1m。

5　隧道与人行横通道或人行疏散通道的连通处，应采取防火分隔措施，门应采用乙级防火门（图12-4）。

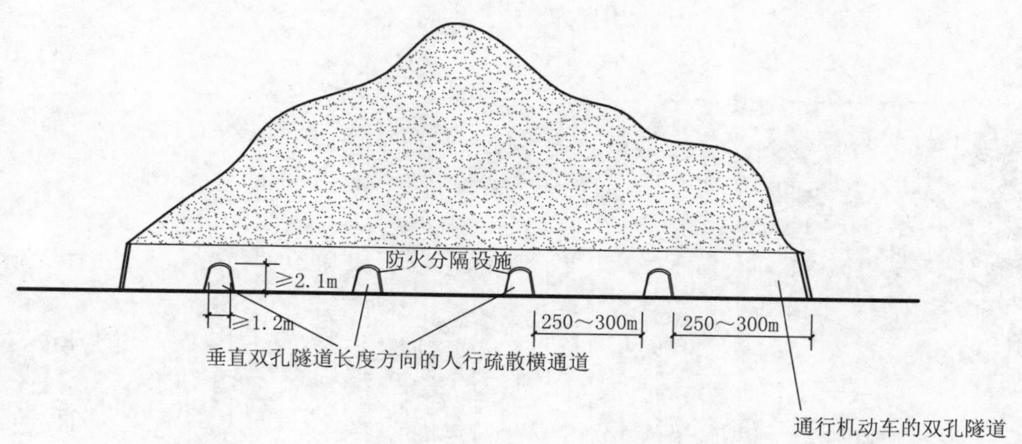
防火分隔设施
≥2.1m
≥1.2m
250～300m
250～300m
垂直双孔隧道长度方向的人行疏散横通道
通行机动车的双孔隧道

图12-4　12.1.7图示

12.1.8　单孔隧道宜设置直通室外的人员疏散出口或独立避难所等避难设施。

12.1.9　隧道内的变电站、管廊、专用疏散通道、通风机房及其他辅助用房等，应采取耐火极限不低于2.00h的防火隔墙和乙级防火门等分隔措施与车行隧道分隔（图12-5）。

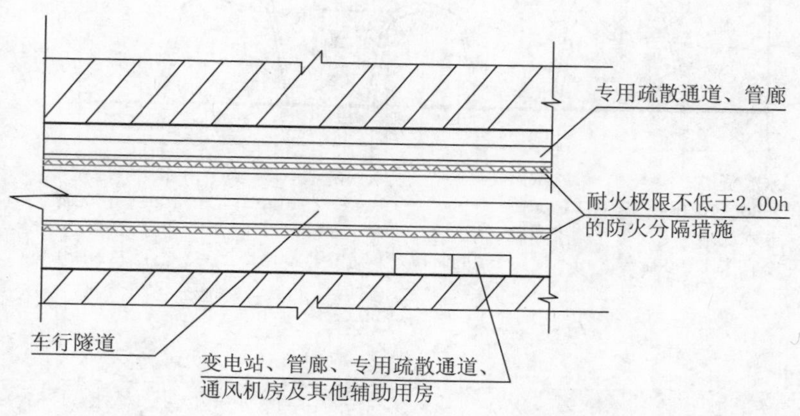
专用疏散通道、管廊
耐火极限不低于2.00h
的防火分隔措施
车行隧道
变电站、管廊、专用疏散通道、
通风机房及其他辅助用房

图12-5　12.1.9图示

12.1.10 隧道内地下设备用房的每个防火分区的最大允许建筑面积不应大于1500m²，每个防火分区的安全出口数量不应少于2个，与车道或其他防火分区相通的出口可作为第二安全出口，但必须至少设置1个直通室外的安全出口；建筑面积不大于500m²且无人值守的设备用房可设置1个直通室外的安全出口（图12-6）。

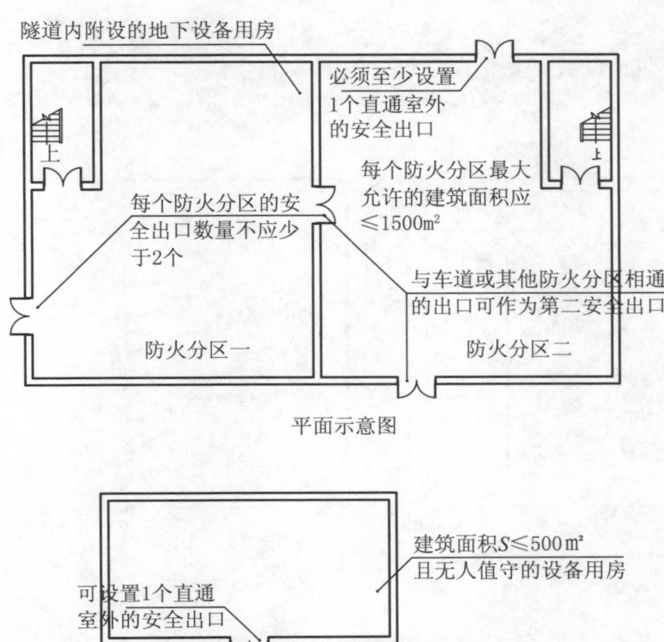
隧道内附设的地下设备用房
必须至少设置1个直通室外的安全出口
上
上
每个防火分区最大允许的建筑面积应≤1500m²
每个防火分区的安全出口数量不应少于2个
与车道或其他防火分区相通的出口可作为第二安全出口
防火分区一
防火分区二
平面示意图
建筑面积S≤500m²且无人值守的设备用房
可设置1个直通室外的安全出口
平面示意图

图12-6 12.1.10图示

12.2 消防给水和灭火设施

12.2.1 在进行城市交通的规划和设计时，应同时设计消防给水系统。四类隧道和行人或通行非机动车辆的三类隧道，可不设置消防给水系统。

12.2.2 消防给水系统的设置应符合下列规定：

1 消防水源和供水管网应符合国家现行有关标准的规定。

2 消防用水量应按隧道的火灾延续时间和隧道全线同一时间发生一次火灾计算确定。一、二类隧道的火灾延续时间不应小于3.0h；三类隧道，不应小于2.0h。

3 隧道内的消防用水量应按同时开启所有灭火设施的用水量之和计算。

4 隧道内宜设置独立的消防给水系统。严寒和寒冷地区的消防给水管道及室外消火栓应采取防冻措施；当采用干式给水系统时，应在管网的最高部位设置自动排气阀，管道的充水时间不宜大于90s。

5 隧道内的消火栓用水量不应小于20L/s，隧道外的消火栓用水量不应小于30L/s。对于长度小于1000m的三类隧道，隧道内、外的消火栓用水量可分别为10L/s和20L/s。

6 管道内的消防供水压力应保证用水量达到最大时，最不利点处的水枪充实水柱不小于10.0m。消火栓栓口处的出水压力大于0.5MPa时，应设置减压设施。

7 在隧道出入口处应设置消防水泵接合器和室外消火栓。

8 隧道内消火栓的间距不应大于50m，消火栓的栓口距地面高度宜为1.1m（图12-7）。

9 设置消防水泵供水设施的隧道，应在消火栓箱内设置消防水泵启动按钮。

10 应在隧道单侧设置室内消火栓箱，消火栓箱内应配置1支喷嘴口径19mm的水枪、1盘长25m、直径65mm的水带，并宜配置消防软管卷盘。

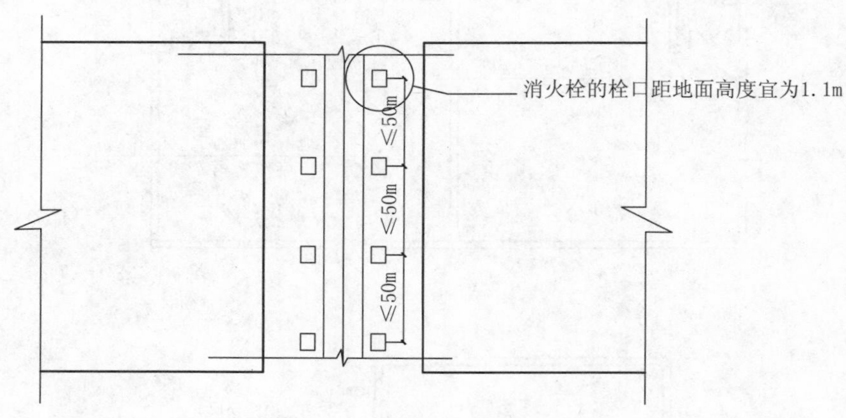
消火栓的栓口距地面高度宜为1.1m
≤50m
≤50m
≤50m

图12-7 12.2.2图示

12.2.3 隧道内应设置排水设施。排水设施应考虑排除渗水、雨水、隧道清洗等水量和灭火时的消防用水量，并应采取防止事故时可燃液体或有害液体沿隧道漫流的措施。

12.2.4 隧道内应设置ABC类灭火器，并应符合下列规定：

1 通行机动车的一、二类隧道和通行机动车并设置3条及以上车道的三类隧道，在隧道两侧均应设置灭火器，每个设置点不应少于4具（图12-8）；

2 其他隧道，可在隧道一侧设置灭火器，每个设置点不应少于2具（图12-9）；

3 灭火器设置点的间距不应大于100m。

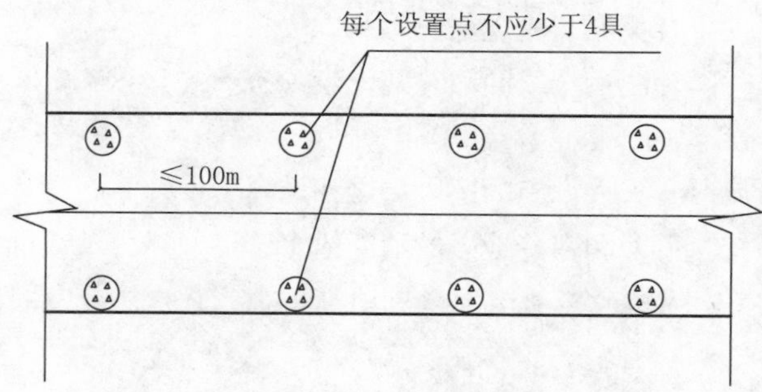
每个设置点不应少于4具
≤100m

通行机动车的一、二类隧道和通行机动车并设置3条及以上车道的三类隧道

图12-8 12.2.4图示（1）

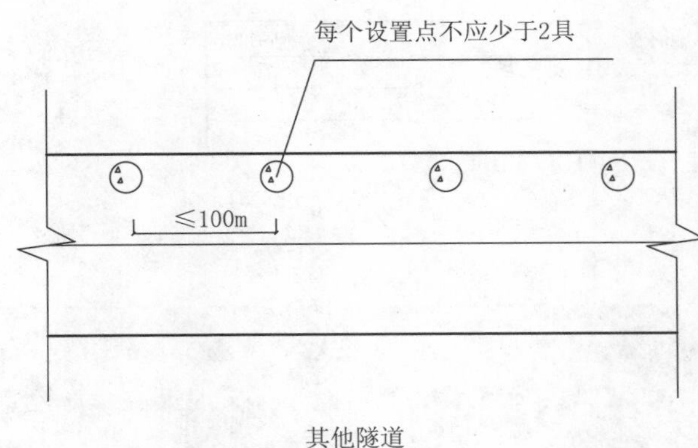
每个设置点不应少于2具
≤100m
其他隧道

图12-9 12.2.4图示（2）

12.3 通风和排烟系统

12.3.1 通行机动车的一、二、三类隧道应设置排烟设施。

12.3.2 隧道内机械排烟系统的设置应符合下列规定：

1 长度大于3000m的隧道，宜采用纵向分段排烟方式或重点排烟方式；

2 长度不大于3000m的单洞单向交通隧道，宜采用纵向排烟方式；

3 单洞双向交通隧道，宜采用重点排烟方式（图12-10）。

12.3.3 机械排烟系统与隧道的通风系统宜分开设置。合用时，合用的通风系统应具备在火灾时快速转换的功能，并应符合机械排烟系统的要求。

12.3.4 隧道内设置的机械排烟系统应符合下列规定：

1 采用全横向和半横向通风方式时，可通过排风管道排烟。

2 采用纵向排烟方式时，应能迅速组织气流、有效排烟，其排烟风速应根据隧道内的最不利火灾规模确定，且纵向气流的速度不应小于 2m/s，并应大于临界风速。

3 排烟风机和烟气流经的风阀、消声器、软接等辅助设备，应能承受设计的隧道火灾烟气排放温度，并应能在250℃下连续正常运行不小于1.0h。排烟管道的耐火极限不应低于1.00h。

12.3.5 隧道的避难设施内应设置独立的机械加压送风系统，其送风的余压值应为30～50Pa。

12.3.6 隧道内用于火灾排烟的射流风机，应至少备用一组。

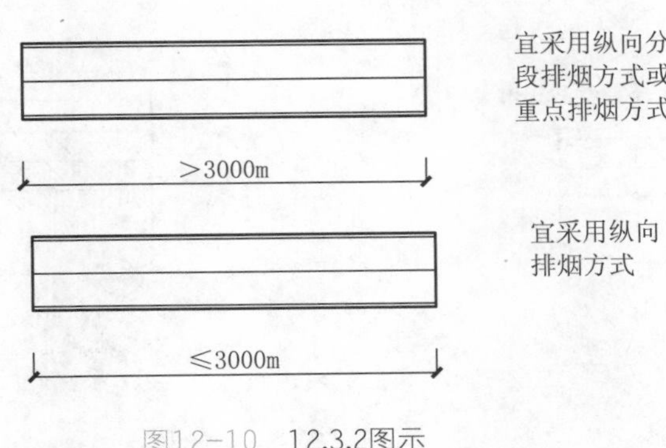
宜采用纵向分段排烟方式或重点排烟方式
>3000m
宜采用纵向排烟方式
≤3000m

图12-10 12.3.2图示

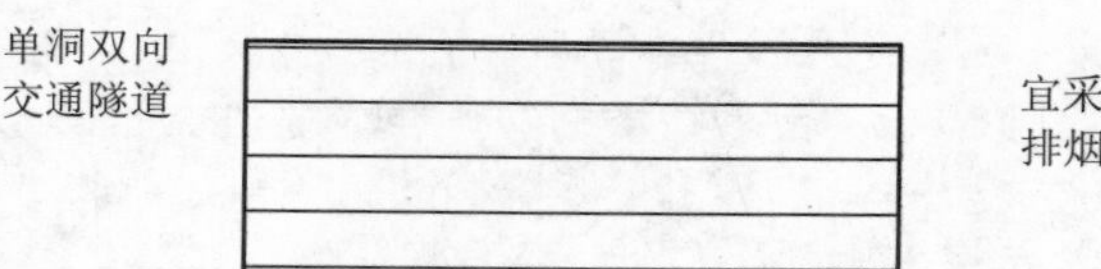
单洞双向
交通隧道
宜采用重点
排烟方式

图12-10　12.3.2图示续

12.4　火灾自动报警系统

12.4.1　隧道入口外100～150m处，应设置隧道内发生火灾时能提示车辆禁入隧道的警报信号装置（图12-11）。

12.4.2　一、二类隧道应设置火灾自动报警系统，通行机动车的三类隧道宜设置火灾自动报警系统。火灾自动报警系统的设置应符合下列规定：

1　应设置火灾自动探测装置；

2　隧道出入口和隧道内每隔100～150m处，应设置报警电话和报警按钮；

3　应设置火灾应急广播或应每隔100m～150m处设置发光警报装置（图12-12）。

12.4.3　隧道用电缆通道和主要设备用房内应设置火灾自动报警系统（图12-13）。

12.4.4　对于可能产生屏蔽的隧道，应设置无线通信等保证灭火时通信联络畅通的设施。

12.4.5　封闭段长度超过1000m的隧道宜设置消防控制室，消防控制室的建筑防火要求应符合本规范第8.1.7条和第8.1.8条的规定。

隧道内火灾自动报警系统的设计应符合现行国家标准《火灾自动报警系统设计规范》GB50116的规定。

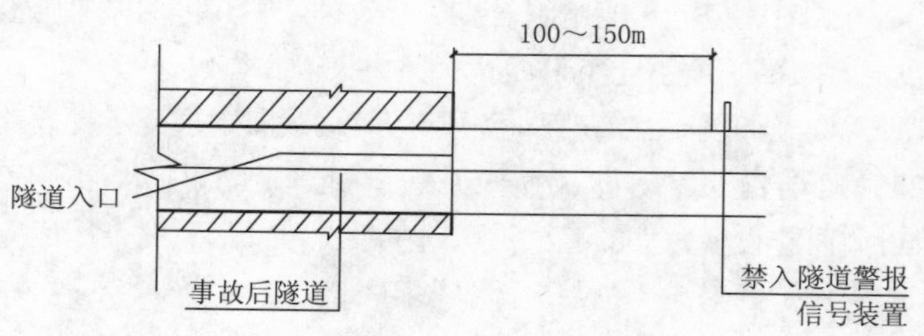
100～150m
隧道入口
事故后隧道
禁入隧道警报
信号装置

图12-11　12.4.1图示

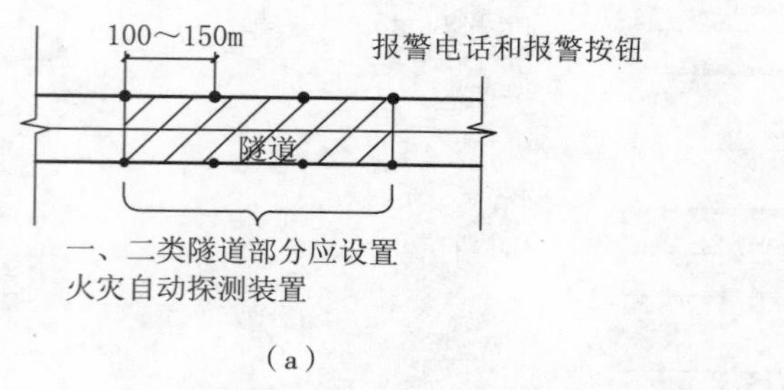
100～150m
报警电话和报警按钮
隧道
一、二类隧道部分应设置
火灾自动探测装置

（a）

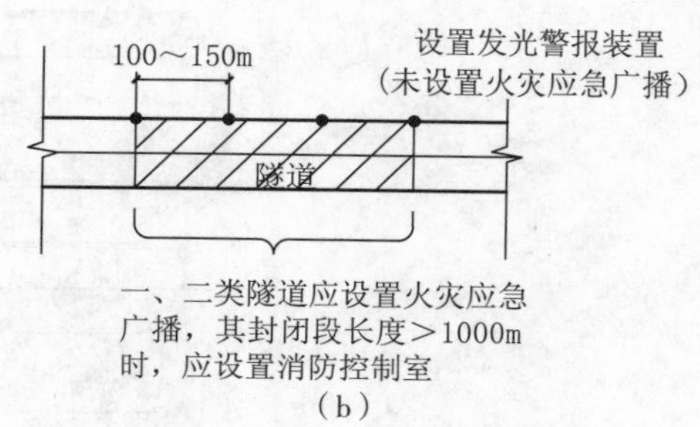
100～150m
设置发光警报装置
（未设置火灾应急广播）
隧道
一、二类隧道应设置火灾应急
广播，其封闭段长度＞1000m
时，应设置消防控制室

（b）

图12-12　12.4.2图示

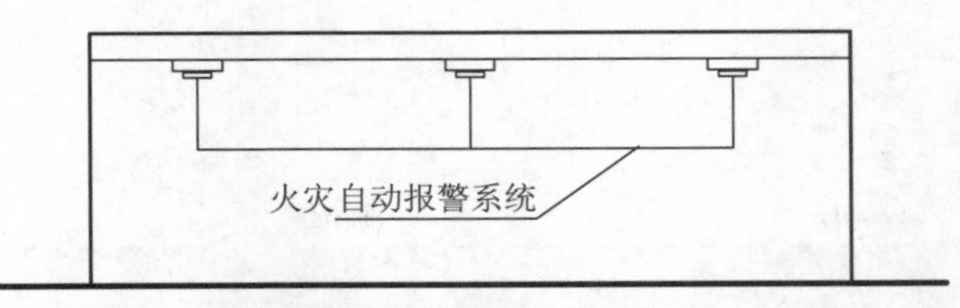
火灾自动报警系统

隧道用电缆通道和主要设备用
房内应设置火灾自动报警系统

图12-13　12.4.3图示

12.5 供电及其他

12.5.1　一、二类隧道的消防用电应按一级负荷要求供电；三类隧道的消防用电应按二级负荷要求供电。

12.5.2　隧道的消防电源及其供电、配电线路等的其他要求应符合本规范第10.1节的规定。

12.5.3　隧道两侧、人行横通道和人行疏散通道上应设置疏散照明和疏散指示标志，其设置高度不宜大于1.5m。

一、二类隧道内疏散照明和疏散指示标志的连续供电时间不应小于1.5h；其他隧道，不应小于1.0h。其他要求可按本规范第10章的规定确定（图12-14）。

12.5.4　隧道内严禁设置可燃气体管道；电缆线槽应与其他管道分开敷设。当设置10kV及以上的高压电缆时，应采用耐火极限不低于2.00h的防火分隔体与其他区域分隔（图12-15）。

12.5.5　隧道内设置的各类消防设施均应采取与隧道内环境条件相适应的保护措施，并应设置明显的发光指示标志。

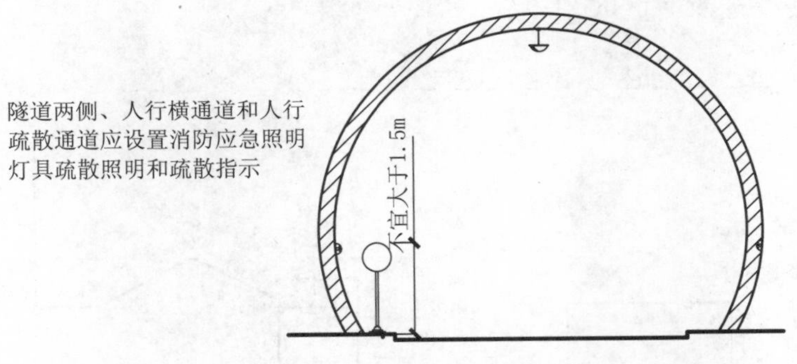
隧道两侧、人行横通道和人行
疏散通道应设置消防应急照明
灯具疏散照明和疏散指示
不宜大于1.5m

图12-14　12.5.3图示

注：一、二类隧道内疏散照明和疏散指示标志的连续供电时间不应小于1.5h；其他隧道，不应小于1.0h。

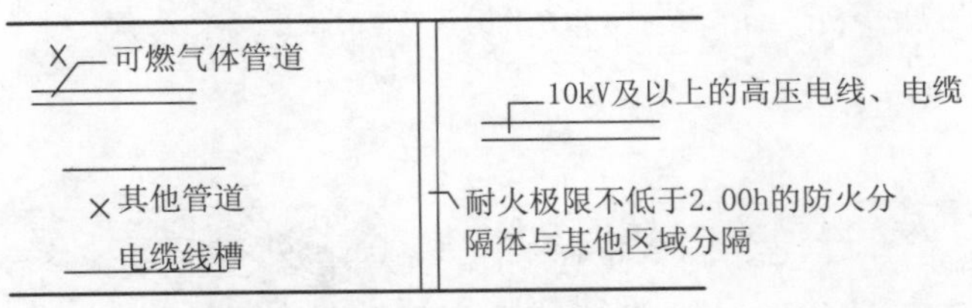
可燃气体管道
10kV及以上的高压电线、电缆
其他管道
电缆线槽
耐火极限不低于2.00h的防火分
隔体与其他区域分隔

图12-15　12.5.4图示

附　录

附录A　建筑高度和建筑层数的计算方法

A.0.1　建筑高度的计算应符合下列规定：

1　建筑屋面为坡屋面时，建筑高度应为建筑室外设计地面至其檐口与屋脊的平均高度。（附图A-1）

2　建筑屋面为平屋面（包括有女儿墙的平屋面）时，建筑高度应为建筑室外设计地面至其屋面面层的高度。（附图A-2、附图A-3）

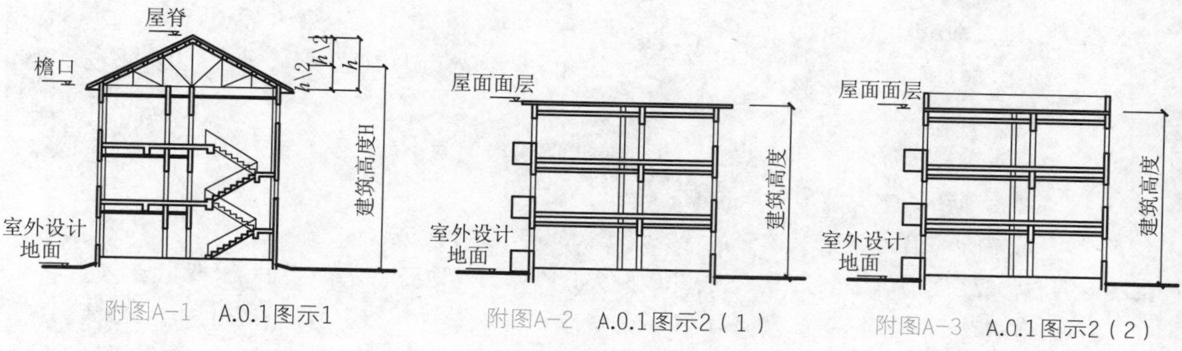
屋脊
檐口
h/2
h/2
h
建筑高度H
室外设计地面
屋面面层
建筑高度
室外设计地面
屋面面层
建筑高度
室外设计地面

附图A-1　A.0.1图示1　　附图A-2　A.0.1图示2（1）　　附图A-3　A.0.1图示2（2）

3　同一座建筑有多种形式的屋面时，建筑高度应按上述方法分别计算后，取其中最大值。（附图A-4、附图A-5）

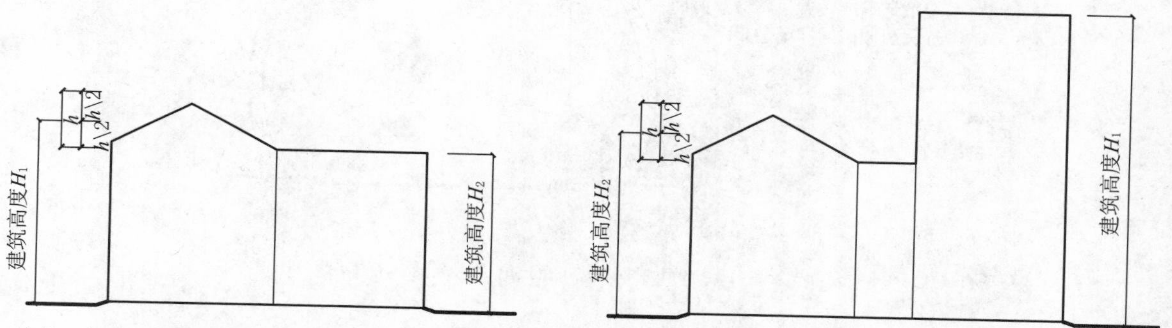
h/2
h
h/2
建筑高度H_1
建筑高度H_2
h/2
h
h/2
建筑高度H_2
建筑高度H_1

注释：当一座建筑有两种高度H_1、H_2，且$H_1>H_2$时，取H_1作为该建筑的高度。

附图A-4　A.0.1图示3（1）　　附图A-5　A.0.1图示3（2）

4　对于台阶式地坪，当位于不同高程地坪上的同一建筑之间有防火墙分隔，各自有符合规范规定的安全出口，且可沿建筑的两个长边设置贯通式或尽头式消防车道时，可分别计算各自的建筑高度。否则，应按其中建筑高度最大者确定该建筑的建筑高度。（附图A-6）

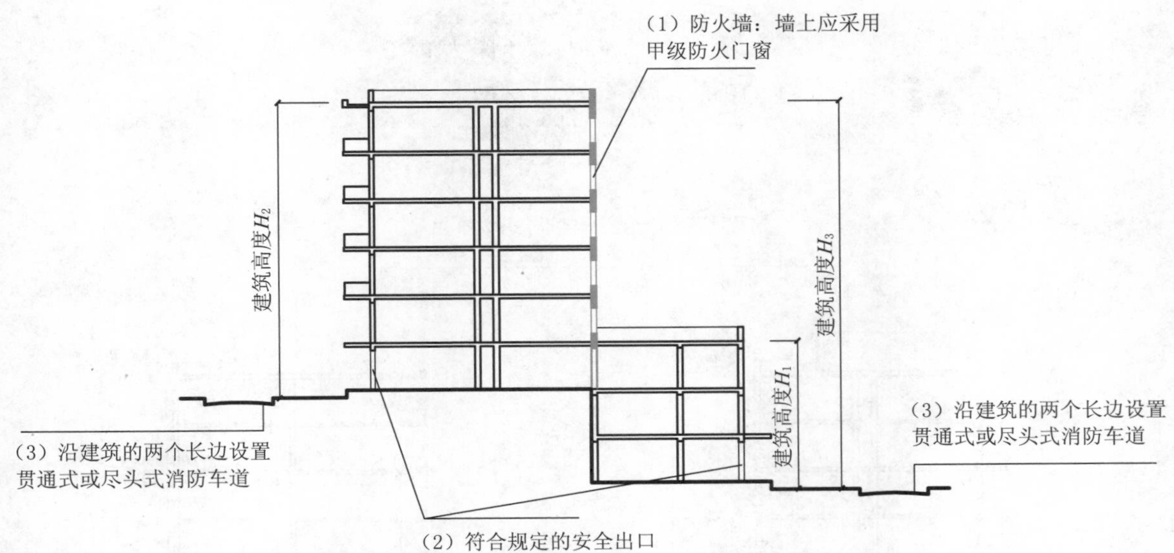
（1）防火墙：墙上应采用
甲级防火门窗
建筑高度H_2
建筑高度H_3
建筑高度H_1
（3）沿建筑的两个长边设置
贯通式或尽头式消防车道
（3）沿建筑的两个长边设置
贯通式或尽头式消防车道
（2）符合规定的安全出口
示例：同时具备（1）、（2）、（3）三个条件时可按H_1、H_2、H_3分别计算建筑高度，
否则应该按H_3计算建筑高度。

附图A-6　A.0.1图示4

5　局部突出屋顶的瞭望塔、冷却塔、水箱间、微波天线间或设施、电梯机房、排风和排烟机房以及楼梯出口小间等辅助用房占屋面面积不大于1/4者，可不计入建筑高度（附图A-7、附图A-8）。

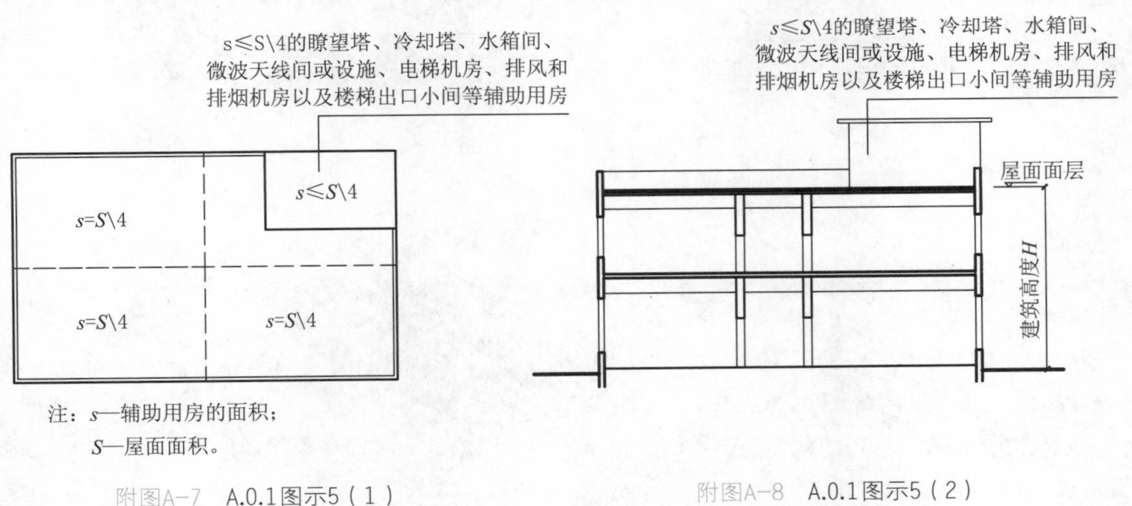
s≤S\4的瞭望塔、冷却塔、水箱间、
微波天线间或设施、电梯机房、排风和
排烟机房以及楼梯出口小间等辅助用房
s≤S\4
s=S\4
s=S\4
s=S\4
注：s—辅助用房的面积；
S—屋面面积。
s≤S\4的瞭望塔、冷却塔、水箱间、
微波天线间或设施、电梯机房、排风和
排烟机房以及楼梯出口小间等辅助用房
屋面面层
建筑高度H

附图A-7　A.0.1图示5（1）

附图A-8　A.0.1图示5（2）

6　对于住宅建筑，设置在底部且室内高度不大于2.2m的自行车库、储藏室、敞开空间，室内外高差或建筑的地下或半地下室的顶板面高出室外设计地面的高度不大于1.5m的部分，可不计入建筑高度。（附图A-9）

A.0.2　建筑层数应按建筑的自然层数计算，下列空间可不计入建筑层数：（附图A-9）

1　室内顶板面高出室外设计地面的高度不大于1.5m的地下或半地下室；

2 设置在建筑底部且室内高度不大于2.2m的自行车库、储藏室、敞开空间；
3 建筑屋顶上突出的局部设备用房、出屋面的楼梯间等。

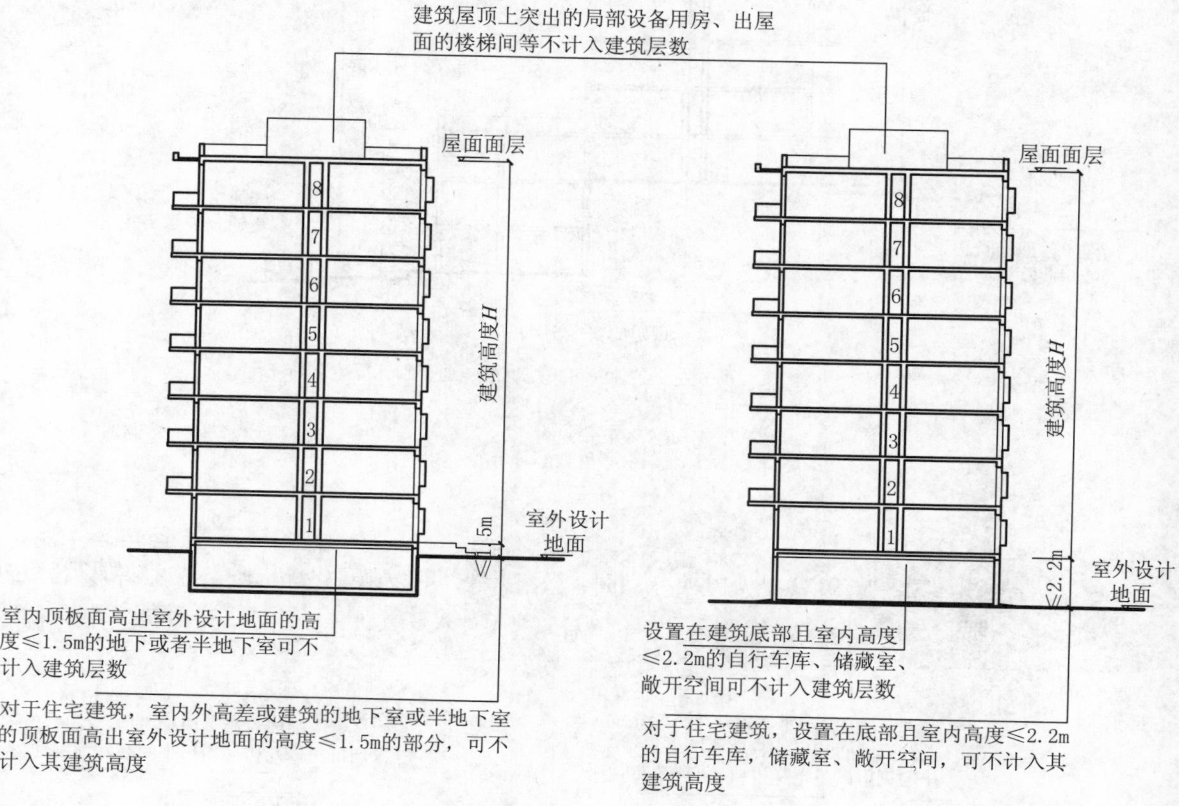
建筑屋顶上突出的局部设备用房、出屋面的楼梯间等不计入建筑层数
屋面面层
8
7
6
5
4
3
2
1
建筑高度H
≤1.5m
室外设计地面
室内顶板面高出室外设计地面的高度≤1.5m的地下或者半地下室可不计入建筑层数
对于住宅建筑，室内外高差或建筑的地下室或半地下室的顶板面高出室外设计地面的高度≤1.5m的部分，可不计入其建筑高度
屋面面层
8
7
6
5
4
3
2
1
建筑高度H
≤2.2m
室外设计地面
设置在建筑底部且室内高度≤2.2m的自行车库、储藏室、敞开空间可不计入建筑层数
对于住宅建筑，设置在底部且室内高度≤2.2m的自行车库，储藏室、敞开空间，可不计入其建筑高度

附图A-9 A.0.1图示6

附录B 防火间距的计算方法

B.0.1 建筑物之间的防火间距应按相邻建筑外墙的最近水平距离计算，当外墙有凸出的可燃或难燃构件时，应从其凸出部分外缘算起。（附图B-1）

建筑物与储罐、堆场的防火间距，应为建筑外墙至储罐外壁或堆场中相邻堆垛外缘的最近水平距离。（附图B-2、附图B-3）

B.0.2 储罐之间的防火间距应为相邻两储罐外壁的最近水平距离。

储罐与堆场的防火间距应为储罐外壁至堆场中相邻堆垛外缘的最近水平距离。（附图B-3）

B.0.3 堆场之间的防火间距应为两堆场中相邻堆垛外缘的最近水平距离。（附图B-2）

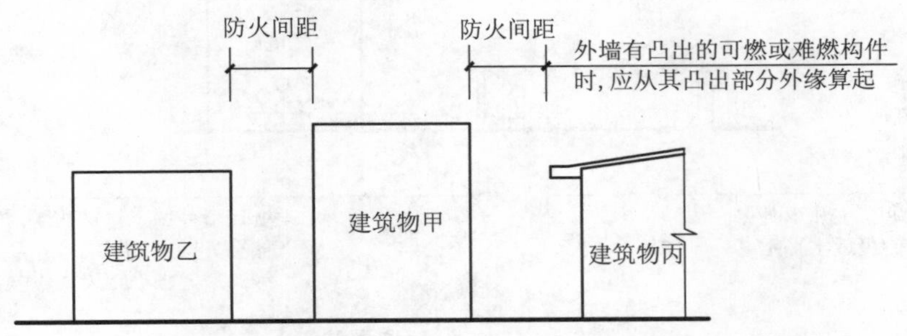
防火间距
防火间距
外墙有凸出的可燃或难燃构件时，应从其凸出部分外缘算起
建筑物乙
建筑物甲
建筑物丙

附图B-1　B.0.1图示1

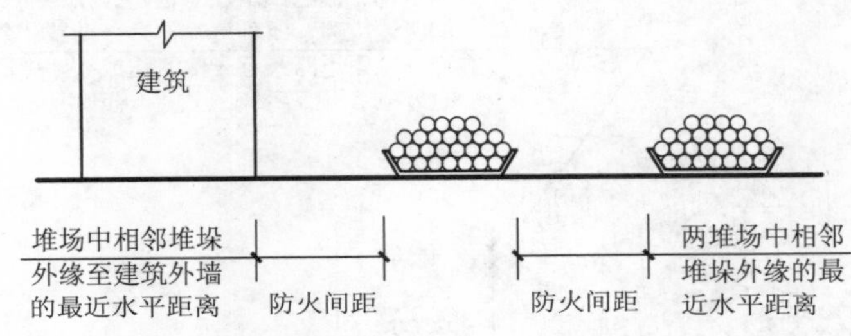
建筑
堆场中相邻堆垛外缘至建筑外墙的最近水平距离
防火间距
防火间距
两堆场中相邻堆垛外缘的最近水平距离

附图B-2　B.0.1图示3　B.0.3图示1

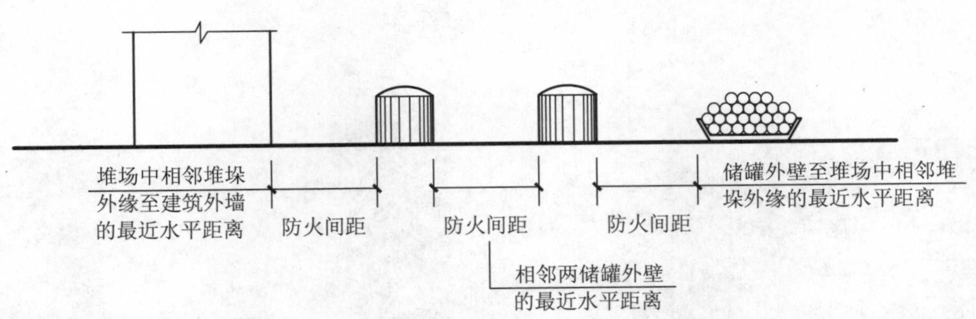
堆场中相邻堆垛外缘至建筑外墙的最近水平距离
防火间距
防火间距
防火间距
储罐外壁至堆场中相邻堆垛外缘的最近水平距离
相邻两储罐外壁的最近水平距离

附图B-3　B.0.1图示2　B.0.2图示1

B.0.4　变压器之间的防火间距应为相邻变压器外壁的最近水平距离。

变压器与建筑物、储罐或堆场的防火间距，应为变压器外壁至建筑外墙、储罐外壁或相邻堆垛外缘的最近水平距离。（附图B-4）

B.0.5　建筑物、储罐或堆场与道路、铁路的防火间距，应为建筑外墙、储罐外壁或相邻堆垛外缘距道路最近一侧路边或铁路中心线的最小水平距离。（附图B-5）

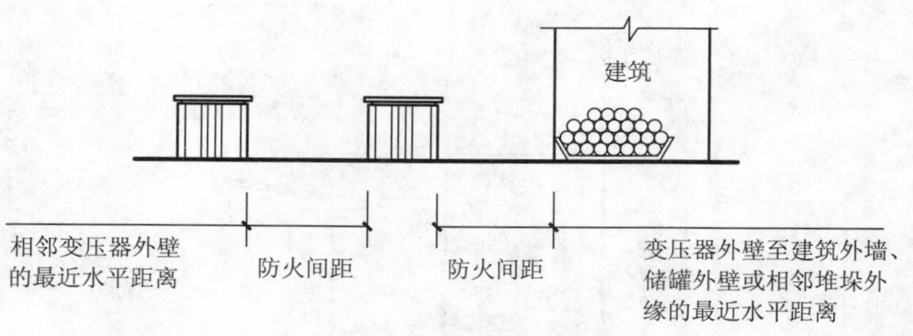
建筑
相邻变压器外壁
的最近水平距离
防火间距
防火间距
变压器外壁至建筑外墙、
储罐外壁或相邻堆垛外
缘的最近水平距离

附图B-4　B.0.4图示1

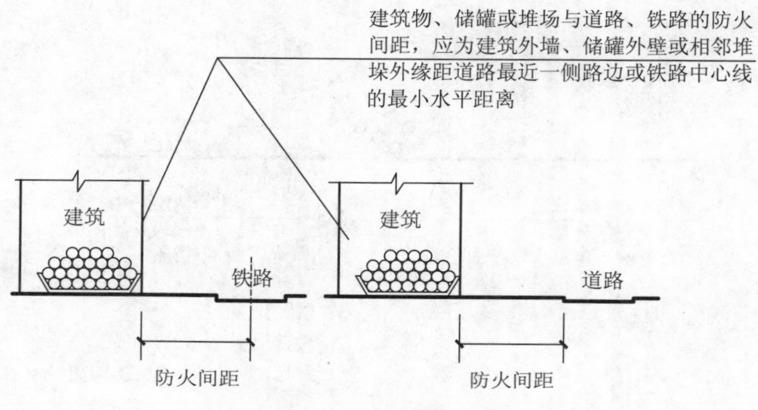
建筑物、储罐或堆场与道路、铁路的防火
间距，应为建筑外墙、储罐外壁或相邻堆
垛外缘距道路最近一侧路边或铁路中心线
的最小水平距离
建筑
建筑
铁路
道路
防火间距
防火间距

附图B-5　B.0.5图示1

附录C　隧道内承重结构体的耐火极限试验升温曲线和相应的判定标准

C.0.1　RABT和HC标准升温曲线应符合现行国家标准《建筑构件耐火试验可供选择和附加的试验程序》GB/T 26784的规定。（附图C-1）

C.0.2　耐火极限判定标准应符合下列规定：

1　当采用HC标准升温曲线测试时，耐火极限的判定标准为：受火后，当距离混凝土底表面25mm处钢筋的温度超过250℃，或者混凝土表面的温度超过380℃时，则判定为达到耐火极限。

2　当采用RABT标准升温曲线测试时，耐火极限的判定标准为：受火后，当距离混凝土底表面25mm处钢筋的温度超过300℃，或者混凝土表面的温度超过380℃时，则判定为达到耐火极限。

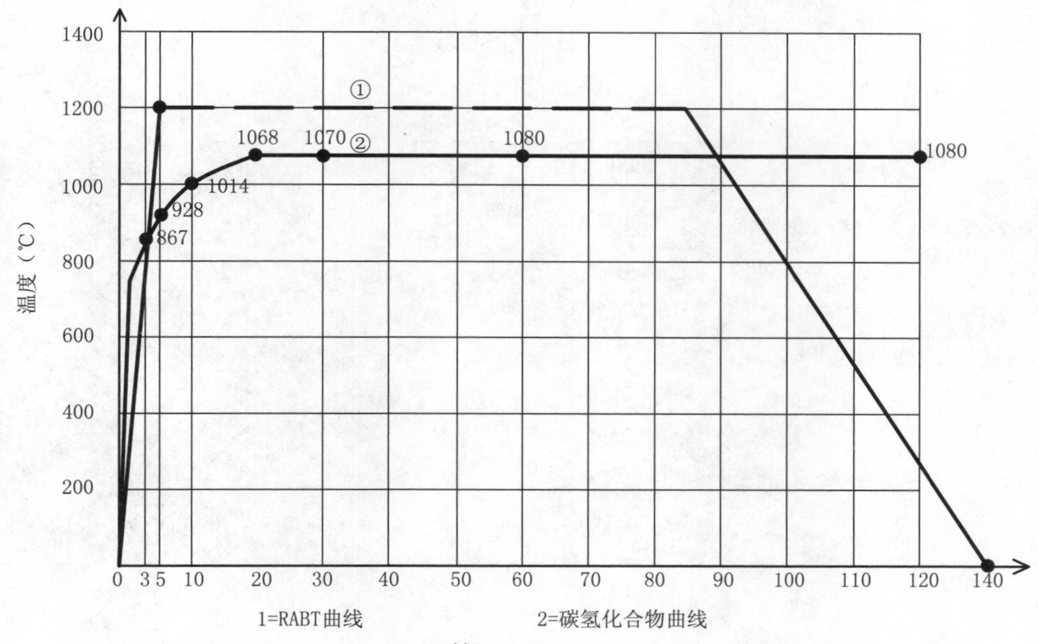
1400
1200
1000
800
600
400
200
温度（℃）
①
②
1068
1070
1080
1080
1014
928
867
0 3 5 10 20 30 40 50 60 70 80 90 100 110 120 140
1=RABT曲线
2=碳氢化合物曲线
时间（min）
RABT标准升温曲线

附图C-1　C.0.1图示1

碳氢化合物升温曲线表　　表C.0.1

时间（min）	3	5	10	30
炉内温升（℃）	887	948	982	1110
时间（min）	60	90	120	120以后
炉内温升（℃）	1150	1150	1150	1150

本规范用词说明

1、为便于在执行本规范条文时区别对待，对要求严格程度不同的用词说明如下：

1）表示很严格，非这样做不可的：

正面词采用“必须”，反面词采用“严禁”；

2）表示严格，在正常情况下均应这样做的：

正面词采用“应”，反面词采用“不应”或“不得”；

3）表示允许稍有选择，在条件许可时首先应这样做的：

正面词采用“宜”，反面词采用“不宜”；

4）表示选择，在一定条件下可以这样做的，采用“可”。

2、条文中指明应按其他有关标准执行的写法为：“应符合……的规定”或“应按……执行”。

参考文献

1、建筑设计防火规范GB50016–2014，北京：中国计划出版社，2015
2、中国建筑设计标准研究院，建筑防火规范图示13J811–1，北京：中国计划出版社，2014
3、中国建筑设计标准研究院，高层民用建筑防火规范图示06SJ812，北京：中国计划出版社，2006
4、张树平，建筑防火设计·第二版，北京：中国建筑工业出版社，2009
5、靳玉芳，图释建筑防火设计，北京：中国建材工业出版社，2008
6、钱坤、吴歌，房屋建筑学，北京：北京大学出版社，2009
7、《建筑设计资料集》编委会，建筑设计资料集1·第二版，北京：中国建筑工业出版社，1994
8、朱向东、王崇恩、张海英，建筑设计问答实录，北京：机械工业出版社，2008
9、赵健彬、王崇恩，住宅建筑规范图解，北京：机械工业出版社，2010
10、中国建筑设计标准研究院，防火门窗——建筑专业12J609，北京：中国计划出版社，2012
11、中国建筑设计标准研究院，07J905–1防火建筑构造（一）北京：中国计划出版社，2007
12、教锦章，建筑防火设计问答100题，北京：中国建筑工业出版社，2012
13、中国建筑设计标准研究院，06SG501民用建筑钢结构防火构造，北京：中国计划出版社，2006
14、中国建筑工业出版社，现行建筑规范设计大全·第2册，北京：中国建筑工业出版社，2014

DEDO
电道科技

——致力于用电安全方案解决之道— WWW.DEDO.NET.CN

惠州电道科技股份有限公司坐落在惠州市仲恺国家级高新技术开发区，是一家致力于用电安全解决方案的研究及相关产品的开发、应用的国家高新技术企业，参与多项国家行业标准规范的设计、制订，是安全用电自动化防控、系统化配置、个性化服务的开创者。

公司拥有现代化工程研发中心和生产基地，自主研发、生产的用电安全防控系统，开创了主动预防电气火灾先河，填补供电线路终端保护的空白，破解了建筑电气设计难题，从根本上杜绝电气火灾的发生。这一成果的开发与应用，标志着人类用电全面进入终端保护的时代，标志着电气火灾从只可监测到主动预防的必然趋势，标志着电气线路负荷从不可控制到"一对一"保护的技术革命，谱写科学用电的新篇章。本项目荣获国家科技部创新贡献奖，获得二十项国家专利，并通过3C认证，被中央电视台等二十多家权威媒体先后专题采访和重点报道，得到了国家科技部、住房和城乡建设部、公安部、消防局等国家部委的肯定和积极推广，受到用户一致好评。

电道科技关注安全，关爱生命，遵循道法自然、天人合一的人文理念，整合着人类智慧与力量，怀揣着社会责任与担当，承载着百姓幸福与梦想！

下天行道间人惠电
现任国务院参事任玉岭题词

方案一：智能停电保护器

智能停电保护器是一种安全、节能装置。当发生停电时，原处于工作状态的用电器若忘记了将电源断开，当突然来电时，用电器会立即通电，不但会浪费电能，还可能导致火灾、人身安全事故的发生。

停电保护器安装在单个房间的总电路回路中，当停电之后突然来电时，不会自动连通用电器，须通过人工复位才能使用电器重新工作，从而能达到安全和节能用电目的。

方案产品功能特点：

1、停电复来时，不会直接接通未关闭的电器；

2、减少耗电，杜绝事故发生。

产品型号	产品名称	简图	参数	规格尺寸（长×宽×高）
DEK3-61/C	实用型断保		10A 250V~	86×86×48mm
DEK3-61/A	豪华型断保		10A 250V~	86×86×48mm

方案二：终端保护器（智能防火插座）：

——传统用电方式及开关插座存在严重缺陷，终端无保护！

室外电网有三级保护，进入室内靠什么来保障？——空气开关！

室内电路接入房间、接入插座、接入电器，安全有保障吗？

事实真相：当遇到超负荷、电压波动等异常情况时，开关插座本身不能自我调整和自我保护，不能自动预防！

方案产品功能特点：

自动断电：电流过载时自动切断电源；

自动报警：故障位置报警指示灯亮起；

终端保护：一对一保护延长线路寿命；

预防火灾：主动式预防电气线路火灾；

电气终端：兼具开关插座的所有功能。

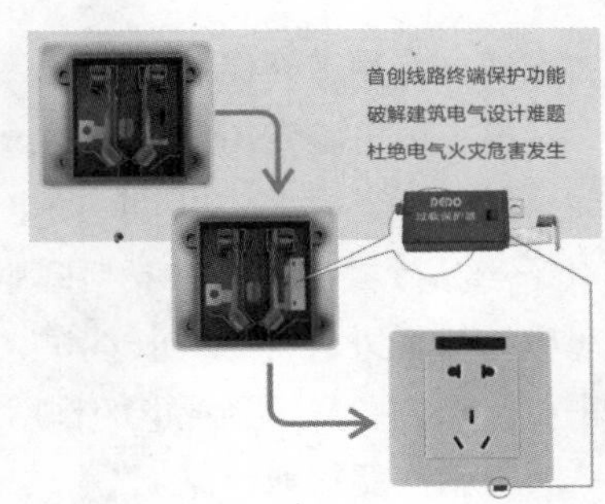
首创线路终端保护功能
破解建筑电气设计难题
杜绝电气火灾危害发生

产品型号	产品名称	简图	参数	规格尺寸（长×宽×高）
DEC3-01/C	五孔插座		10A 250V~	86×86×33.5mm
DEC3-02/C	五孔一开插座		10A 250V~	86×86×40mm
DEC3-01/C	五孔插座		16A 250V~	86×86×33.5mm
DEC3-02/C	五孔一开插座		16A 250V~	86×86×40mm

方案三：防触电保护

防触电插座：在如今日常生活、工作中用的电源插座，都是本身直接带电的，插孔内不小心掉入或插入导电物品（小孩好奇也容易拿导电金属件去插插孔），非常容易导致触电隐患，无安全保障。

方案产品功能特点：

1、独有断电机构技术，单孔任意插入绝不触电；

2、比普通保护门更方便、更有效；

3、具有过载保护功能。

产品型号	产品名称	简图	参数	规格尺寸（长×宽×高）
DEP-FC318	三位防触电		10A　250V~	223×85×32mm
DEP-FC418	四位防触电		10A　250V~	276×85×32mm
DEP-FC528	五位防触电		10A　250V~	329×85×32mm

方案四：专用节能保护

电视、电脑专用节能插座：防雷、待机节能功能（当主控位处于待机状态下，主控位会在30秒钟时自动断电，受控位也同时断电，处于零耗电状态，完全消除电视机低频辐射、健康生活，完全解决电子产品待机指示灯常亮对睡眠的影响，提高生活质量。）当再次使用时，按下电视机开机功能键（电脑排插外置开机延长线），排插同步接收供电信号正常供电。既有效保护了电视/电脑不会被雷击，又起到了待机零耗电的作用，安全/节能/方便！

方案产品功能特点:

1、智能主从控制技术；

2、防浪涌保护；

3、解决待机功耗，避免电磁辐射。

产品型号	产品名称	简图	参数	规格尺寸（长×宽×高）
DEP-TV418	电视专用		10A　250V~	286×68×34mm
DEP-PC418	电脑专用		10A　250V~	286×68×34mm